Theorie des Trägers auf elastischer Unterlage

und ihre Anwendung auf den Tiefbau

nebst einer Tafel
der Kreis- und Hyperbelfunktionen

Von

Dr.-Ing. Keiichi Hayashi

Professor an der Kaiserlichen Kyushu-Universität
Fukuoka-Hakosaki, Japan

Mit 150 Textfiguren

Springer-Verlag Berlin Heidelberg GmbH
1921

ISBN 978-3-662-22977-4 ISBN 978-3-662-24922-2 (eBook)
DOI 10.1007/978-3-662-24922-2

Ursprünglich erschienen bei Julius Springer in Berlin 1921.

Vorwort.

Zwei Jahre vor Ausbruch des Weltkrieges schickte mich die Japanische Regierung zum Studium nach Deutschland. Zunächst besuchte ich die Technische Hochschule zu Berlin, wo ich mich hauptsächlich mit den Ingenieurwissenschaften beschäftigte. Besonders widmete ich mich der Untersuchung von Bauwerken auf elastischer Unterlage. Ein Teil meiner Studien auf diesem Gebiet ist schon damals in der Zeitschrift „Der Eisenbau" erschienen. Nach der Kriegserklärung mußte ich Deutschland leider verlassen, ehe meine Arbeiten vollständig veröffentlicht werden konnten. Da die Kriegsjahre jeglichen wissenschaftlichen Verkehr unterbunden hatten, wurde die Herausgabe meines Werkes bis jetzt verzögert.

Die vorliegende Abhandlung ist eng verwandt mit Problemen der Akustik sowie der Schwingungslehre in der mathematischen Physik. Auch auf dem Gebiet der technischen Wissenschaften sind vereinzelte, diesen Gegenstand behandelnde Arbeiten bekannt.

Zuerst beabsichtigte ich nur, meine verschiedenen Aufsätze auf diesem Gebiete zu sichten und in organischen Zusammenhang zu bringen. Beim tieferen Eindringen in die Arbeit aber schien es mir am besten, so zu verfahren, daß man darin nicht nur eine rein wissenschaftliche Sammlung, sondern gleichzeitig ein angemessenes Lehrbuch auf diesem Gebiet der Elastizitätslehre sehen sollte, zumal ein solches bisher fehlte.

Einige Artikel, die bereits in Lehrbüchern zu finden sind, habe ich der Vollständigkeit halber angeführt. Vor allem aber war ich bestrebt, die Folgerungen für bestimmte Aufgaben, welche noch weitere, nicht ausdrücklich ausgesprochene Voraussetzungen zur Grundlage haben, zu entwickeln. Um das Werk in wissenschaftlicher Hinsicht möglichst lückenlos zu gestalten und der weiteren Erforschung von Aufgaben dieser Art nutzbar zu machen, habe ich auch theoretische Untersuchungen eingeschaltet, deren Bedeutung für die praktische Anwendung verhältnismäßig gering ist.

Bei Trägern auf elastischer Unterlage kommt außer E und J, den maßgebenden Faktoren in der Festigkeitslehre, noch der Elastizitätskoeffizient K der Unterlage in Betracht, und zwar erscheinen die Größen stets in der Produktform EJK^n. E und J sind darin vertauschbar, so daß alle für ein veränderliches J aufstellbaren Folgerungen auch für ein veränderliches E gültig sind. Einen gesetzmäßigen Zusammenhang zwischen E, J und K zu finden, ist aber praktisch unmöglich, solange die Größe n nicht festliegt.

Den Fachleuten könnte die ganze Arbeit zu theoretisch erscheinen und nach ihrer Ansicht keine für die Technik verwertbaren Resultate liefern. Tatsächlich hängt aber die elastische Beschaffenheit des Baugrundes sowie dessen Einfluß auf die Bauwerke von verschiedenen realen Faktoren ab; die Forschung muß immer dem praktischen Bedürfnis Rechnung tragen und kann daher nur gleichzeitig mit den gemachten Erfahrungen fortschreiten. Daß die Annahmen, die den Untersuchungen zugrunde liegen, vollständig zutreffen, kann man natürlich keineswegs behaupten. Solange aber die Eigenschaften des Baugrundes noch so wenig erforscht sind, daß eine vollkommene mathematische Lösung der Aufgaben ausgeschlossen ist, glauben wir, daß unsere Annahmen, die wenigstens innerhalb gewisser Grenzen mit einer bestimmten Annäherung zulässig sind, ein Bild der wirklich auftretenden statischen Verhältnisse in ungefähren Umrissen geben. Die Theorie ist überdies berufen, in das Wesen der offenen Fragen einzudringen und Klarheit zu schaffen. Kein Gebiet mathematischer Wissenschaften wird auf die Theorie verzichten können; ein jedes setzt vielmehr seinen Stolz auf die theoretischen Untersuchungen.

Eine Tafel der Kreis- und Hyperbelfunktionen nebst Tabellen mit den meist in Produktform vorkommenden Verbindungen derselben ist als Anhang beigefügt. Einige ähnliche Tafeln existieren schon, doch sind sie teils nicht so ausführlich, teils in zu geringer Ausdehnung. Ich bin der Meinung, mit diesen Tafeln sowohl den Lesern meines Buches als auch anderen Kreisen einen Dienst erwiesen zu haben, da man annehmen darf, daß die Hyperbelfunktionen in den wissenschaftlichen Untersuchungen weiterhin eine bedeutende Rolle spielen werden. Eine ausführlichere Tafel beabsichtige ich in kurzem erscheinen zu lassen.

An dieser Stelle sehe ich mich ganz besonders verpflichtet, dem Herrn Baron K. Sumitomo meinen ehrerbietigsten Dank dafür auszusprechen, daß er meinen stets gehegten wissenschaftlichen Bestrebungen und meiner Verehrung für die Wissenschaft seine Teilnahme bezeigte, indem er mir bei der Herausgabe des Buches seine moralische und finanzielle Unterstützung in hohem Maße angedeihen ließ. Ebenso dankbar muß ich die Bereitwilligkeit meiner Assistenten, der Herren S. Kiyota und I. Kayama, anerkennen, mit welcher sie allen meinen Wünschen in freundlichster Weise bei der Abfassung der mathematischen Tabellen entgegengekommen sind.

Ferner muß ich mit dem Gefühle tiefster Dankbarkeit des verstorbenen Herrn Geh. Hofrats Christoph Mehrtens, ehemaligen Professors der Ingenieurwissenschaften an der Technischen Hochschule zu Dresden, gedenken, der mir zur Veröffentlichung meines ersten, obenerwähnten Aufsatzes verholfen hat.

Schließlich kann ich nur noch den Wunsch ausdrücken, daß sich das Buch in allen technischen Kreisen Freunde erwerben möge, und daß alle Fachgenossen, die sich für diese Arbeit interessieren, durch ihre Ratschläge zur Verbesserung und weiteren Vervollkommnung des Buches beitragen möchten.

Berlin, im Herbst 1920.

K. Hayashi.

Inhaltsverzeichnis.

Seite

D. Der Stab ist in der mittleren Strecke gleichförmig belastet.

VI. Abschnitt.

Träger mit elastisch nachgiebigen Stützflächen.

VII. Abschnitt.

Einfluß der Nachgiebigkeit des Baugrundes auf die Berechnung des elastisch eingespannten Gewölbebogens und Rahmens.

Einleitung.

§ 1. Einleitende Vorbemerkungen.

1. Allgemeines. Beobachtet man ein Eisenbahngleis, über welches ein Zug fährt, so bemerkt man, daß es einsinkt, und zwar senken sich die Schienen und die sich darunter befindlichen Schwellen, weil sie beide, wie es scheint, zusammengepreßt werden. Rechnet man aber nach, so findet man, daß die durch die Zusammenpressung hervorgerufene elastische Kontraktion sehr gering ist; man könnte sie nicht so deutlich sehen, wie es in Wirklichkeit der Fall ist. Die Schwellen müssen also in die Bettung einsinken; außerdem muß aber auch die Bettung elastisch sein, weil die Schwellen, wenn der Zug vorbeigefahren ist, wieder in die alte Lage kommen.

Unter Elastizität eines Baustoffes versteht man die Eigenschaft, durch Einwirkung äußerer Kräfte hervorgerufene Formänderungen wieder rückgängig zu machen. Bei Elastizität im engeren Sinn verschwinden letztere nach Aufhören der Kraftwirkung vollständig; bei bleibenden Veränderungen hat man es mit Elastizität im weiteren Sinne zu tun. Erdboden, dessen Bestandteilchen ebenfalls elastischen Formänderungen unterliegen, kann im engeren oder weiteren Sinn elastisch sein, je nach der Größe der angreifenden Kräfte. Alle Bauwerke, wie Gewölbe, Stützmauern, Bohlwände und selbst Trockendocks[1]), die in der Erde eingebettet sind, müssen also durch Belastungsänderung meistens allerdings sehr geringe elastische Formänderungen erleiden.

Es ist üblich, im Eisenbau nur statisch bestimmte Systeme anzuwenden, wenn es sich um unsicheren Baugrund handelt. Erheblichen Unannehmlichkeiten begegnet man im Stein-, Beton- und Eisenbetonbau bei der sachgemäßen Durchbildung von Gelenken und Auflagern, wenn man erreichen will, daß keine statische Un-

[1]) O. Franzius, Messungen von Bewegungen der Trockendocks V u. VI der Kaiserlichen Werft Kiel. Zeitschr. für Bauwesen, 1908. S. 83. Über die Berechnung von Trockendocks. S. 475.

bestimmtheiten entstehen. Gewölbe und Tunnels wird man niemals statisch bestimmt ausführen können. Vollkommen zwecklos ist es, Berechnungen unter der Annahme starren Baugrundes bis in die Einzelheiten genau durchzuführen, da selbstredend der in Wirklichkeit vorhandene Baugrund ganz andere Beanspruchungen der Konstruktion zur Folge hat.

Bei der Gründung auf unsicherem Baugrund handelt es sich ferner in der Regel darum, eine von einem Mauerkörper aufgenommene, erhebliche Last mittels eines breiten Fundamentes auf eine ausgedehnte Grundfläche zu übertragen. Dabei ist es von großer Wichtigkeit zu wissen, wie das Fundament angelegt werden muß oder darf, damit es in seiner ganzen Ausdehnung den Zweck der Druckverteilung auch wirklich erfüllt, weil bei Wahl einer im Verhältnis zur Bodenbeschaffenheit zu schwachen Abmessung oder zu großen Länge das Fundament vorwiegend in der Nähe der Auflagerstelle gedrückt wird und folglich gegen die Enden teilweise wirkungslos sein kann. Soll das Fundament durch zwei oder mehrere Mauerkörper belastet werden, so kann bei größerem Abstand derselben eine Druckübertragung in der Mitte der Spannweite überhaupt nicht mehr stattfinden, weil der elastisch gelagerte Fundamentträger sich vom Untergrund abhebt [Fig. 1].

Fig. 1.

Bei der statischen Berechnung werden in erster Linie die verhältnismäßig leicht zu bestimmenden Eigenschaften des Materials in Betracht gezogen, die elastische Nachgiebigkeit des Baugrundes sowie die dadurch hervorgerufene Bewegung des Fundamentes wird gewöhnlich nicht in Rechnung gestellt, vermutlich, weil in dieser Hinsicht soviel wie keine Erfahrungszahlen vorliegen und an eine jedesmalige experimentelle Untersuchung des in Frage kommenden Bodens bezüglich seiner Elastizität nicht zu denken ist.

2. Grundlegende Annahme hinsichtlich der Druckverteilung. Wollen wir der Frage bezüglich der Nachgiebigkeit des Baugrundes näher treten, so steht nur der Weg offen, dieselbe zahlenmäßig festzustellen. Vergleichen wir die bei verschiedenen Annahmen für nachgiebigen Baugrund gefundenen Resultate mit demjenigen, das sich für starren Baugrund ergibt, so können wir daraus folgern, bis zu welcher Grenze die Annahme starren Baugrundes zulässig ist.

Dabei stößt man zuerst auf die Frage, ob sich ein gesetzmäßiger Zusammenhang zwischen der Einsenkung und der elastischen Formänderung eines Bauteiles finden läßt.

Bei künstlichen Gründungen, die man einfach durch Zusammenschütten von Schotter und Sand in den Boden oder durch Einrammen von Pfählen herstellt, kann man beobachten, daß zwischen Flächendruck und Einsenkung fast vollkommene Proportionalität herrscht. Wenn man die Erde bis zu einer bestimmten Tiefe aushebt, trifft man auf den sogenannten gewachsenen Boden, welcher infolge dichter Lagerung seiner Bestandteile als guter Baugrund gilt und, wie die Erfahrung lehrt, ebenfalls eine gewisse Elastizität besitzt.

Wir beschränken uns auf die elastische Beschaffenheit im engeren Sinne. Bezeichnen wir den Druck auf die Flächeneinheit mit p, die elastische Zusammenpressung mit y, so möge

$$y_1^n : y_2^n = p_1 : p_2$$

sein, wobei n eine rationale, positive Zahl ist. Setzt man $n = 1$, dann wird

$$p = K y, \tag{1}$$

worin K eine Konstante bedeutet.

Diese Annahme kehrt bei den Schriftstellern[1]), die sich mit diesem Gegenstande befaßt haben, wieder und liefert bei der Berechnung des Eisenbahnoberbaues ein scharfes theoretisches Hilfsmittel, mit dem man die elastische Beschaffenheit von Schiene und Bettung in gegenseitige Beziehung bringt. Über das Zutreffen dieser Annahme zu streiten, hat so lange keinen Zweck, als die elastischen Eigenschaften der verschiedenen Bodenarten nicht genau bekannt sind.

Bei kleinen Formänderungen aber, wie sie gewöhnlich in der Praxis vorkommen, ist diese Annahme zulässig, wie auch das die Beziehungen zwischen Senkung und Bettungsdruck regelnde Gesetz in Wirklichkeit lauten möge. Für die Wahl dieser Funktion sprechen jedenfalls einerseits die große Einfachheit, andererseits die Wahrscheinlichkeit einer genügenden Übereinstimmung mit den wirklichen Verhältnissen.

---

[1]) E. Winkler, Die Lehre von der Elasticität und Festigkeit. 1867, S. 182. Vorträge über Eisenbahnbau. 1. Heft: Der Eisenbahnoberbau. 3. Aufl. 1875, S. 265—267. — J. W. Schwedlers Beitrag in: Minutes of Proceedings of the Institution of Civil Engineers. Vol. LXVII, 1882, London. S. 95. Eine deutsche Übersetzung dieses Artikels befindet sich im Centralbl. d. Bauverw. 1891. S. 90. — H. Zimmermann, Die Berechnung des Eisenbahnoberbaues. 1888.

§ 2. Die Baugrundziffer und die Größe der elastischen Einsenkung von Bauwerken.

Die Widerstandsfähigkeit eines Baugrundes wird wie die aller anderen Körper durch die Grenzbelastung, bei der ihre Zerstörung erfolgt, gekennzeichnet. Unsere Gleichung (1) soll nur bis zu einer gewissen Grenze innerhalb dieser Grenzbelastung gelten. Die Konstante K stellt dabei die spezifische Widerstandsfähigkeit dar; sie entspricht nämlich derjenigen Kraft, welche erforderlich ist, 1 cm^2 der Stützfläche um 1 cm zu senken oder zu heben. Ist z. B. $K = 10$ kg/cm^3, so beträgt bei einer Pressung von 10 kg/cm^2 die Bodensenkung 1 cm. Man bezeichnet sie als **Baugrundziffer.**

Die Größe K ist zugleich ein Maß für die Härte des Bodens. Es entspricht also dem härtesten Boden (Felsen) $K = \infty$, dem völlig weichen (Flüssigkeit) $K = 0$.

Die Ziffer müßte durch sorgfältige örtliche Beobachtungen genau festgelegt werden. Eine einwandfreie Ermittlung derselben auf dem Versuchswege ist aber nicht durchführbar, weil die auf die Flächeneinheit des Bodens wirkenden Pressungen klein, und die Formänderungen infolgedessen so winzig sind, daß sie mit unseren Meßinstrumenten kaum nachgewiesen werden können. Es kommt hinzu, daß der in Betracht zu ziehende Bauteil im Boden eingebettet ist.

Nachfolgend soll zunächst Einiges über die Versuche von Fachmännern des Eisenbahnbaues mitgeteilt werden, die Größe der Baugrundziffer, hier **Bettungsziffer** genannt und mit C bezeichnet, zahlenmäßig festzustellen.

Winkler benutzte zur Berechnung der Bettungsziffer die Versuchsergebnisse von v. Weber (M. M. v. Weber, Stabilität des Gefüges der Eisenbahngleise, Weimar 1869) und erhielt aus den von ihm beobachteten Einsenkungen von 0,05 bis 0,60 cm Werte für die Bettungsziffer C von 4—45 kg/cm^3 (E. Winkler, Vorträge über Eisenbahnbau, I. Heft, 3. Aufl., 1875).

Später wurde durch Versuche auf der Rheinischen Bahn die Bettungsziffer zu 9—16 kg/cm^3 gefunden (Hoffmann, Der Langschwellenoberbau der Rheinischen Bahn, Berlin 1880).

Da die Ziffer mit der Art des Materials wechselt, ist sie offenbar von den physikalischen Eigenschaften desselben abhängig. Es liegt daher der Gedanke nahe, durch theoretische Betrachtungen aus bekannten physikalischen Eigenschaften des Bettungsstoffes die zugehörige Ziffer abzuleiten. Diesen Weg hat Kreuter eingeschlagen (Zentralbl. Bauv. 1885). Die so gefundenen Werte waren offenbar zu klein, so daß Kreuter am Schluß seiner Abhandlung die Werte

$C = 6$ kg/cm³ bei ganz frischer,
$C = 9$ „ „ älterer,
$C = 16$ „ „ ganz fest gewordener Bettung

vorschlug.

H. Zimmermann stützt sich auf umfangreiche Versuche, die von Häntzschel bei den ehemaligen Reichseisenbahnen in Elsaß-Lothringen ausgeführt wurden, und nimmt (Organ, 1888)

für Kiesbettung ohne Packlage $C = 3$ kg/cm³,
„ „ mit „ $C = 8$ „ an.

Ein großartiger Versuch über die Spannungsverteilung im Eisenbahngleis ist durch den amerikanischen wissenschaftlichen Ausschuß The special Committee to Report on Stresses in Railroad Track durchgeführt (Proceedings of the American Society of Civil Engineers, Vol. XLVI, No. 2. Feb. 1920). Der Ausschuß bezeichnet die Elastizität der Bettung durch die Elastizitätsziffer an der Schienenauflagerstelle. Die Ziffer ist als diejenige Pressung für die Längeneinheit jeder Schiene definiert, die erforderlich ist, die Schiene um die Einheit zu senken. Der Versuch ist auf der Hauptlinie des Illinois Central Railroad durchgeführt. Die Schwellenabmessung war 6 in · 8 in · 8 ft. Die Schienengewichte waren 85 und 125 lbs/yd. Nach dem Bericht ergibt sich eine durchschnittliche Ziffer von 1100 lbs/in²; sie kann leider nicht direkt mit den oben angegebenen verglichen werden. Setzt man aber voraus, daß die Schwelleneinsenkung in der ganzen Länge dieselbe wäre wie die an der Schienenauflagerstelle, so hätte man, da die halbe Länge der Schwelle $4 \cdot 12 = 48$ in ist, die Bettungsziffer für die Flächeneinheit

$$K = \frac{1100}{48} = 23 \text{ lbs/in}^3.$$

Die Ziffer, ausgedrückt in kg/cm³, beträgt 0,64.

O. Franzius hat aus einer Reihe von Beobachtungen über die elastischen Eigenschaften des Sandbodens an den deutschen Küsten den Schluß (s. Fußnote S. 1) gezogen, daß die Senkung für 1 t/m² Druckunterschied weniger als 1 mm beträgt. Es würde somit dem Sandboden $K = 1$ kg/cm³ entsprechen. Er empfiehlt aber der größeren Sicherheit wegen bei Berechnungen $K = 10$ kg/cm³ anzunehmen.

Brennecke berichtet über Versuche zur Feststellung der Zusammendrückbarkeit des Baugrundes in seinem Grundbau, 3. Aufl., S. 126. Danach ist die Baugrundziffer für gewachsenen Sand $K = 1$ bis 4 kg/cm³. Die Versuche sind jedoch in zu kleinem Maßstabe ausgeführt, um aus ihnen Schlüsse auf die Einsenkung ziehen zu können.

Die Ziffer K wird in der vorliegenden Abhandlung eine bedeutende Rolle spielen. Solange man über ihre Größe nicht genau unterrichtet ist, wird das mathematische Verfahren in seiner praktischen Anwendung ganz unzulässig erscheinen. Wir werden, da es sich um eine nur ungefähr bestimmbare Größe handelt, den Einfluß der zwischen den wahrscheinlichen Grenzen veränderlich angenommenen Größe auf das Resultat von Fall zu Fall untersuchen.

Wir kommen noch kurz auf die Einsenkungsgröße y zu sprechen. Handelt es sich um ein Bauwerk mit großer Steifigkeit, wie z. B. ein massives Fundament, so kann y, also auch der Widerstand, den das Bauwerk durch den Boden an einer bestimmten Stelle erfährt, als nur von äußeren Kräften sowie der Widerstandsfähigkeit des Baugrundes abhängig betrachtet werden. Im allgemeinen aber ist, wie man sich schon bei einer Eisenbahnschwelle vorstellen kann, y außerdem noch durch die Abmessungen des Bauwerkes stark beeinflußt. Der Widerstand muß, da er proportional der Verschiebung angenommen wurde, mit Rücksicht auf die Abmessungen des Bauwerkes und auf seine elastische Beschaffenheit verschiedene Werte aufweisen.

Der Einfluß der eigenen elastischen Beschaffenheit auf die Einsenkung des Bauwerkes wird, verglichen mit dem der Nachgiebigkeit des Baugrundes, gewöhnlich geringfügig sein; man darf ihn daher öfters vernachlässigen. Beim Eisenbeton, der in neuerer Zeit in der bautechnischen Praxis mehr und mehr an Bedeutung gewinnt, läßt man Zugspannungen zu; aus diesem Grunde fallen die Abmessungen von Bauwerken in Eisenbeton wesentlich geringer aus als in sonstigen Baumaterialien. Die elastische Formänderung infolge der eigenen Elastizität ist dabei verhältnismäßig groß und darf nicht außer acht gelassen werden; dies kann man bei einigen der im Laufe der Abhandlung angeführten Beispiele mit Leichtigkeit beweisen.

I. Abschnitt.

Allgemeine Theorie des elastisch gelagerten Trägers.

§ 3. Ableitung der Grundgleichungen.

1. Entwicklung der Differentialgleichung. Ein gerader, zur Vertikalebene durch die Schwerachse symmetrischer Stab AB von der Breite b, dem Elastizitätsmaß E (auch Elastizitätsziffer oder -modul genannt), ruhe auf einer wagerechten, elastischen Unterlage und sei in derselben Ebene von irgendwelchen lotrechten Lasten P_1, P_2 ... und irgendwie verteilter Belastung q angegriffen, wobei q die veränderliche Belastung für die Flächeneinheit ist [Fig. 2].

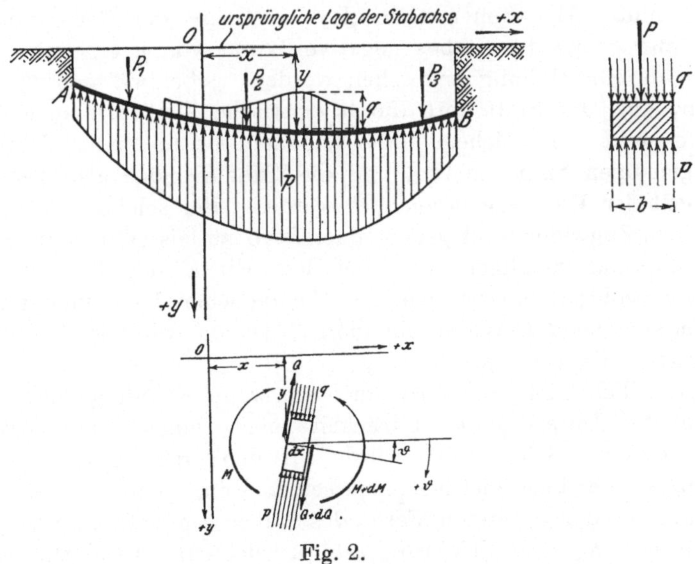

Fig. 2.

Wir wählen irgendeinen Punkt O auf der ursprünglichen Lage der Stabachse als Ursprung des Koordinatensystems und rechnen die Ordinaten y lotrecht von oben nach unten positiv.

Es bedeuten in einem beliebigen Querschnitt (x, y)

J das Trägheitsmoment des Querschnittes in bezug auf die wagerechte Schwerachse des Stabes,

M das Biegungsmoment in bezug auf dieselbe Achse,

Q die Querkraft,

ϑ den Neigungswinkel der Tangente mit der x-Achse.

Es sollen sich hierbei die drei Größen J, M und Q zunächst auf die Stabbreite b beziehen. Ferner muß ϑ, in Übereinstimmung mit der Annahme bezüglich y, im Uhrzeigersinn positiv gerechnet werden.

Im Querschnitt x wirkt als äußere Kraft q. Ferner kommt der stetig über die Stablänge verteilte Flächendruck p in Betracht, der nach § 1, (1)

$$p = Ky$$

gesetzt werden kann. Man vernachlässigt hierbei den unendlich kleinen Unterschied zwischen den Verschiebungen der neutralen Achse und denen der äußersten Stabfasern und versteht unter y sowohl die Senkungen der Stützfläche als auch die Ordinaten der elastischen Linie der Stabachse selbst. Zu betonen ist, daß diese Gleichung mathematisch nicht an die Bedingung geknüpft ist, daß y nur positiv bleiben muß. Es können sich also im Laufe der Berechnung an irgendeiner Stelle des Stabes negative Werte von y ergeben. Dann muß y als eine Hebung angesehen werden, wobei wir uns vorstellen können, daß der Stab dort durch elastische Zugkräfte nach unten gezogen wird. In solchem Falle hat man es mit einer Unterlage im allgemeinen Sinne zu tun, und die Ziffer K möge als **Elastizitätskoeffizient der Unterlage** bezeichnet werden. Bei solchen Unterlagen, die keinen Zugwiderstand gegen einen Stab zu leisten imstande sind, z. B. Baugrund im allgemeinen, bei dem wir K mit Baugrundziffer benennen wollten, müssen wir die theoretischen Untersuchungen in zweckentsprechender Weise abändern. Davon wird in besonderen Abschnitten die Rede sein.

Schließlich kann und wird der Stab, wenn er infolge der Durchbiegung die Unterlage einzudrücken sucht, einen Reibungswiderstand erfahren. Seine Größe würde für den ersten Augenblick des Aufbringens der Last gleich $K_1 z$ zu setzen sein, wenn z die elastische Verlängerung der untersten Faser des Stabes am betrachteten Querschnitte und K_1 eine Erfahrungszahl bezeichnen. Erfahrungsgemäß ist aber z im Verhältnis zu y stets eine sehr kleine Größe, ferner kann man mit dem dauernden Wirken der Reibungskräfte nicht rechnen, weil sie durch zufällige äußere Ursachen, wie Änderungen der Temperatur, Erschütterungen des Bauwerks u. dgl. zunichte gemacht werden können. Aus diesen Gründen darf man wohl diesen Widerstand in den meisten Fällen ohne Beachtung lassen.

Wir leiten zunächst die Grundgleichungen ohne Berücksichtigung des Reibungswiderstandes ab; später soll derselbe sowie die durch ihn hervorgerufenen Längskräfte gesondert behandelt werden, so daß auch ein Vergleich der gewonnenen Resultate möglich ist.

Man hat für die Querkraft im Punkt x den Ausdruck

$$Q = Q_0 - \sum_0^x [P] + \int_0^x b[p-q]\,dx,$$

wenn Q_0 diejenige im Punkt O bezeichnet. Hierbei wird Q wie gewöhnlich links vom betrachteten Querschnitt positiv nach oben, P und q immer positiv nach unten gerechnet.

Es folgt aus dem letzten Ausdruck für Q durch Differentiation nach x oder auch schon auf Grund einer einfachen Überlegung über die Bedeutung von p und q:

$$\frac{dQ}{dx} = b[p-q]. \tag{1}$$

Da ferner zwischen dem Moment M und der Querkraft Q die Beziehung

$$\frac{dM}{dx} = Q \tag{2}$$

besteht, findet man mit Bezug auf die Gleichung $p = Ky$

$$\frac{d^2M}{dx^2} = b[p-q] = b[Ky-q]. \tag{3}$$

Es gilt die bekannte Differentialgleichung der elastischen Linie infolge der Biegungsmomente

$$M = -EJ\frac{d^2y}{dx^2}. \tag{4}$$

Die Gleichung ist im allgemeinen mit dem Vorzeichen $\pm$ auf der rechten Seite versehen. Wegen der Annahme bezüglich y wählen wir das Minuszeichen und setzen damit fest, daß dasjenige Biegungsmoment M als in positivem Sinn wirkend betrachtet werden soll, welches den Stab, in positiver Richtung y gesehen, hohl krümmt.

Beschränken wir uns zunächst auf einen Stab mit unveränderlichem Trägheitsmoment J, so liefert die Gleichung in Verbindung mit (3) die Differentialgleichung der elastischen Linie des Stabes

$$EJ\frac{d^4y}{dx^4} + bKy = bq. \tag{5}$$

Setzt man voraus, daß die elastische Eigenschaft, also die Ziffer K, in allen Punkten der Unterstützung völlig gleichwertig ist, und setzt man zur Vereinfachung der Integration

$$(6)\quad \begin{cases} \sqrt[4]{\dfrac{4EJ}{bK}} = L \\ \text{und} \\ \dfrac{x}{L} = \xi , \end{cases}$$

so formt sich die letzte Differentialgleichung um zu

$$(7)\quad \frac{d^4 y}{d\xi^4} + 4y = \frac{4}{K} q .$$

Die Größe L, in der die drei Größen K, E, J zusammengefaßt sind, ist in den vorliegenden Untersuchungen ein maßgebender Faktor. Das physikalische Verhalten des Stabes ist in den Formeln ausschließlich durch L gekennzeichnet. Aus der Betrachtung der Dimensionen (nämlich $E = \text{kg}\,\text{cm}^{-2}$, $J = \text{cm}^4$, $b = \text{cm}$ und $K = \text{kg}\,\text{cm}^{-3}$) geht hervor, daß sie eine sowohl vom Material und der Querschnittsform des Stabes als auch der elastischen Beschaffenheit der Unterlage abhängige Länge darstellt. Die Größe $\xi = x/L$ ist also eine von der Lage des Querschnitts x abhängige, veränderliche Zahl.

Die Differentialgleichung (7), die den folgenden Untersuchungen zugrunde liegt, ermöglicht die Berechnung der elastischen Senkung und dadurch aller erforderlichen, elastischen Größen des Stabes, sofern q bekannt oder anderweitig als Funktion von ξ darstellbar ist. Die Gleichung ist linear, und ihre vollständige Lösung besteht aus vier mit den willkürlichen Funktionen oder Konstanten behafteten Gliedern, von denen jedes eine partikuläre Lösung angibt.

Setzt man $q = f(\xi)$, so ergibt sich die Differentialgleichung

$$(8)\quad \frac{d^4 y}{d\xi^4} + 4y = \frac{4}{K} f(\xi) .$$

Das Integral nimmt die Form

$$y = \sum_{n=1}^{n=4} [Z_n e^{s_n \xi}]$$

an, wenn unter Z_n bestimmte Funktionen von ξ, unter s_n die vier Wurzeln der charakteristischen Gleichung $s^4 + 4 = 0$ verstanden sind.

Da
$$\begin{cases} s_1 = -s_4 = 1 + i \\ s_2 = -s_3 = 1 - i \end{cases}$$

ist, läßt sich das Integral in der Form

$$y = Z_1 e^{s_1 \xi} + Z_2 e^{s_2 \xi} + Z_3 e^{-s_2 \xi} + Z_4 e^{-s_1 \xi} \tag{9}$$

angeben, wobei die vier Funktionen Z_1 bis Z_4 aus den Gleichungen

$$\left\{\begin{aligned} e^{s_1 \xi}\frac{dZ_1}{d\xi} + e^{s_2 \xi}\frac{dZ_2}{d\xi} + e^{-s_2 \xi}\frac{dZ_3}{d\xi} + e^{-s_1 \xi}\frac{dZ_4}{d\xi} &= 0 \\ e^{s_1 \xi}\frac{dZ_1}{d\xi} - e^{s_2 \xi}\frac{dZ_2}{d\xi} - e^{-s_2 \xi}\frac{dZ_3}{d\xi} + e^{-s_1 \xi}\frac{dZ_4}{d\xi} &= 0 \\ s_1 e^{s_1 \xi}\frac{dZ_1}{d\xi} + s_2 e^{s_2 \xi}\frac{dZ_2}{d\xi} - s_2 e^{-s_2 \xi}\frac{dZ_3}{d\xi} - s_1 e^{-s_1 \xi}\frac{dZ_4}{d\xi} &= 0 \\ -s_2 e^{s_1 \xi}\frac{dZ_1}{d\xi} - s_1 e^{s_2 \xi}\frac{dZ_2}{d\xi} + s_1 e^{-s_2 \xi}\frac{dZ_3}{d\xi} + s_2 e^{-s_1 \xi}\frac{dZ_4}{d\xi} &= \frac{2}{K} f(\xi) \end{aligned}\right. \tag{10}$$

zu berechnen sind.

2. Ausdrücke für die elastischen Größen. Für die weiteren Berechnungen ist die folgende Gruppe von Gleichungen grundlegend:

$$\left\{\begin{aligned} & p = Ky & M &= -EJ\frac{d^2y}{dx^2} = \frac{-bKL^2}{4}\left[\frac{d^2y}{d\xi^2}\right] \\ & \operatorname{tg}\vartheta = \frac{dy}{dx} = \frac{1}{L}\left[\frac{dy}{d\xi}\right] & Q &= -EJ\frac{d^3y}{dx^3} = \frac{-bKL}{4}\left[\frac{d^3y}{d\xi^3}\right]. \end{aligned}\right. \tag{11}$$

In den ersten Ausdrücken für M und Q tritt die Breite b des Stabes nicht auf; selbstverständlich beziehen sie sich dabei auf dieselbe Breite des Stabes, für die das Trägheitsmoment J berechnet wird. Da aber in dieser Abhandlung im allgemeinen $b = 1$ cm angenommen werden soll, so beziehen sich, wenn nichts anderes angegeben, diese zwei Größen stets auf die Einheitsbreite des Trägers.

3. Bemerkung. Es ist ohne weiteres einzusehen, daß in der oben entwickelten Theorie auch Momente $\mathfrak{M}_1$, $\mathfrak{M}_2 \ldots$ als äußere Kräfte auftreten können. $\mathfrak{M}$ ist gegen den Sinn des Uhrzeigers positiv gerechnet. Die gewonnene Differentialgleichung sowie alle daraus abgeleiteten Formeln erleiden hierbei keine Abänderung.

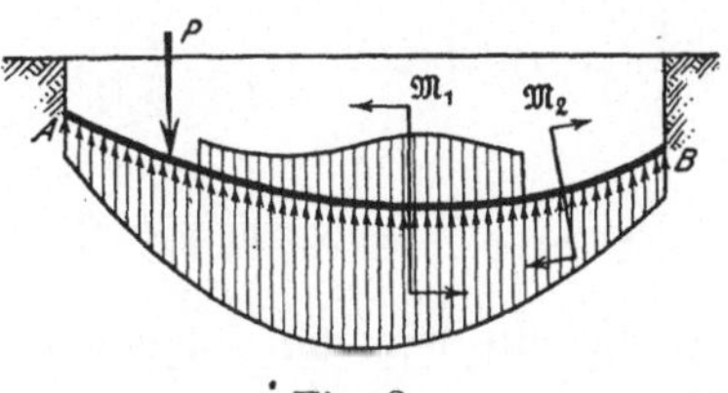

Fig. 3.

§ 4. Die Funktion $f(\xi)$ ist gegeben.

Es sollen im folgenden die allgemeinen Formeln für einige Sonderfälle, in denen $f(\xi)$ ausdrücklich gegeben ist, näher erörtert werden.

1. $f(\xi) = 0$. Hierunter verstehen wir einen Stabteil, z. B. CB in Fig. 4, der keine Streckenlast trägt.

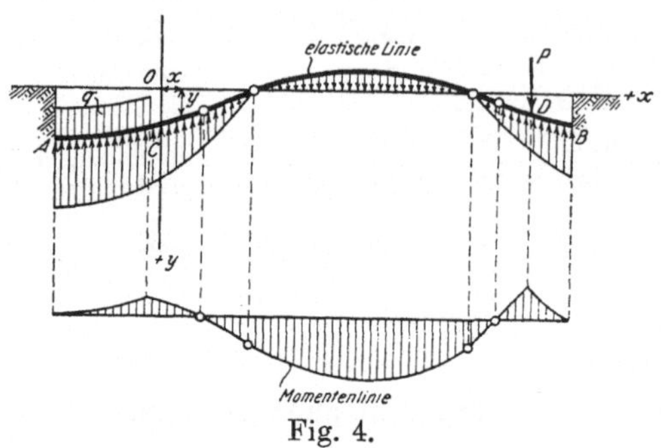

Fig. 4.

Man erhält die Differentialgleichung

$$\frac{d^4 y}{d \xi^4} + 4 y = 0. \tag{12}$$

Das allgemeine Integral lautet

$$y = Y = \frac{1}{2} \left[(A_1 e^{\xi} + A_2 e^{-\xi}) \cos \xi + (A_3 e^{\xi} + A_4 e^{-\xi}) \sin \xi \right]. \tag{13$_1$}$$

Hierin sind A_1, A_2, A_3 und A_4 als die vier willkürlichen, der viermaligen Integration entsprechenden Bestimmungsgrößen zu betrachten. In der vorliegenden Abhandlung sind solche Größen stets mit Indizes versehen, z. B. $A_1, A_2, \ldots, B_1, B_2, \ldots$.

Die Funktion Y wird manchmal in der Form

$$Y = U_1 \mathfrak{Cof}\, \xi \cos \xi + U_2 \mathfrak{Sin}\, \xi \cos \xi + U_3 \mathfrak{Cof}\, \xi \sin \xi + U_4 \mathfrak{Sin}\, \xi \sin \xi \tag{13$_2$}$$

gegeben. Die eine Form läßt sich ohne weiteres in die andere umwandeln durch Einsetzung folgender Beziehungen:

$$\left\{ \begin{aligned} U_1 &= \frac{1}{2} [A_1 + A_2] \qquad & U_3 &= \frac{1}{2} [A_3 + A_4] \\ U_2 &= \frac{1}{2} [A_1 - A_2] \qquad & U_4 &= \frac{1}{2} [A_3 - A_4]. \end{aligned} \right. \tag{14}$$

Aus Gl. (13$_1$) entwickeln wir die folgenden Ausdrücke für die Differentialquotienten nach ξ:

$$
(15)\quad \begin{cases}
\dfrac{dy}{d\xi} = \dfrac{1}{2}\,[A_1 e^{\xi}(\cos\xi - \sin\xi) - A_2 e^{-\xi}(\cos\xi + \sin\xi) \\
\qquad + A_3 e^{\xi}(\cos\xi + \sin\xi) + A_4 e^{-\xi}(\cos\xi - \sin\xi)] \\
\dfrac{d^2y}{d\xi^2} = -\,[A_1 e^{\xi} - A_2 e^{-\xi}]\sin\xi + [A_3 e^{\xi} - A_4 e^{-\xi}]\cos\xi \\
\dfrac{d^3y}{d\xi^3} = -\,A_1 e^{\xi}(\cos\xi + \sin\xi) + A_2 e^{-\xi}(\cos\xi - \sin\xi) \\
\qquad + A_3 e^{\xi}(\cos\xi - \sin\xi) + A_4 e^{-\xi}(\cos\xi + \sin\xi).
\end{cases}
$$

Mit Hilfe dieser Ausdrücke lassen sich die Gleichungen für die elastischen Größen p, M, Q und $\operatorname{tg}\vartheta$ ohne weiteres angeben [vgl. Gln. (11)]. Der besseren Übersicht wegen stellen wir die einzelnen Ausdrücke zusammen:

$$
(16)\quad \begin{cases}
p = \dfrac{K}{2}\,[(A_1 e^{\xi} + A_2 e^{-\xi})\cos\xi + (A_3 e^{\xi} + A_4 e^{-\xi})\sin\xi] \\
M = \dfrac{KL^2}{4}\,[(A_1 e^{\xi} - A_2 e^{-\xi})\sin\xi - (A_3 e^{\xi} - A_4 e^{-\xi})\cos\xi] \\
Q = \dfrac{KL}{4}\,[A_1 e^{\xi}(\cos\xi + \sin\xi) - A_2 e^{-\xi}(\cos\xi - \sin\xi) \\
\qquad - A_3 e^{\xi}(\cos\xi - \sin\xi) - A_4 e^{-\xi}(\cos\xi + \sin\xi)] \\
\operatorname{tg}\vartheta = \dfrac{1}{2L}\,[A_1 e^{\xi}(\cos\xi - \sin\xi) - A_2 e^{-\xi}(\cos\xi + \sin\xi) \\
\qquad + A_3 e^{\xi}(\cos\xi + \sin\xi) + A_4 e^{-\xi}(\cos\xi - \sin\xi)].
\end{cases}
$$

Man sieht ein, daß die Funktion Y die allgemeine Eigenschaft besitzt, sich bei der Differentiation und dementsprechend auch bei der Integration der Form nach wieder zu erzeugen, indem man für alle Abgeleiteten der Funktion die gleichgebaute Funktion erhält. Hieraus erkennt man, daß man für jeden der drei Ausdrücke $\dfrac{dy}{d\xi}$, $\dfrac{d^2y}{d\xi^2}$ und $\dfrac{d^3y}{d\xi^3}$ die oben angegebene Funktionsform Y einsetzen kann.

Was die Integrationskonstanten A_1, A_2, A_3 und A_4 anbelangt, so sind sie erst bestimmt, wenn sowohl die Abmessungen als auch die Belastungsart des Stabes feststehen; denn dann sind alle Größen in den Bedingungsgleichungen, die wir aus den Ausdrücken für $\dfrac{dy}{d\xi}$, $\dfrac{d^2y}{d\xi^2}$ und $\dfrac{d^3y}{d\xi^3}$ aufstellen können, bis auf die Konstanten A_1, A_2, A_3, A_4 numerisch gegebene Werte, und man kann diese Gleichungen ersten Grades in bezug auf A_1, A_2, A_3, A_4 ohne weiteres nach denselben auflösen.

Schließlich geht aus Gl. (4) und aus

$$y = \frac{1}{K} \frac{d^2 M}{dx^2} \quad \text{[vgl. Gl. (3)]}$$

hervor, daß einem Nullpunkt in der Momentenkurve ein Wendepunkt in der elastischen Linie entspricht, und umgekehrt gehört auch zu jedem Nullpunkt in der elastischen Linie ein Wendepunkt in der Momenteukurve mit derselben Abszisse x. Davon kann man sich bei vielen der nachfolgenden Beispiele überzeugen.

Die Differentialgleichung (12) ist im Jahre 1867 von Winkler[1]) zuerst gegeben. Später, im Jahre 1881, wurde sie von Schwedler[2]) zu eingehenden Untersuchungen bei der Berechnung des Eisenbahnoberbaues benutzt. Sie ist daher als Gleichung von Winkler und Schwedler bekannt.

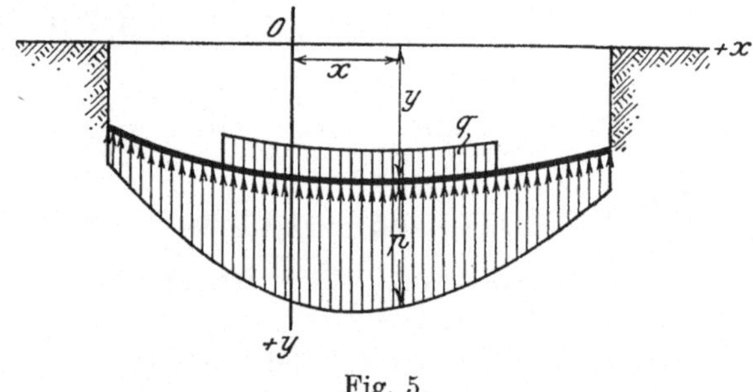

Fig. 5.

2. $f(\xi)$ ist konstant. Man erhält hierbei die Differentialgleichung

$$\frac{d^4 y}{d\xi^4} + 4y = \frac{4q}{K}, \tag{17}$$

worin q eine Konstante bezeichnet. Das Integral lautet

$$y = \frac{q}{K} + Y, \tag{18}$$

wenn unter Y die in (13_1) angegebene Funktion verstanden ist Somit ergibt sich

$$p = q + KY. \tag{19}$$

Für die Ableitungen der Funktion y bis zum dritten Differentialquotienten und folglich auch für die elastischen Größen $\operatorname{tg}\vartheta$, M und Q gelten ohne weiteres die im vorigen Falle entwickelten Formeln [vgl. Gln. (16)].

---

[1]) Die Lehre von der Elasticität und Festigkeit, 1867, Prag. S. 182.

[2]) S. Fußnote S. 3.

3. $f(\xi)$ ist eine ganze, rationale Funktion n-ten Grades. Das Integral erscheint dann in der Form

$$y = F(\xi) + Y,$$

worin $F(\xi)$ eine ganze, rationale Funktion n-ten Grades bedeutet, deren Koeffizienten nach dem Verfahren der unbestimmten Koeffizienten ermittelt werden können.

Es sei z. B.

$$f(\xi) = q_0 + k\,\xi\,, \tag{20}$$

wobei q_0 und k zwei Konstanten bedeuten. Die Differentialgleichung lautet

$$\frac{d^4 y}{d\,\xi^4} + 4\,y = \frac{4\,[q_0 + k\,\xi]}{K}\,. \tag{21}$$

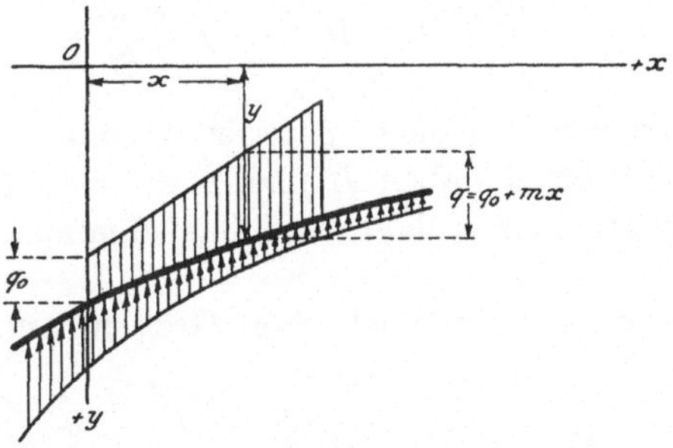

Fig. 6.

Der Fall liegt vor, wenn die Streckenlast q gleichmäßig mit x zunimmt. Mit Bezug auf Fig. 6 nimmt k dann den Wert

$$k = m\,L$$

an, und man findet

$$F(\xi) = \frac{q_0 + m\,L\,\xi}{K}$$

und folglich

$$\left\{\begin{aligned} y &= \frac{q_0 + m\,L\,\xi}{K} + Y \\ p &= [q_0 + m\,L\,\xi] + K\,Y, \end{aligned}\right. \tag{22}$$

worin Y in Gl. (13_1) angegeben ist.

Ferner erhält man

$$\left\{\begin{aligned} \operatorname{tg}\vartheta &= \frac{1}{L}\left[\frac{dy}{d\,\xi}\right] \\ &= \frac{m}{K} + \frac{1}{L}\left[\frac{d\,Y}{d\,\xi}\right], \end{aligned}\right. \tag{23}$$

worin $\frac{dY}{d\xi}$ durch $\frac{dy}{d\xi}$ in Gln. (15) ersetzt werden kann.

Als Ausdrücke für M und Q gelten ohne weiteres die des Falles 1 [vgl. Gln. (16)].

§ 5. Ableitung der Grundgleichungen mittels einer Momentengleichung.

In den vorhergehenden Paragraphen haben wir die Einsenkung y des Stabes als Funktion von x dargestellt. Analog kann man mit den anderen elastischen Größen verfahren.

Es soll im folgenden das Biegungsmoment M als Funktion von x entwickelt werden. Man gelangt zur Differentialgleichung

$$\frac{d^4 M}{d\xi^4} + 4M = -L^2 \frac{d^2 q}{d\xi^2},$$

deren Richtigkeit wir in einem späteren Abschnitt beweisen werden [§ 8, Gl. (37a)]. Hierbei haben L und ξ dieselbe Bedeutung wie in Gln. (6). Bei gegebenem q läßt sich das allgemeine Integral leicht aufstellen.

Die Ausdrücke für die elastischen Größen lauten dann

$$(24)\quad \begin{cases} y = \frac{1}{K}\left[\frac{d^2 M}{dx^2} + q\right] = \frac{1}{K}\left[\frac{1}{L^2}\frac{d^2 M}{d\xi^2} + q\right] \\ p = \frac{1}{L^2}\frac{d^2 M}{d\xi^2} + q \\ \operatorname{tg}\vartheta = \frac{dy}{dx} = \frac{1}{K}\left[\frac{d^3 M}{dx^3} + \frac{dq}{dx}\right] = \frac{1}{KL}\left[\frac{1}{L^2}\frac{d^3 M}{d\xi^3} + \frac{dq}{d\xi}\right] \\ Q = \frac{dM}{dx} = \frac{1}{L}\frac{dM}{d\xi}. \end{cases}$$

Greifen wir auf die im letzten Paragraphen behandelten drei speziellen Fälle zurück, also:

$$(25)\quad \begin{cases} q = 0 \\ q = \text{konstant} \\ q = q_0 + k\xi, \end{cases}$$

so nimmt die Differentialgleichung die Form [§ 8, Gl. (38a)]

$$\frac{d^4 M}{d\xi^4} + 4M = 0$$

an. Die Gleichung stimmt der Form nach vollkommen mit Gl. (12) überein, wenn in dieser M statt y gesetzt wird. Alle Ergebnisse bezüglich der allgemeinen Lösung sowie ihrer Ableitungen [vgl. Gln. $(13_{1,2})$, (15)] bleiben daher verwendbar, wenn man nur die obigen Werte umändert. Man erhält nämlich

$$(26)\quad \begin{cases} M = \frac{1}{2}[(B_1 e^{\xi} + B_2 e^{-\xi})\cos\xi + (B_3 e^{\xi} + B_4 e^{-\xi})\sin\xi] \\ \frac{dM}{d\xi} = \frac{1}{2}[B_1 e^{\xi}(\cos\xi - \sin\xi) - \dots \\ \vdots \end{cases}$$

wobei B_1, B_2, B_3, B_4 vier Integrationsfestwerte bezeichnen.

§ 6. Aufstellung der Gleichungen, wenn Diskontinuitätspunkte vorhanden sind.

1. Vorbemerkungen. Es ist zu bemerken, daß in den bis jetzt gewonnenen Gleichungen äußere Kräfte $P_1, P_2 \dots, \mathfrak{M}_1, \mathfrak{M}_2 \dots$ nicht auftraten. Ferner war von der Länge, über die die Streckenlast q verteilt ist, nicht die Rede.

Dies läßt sich damit erklären, daß eine Differentialgleichung, von der eine Integralformel abgeleitet werden soll, der Natur der Sache nach nicht jeden besonderen Zustand zum Ausdruck bringt. Für irgendwelche Belastung erleidet die Einsenkung eines Stabes und folglich der Neigungswinkel der elastischen Linie eine stetige, und zwar, wie es aus den oben gefundenen Gleichungen erhellt, in graphischer Darstellung betrachtet, wellenartige Veränderung. Was aber die elastischen Größen Q, M des Stabes betrifft, so erleiden sie an den Angriffspunkten einer Kraft, eines Momentes oder an den Endpunkten einer Streckenlast sprungweise Veränderungen. Dort sind also Diskontinuitätspunkte der Gleichungen für die elastischen Größen. So z. B. erleidet die Querkraft, links vom Querschnitt betrachtet, eine plötzliche Änderung um den Betrag $-P$, wenn P die dort vorhandene Einzellast bezeichnet.

Jede Gleichung von der Form $(13_{1,2})$ gilt also nur für die Teile eines Stabes, die der Wirkung zweier benachbarten Einzellasten, zweier Momente oder der Wirkung einer Last und, benachbart davon, der eines Momentes ausgesetzt sind, während Gleichungen von der Form (18), (19) und (22) lediglich auf die Länge, über die sich die stetig verteilte Last erstreckt, ausdehnbar sind.

Ferner muß die Differentialgleichung ihrerseits dort ihre Gültigkeit verlieren, wo die darin auftretenden parametrischen Größen eine plötzliche Veränderung erfahren. Es müssen daher bei diesen Differentialgleichungen die Stellen, wo J, K und selbst E, wenn es möglich wäre, sich sprungweise ändern, Diskontinuitätspunkte der

Differentialgleichungen sein, wenn auch dort die elastischen Größen — y, $\operatorname{tg}\vartheta$, M und Q — des Stabes selber keine Diskontinuität besitzen.

2. Ergänzungsbeispiel. Die Aufstellung der Gleichungen für einen Stab mit Diskontinuitätspunkten ist im allgemeinen ziemlich umständlich. Im folgenden wollen wir darauf an der Hand eines Beispieles näher eingehen.

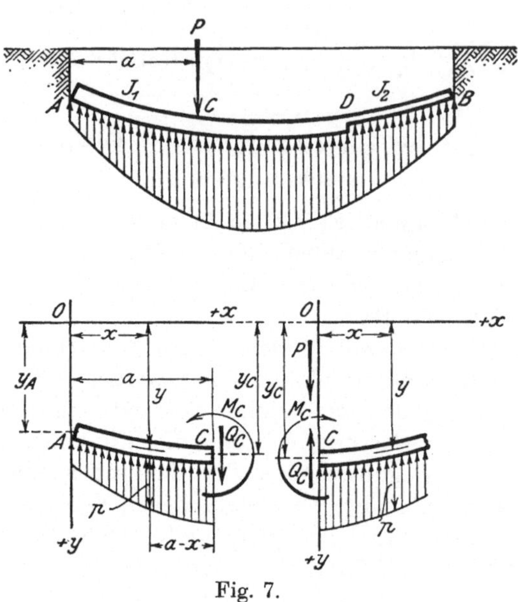

Fig. 7.

Ein elastisch gelagerter, gerader Stab AB erfahre im Punkte D eine sprungweise Veränderung des Trägheitsmomentes. Der Stab trage in C eine Einzellast P. Der Flächendruck p sei für die Strecken AC, CD und DB stetig veränderlich. Es sollen die Gleichungen für die elastischen Größen des ganzen Stabes bestimmt werden.

Nimmt man in einem belasteten, geraden Stab für eine elastische Größe, z. B. die Einsenkung oder das Biegungsmoment, eine Integralformel irgendwelcher Form an, so lassen sich diejenigen der anderen elastischen Größen unmittelbar daraus ableiten. Da diese angenommenen Formeln im allgemeinen vier Konstanten enthalten, so sind die abgeleiteten Gleichungen ebenfalls mit diesen vier Konstanten behaftet.

C und D sind Diskontinuitätspunkte, man hat demnach die drei Stabteile AC, CD und DB getrennt zu betrachten. Nimmt man für jeden je eine, vorläufig unabhängige Gleichung irgendeiner elastischen Größe an, so hat man im ganzen $4(2+1)=12$ Konstanten zu bestimmen, worin 2 die Anzahl der Diskontinuitäten angibt. Da aber im Punkt C die dort wirkenden inneren Kräfte Q_C und M_C aus den zugehörigen Gleichungen für AC gegeben sind, und sie infolgedessen für den Stabteil CD ebenso wie die Last P als bekannte, äußere Kräfte betrachtet werden können, wird die Zahl der Konstanten in der Gleichung für CD um zwei vermindert. Ähnliches gilt für den Stabteil DB. Die Zahl der in Betracht kommenden Konstanten vermindert sich also auf $12-2\cdot 2=8$.

Da die beiden Stabteile im Anschlußpunkte gemeinsame Einsenkung und Verdrehung haben müssen, erhält man in C die zwei Bedingungsgleichungen

$$(27_1)\qquad \left\{\begin{aligned} y_A - y_C &= \int_0^a \frac{M}{EJ}\frac{\partial M}{\partial Q_C}\,dx \\ \vartheta_A - \vartheta_C &= \int_0^a \frac{M}{EJ}\frac{\partial M}{\partial M_C}\,dx, \end{aligned}\right.$$

wobei y_C und ϑ_C durch die zugehörigen Gleichungen für CD ausgedrückt werden müssen. Das Biegungsmoment M in dem Stabteil AC hat den Ausdruck

$$M = \mathfrak{m} - Q_C(a-x) + M_C,$$

wobei $\mathfrak{m}$ das auf den Punkt x bezogene Moment des auf die Strecke $(a-x)$ wirkenden Flächendruckes bedeutet. Es ergibt sich

$$\frac{\partial M}{\partial Q_C} = x$$

$$\frac{\partial M}{\partial M_C} = 1.$$

Somit lauten die obigen Bedingungsgleichungen

$$(27_2)\qquad \left\{\begin{aligned} y_A - y_C &= \frac{1}{EJ}\int_0^a M\,x\,dx \\ \vartheta_A - \vartheta_C &= \frac{1}{EJ}\int_0^a M\,dx. \end{aligned}\right.$$

Analog erhält man im Punkt D zwei Gleichungen ähnlicher Form.

Die übrigen erforderlichen Bedingungen liefern die Verhältnisse, denen die Stabenden unterliegen, die ihrerseits auch Diskontinuitätspunkte sind. Sind z. B. die beiden Enden des Stabes fest eingespannt, so ergibt sich

$$\begin{aligned} y_A &= 0 \qquad & y_B &= 0 \\ \vartheta_A &= 0 \qquad & \vartheta_B &= 0. \end{aligned}$$

3. Bedingungsgleichungen für den elastisch gelagerten Stab. Die Bedingungsgleichungen $(27_{1,2})$ werden sich im allgemeinen kompliziert gestalten. Sie sind besonders dann vorteilhaft anzuwenden, wenn die M-Gleichung, wie bei einem Stücke eines gewöhnlichen Balkens, eine bequeme Form hat.

In den meisten Fällen der vorliegenden Abhandlung gehen wir der Bequemlichkeit halber von der Gleichung der elastischen Linie aus. Man nimmt sowohl für die Strecke vor dem Diskontinuitätspunkte als auch, vollständig unabhängig davon, für die Strecke nach demselben eine Gleichung der elastischen Linie in der allgemeinsten Form an und bildet daraus die Ausdrücke für $\operatorname{tg}\vartheta$, M und Q. Dann lassen sich die zwei Bedingungen der Form $(27_{1,2})$ für einen Diskontinuitätspunkt durch die vier folgenden Gleichungen:

$$(28) \qquad \left\{ \begin{aligned} [y] &= \mathbf{[}y\mathbf{]} \\ [\operatorname{tg}\vartheta] &= \mathbf{[}\operatorname{tg}\vartheta\mathbf{]} \\ [M] &= \mathbf{[}M\mathbf{]} + \mathfrak{M} \\ [Q] &= \mathbf{[}Q\mathbf{]} + P \end{aligned} \right.$$

angeben. Die zweierlei Klammern zeigen, daß die betreffenden Größen durch die Gleichungen für die links bzw. rechts des Diskontinuitätspunktes sich befindlichen Stabteile ausgedrückt werden müssen. Handelt es sich um einen Streckenlastendpunkt oder einen Diskontinuitätspunkt infolge einer Parameteränderung der Differentialgleichung, so sind $\mathfrak{M}$ und P gleich Null zu setzen.

Man nimmt für die Stabteile AC und CD bzw. die Gleichungen

$$y = \frac{1}{2}\left[(A_1 e^{\xi} + A_2 e^{-\xi}) \cos\xi + (A_3 e^{\xi} + A_4 e^{-\xi}) \sin\xi\right]$$

$$y = \frac{1}{2}\left[(B_1 e^{\xi} + B_2 e^{-\xi}) \cos\xi + (B_3 e^{\xi} + B_4 e^{-\xi}) \sin\xi\right]$$

an, worin die Veränderliche ξ und das damit zusammenhängende L in Gln. (6) bezeichnet sind. Setzt man $\alpha = \frac{a}{L}$, so lassen sich die letzten vier Bedingungsgleichungen für den Punkt C in der entwickelten Form [vgl. Gln. (16)]

$$(29)\quad\left\{\begin{aligned}
&[A_1 e^{\alpha} + A_2 e^{-\alpha}]\cos\alpha + [A_3 e^{\alpha} + A_4 e^{-\alpha}]\sin\alpha = B_1 + B_2\\
&\frac{1}{L}[A_1 e^{\alpha}(\cos\alpha - \sin\alpha) - A_2 e^{-\alpha}(\cos\alpha + \sin\alpha) + A_3 e^{\alpha}(\cos\alpha + \sin\alpha)\\
&\qquad + A_4 e^{-\alpha}(\cos\alpha - \sin\alpha)] = \frac{1}{L_1}[B_1 - B_2 + B_3 + B_4]\\
&KL^2[(A_1 e^{\alpha} - A_2 e^{-\alpha})\sin\alpha - (A_3 e^{\alpha} - A_4 e^{-\alpha})\cos\alpha]\\
&\qquad = K_1 L_1^2 [B_4 - B_3]\\
&\frac{KL}{4}[A_1 e^{\alpha}(\cos\alpha + \sin\alpha) - A_2 e^{-\alpha}(\cos\alpha - \sin\alpha)\\
&\qquad - A_3 e^{\alpha}(\cos\alpha - \sin\alpha) - A_4 e^{-\alpha}(\cos\alpha + \sin\alpha)]\\
&\qquad = \frac{K_1 L_1}{4}[B_1 - B_2 - B_3 - B_4] + P
\end{aligned}\right.$$

darstellen. K und K_1 bedeuten die Elastizitätskoeffizienten der Unterlage für AC und CD.

Die Auflösung solcher Gleichungsgruppen führt, besonders wenn viele Diskontinuitätspunkte vorhanden sind, zu höchst weitläufigen Rechnungsarbeiten.

§ 7. Auflösung der Grundgleichung durch unendliche Reihen.

Es soll im folgenden die Differentialgleichung (7)

$$\frac{d^4 y}{d\xi^4} + 4y = \frac{4}{K} q$$

noch einmal durch ein anderes Verfahren aufgelöst werden, und zwar wollen wir y mit Hilfe von Potenzreihen darzustellen suchen.

Der Vorzug der Reihenentwicklung einer Funktion besteht vor allem darin, daß alle Zahlenrechnungen mit dem Rechenschieber oder der Rechentafel ganz bequem ausgeführt werden können. Ferner liefert sie, wie man sich überzeugen wird, für einige besondere Gleichungsformen das einzige Auflösungsmittel.

Wir betrachten zunächst die Gleichung ohne die rechte Seite, nämlich [Gl. (12)]

$$\frac{d^4 y}{d\xi^4} + 4y = 0.$$

Ist

$$y = f(\xi)$$

das allgemeine Integral dieser Gleichung, so hat man entweder nach Taylor

$$(30)\quad y = f(\eta) + \frac{\xi - \eta}{1!} f'(\eta) + \frac{(\xi - \eta)^2}{2!} f''(\eta) + \ldots + \frac{(\xi - \eta)^n}{n!} f^{(n)}(\eta) + \ldots$$

oder nach Mac Laurin

$$y = f(0) + \frac{\xi}{1!} f'(0) + \frac{\xi^2}{2!} f''(0) + \dots + \frac{\xi^n}{n!} f^{(n)}(0) + \dots, \tag{31}$$

wobei $f(\eta)$, $f'(\eta) \dots$, $f(0)$, $f'(0) \dots$ die zu $\xi = \eta$ bzw. $\xi = 0$ gehörigen Werte von $f(\xi)$ und die entsprechenden Ableitungen bedeuten. Aus der Differentialgleichung gewinnt man diese Werte folgendermaßen:

Differentiiert man die Gleichung mehrmals nach ξ und setzt man darin $\xi = \eta$, so erhält man:

$$\begin{array}{lll}
f^{IV}(\eta) = -4 f(\eta) & f^{VIII}(\eta) = 4^2 f(\eta) & f^{XII}(\eta) = -4^3 f(\eta) \\
f^{V}(\eta) = -4 f'(\eta) & f^{IX}(\eta) = 4^2 f'(\eta) & \vdots \\
f^{VI}(\eta) = -4 f''(\eta) & f^{X}(\eta) = 4^2 f''(\eta) & \\
f^{VII}(\eta) = -4 f'''(\eta) & f^{XI}(\eta) = 4^2 f'''(\eta) &
\end{array}$$

Das Bildungsgesetz der Ableitungen läßt sich sofort erkennen: je vier haben die gleiche Form.. Mit Hilfe dieser Entwicklung lassen sich alle höheren Koeffizienten in den Reihenentwicklungen (30) und (31) durch $f(\eta)$ bzw. $f(0)$ sowie durch die drei niedrigsten Ableitungen $f'(\eta)$, $f''(\eta)$, $f'''(\eta)$ bzw. $f'(0)$, $f''(0)$, $f'''(0)$ ausdrücken.

Ordnen wir die Reihe (30) nach diesen vier Ausdrücken, so nimmt sie die Form

$$y = X_1 f(\eta) + X_2 f'(\eta) + X_3 f''(\eta) + X_4 f'''(\eta)$$

an, wenn unter X_1, X_2, X_3 und X_4 die vier unendlichen Reihen

$$\left\{\begin{aligned}
X_1 &= 1 - \frac{(\xi-\eta)^4}{4!} 4 + \frac{(\xi-\eta)^8}{8!} 4^2 - \frac{(\xi-\eta)^{12}}{12!} 4^3 + \dots \\
X_2 &= \frac{\xi-\eta}{1!} - \frac{(\xi-\eta)^5}{5!} 4 + \frac{(\xi-\eta)^9}{9!} 4^2 - \frac{(\xi-\eta)^{13}}{13!} 4^3 + \dots \\
X_3 &= \frac{(\xi-\eta)^2}{2!} - \frac{(\xi-\eta)^6}{6!} 4 + \frac{(\xi-\eta)^{10}}{10!} 4^2 - \frac{(\xi-\eta)^{14}}{14!} 4^3 + \dots \\
X_4 &= \frac{(\xi-\eta)^3}{3!} - \frac{(\xi-\eta)^7}{7!} 4 + \frac{(\xi-\eta)^{11}}{11!} 4^2 - \frac{(\xi-\eta)^{15}}{15!} 4^3 + \dots
\end{aligned}\right. \tag{32}$$

verstanden sind. Die der Gl. (31) entsprechenden Entwicklungen X_1 bis X_4 sind hier der Raumersparnis wegen weggelassen. Sie sind in § 19 als (28) bezeichnet.

Die Ausdrücke $f(\eta)$, $f(0)$ stellen die Einsenkung des Stabes in den Punkten $\xi = \eta$ bzw. $\xi = 0$, ferner $f'(\eta)$, $f''(\eta)$, $f'''(\eta)$ sowie $f'(0)$, $f''(0)$, $f'''(0)$, mit konstanten Koeffizienten verbunden, die Verdrehung, das Biegungsmoment, die Querkraft des Stabes bzw. in denselben Punkten dar. Bei gegebener Belastungsart nehmen diese elastischen

Größen bestimmte Werte an, so daß wir sie als Konstanten betrachten können. Die Reihen (30), (31) können dann in der Form

$$y = A_1 X_1 + A_2 X_2 + A_3 X_3 + A_4 X_4 \tag{33}$$

angegeben werden, wenn A_1, A_2, A_3 und A_4 vier Konstanten bedeuten, die bzw. durch die Gleichungen

$$\left\{\begin{aligned} A_1 &= f(\eta) \\ A_2 &= f'(\eta) \\ A_3 &= f''(\eta) \\ A_4 &= f'''(\eta) \end{aligned}\right. \qquad \left\{\begin{aligned} A_1 &= f(0) \\ A_2 &= f'(0) \\ A_3 &= f''(0) \\ A_4 &= f'''(0) \end{aligned}\right. \tag{34}$$

bezeichnet werden können.

Der gefundene Ausdruck (33) stellt das allgemeine Integral der Gleichung von der Form (12) dar. Das Integral der Gleichung (7) lautet dann

$$y = A_1 X_1 + A_2 X_2 + A_3 X_3 + A_4 X_4 + \frac{q}{K}. \tag{35}$$

Bei großen Werten von ξ konvergieren die Reihen (32) erst von höheren Gliedern ab; für solche Werte von ξ wird die Lösung praktisch unbrauchbar.

Die Ermittlung des Biegungsmomentes sowie der Querkraft erfolgt in der bekannten Weise unter Benutzung der Formeln (4), (2).

§ 8. Das Trägheitsmoment J des Stabes ist mit x veränderlich.

1. Vorbemerkungen. Wie bereits aus der Festigkeitslehre bekannt, pflegt man bei manchen Trägerarten vom Standpunkte der Wirtschaftlichkeit die äußere Form oder besser ausgedrückt die Steifigkeit des Trägers möglichst den in ihm auftretenden Beanspruchungen anzupassen. In diesem Fall muß das Trägheitsmoment des Stabes als mit x veränderlich betrachtet werden.

Man hat dabei wieder auf die Gleichung

$$M = -EJ\frac{d^2y}{dx^2}$$

zurückzugreifen, worin J mit x veränderlich ist.

Nach zweimaliger Ableitung derselben nach x erhält man die Differentialgleichung

$$EJ\frac{d^4y}{dx^4} + 2EJ\frac{dJ}{dx}\frac{d^3y}{dx^3} + E\frac{d^2J}{dx^2}\frac{d^2y}{dx^2} = \frac{d^2M}{dx^2} = Ky + q. \tag{36}$$

Dies ist eine Differentialgleichung vierter Ordnung mit veränderlichen Koeffizienten. Es unterliegt einer großen Schwierigkeit, sie zur Bestimmung der elastischen Durchbiegung y zu benutzen. Wir wollen daher einen anderen Weg einschlagen und die Aufgabe mit Hilfe des Biegungsmomentes M als Funktion von x zu lösen suchen.

2. Zweckmäßige Differentialgleichung. Aus Gl. (3) folgt durch zweimalige Ableitung

$$\frac{d^2 y}{dx^2} = \frac{1}{K}\left[\frac{d^4 M}{dx^4} + \frac{d^2 q}{dx^2}\right].$$

Setzt man diesen Ausdruck in Gl. (4) ein, so ergibt sich die Grundgleichung für das Gesetz der Bildung des Biegungsmomentes im elastisch gelagerten Stab

$$\frac{EJ}{K}\left[\frac{d^4 M}{dx^4} + \frac{d^2 q}{dx^2}\right] = -M. \tag{37}$$

Man gelangt wieder zu einer Differentialgleichung vierter Ordnung mit veränderlichen Koeffizienten. Sie ist aber in der Form viel einfacher als die Gl. (36), doch ihr im mathematischen Sinn völlig gleichwertig. Die Integration dieser Gleichung liefert unmittelbar den Ausdruck des Biegungsmomentes, und aus diesem werden durch Ableitung die Gleichungen für die Querkraft Q und für die Durchbiegung gewonnen.

Kommt die gesamte Streckenlast q gegen die Einzellast P nicht in Betracht, oder ist q entweder konstant oder höchstens im ersten Grade abhängig von x, dann ist $\frac{d^2 q}{dx^2} = 0$, und es ergibt sich die Differentialgleichung

$$\frac{EJ}{K}\frac{d^4 M}{dx^4} = -M. \tag{38}$$

In dem Sonderfall, wenn das Trägheitsmoment konstant ist, nehmen die Gl. (37), (38) wegen der Gl. (6) die Form

$$\frac{d^4 M}{d\xi^4} + 4M = -L^2\frac{d^2 q}{d\xi^2} \tag{37a}$$

bzw.

$$\frac{d^4 M}{d\xi^4} + 4M = 0 \tag{38a}$$

an.

Gl. (37a) hat mathematisch dieselbe Bedeutung wie Gl. (7), während (38a) ihrerseits mit Gln. (12), (17) und (21) gleichwertig ist.

§ 9. Der Elastizitätskoeffizient K der Unterlage ändert sich mit x.

1. Vorbemerkung und Differentialgleichung. Im Eisenbetonbau kommen nicht selten Stützmauern, Rahmen u. dgl. zur Anwendung, deren Fundament bzw. Kämpfer, fußartig verbreitert, auf mehr oder minder nachgiebigem Baugrunde aufruhen. Eine solche Flächenlagerung erfährt, wegen der im allgemeinen nicht in der Mitte des Fundamentes angreifenden Mittelkraft, eine unregelmäßige elastische Senkung. In derartigen Fällen kann durch die Wahl einer besonderen Gründungsart, welche geeignet ist, den ausgeübten Druck aufzunehmen, ein ungleichmäßiges Senken verhütet werden. Diese besteht in der Gründung auf Pfählen, die man nicht in gleichlaufenden Reihen anordnet, sondern dem herrschenden Druck entsprechend verteilt, sei es, daß dadurch ein guter, tiefliegender Baugrund erreicht, oder dadurch lediglich der Boden im ganzen genommen fest zusammengepreßt wird. Um den Einfluß dieses Verfahrens näherungsweise zu ermitteln, möge angenommen werden, daß die Ziffer K sich mit x verändere.

Im folgenden setzen wir voraus, daß K eine lineare Funktion von x ist, und beschränken uns auf den Fall, wo der Stab lediglich Einzellasten trägt. Wählt man irgendeinen Punkt des Stabes O als Koordinatenanfangspunkt und bezeichnet mit K_0 den zugehörigen Elastizitätskoeffizienten der Unterlage, so läßt sich K an einer beliebigen Stelle x durch

$$K = K_0 - kx \tag{39}$$

ausdrücken, wobei unter k eine konstante Größe verstanden ist.

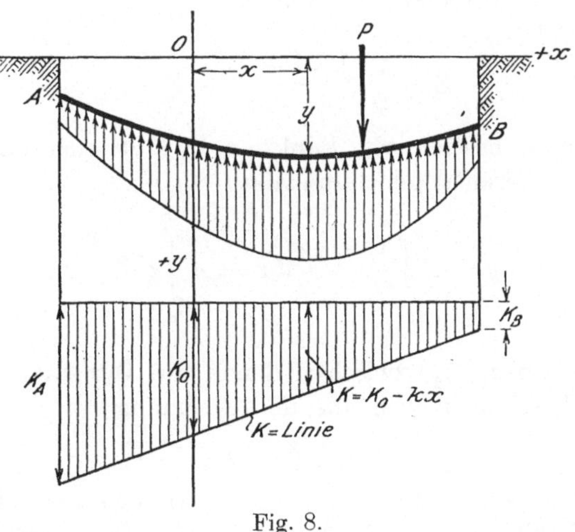

Fig. 8.

Mit diesem Ausdruck geht, da $q = 0$ ist, Gl. (5) über in

$$EJ\frac{d^4 y}{dx^4} + [K_0 - kx]y = 0. \tag{40}$$

Dies ist wieder eine Differentialgleichung vierter Ordnung mit veränderlichem Koeffizienten.

2. Unmittelbare Integration der Gleichung. Es stehen für die Integration der Gl. (40) zwei Wege offen. Zuerst sei der der unmittelbaren Integration eingeschlagen.

Faßt man die in der Gleichung vorkommenden Konstanten E, J, K_0 und k zu einer einzigen Konstanten

(41)
$$\sqrt[5]{\frac{EJk^4}{K_0^5}} = \mathfrak{L}$$

zusammen und setzt

$$\frac{K_0 - kx}{K_0 \mathfrak{L}} = \zeta,$$

so wird die Gleichung auf die einfache Form

$$\frac{d^4 y}{d\zeta^4} - \zeta y = 0 \tag{42}$$

gebracht.

Dies ist eine besondere Form der Laplaceschen Gleichung[1]). Setzt man

$$P(z) = z^4$$
$$Q(z) = -1,$$

so hat man

$$\int \frac{P(z)}{Q(z)} dz = -\int z^4 dz = -\frac{z^5}{5}.$$

Somit ergibt sich

$$Z = \frac{1}{Q} e^{\int \frac{P(z)}{Q(z)} dz} = -e^{-\frac{z^5}{5}}.$$

Mit Hilfe dieser bestimmten Funktion Z läßt sich das allgemeine Integral der Differentialgleichung als

$$y = A \int_{z_1}^{z_2} \frac{1}{Q} e^{z\zeta + Z} dz = A \int_{z_2}^{z_1} e^{z\zeta - \frac{z^5}{5}} dz$$

schreiben.

Die Grenzen z_1, z_2, zwischen denen die Integration ausgedehnt werden soll, bestimmen sich aus der Gleichung

$$e^{z\zeta + Z} = 0$$

---

[1]) A. R. Forsyth, A Treatise on Differential Equations. 4th. ed. S. 280. E. Goursat, Cours d'Analyse mathématique. 2me. éd. Tome II. S. 442.

oder
$$e^{z\zeta-\frac{z^5}{5}}=0,$$
die durch
$$\frac{1}{z^5}=0$$
erfüllt ist. Wenn man mit ω_n $(n=1, 2, 3, 4, 5)$ die fünf Wurzeln der Gleichung $z^5=1$ bezeichnet, werden diejenigen von $\frac{1}{z^5}=0$ zu
$$\omega_n\infty.$$

Das allgemeine Integral nimmt dann den Ausdruck

$$y=\sum_{n=1}^{n=5}\left[A_n\omega_n\int_0^\infty\left(e^{\omega_n z\zeta-\frac{z^5}{5}}\right)dz\right] \tag{43}$$

an, wobei die fünf Konstanten durch die Beziehung

$$\Sigma[A_n]=0 \tag{44}$$

verknüpft sind. Von der Richtigkeit der Gleichung kann man sich durch Ausführung der Differentiation des auf der rechten Seite der Gl. (43) stehenden Ausdrucks leicht überzeugen.

Hiermit ist das Integral mathematisch vollkommen bestimmt. Die Auflösung der Gl. (43) nach ζ ist jedoch noch sehr umständlich; es soll daher ein anderer Weg gezeigt werden.

3. Integration durch eine unendliche Reihe. Wir suchen jetzt die Differentialgleichung (40) mittels einer unendlichen Reihe zu integrieren. Dafür bringt man Gl. (40) durch die Einführung von

(45)[1] $$\xi=\frac{K_0-kx}{K_0}$$

auf die Form

(46) $$\left\{\begin{aligned}&\frac{d^4y}{d\xi^4}=-\alpha\xi y,\\ &\text{wobei}\quad \alpha=\frac{K_0{}^5}{EJk^4}\end{aligned}\right.$$

ist.

Man nehme für y die Entwicklung § 7, (30) an. Durch sukzessive Differentiation der letzten Differentialgleichung kommt man zu den auf S. 30 angegebenen Ausdrücken, in denen das Bildungsgesetz ganz übersichtlich ist.

Mit Hilfe dieser Reihen kann die angenommene Entwicklung für y wieder in der Form
$$y=A_1X_1+A_2X_2+A_3X_3+A_4X_4$$
dargestellt werden, wenn unter X_1, X_2, X_3, X_4 die folgenden Reihen:

---

[1]) Hier ist der Buchstabe ξ in anderer Bedeutung gebraucht als in den vorhergehenden Paragraphen; er bezeichnet hier eine Größe kleiner als 1.

$$
(47)\left\{
\begin{aligned}
X_1 = {} & 1 - \frac{(\xi-\eta)^4}{4!}\alpha\eta + \frac{(\xi-\eta)^8}{8!}\alpha^2\eta^2 - \frac{(\xi-\eta)^{12}}{12!}\alpha^3\eta^3 \\
& - \frac{(\xi-\eta)^5}{5!}\alpha + \frac{(\xi-\eta)^9}{9!}(1+5)\alpha^2\eta - \frac{(\xi-\eta)^{13}}{13!}(1+5+9)\alpha^3\eta^2 \\
& + \frac{(\xi-\eta)^{10}}{10!}1\cdot 6\,\alpha^2 - \frac{(\xi-\eta)^{14}}{14!}[1\cdot 6+10(1+5)]\alpha^3\eta \\
& - \frac{(\xi-\eta)^{15}}{15!}1\cdot 6\cdot 11\,\alpha^3 \\
X_2 = {} & \frac{\xi-\eta}{1!} - \frac{(\xi-\eta)^5}{5!}\alpha\eta + \frac{(\xi-\eta)^9}{9!}\alpha^2\eta^2 - \frac{(\xi-\eta)^{13}}{13!}\alpha^3\eta^3 \\
& - \frac{(\xi-\eta)^6}{6!}2\alpha + \frac{(\xi-\eta)^{10}}{10!}(2+6)\alpha^2\eta - \frac{(\xi-\eta)^{14}}{14!}(2+6+10)\alpha^3\eta^2 \\
& + \frac{(\xi-\eta)^{11}}{11!}2\cdot 7\,\alpha^2 - \frac{(\xi-\eta)^{15}}{15!}[2\cdot 7+11(2+6)]\alpha^3\eta \\
& - \frac{(\xi-\eta)^{16}}{16!}2\cdot 7\cdot 12\,\alpha^3 \\
X_3 = {} & \frac{(\xi-\eta)^2}{2!} - \frac{(\xi-\eta)^6}{6!}\alpha\eta + \frac{(\xi-\eta)^{10}}{10!}\alpha^2\eta^2 - \frac{(\xi-\eta)^{14}}{14!}\alpha^3\eta^3 \\
& - \frac{(\xi-\eta)^7}{7!}3\alpha + \frac{(\xi-\eta)^{11}}{11!}(3+7)\alpha^2\eta - \frac{(\xi-\eta)^{15}}{15!}(3+7+11)\alpha^3\eta^2 \\
& + \frac{(\xi-\eta)^{12}}{12!}3\cdot 8\,\alpha^2 - \frac{(\xi-\eta)^{16}}{16!}[3\cdot 8+12(3+7)]\alpha^3\eta \\
& - \frac{(\xi-\eta)^{17}}{17!}3\cdot 8\cdot 13\,\alpha^3 \\
X_4 = {} & \frac{(\xi-\eta)^3}{3!} - \frac{(\xi-\eta)^7}{7!}\alpha\eta + \frac{(\xi-\eta)^{11}}{11!}\alpha^2\eta^2 - \frac{(\xi-\eta)^{15}}{15!}\alpha^3\eta^3 \\
& - \frac{(\xi-\eta)^8}{8!}4\alpha + \frac{(\xi-\eta)^{12}}{12!}(4+8)\alpha^2\eta - \frac{(\xi-\eta)^{16}}{16!}(4+8+12)\alpha^3\eta^2 \\
& + \frac{(\xi-\eta)^{13}}{13!}4\cdot 9\,\alpha^2 - \frac{(\xi-\eta)^{17}}{17!}[4\cdot 9+13(4+8)]\alpha^3\eta \\
& - \frac{(\xi-\eta)^{18}}{18!}4\cdot 9\cdot 14\,\alpha^3
\end{aligned}
\right.
$$

$$+\frac{(\xi-\eta)^{16}}{16!}\alpha^4\eta^4 \qquad -\ldots$$

$$+\frac{(\xi-\eta)^{17}}{17!}(1+5+9+13)\alpha^4\eta^3 \qquad -\ldots$$

$$+\frac{(\xi-\eta)^{18}}{18!}[1\cdot 6+10(1+5)+14(1+5+9)]\alpha^4\eta^2 \qquad -\ldots$$

$$+\frac{(\xi-\eta)^{19}}{19!}[1\cdot 6\cdot 11+15\{10(1+5)+1\cdot 6\}]\alpha^4\eta \qquad -\ldots$$

$$+\frac{(\xi-\eta)^{17}}{17!}\alpha^4\eta^4 \qquad -\ldots$$

$$+\frac{(\xi-\eta)^{18}}{18!}(2+6+10+14)\alpha^4\eta^3 \qquad -\ldots$$

$$+\frac{(\xi-\eta)^{19}}{19!}[2\cdot 7+11(2+6)+15(2+6+10)]\alpha^4\eta^2 \qquad -\ldots$$

$$+\frac{(\xi-\eta)^{20}}{20!}[2\cdot 7\cdot 12+16\{11(2+6)+2\cdot 7\}]\alpha^4\eta \qquad -\ldots$$

$$+\frac{(\xi-\eta)^{18}}{18!}\alpha^4\eta^4 \qquad -\ldots$$

$$+\frac{(\xi-\eta)^{19}}{19!}(3+7+11+15)\alpha^4\eta^3 \qquad -\ldots$$

$$+\frac{(\xi-\eta)^{20}}{20!}[3\cdot 8+12(3+7)+16(3+7+11)]\alpha^4\eta^2 \qquad -\ldots$$

$$+\frac{(\xi-\eta)^{21}}{21!}[3\cdot 8\cdot 13+17\{12(3+7)+3\cdot 8\}]\alpha^4\eta \qquad -\ldots$$

$$+\frac{(\xi-\eta)^{19}}{19!}\alpha^4\eta^4 \qquad -\ldots$$

$$+\frac{(\xi-\eta)^{20}}{20!}(4+8+12+16)\alpha^4\eta^3 \qquad -\ldots$$

$$+\frac{(\xi-\eta)^{21}}{21!}[4\cdot 9+13(4+8)+17(4+8+12)]\alpha^4\eta^2 \qquad -\ldots$$

$$+\frac{(\xi-\eta)^{22}}{22!}[4\cdot 9\cdot 14+18\{13(4+8)+4\cdot 9\}]\alpha^4\eta \qquad -\ldots$$

$$
\begin{array}{llllll}
f^{\mathrm{IV}}(\xi) & = -\alpha\xi f(\xi) & & & & \\
f^{\mathrm{V}}(\xi) & = -\alpha f(\xi) & -\alpha\xi f'(\xi) & & & \\
f^{\mathrm{VI}}(\xi) & = & -2\alpha f'(\xi) & -\alpha\xi f''(\xi) & & \\
f^{\mathrm{VII}}(\xi) & = & & -3\alpha f''(\xi) & -\alpha\xi f'''(\xi) & \\
 & & & & & \\
f^{\mathrm{VIII}}(\xi) & = \alpha^2\xi^2 f(\xi) & & & -4\alpha f'''(\xi) & \\
f^{\mathrm{IX}}(\xi) & = [1+5]\alpha^2\xi f(\xi) & +\alpha^2\xi^2 f'(\xi) & & & \\
f^{\mathrm{X}}(\xi) & = 1\cdot 6\alpha^2 f(\xi) & +[2+6]\alpha^2\xi f'(\xi) & +\alpha^2\xi^2 f''(\xi) & & \\
f^{\mathrm{XI}}(\xi) & = & 2\cdot 7\alpha^2 f'(\xi) & +[3+7]\alpha^2\xi f''(\xi) & +\alpha^2\xi^2 f'''(\xi) & \\
 & & & & & \\
f^{\mathrm{XII}}(\xi) & = -\alpha^3\xi^3 f(\xi) & & +3\cdot 8\alpha^2 f''(\xi) & +[4+8]\alpha^2\xi f'''(\xi) & \\
f^{\mathrm{XIII}}(\xi) & = -[1+5+9]\alpha^3\xi^2 f(\xi) & -\alpha^3\xi^3 f'(\xi) & & +4\cdot 9\alpha^2 f'''(\xi) & \\
f^{\mathrm{XIV}}(\xi) & = -[1\cdot 6+10(1+5)]\alpha^3\xi f(\xi) & -[2+6+10]\alpha^3\xi^2 f'(\xi) & -\alpha^3\xi^3 f''(\xi) & & \\
f^{\mathrm{XV}}(\xi) & = -1\cdot 6\cdot 11\alpha^3 f(\xi) & -[2\cdot 7+11(2+6)]\alpha^3\xi f'(\xi) & -[3+7+11]\alpha^3\xi^2 f''(\xi) & -\alpha^3\xi^3 f'''(\xi) & \\
 & & & & & \\
f^{\mathrm{XVI}}(\xi) & = \alpha^4\xi^4 f(\xi) & -2\cdot 7\cdot 12\alpha^3 f'(\xi) & -[3\cdot 8+12(3+7)]\alpha^3\xi f''(\xi) & -[4+8+12]\alpha^3\xi^2 f'''(\xi) & \\
 & \quad\vdots & & & &
\end{array}
$$

verstanden sind. Die Ausdrücke für die konstanten Größen A_1, A_2, A_3 und A_4 finden sich in dem ersten Teil von Gl. (34).

Das Biegungsmoment M sowie die Querkraft Q können dann berechnet werden wie folgt [vgl. Gln. (4), (2)]:

$$(48)\qquad \begin{cases} M = -EJ\left[\dfrac{k}{K_0}\right]^2 \dfrac{d^2y}{d\xi^2} \\ Q = EJ\left[\dfrac{k}{K_0}\right]^3 \dfrac{d^3y}{d\xi^3}. \end{cases}$$

§ 10. Wagerechter Widerstand wird berücksichtigt.

1. Vorläufige Behandlung. Es soll jetzt der wagerechte Widerstand, den der Stab auf seiner Unterlage infolge seiner elastischen Verbiegung findet, in Betracht gezogen werden.

Derselbe ist, wie schon früher bemerkt, in den meisten der in der Praxis vorkommenden Aufgaben sehr klein, so daß man ihn in der Regel vernachlässigen darf. Bei einigen besonderen Fällen jedoch, z. B. bei einem durch die darüber rollenden Räder beanspruchten Schienenstrang, der als Stab von unendlicher Länge aufzufassen ist, kann die durch die Belastung hervorgerufene Längsspannung sehr ins Gewicht fallende Werte annehmen.

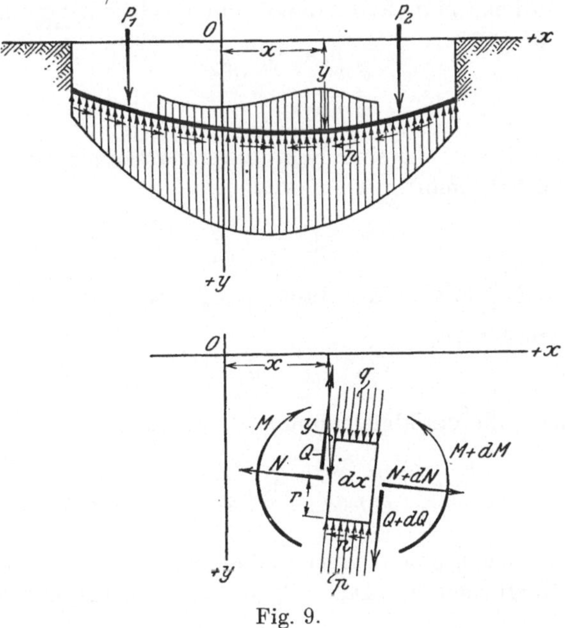

Fig. 9.

Anstatt Gl. (2) erhält man hierbei die Differentialgleichung

$$\frac{dM}{dx} = Q + r\,n, \tag{49}$$

wenn unter n der auf die Längeneinheit des Stabes bezogene, wagerechte Widerstand und unter r der bei unveränderlichem Querschnitt konstante, bei Übertragung der Kraft n in das Innere des Stabes in Betracht zu ziehende Hebelarm, also unter rn das auf die Längeneinheit infolge der wagerechten Beanspruchung hinzutretende Biegungsmoment verstanden sind. Mit Bezug auf Gln. (4), (1) geht die letzte Differentialgleichung über in

$$E\,J\,\frac{d^4y}{d\,x^4} = -\,Ky + q - r\,\frac{d\,n}{d\,x}. \tag{50}$$

Es möge nach Francke angenommen werden, daß das Änderungsverhältnis $\frac{d\,n}{d\,x}$ des wagerechten Widerstandes n in der letzten Gleichung im geraden Verhältnis zum Änderungsverhältnis $\frac{d\,\varepsilon}{d\,x}$ der wagerechten elastischen Verschiebungen ε des Stabes steht. Dieses Verhältnis $\frac{d\,\varepsilon}{d\,x}$ kann aber, soweit man lediglich die Wirkungen des Biegungsmomentes in Betracht zieht, proportional dem jeweiligen Biegungsmoment M angesehen werden. Man kann daher mit Rücksicht auf die bekannte Beziehung § 3, (4)

$$\frac{d\,n}{d\,x} = -\,\lambda\,\frac{d^2y}{d\,x^2}$$

schreiben, wobei unter λ eine Konstante verstanden ist.

Daraus erhält man

$$n = C_1 - \lambda\,\frac{dy}{dx}, \tag{51}$$

worin C_1 eine Integrationskonstante bezeichnet.

Setzt man ferner

$$r\,\lambda = \mu, \tag{52}$$

so nimmt die Differentialgleichung (50) die Gestalt

$$\frac{d^4y}{d\,x^4} - \left[\frac{\mu}{E\,J}\right]\frac{d^2y}{d\,x^2} + \left[\frac{K}{E\,J}\right]y = \frac{q}{E\,J} \tag{53}$$

an. Dies ist wieder eine Differentialgleichung vierter Ordnung mit konstanten Koeffizienten. Das allgemeine Integral läßt sich sofort schreiben.

Das Biegungsmoment M berechnet sich bekannterweise aus Gl. (4).

Wir gehen nun zur Behandlung der Normalspannung N über. Diese Spannung ist für jeden Schnitt des Stabes verschieden groß, und zwar ist sie jedesmal gleich derjenigen, die in einem Schnitte vor dem betreffenden herrscht, verringert oder vermehrt um den zwischen den beiden auftretenden, wagerechten Widerstand. Man hat also die Beziehung

$$\frac{dN}{dx} = n.$$

Es ergibt sich daher mit Rücksicht auf (51)

$$N = C_2 + C_1 x - \lambda y, \tag{54}$$

wobei C_2 einen Integrationsfestwert bezeichnet.

Die Querkraft Q berechnet sich dann aus Gl. (49)

$$Q = -EJ\frac{d^3y}{dx^3} + rC_1 - \mu\frac{dy}{dx}. \tag{55}$$

Der Zahlenwert von λ sowie der damit zusammenhängende von μ können, ebenso wie der Elastizitätskoeffizient K, nur durch Erfahrungen auf Grund anzustellender Beobachtungen festgestellt werden.

Zu bemerken ist, daß man hierbei außer den vier Integrationsfestwerten der Differentialgleichung noch die zwei Konstanten C_1 und C_2 zu bestimmen hat.

2. Einfluß der Normalspannung des Stabes. Im vorhergehenden haben wir dargelegt, daß lediglich das infolge der Belastung wirkende Biegungsmoment Reibungswiderstände hervorruft; eine weitere Ursache, infolge deren Reibungskräfte auftreten, ist die Normalspannung.

Man hat also

$$\frac{dn}{dx} = \frac{\partial n}{\partial M}\frac{\partial M}{\partial x} + \frac{\partial n}{\partial N}\frac{\partial N}{\partial x}$$

zu setzen.

Den ersten dieser beiden partiellen Differentialquotienten haben wir bereits einer Betrachtung unterzogen und gefunden, daß er den Ausdruck $-\lambda\frac{d^2y}{dx^2} = -\frac{\mu}{r}\frac{d^2y}{dx^2}$ hat.

Um den zweiten partiellen Differentialquotienten festzustellen, setzt man

$$n = -\eta\varepsilon,$$

also

$$\frac{dn}{dx} = -\eta\frac{d\varepsilon}{dx},$$

wobei η den wagerechten Widerstand des Stabes, bezogen auf die Längeneinheit, bei einer Einheitsverschiebung bezeichnet Es ergibt sich

$$d\varepsilon = -\frac{N}{EF}dx,$$

wenn unter F die Querschnittsfläche des Stabes verstanden ist. Setzt man ferner

$$\omega = \frac{\eta}{EF}, \tag{56}$$

so erhält man

$$\frac{dn}{dx} = \omega N.$$

Das vollständige Differentialverhältnis läßt sich dann

$$\frac{dn}{dx} = -\frac{\mu}{r}\frac{d^2y}{dx^2} + \omega N \tag{57}$$

schreiben.

Diese Beziehung ist mit der Gleichung (50) in Verbindung zu bringen. Es ergibt sich also

$$EJ\frac{d^4y}{dx^4} = -Ky + q + \mu\frac{d^2y}{dx^2} - \omega r N. \tag{58}$$

Setzt man voraus, daß $\frac{d^2q}{dx^2}$ gleich Null ist oder gegen die Belastung P vernachlässigt werden darf, so erhält man nach zweimaliger Differentiation der letzten Gleichung nach x die Gleichung sechster Ordnung

$$EJ\frac{d^6y}{dx^6} = -K\frac{d^2y}{dx^2} + \mu\frac{d^4y}{dx^4} - \omega r\frac{d^2N}{dx^2}.$$

Verbindet man diese nochmals mit Gln. (57), (58), so erhält man die endgültige Differentialgleichung

$$\left\{\begin{aligned} &\frac{d^6y}{dx^6} + a_1\frac{d^4y}{dx^4} + a_2\frac{d^2y}{dx^2} + a_3 y = a_4, \\ &\text{wobei} \\ &a_1 = -\frac{1}{E}\left[\frac{\eta}{F} + \frac{\mu}{J}\right] \\ &a_2 = \frac{K}{EJ} \\ &a_3 = -\frac{\eta K}{E^2FJ} \\ &a_4 = -\frac{\eta}{E^2FJ}q \end{aligned}\right. \tag{59}$$

ist. Das allgemeine Integral enthält sechs Konstanten. Bei praktischer Anwendung erhält man in einem Diskontinuitätspunkt, außer den vier Bedingungsgleichungen (28), noch

$$[N] = \mathbf{[N]}.$$

Ferner liefert die Forderung, daß die Summe der wagerechten Kräfte n des ganzen Stabes gleich Null sein muß, eine weitere Gleichung.

§ 11. Der Stab steht unter dem Einfluß einer Axialkraft.

Wir betrachten jetzt den Fall, bei dem der Stab außer durch lotrechte Belastungen noch durch zwei an den beiden Endpunkten desselben in der Richtung ihrer Verbindungslinie wirkende Kräfte H beansprucht ist.

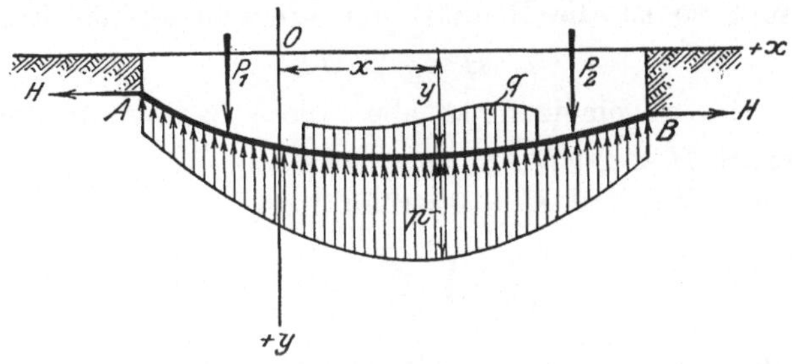

Fig. 10.

Es werde dabei die für die meisten Anwendungen zulässige Voraussetzung gemacht, die Durchbiegungen seien im Verhältnis zu den Stablängen so klein, daß statt der Bogenlängen die Sehnen und die Axialkraft für alle Querschnitte gleich H gesetzt werden dürfen.

Anstatt Gl. (2) hat man in diesem Fall die Differentialgleichung

$$\frac{dM}{dx} = Q - H\frac{dy}{dx}. \tag{60}$$

In den meisten Fällen, von denen in den vorliegenden Untersuchungen die Rede sein wird, darf das zweite Glied auf der rechten Seite der Gleichung gegen das erste vernachlässigt werden, insbesondere wenn es sich um einen Stab von mäßiger Länge handelt. In anderen Fällen, z. B. wenn die Untersuchung der Formänderung eines langen Trägers mit verhältnismäßig schlanken Querabmessungen vorliegt, muß es aber beibehalten werden, weil die Durchbiegung y dabei so wesentlich ausfallen kann, daß die Vernachlässigung des zweiten Gliedes gegen das erste zu einem Fehler führen könnte.

Setzt man die letzte Beziehung in Gl. (4) ein, so erhält man für die Differentialgleichung der elastischen Linie

$$EJ\frac{d^4y}{dx^4} - H\frac{d^2y}{dx^2} + Ky = q, \tag{61}$$

mit der allgemeinen Auflösung von der Form

$$y = \sum_{n=1}^{n=4}[A_n e^{s_n x}] + \frac{q}{K}, \tag{62}$$

wenn unter A_n vier willkürliche Konstanten und unter s_n die vier Wurzeln der charakteristischen Gleichung verstanden sind.

Würden diese Wurzeln reelle Zahlen darstellen, so wäre hiermit sofort das allgemeine Integral in der rechnungsmäßig brauchbaren Form gefunden. Da die Wurzeln aber in der Formel

$$s^2 = \frac{H \pm \sqrt{H^2 - 4\,EJK}}{2\,EJ}$$

gegeben sind, so ist die Realität der Wurzeln an die Bedingung

$$H^2 \geqq 4\,EJK$$

gebunden. Im allgemeinen ist aber diese Bedingung nicht erfüllt, sondern meist $H < 2\sqrt{EJK}$ zu setzen.

Für den Grenzfall $H = 0$ erhält man

$$s = \pm \frac{1 \pm i}{\sqrt{2}} \sqrt[4]{\frac{K}{EJ}} = \pm \frac{1}{L}[1 \pm i],$$

wobei L aus der Formel (6) entnommen wird. Der Fall geht nun natürlich über in den schon in §§ 3 und 4 behandelten.

Für alle Zwischenwerte von $H = 0$ bis $H = 2\sqrt{EJK}$ sind die Wurzeln s_n komplexe Zahlen von der Form $\pm[\alpha \pm \beta i]$, worin

$$(63)\qquad \left\{\begin{aligned} \alpha &= \sqrt{\frac{1}{L^2} + \frac{H}{4\,EJ}} \\ \beta &= \sqrt{\frac{1}{L^2} - \frac{H}{4\,EJ}} \end{aligned}\right.$$

ist.

Das allgemeine Integral kann also in der reellen Form

$$(64)\qquad \left\{\begin{aligned} &y = [A_1 e^{\alpha x} + A_2 e^{-\alpha x}]\cos\beta x + [A_3 e^{\alpha x} + A_4 e^{-\alpha x}]\sin\beta x + \frac{q}{K} \\ &\text{und bei verschwindendem } q \\ &y = [A_1 e^{\alpha x} + A_2 e^{-\alpha x}]\cos\beta x + [A_3 e^{\alpha x} + A_4 e^{-\alpha x}]\sin\beta x \end{aligned}\right.$$

angegeben werden.

§ 12. Gekrümmter Stab.

Der in Fig. 11 dargestellte, elastisch gelagerte, gekrümmte Stab werde nur durch Einzellasten beansprucht.

Bezeichnet man mit y die durch die äußere Belastung erfolgte, elastische Durchbiegung des Stabes, gemessen in der Richtung des Krümmungshalbmessers, so können wir wieder den senkrecht zur Stabachse stehenden Druck p auf die Flächeneinheit

$$p = K\,y$$

setzen.

Die Differentialgleichung der elastischen Linie eines gekrümmten Stabes läßt sich im allgemeinen auf praktisch lösbare Form nicht bringen. Nur in einem Fall, nämlich dann, wenn die Stabmittel-

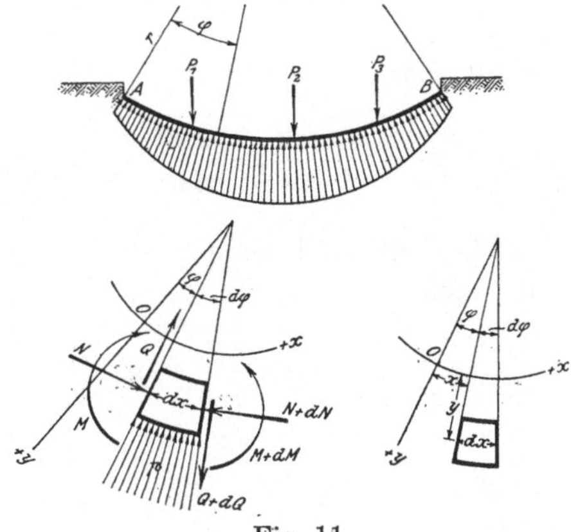

Fig. 11.

linie im spannungslosen Zustande einen Kreisbogen bildet, kann man für Formänderungen, die nur unerhebliche Durchbiegungen der Stabachse zur Folge haben, eine Gleichung aufstellen. Sie lautet:

$$EJ\left[\frac{d^2 y}{dx^2} + \frac{y}{r^2}\right] = -M, \tag{65}$$

wenn unter r der Krümmungshalbmesser und unter x die längs der ursprünglichen Stabachse gemessenen Abstände der betreffenden Punkte vom Ursprung verstanden sind. Diese Differentialgleichung entspricht derjenigen für den geraden Stab [vgl. Gl. (4)]. Von dieser kann man also einen ähnlichen Gebrauch machen wie von jener. Man vernachlässigt in der Gleichung das zweite Glied der Klammer gegen das erste, wenn sich die Durchbiegung nur auf einen kleinen Teil des Kreisumfanges erstreckt. Andernfalls muß es aber beibehalten werden, weil, wie man bei der Ableitung der Gleichung schon erkennt, bei gleichen Werten von $\frac{dy}{dx}$ und $\frac{d^2 y}{dx^2}$ die Ordinaten y um so größer ausfallen, je größer die Abszissen x im Vergleiche zu r werden.

Bezeichnet man mit N die Normalspannung an der Stelle x, so hat man die zwei Beziehungen:

$$p\,dx - N\,d\varphi = dQ,$$

$$Q\,d\varphi = dN,$$

welche wegen $r\,d\varphi = dx$

$$p - \frac{N}{r} = \frac{dQ}{dx} = \frac{d^2M}{dx^2},$$

$$\frac{Q}{r} = \frac{dN}{dx}$$

werden. Hieraus erhält man

$$\frac{dp}{dx} - \frac{1}{r^2}\frac{dM}{dx} = \frac{d^3M}{dx^3}.$$

Differentiiert man Gl. (65) dreimal nach x und setzt die letzte Beziehung ein, so ergibt sich

$$EJ\left[\frac{d^5y}{dx^5} + \frac{2}{r^2}\frac{d^3y}{dx^3}\right] + \left[\frac{EJ}{r^4} + K\right]\frac{dy}{dx} = 0$$

oder

(66) $$\begin{cases} \dfrac{d^5y}{d\varphi^5} + 2\dfrac{d^3y}{d\varphi^3} + \mu^2\dfrac{dy}{d\varphi} = 0\,^{1)}, \\ \text{wenn man} \\ \mu = \sqrt{1 + \dfrac{r^4K}{EJ}} = \sqrt{1 + 4\left(\dfrac{r}{L}\right)^4} \end{cases}$$

setzt. L hat darin denselben Ausdruck wie in Gl. (6).

Die gewonnene Gleichung ist wieder eine lineare Differentialgleichung für y, aber von spezieller Form: es fehlt das Glied, das y enthält. Der Gleichung entspricht die charakteristische Gleichung

$$s^5 + 2s^3 + \mu^2 s = 0$$

mit den fünf Lösungen

$$s = 0$$

$$\text{und} \quad s = \pm[\alpha \pm \beta i],$$

wenn

(67) $$\begin{cases} \alpha = \sqrt{\dfrac{\mu - 1}{2}} \\ \beta = \sqrt{\dfrac{\mu + 1}{2}} \end{cases}$$

gesetzt wird. Da $\mu > 1$ ist, entspricht der Größe α immer eine reelle, positive Zahl.

---

[1]) Eine ähnliche Gleichung gibt Francke in dem Artikel: Einiges über Grundbögen (Schweiz. Bauz. Bd. 36, 1900, S. 71); jedoch fehlt die Ableitung, so daß man die Richtigkeit nicht kontrollieren kann.

Das allgemeine Integral der Differentialgleichung (66) läßt sich jetzt schreiben.

$$y = A_0 + [A_1 \operatorname{Cof} \alpha\varphi + A_2 \operatorname{Sin} \alpha\varphi] \cos\beta\varphi + [A_3 \operatorname{Cof} \alpha\varphi + A_4 \operatorname{Sin} \alpha\varphi] \sin\beta\varphi, \tag{68}$$

worin A_0, A_1, A_2, A_3 und A_4 fünf Integrationsfestwerte bezeichnen.

Differentiiert man diese Gleichung nach φ und setzt darin

$$\alpha^2 - \beta^2 = 1$$
$$\alpha\beta = \frac{\sqrt{\mu^2 - 1}}{2},$$

so erhält man

$$\left\{\begin{aligned}
\frac{dy}{d\varphi} &= A_1 [\alpha \operatorname{Sin} \alpha\varphi \cos\beta\varphi - \beta \operatorname{Cof} \alpha\varphi \sin\beta\varphi] \\
&+ A_2 [\alpha \operatorname{Cof} \alpha\varphi \cos\beta\varphi - \beta \operatorname{Sin} \alpha\varphi \sin\beta\varphi] \\
&+ A_3 [\alpha \operatorname{Sin} \alpha\varphi \sin\beta\varphi + \beta \operatorname{Cof} \alpha\varphi \cos\beta\varphi] \\
&+ A_4 [\alpha \operatorname{Cof} \alpha\varphi \sin\beta\varphi + \beta \operatorname{Sin} \alpha\varphi \cos\beta\varphi] \\
\frac{d^2y}{d\varphi^2} &= A_0 - y - (\mu^2 - 1)[(A_1 \operatorname{Sin} \alpha\varphi + A_2 \operatorname{Cof} \alpha\varphi) \sin\beta\varphi \\
&\qquad - (A_3 \operatorname{Sin} \alpha\varphi + A_4 \operatorname{Cof} \alpha\varphi) \cos\beta\varphi] \\
\frac{d^3y}{d\varphi^3} &= -\frac{dy}{d\varphi} - (\mu^2 - 1)[A_1 \{\alpha \operatorname{Cof} \alpha\varphi \sin\beta\varphi + \beta \operatorname{Sin} \alpha\varphi \cos\beta\varphi\} \\
&\qquad + A_2 \{\alpha \operatorname{Sin} \alpha\varphi \sin\beta\varphi + \beta \operatorname{Cof} \alpha\varphi \cos\beta\varphi\} \\
&\qquad - A_3 \{\alpha \operatorname{Cof} \alpha\varphi \cos\beta\varphi - \beta \operatorname{Sin} \alpha\varphi \sin\beta\varphi\} \\
&\qquad - A_4 \{\alpha \operatorname{Sin} \alpha\varphi \cos\beta\varphi - \beta \operatorname{Cof} \alpha\varphi \sin\beta\varphi\}] \\
\frac{d^4y}{d\varphi^4} &= -2\frac{d^2y}{d\varphi^2} - \mu^2 [y - A_0].
\end{aligned}\right. \tag{69}$$

Für alle weiteren Berechnungen ist die folgende Gruppe von Gleichungen grundlegend:

$$\left\{\begin{aligned}
p &= Ky \\
M &= -EJ\left[\frac{d^2y}{dx^2} + \frac{y}{r}\right] = -\frac{EJ}{r^2}\left[\frac{d^2y}{d\varphi^2} + y\right] \\
Q &= \frac{dM}{dx} = \frac{-EJ}{r^3}\left[\frac{d^3y}{d\varphi^3} + \frac{dy}{d\varphi}\right] \\
N &= r\left[p - \frac{d^2M}{dx^2}\right] = r\left[KA_0 - \frac{EJ}{r^4}\left\{\frac{d^2y}{d\varphi^2} + (y - A_0)\right\}\right] \\
\operatorname{tg}\vartheta &= \frac{dy}{dx} = \frac{dy}{r\,d\varphi}.
\end{aligned}\right. \tag{70}$$

II. Abschnitt.

Stetig gelagerter Träger mit einer Einzellast in der Mitte.

A. Konstantes Trägheitsmoment.

§ 13. Allgemeine Gleichungen.

1. Entwicklung der Formeln. Wir beginnen mit der Behandlung des einfachsten und wichtigsten, fast allen Anwendungen zugrunde liegenden Falles, nämlich mit der Untersuchung eines Stabes, der in der Mitte eine Einzellast trägt.

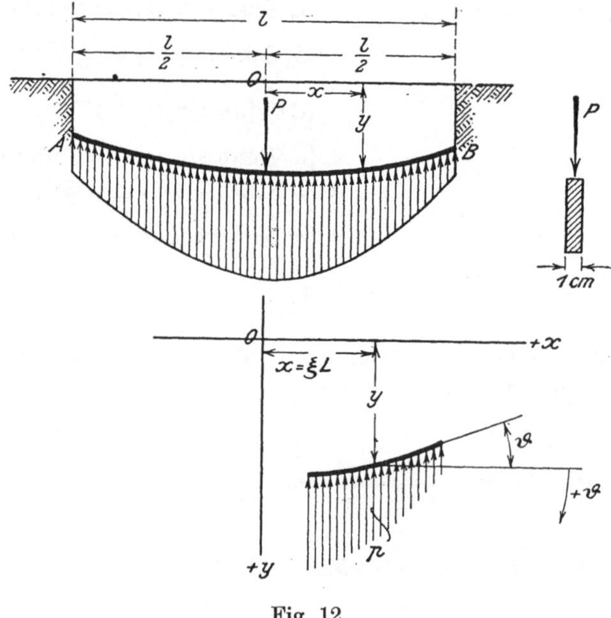

Fig, 12.

Es bedeuten l, P Länge des Stabes und Last für die Stabeinheitsbreite von 1 cm. Die Gleichung der elastischen Linie nimmt die Form [vgl. § 4, (13_1)]

$$y = \frac{1}{2}\left[(A_1 e^{\xi} + A_2 e^{-\xi})\cos\xi + (A_3 e^{\xi} + A_4 e^{-\xi})\sin\xi\right]$$

an. Der Ausdruck für die Veränderliche ξ und das damit zusammenhängende L sind in § 3, (6) gegeben. Die vier Konstanten A_1, A_2, A_3 und A_4 erfordern zu ihrer Bestimmung ebenso viele Grenzbedingungen. Wählt man die Stabmitte, also den Lastpunkt, als Ursprung der Koordinaten, dann lassen sich die Bedingungsgleichungen formen wie folgt:

In der Stabmitte ist $\frac{dy}{dx} = 0$, also für $\xi = 0$

$$\frac{dy}{d\xi} = 0.$$

Gemäß § 4, (15) erhält man demnach

$$\text{(I)} \qquad A_1 - A_2 + A_3 + A_4 = 0.$$

Zwei andere Gleichungen liefert das Verschwinden des Biegungsmomentes und der Querkraft am Stabende B.

Setzt man

$$\text{(1)} \qquad \lambda = \frac{l}{L},$$

so lauten sie

$$\text{(II)} \qquad \left[A_1 e^{\frac{\lambda}{2}} - A_2 e^{-\frac{\lambda}{2}}\right]\sin\frac{\lambda}{2} - \left[A_3 e^{\frac{\lambda}{2}} - A_4 e^{-\frac{\lambda}{2}}\right]\cos\frac{\lambda}{2} = 0$$

$$\text{(III)} \qquad A_1 e^{\frac{\lambda}{2}}\left[\cos\frac{\lambda}{2} + \sin\frac{\lambda}{2}\right] - A_2 e^{-\frac{\lambda}{2}}\left[\cos\frac{\lambda}{2} - \sin\frac{\lambda}{2}\right]$$
$$- A_3 e^{\frac{\lambda}{2}}\left[\cos\frac{\lambda}{2} - \sin\frac{\lambda}{2}\right] - A_4 e^{-\frac{\lambda}{2}}\left[\cos\frac{\lambda}{2} + \sin\frac{\lambda}{2}\right] = 0.$$

Endlich bleibt noch die Bedingung zu erfüllen, daß die Summe der über den Stab verteilten Widerstände mit der Last P im Gleichgewicht stehen muß. Dadurch erhält man die Bedingungsgleichung

$$P = 2\int_0^{l/2} p\,dx,$$

oder entwickelt

$$\text{(IV)} \qquad A_1 - A_2 - A_3 - A_4 = \frac{2P}{KL}.$$

Diese Gleichung läßt sich ohne Integration unmittelbar aus der Bedingung

$$Q_{x=0} = \frac{-P}{2}$$

ersehen.

Die Auflösung des Gleichungssystems[1]) erfolgt mittels des Determinantenverfahrens. Der Bequemlichkeit halber geben wir es in Tabellenform an:

	A_1	A_2	A_3	A_4	
(I)	1	-1	1	1	0
(II)	$e^{\frac{\lambda}{2}} \sin\frac{\lambda}{2}$	$-e^{-\frac{\lambda}{2}} \sin\frac{\lambda}{2}$	$-e^{\frac{\lambda}{2}} \cos\frac{\lambda}{2}$	$e^{-\frac{\lambda}{2}} \cos\frac{\lambda}{2}$	0
(III)	$e^{\frac{\lambda}{2}}\left[\cos\frac{\lambda}{2}+\sin\frac{\lambda}{2}\right]$	$-e^{-\frac{\lambda}{2}}\left[\cos\frac{\lambda}{2}-\sin\frac{\lambda}{2}\right]$	$-e^{\frac{\lambda}{2}}\left[\cos\frac{\lambda}{2}-\sin\frac{\lambda}{2}\right]$	$-e^{-\frac{\lambda}{2}}\left[\cos\frac{\lambda}{2}+\sin\frac{\lambda}{2}\right]$	0
(IV)	1	-1	-1	-1	$\frac{-2P}{KL}$

Die Determinante der Koeffizienten, also der gemeinsame Nenner aller Unbekannten, berechnet sich zu

$$\varDelta = -4\,[\mathfrak{Sin}\,\lambda + \sin\lambda].$$

Die Zähler der Unbekannten lauten

$$\varDelta_{A_1} = \frac{-2P}{KL}\left[2 + e^{-\lambda} + \cos\lambda - \sin\lambda\right]$$

$$\varDelta_{A_2} = \frac{-2P}{KL}\left[2 + e^{\lambda} + \cos\lambda + \sin\lambda\right]$$

$$\varDelta_{A_3} = \frac{-2P}{KL}\left[-e^{-\lambda} + \cos\lambda + \sin\lambda\right]$$

$$\varDelta_{A_4} = \frac{-2P}{KL}\left[e^{\lambda} - \cos\lambda + \sin\lambda\right].$$

---

[1]) Geht man von der Momentengleichung [vgl. § 5, Gl. (26)]

$$M = \frac{1}{2}\left[(B_1 e^{\xi} + B_2 e^{-\xi})\cos\xi + (B_3 e^{\xi} + B_4 e^{-\xi})\sin\xi\right]$$

aus, so gestalten sich die vier Bedingungsgleichungen:

(I) $-B_1 + B_2 + B_3 + B_4 = 0$

(II) $\left[B_1 e^{\frac{\lambda}{2}} + B_2 e^{-\frac{\lambda}{2}}\right]\cos\frac{\lambda}{2} + \left[B_3 e^{\frac{\lambda}{2}} + B_3 e^{-\frac{\lambda}{2}}\right]\sin\frac{\lambda}{2} = 0$

(III) $B_1 e^{\frac{\lambda}{2}}\left[\cos\frac{\lambda}{2} - \sin\frac{\lambda}{2}\right] - B_2 e^{-\frac{\lambda}{2}}\left[\cos\frac{\lambda}{2} + \sin\frac{\lambda}{2}\right]$

$$+ B_3 e^{\frac{\lambda}{2}}\left[\cos\frac{\lambda}{2} + \sin\frac{\lambda}{2}\right] + B_4 e^{-\frac{\lambda}{2}}\left[\cos\frac{\lambda}{2} - \sin\frac{\lambda}{2}\right] = 0$$

(IV) $B_1 - B_2 + B_3 + B_4 = -PL.$

Es ergibt sich also

$$(2)\quad \begin{cases} A_1 = \dfrac{P}{2KL}\left[\dfrac{2+e^{-\lambda}+\cos\lambda-\sin\lambda}{\mathfrak{Sin}\lambda+\sin\lambda}\right] = \dfrac{P}{2KL}\,\mathfrak{a} \\ A_2 = \dfrac{P}{2KL}\left[\dfrac{2+e^{\lambda}+\cos\lambda+\sin\lambda}{\mathfrak{Sin}\lambda+\sin\lambda}\right] = \dfrac{P}{2KL}[2+\mathfrak{a}] \\ A_3 = \dfrac{P}{2KL}\left[\dfrac{-e^{-\lambda}+\cos\lambda+\sin\lambda}{\mathfrak{Sin}\lambda+\sin\lambda}\right] = \dfrac{P}{2KL}\,\mathfrak{b} \\ A_4 = \dfrac{P}{2KL}\left[\dfrac{e^{\lambda}-\cos\lambda+\sin\lambda}{\mathfrak{Sin}\lambda+\sin\lambda}\right] = \dfrac{P}{2KL}[2-\mathfrak{b}], \end{cases}$$

worin

$$(3)\quad \begin{cases} \mathfrak{a} = \dfrac{2+\cos\lambda-\sin\lambda+e^{-\lambda}}{\mathfrak{Sin}\lambda+\sin\lambda} \\ \mathfrak{b} = \dfrac{\cos\lambda+\sin\lambda-e^{-\lambda}}{\mathfrak{Sin}\lambda+\sin\lambda} \end{cases}$$

ist.

Für die Gleichungsform § 4, (13_2) ergeben sich die Konstanten

$$U_1 = \frac{1}{2}[A_1+A_2] = \frac{P}{KL}\left[\frac{\mathfrak{Cof}^2\frac{\lambda}{2}+\cos^2\frac{\lambda}{2}}{\mathfrak{Sin}\lambda+\sin\lambda}\right]$$

$$U_2 = \frac{1}{2}[A_1-A_2] = \frac{-P}{2KL}$$

$$U_3 = \frac{1}{2}[A_3+A_4] = \frac{P}{2KL}$$

$$U_4 = \frac{1}{2}[A_3-A_4] = \frac{-P}{KL}\left[\frac{\mathfrak{Cof}\lambda+\cos\lambda}{\mathfrak{Sin}\lambda+\sin\lambda}\right].$$

Setzt man ferner zur Abkürzung

$$(4)^{1)}\quad \begin{cases} [\xi]_1 = e^{-\xi}[\cos\xi+\sin\xi] & [\xi]_3 = e^{-\xi}[\cos\xi-\sin\xi] \\ [\xi]_2 = -e^{-\xi}\sin\xi & [\xi]_4 = -e^{-\xi}\cos\xi, \end{cases}$$

so läßt sich die vollständige Lösung nach § 4, (16)

[1]) Zur Erleichterung der Berechnung dieser häufig vorkommenden Ausdrücke sind am Ende des Buches Tabellen beigefügt, bei deren Anwendung man obige Ausdrücke auf die Form

$$[\xi]_1 = \mathfrak{Cof}\,\xi\cos\xi + \mathfrak{Cof}\,\xi\sin\xi - [\mathfrak{Sin}\,\xi\cos\xi + \mathfrak{Sin}\,\xi\sin\xi]$$

$$[\xi]_2 = \mathfrak{Sin}\,\xi\sin\xi - \mathfrak{Cof}\,\xi\sin\xi$$

$$[\xi]_3 = \mathfrak{Cof}\,\xi\cos\xi + \mathfrak{Sin}\,\xi\sin\xi - [\mathfrak{Sin}\,\xi\cos\xi + \mathfrak{Cof}\,\xi\sin\xi]$$

$$[\xi]_4 = \mathfrak{Sin}\,\xi\cos\xi - \mathfrak{Cof}\,\xi\cos\xi$$

bringt.

$$
(5)\quad \left\{\begin{aligned}
y &= \frac{P}{2KL}\left[[\xi]_1 + \mathfrak{a}\,\mathfrak{Cos}\,\xi\cos\xi + \mathfrak{b}\,\mathfrak{Sin}\,\xi\sin\xi\right]\\
p &= \frac{P}{2L}\left[[\xi]_1 + \mathfrak{a}\,\mathfrak{Cos}\,\xi\cos\xi + \mathfrak{b}\,\mathfrak{Sin}\,\xi\sin\xi\right]\\
M &= \frac{PL}{4}\left[[\xi]_3 - \mathfrak{b}\,\mathfrak{Cos}\,\xi\cos\xi + \mathfrak{a}\,\mathfrak{Sin}\,\xi\sin\xi\right]\\
Q &= \frac{P}{4}\left[2\,[\xi]_4 + (\mathfrak{a}-\mathfrak{b})\,\mathfrak{Sin}\,\xi\cos\xi + (\mathfrak{a}+\mathfrak{b})\,\mathfrak{Cos}\,\xi\sin\xi\right]\\
\operatorname{tg}\vartheta &= \frac{P}{2KL}\left[2\,[\xi]_2 + (\mathfrak{a}+\mathfrak{b})\,\mathfrak{Sin}\,\xi\cos\xi - (\mathfrak{a}-\mathfrak{b})\,\mathfrak{Cos}\,\xi\sin\xi\right]
\end{aligned}\right.
$$

schreiben. Der Ausdruck für y kann nach einer kleinen Umformung in der Form

$$
(6)\quad y = \frac{P}{2KL\,[\mathfrak{Sin}\,\lambda + \sin\lambda]}\Bigg[\sin\xi\,\mathfrak{Sin}\,(\lambda-\xi) - \mathfrak{Sin}\,\xi\sin(\lambda-\xi) + 2\left\{\mathfrak{Cos}\,\xi\cos\frac{\lambda}{2}\cos\left(\frac{\lambda}{2}-\xi\right) + \cos\xi\,\mathfrak{Cos}\,\frac{\lambda}{2}\,\mathfrak{Cos}\left(\frac{\lambda}{2}-\xi\right)\right\}\Bigg]
$$

gegeben werden.

Hierdurch sind die Einsenkung y, der Druck p auf die Flächeneinheit der Unterlage, das Biegungsmoment M, die Querkraft Q und die Neigung für einen Querschnitt im Abstande $x = \xi L$ von der Stabmitte bestimmt.

Man bemerkt sofort, daß in den Gleichungen für p, M, Q der Wert K nicht auftritt, sondern nur in L enthalten ist; d. h. für den äußeren Widerstand, den der Stab erleidet, sowie für die inneren Kräfte des Stabes ist nur die Größe L maßgebend, in der der Einfluß der Elastizität der Unterlage und der Steifigkeit des Stabes ausgedrückt ist. Da die Größe L indessen nur vom Verhältnis J/K abhängig ist, haben p, M, Q immer dieselben Werte, wenn ein Stab mit n-fachem Trägheitsmomente auf einer Unterlage ruht, deren Elastizitätskoeffizient n-mal so groß ist. Dieses scheinbar widersinnige Ergebnis läßt sich leicht erklären, wenn man auf die Einsenkung y achtgibt, die, außer eine Funktion von L zu sein, noch im umgekehrten Verhältnis zu K steht. Obgleich das Verhältnis J/K unveränderlich ist, vermindert sich also, wenn der Elastizitätskoeffizient K n-mal so groß ist, die Einsenkung auf $1/n$. Bei der Fundierung eines Bauwerkes pflegt man ein massives Fundament auf einem verdichteten Baugrund aufzubauen, auch wenn derselbe schon eine genügend große Baugrundziffer besitzen sollte. Man vermindert hierdurch die Einsenkung des Fundamentes, und das darauf befindliche Bauwerk im ganzen erhält eine vermehrte Festigkeit. Man kann aber von vornherein darüber keine Behauptung aufstellen, ob dadurch auf die Beanspruchung des Fundamentes selbst ein günstigerer Einfluß ausgeübt wird.

2. Berechnung besonderer Werte. Setzt man in Gl. (5) $\xi = 0$, so erhält man für die Stabmitte

$$(7)^{1)} \quad \begin{cases} y_0 = \dfrac{P}{2\,KL}[1 + \mathfrak{a}] & M_0 = \dfrac{PL}{4}[1 - \mathfrak{b}] \\ p_0 = \dfrac{P}{2\,L}[1 + \mathfrak{a}] & Q_0 = \dfrac{-P}{2}. \end{cases}$$

Am Ende B, also für $\xi = \frac{\lambda}{2}$, hat man

$$(8) \quad \begin{cases} y_B = \dfrac{2\,P}{KL}\mathfrak{c} \\ p_B = \dfrac{2\,P}{L}\mathfrak{c}, \\ \text{worin} \\ \mathfrak{c} = \dfrac{\mathfrak{Cof}\dfrac{\lambda}{2}\cos\dfrac{\lambda}{2}}{\mathfrak{Sin}\lambda + \sin\lambda} \end{cases}$$

ist.

3. Senkungsnullpunkte. Bezeichnet man mit x_0 die Abszisse des Punktes, wo die Senkung zur Hebung übergeht, und mit ξ_0 den zugehörigen Wert von ξ, so erhält man aus Gl. (6)

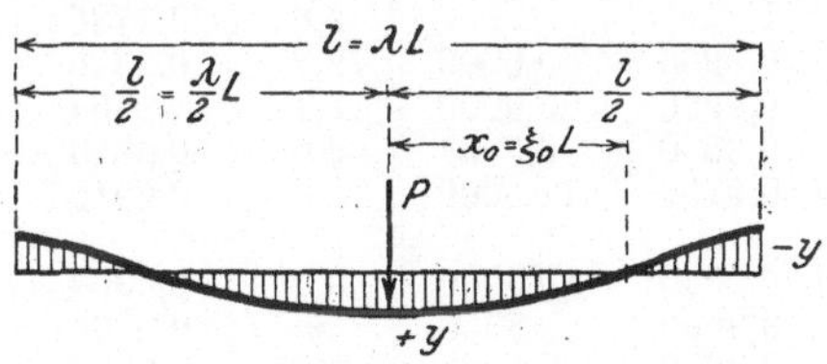

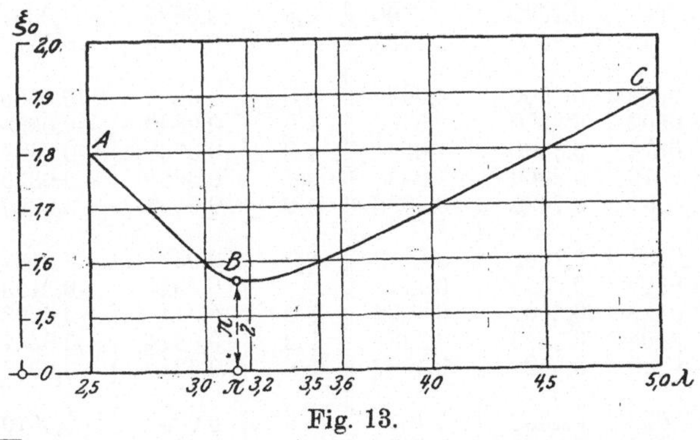

Fig. 13.

[1]) Wenn $\lambda \leqq 2$ ist, erhält man die Formel [vgl. § 19, (33)]

$$y_0 = \frac{5\,P}{2\,K\,L}\,\frac{\lambda^4 + 48}{\lambda(\lambda^4 + 120)}.$$

$$(9)\quad \sin\xi_0\,\mathfrak{Sin}\,(\lambda-\xi_0)-\mathfrak{Sin}\,\xi_0\sin(\lambda-\xi_0)$$
$$+\,2\left[\mathfrak{Cof}\,\xi_0\cos\frac{\lambda}{2}\cos\left(\frac{\lambda}{2}-\xi_0\right)+\cos\xi_0\,\mathfrak{Cof}\,\frac{\lambda}{2}\,\mathfrak{Cof}\left(\frac{\lambda}{2}-\xi_0\right)\right]=0.$$

In Fig. 13 geben wir eine graphische Darstellung der zwei Veränderlichen λ und ξ_0. Da die Gleichung transzendent ist, gibt es für ein gegebenes λ eine unendlich große Zahl von Wurzeln ξ. Es entsprechen also der letzten Gleichung unendlich viele Kurven. Diese Kurven wiederholen sich in der ξ_0-Achse, und zwar in einem Abstand, der stets gleich π ist. Rechnet man z. B. für den Wert $\lambda=4$ zwei aufeinander folgende Werte von ξ_0 aus, so erhält man

$$\xi_0=\begin{cases}1{,}610\\4{,}752.\end{cases}$$

Ferner, da die Ableitung der Gleichung rein mathematisch war ohne Rücksicht auf die Größe des zulässigen Wertes von ξ_0, ist es möglich, daß sich ein Kurvenast ergibt, in dem $\xi_0>\lambda/2$ ist [AB in Fig. 13]. Er hat natürlich bei praktischer Anwendung keine Bedeutung.

4. Die Hilfsgrößen $\mathfrak{a}$, $\mathfrak{b}$, $\mathfrak{c}$. Diese Ausdrücke [Gln. (3), (8)] hängen nur von der Verhältniszahl λ ab und können der folgenden Tabelle entnommen werden:

λ	$\mathfrak{a}$	$\mathfrak{b}$	$\mathfrak{c}$	λ	$\mathfrak{a}$	$\mathfrak{b}$	$\mathfrak{c}$
0	∞	1	∞	2,0	0,1785	0,0789	0,1838
0,01	199,0000	0,9950	50,0000	2,2	0,1356	0,0207	0,1437
0,02	99,0000	0,9900	25,0000	2,4	0,1104	–0,0249	0,1068
0,03	65,6794	0,9850	16,6694	2,6	0,0973	–0,0576	0,0731
0,04	49,0001	0,9799	12,5000	2,8	0,0919	–0,0783	0,0429
0,05	39,0000	0,9750	10,0000	3,0	0,0904	–0,0885	0,0164
0,06	32,3334	0,9699	8,3333	π	0,0903	–0,0903	0
0,07	27,5714	0,9650	7,1429	3,2	0,0903	–0,0900	–0,0062
0,08	24,0001	0,9599	6,2500	3,4	0,0899	–0,0854	–0,0248
0,09	21,2222	0,9550	5,5555	3,6	0,0882	–0,0766	–0,0396
0,1	19,0001	0,9500	5,0050	3,8	0,0848	–0,0656	–0,0508
0,2	9,0002	0,9000	2,5000	4,0	0,0800	–0,0538	–0,0590
0,3	5,6674	0,8500	1,6664	4,2	0,0738	–0,0424	–0,0645
0,4	4,0016	0,8000	1,2494	4,4	0,0668	–0,0320	–0,0676
0,5	3,0031	0,7498	0,9988	4,6	0,0593	–0,0229	–0,0688
0,6	2,3387	0,7002	0,8313	$^3/_2\pi$	0,0551	–0,0185	–0,0688
0,7	1,8657	0,6505	0,7111	4,8	0,0517	–0,0153	–0,0686
0,8	1,5128	0,6009	0,6202	5,0	0,0444	–0,0093	–0,0671
0,9	1,2404	0,5518	0,5488	5,2	0,0374	–0,0047	–0,0646
1,0	1,0248	0,5028	0,4907	5,4	0,0310	–0,0013	–0,0614
1,2	0,7092	0,4068	0,4007	5,6	0,0253	0,0010	–0,0577
1,4	0,4952	0,3145	0,3322	5,8	0,0204	0,0025	–0,0537
$^1/_2\pi$	0,3659	0,2399	0,2837	6,0	0,0161	0,0034	–0,0496
1,6	0,3476	0,2277	0,2761	2π	0,0112	0,0037	–0,0433
1,8	0,2462	0,1485	0,2275	∞	0	0	0

§ 14. Behandlung eines Beispiels.

Um die Verwendung der vorstehenden Formeln zu erläutern und ferner die allgemeinen Gleichungen einer Diskussion zu unterziehen, möge ein Zahlenbeispiel behandelt werden.

Es sei

$$K = 15\,\mathrm{kg/cm^3} \qquad J = 47430\,\mathrm{cm^4}$$
$$l = 820\,\mathrm{cm} \qquad E = 140000\,\mathrm{kg/cm^2}.$$

Hiermit ergibt sich nach § 3 (6)

$$L = \left[\frac{4\cdot 140000\cdot 47430}{15}\right]^{\frac{1}{4}} = 205\,\mathrm{cm}$$

und

$$\lambda = \frac{820}{205} = 4{,}00.$$

Da die Konstanten E und K nur annähernde Werte darstellen, ist es ohne Bedeutung, den Wert für L bis zur Dezimalstelle auszurechnen. Überdies ist eine kleine Änderung von L, wie man sich in einem späteren Abschnitt überzeugen wird, ohne wesentlichen Einfluß auf das Ergebnis.

Für diesen Wert von λ entnimmt man aus der Tabelle (S. 46)

$$\mathfrak{a} = 0{,}080$$
$$\mathfrak{b} = -0{,}054$$
$$\mathfrak{c} = -0{,}059.$$

Da ferner

$$\frac{1}{2KL} = \frac{1}{2\cdot 15\cdot 205} = 1{,}625\cdot 10^{-4}$$
$$\frac{L}{4} = \frac{205}{4} = 51{,}25$$

ist, ergibt sich nach Gln. (5)

$$y = 1{,}625\cdot 10^{-4} P[e^{-\xi}(\cos\xi + \sin\xi) + 0{,}080\,\mathfrak{Cof}\,\xi\cos\xi - 0{,}054\,\mathfrak{Sin}\,\xi\sin\xi]$$
$$M = 51{,}25\,P\,[e^{-\xi}(\cos\xi - \sin\xi) + 0{,}054\,\mathfrak{Cof}\,\xi\cos\xi + 0{,}080\,\mathfrak{Sin}\,\xi\sin\xi]$$
$$Q = \frac{P}{4}\left[-2\,e^{-\xi}\cos\xi + 0{,}134\,\mathfrak{Sin}\,\xi\cos\xi + 0{,}026\,\mathfrak{Cof}\,\xi\sin\xi\right].$$

Durch diese Gleichungen berechnet man

ξ	x cm	y cm	p kg/cm²	M cmkg	Q kg
0	0	$1{,}758\cdot 10^{-4} P$	$26{,}37\cdot 10^{-4} P$	$54{,}10\,P$	$-0{,}500\,P$
0,4	82	1,543· „	23,15· „	27,10 „	−0,293 „
0,8	164	1,098· „	16,47· „	4,71 „	−0,129 „
1,2	246	0,595· „	8,93· „	−1,28 „	−0,050 „
1,6	328	0,110· „	1,65· „	−0,92 „	+0,018 „
2,0	410	−0,377· „	−5,66· „	0	0

Zur Erleichterung der Ausrechnung dient die am Ende des Buches beigefügte Zahlentafel, aus welcher die Zahlenwerte von $\mathfrak{Cof}\,\xi \cos\xi$, $\mathfrak{Cof}\,\xi \sin\xi, \ldots$ entnommen oder durch Einschaltung gefunden werden können.

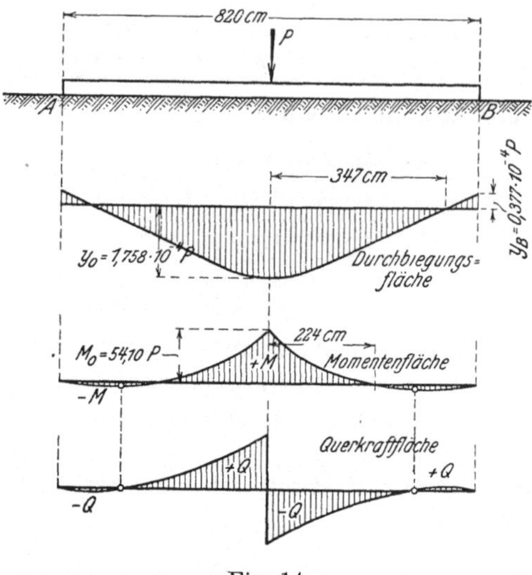

Fig. 14.

Das Rechnungsergebnis ist in Fig. 14 aufgetragen.

Die Durchbiegungsfläche ist gleichzeitig die Pressungsfläche, deren Ordinaten im Maßstab $1:K$ verzerrt sind.

Die Durchbiegung y wird Null für $\xi = 1{,}691$, also $x = 347$ cm. Von hier an ist sie negativ. Wie aus Gl. (8) ersichtlich, tritt am Ende des Stabes im allgemeinen eine Senkung bzw. Hebung ein, wenn λ zwischen 0 und π, 3π und $5\pi, \ldots$ bzw. zwischen π und 3π, 5π und $7\pi, \ldots$ liegt. Ist λ einem der Grenzwerte π, $3\pi, \ldots$ gleich, so bewirkt die Belastung des Stabes weder eine Senkung noch eine Hebung der Enden.

§ 15. Das Trägheitsmoment ist als Parameter veränderlich.

1. Allgemeines. In den Formeln von y_0, p_0, M_0 und y_B [Gln. (7), (8)] sei das Trägheitsmoment J veränderlich, während sonst nichts geändert werden soll. Wir wollen sehen, welchen Einfluß diese Annahme auf die eben genannten Größen ausübt.

Mit J ändert sich die Größe L [vgl. § 3, (6)]. Nimmt man für E, K und l die Werte des vorigen Beispiels an, so erhält man

$$L = \sqrt[4]{\frac{4 \cdot 140000\, J}{15}} = 13{,}90\, J^{\frac{1}{4}}\ ^{1)}.$$

Wir berechnen nach dieser Formel für verschiedene Werte J die Größe L und dann y_0, M_0 und y_B. Das Ergebnis ist in Fig. 15a graphisch dargestellt.

Daraus geht hervor, daß bei wachsendem L, folglich wachsendem J, die Mittelsenkung y_0, also damit auch p_0, abnimmt, während das Biegungsmoment M_0 zunimmt. y_0, p_0 und M_0 bleiben immer positiv.

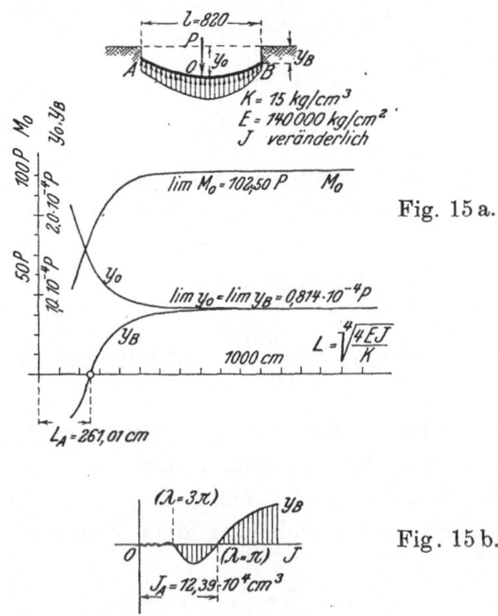

Fig. 15a.

Fig. 15b.

Man bemerkt ferner, daß in der Nähe vom Nullpunkt des Argumentwertes L, also auch J, die Größen y_0 und M_0 eine rasche Veränderung erleiden. Für ein solches Gebiet können die herangezogenen Formeln praktisch keinen Anspruch auf große Zuverlässigkeit machen, weil bei Stäben mit geringer Steifigkeit in der Nähe der Lastangriffsstelle noch lokale Wirkungen und infolgedessen Abweichungen von der sonst hinreichend genau zutreffenden Annahme über die Formänderung und die Auflagerdruckverteilung hinzutreten, die in der Theorie nicht berücksichtigt sind. Die Formeln geben vielmehr nur ein ungefähres Bild der betrachteten Größen. Dieselben Bemerkungen gelten für andere Fälle ähnlicher Art, die man in vorliegender Arbeit finden wird.

---

1) Wenn J sich auf die Breite $b = 100$ cm bezieht, nimmt die Formel die Gestalt $L = 4{,}400\, J^{\frac{1}{4}}$ an.

Was die Endsenkung y_B betrifft [s. Gl. (8)], so nimmt sie positive oder negative Werte an, wenn L, also auch J, von Null aus zunimmt. Es findet in der Umgebung von Null ein beständiges Oszillieren der Kurve y_B um die L- bzw. J-Achse statt, aber mit gegen den Nullpunkt fortwährend abnehmenden Ordinaten, so daß beim Annähern der Argumentwerte an $L=0$ bzw. an $J=0$ der Funktionswert y_B sich in unendlich vielen, kleinen Schwingungen dem Nullwert nähert [Fig. 15b]. Wird aber L zu

$$(10)\qquad \left\{\begin{array}{l} L_A=\dfrac{l}{\pi}, \\ \text{oder } J \text{ zu} \\ J_A=\dfrac{1}{4\pi^4}\left[\dfrac{K\,l^4}{E}\right]=0{,}00257\left[\dfrac{K\,l^4}{E}\right], \end{array}\right.$$

so verschwindet y_B zum letztenmal. Von da ab wird y_B stets positiv und nimmt zu. In unserem Fall berechnet sich

$$L_A=\frac{820}{\pi}=261{,}01 \text{ cm}$$

$$J_A=0{,}00257\,\frac{15\cdot 820^4}{140000}=12{,}39\cdot 10^4 \text{ cm}^4.$$

2. Das Trägheitsmoment ist unendlich groß. Dies ist der Grenzfall, bei dem der Stab unendlich steif ist.

Da die Größe L dabei auch unendlich groß ist, nähern sich die zwei Verhältniszahlen λ, ξ gleichzeitig dem Nullwert. Man hat also (Tabelle S. 46)

$$\mathfrak{a}=\infty,\quad \mathfrak{b}=1,\quad \mathfrak{c}=\infty.$$

Will man A_1, A_2, A_3 und A_4 bestimmen [Gl. (2)], so nimmt der Ausdruck $L\,[\mathfrak{Sin}\,\lambda+\sin\lambda]$ im Nenner von $\dfrac{\mathfrak{a}}{L}$ sowie $\dfrac{\mathfrak{b}}{L}$ für die in Frage stehenden Werte von L und λ, nämlich $L=\infty$, $\lambda=0$, die unbestimmte Form $\infty\cdot 0$ an. Entwickelt man $\mathfrak{Sin}\,\lambda+\sin\lambda$ in einer Reihe, so hat man

$$\mathfrak{Sin}\,\lambda+\sin\lambda=2\left[\lambda+\frac{\lambda^5}{5!}+\frac{\lambda^7}{7!}+\dots\right].$$

Da $\lambda=\dfrac{l}{L}$ ist, berechnet sich dann der Grenzwert

$$\lim\,[L\,(\mathfrak{Sin}\,\lambda+\sin\lambda)]=2\,l\lim\left[1+\frac{\lambda^4}{5!}+\frac{\lambda^6}{7!}+\dots\right]=2\,l.$$

Somit ergibt sich

$$A_1 = \frac{P}{Kl} \qquad A_3 = 0$$

$$A_2 = \frac{P}{Kl} \qquad A_4 = 0$$

und daher nach § 4 (13_1), (16)

$$\text{(11a)} \qquad \begin{cases} y = \dfrac{P}{Kl} \\ p = \dfrac{P}{l}. \end{cases}$$

Die Einsenkung ist also überall konstant. In der Tat bemerkt man in Fig. 15a, daß sich für $L = \infty$, also $J = \infty$, die y_0- und y_B-Kurven derselben Asymptote

$$y = \frac{P}{15 \cdot 280} = 0{,}814 \cdot 10^{-4} P$$

anschmiegen.

Bei der Berechnung von M und Q [§ 4, (16)] erhalten wir, da mit Bezug auf § 13, (2)

$$\text{für} \begin{bmatrix} L = 0 \\ \lambda = 0 \\ \xi = 0 \end{bmatrix} \begin{cases} \lim \left[L^2 (A_3 e^{\xi} - A_4 e^{-\xi}) \cos \xi\right] = \dfrac{P}{2K} [2x - l] \\ \lim \left[L^2 (A_1 e^{\xi} - A_2 e^{-\xi}) \sin \xi\right] = \dfrac{Px}{K} \left[\dfrac{2x}{l} - x\right] \\ \lim \left[\mathfrak{a} \operatorname{\mathfrak{Sin}} \xi\right] = \dfrac{2x}{l} \\ \lim \left[\mathfrak{a} \sin \xi\right] = \dfrac{2x}{l} \end{cases}$$

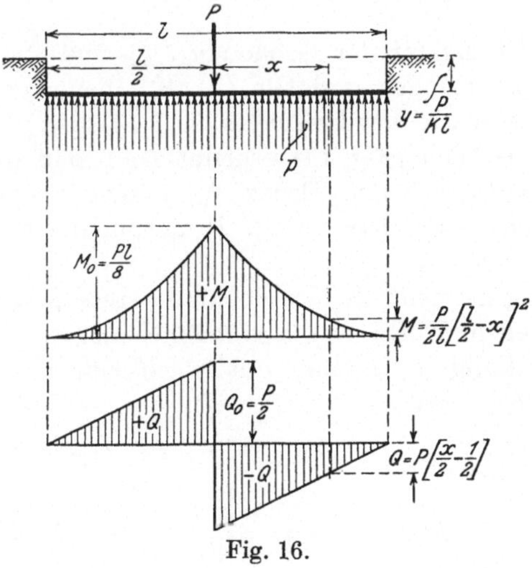

Fig. 16.

ist, die einfachen Formeln

$$(11\text{b})\quad \begin{cases} M = \dfrac{P}{2l}\left[\dfrac{l}{2} - x\right]^2 \\[2ex] Q = P\left[\dfrac{x}{l} - \dfrac{1}{2}\right]. \end{cases}$$

Ebendieselben Formeln wie Gln. (11a, b) erhält man bei der Annahme gleichmäßiger Druckverteilung [Fig. 16].

Die Senkung y_0, der Druck p_0 und das Biegungsmoment M_0 eines in der Mitte mit P belasteten, elastisch gelagerten Trägers nähern sich also mit wachsendem J bzw. den Grenzwerten $\frac{P}{Kl}$, $\frac{P}{l}$ und $\frac{Pl}{8}$.

§ 16. Die Stablänge ist als Parameter veränderlich.

1. Allgemeines. Man stelle sich zunächst vor, daß der Stab zu einem Punkte reduziert ist. Da dabei $\lambda = \frac{l}{L} = 0$ ist, erhält man wieder (Tabelle S. 46)

$$\mathfrak{a} = \infty, \quad \mathfrak{b} = 1, \quad \mathfrak{c} = \infty$$

und daher nach Gln. (7), (8)

$$(12)\quad \begin{cases} y = \infty & Q_0 = \dfrac{-P}{2} \\[1ex] p_0 = \infty & y_B = 0. \\[1ex] M_0 = 0 & \end{cases}$$

Um die Abhängigkeit der Größen y_0, y_B und M_0 von der Stablänge ins klare zu bringen [vgl. Gln. (7), (8)], benutzen wir für E, K und J wieder die Werte des Beispieles in § 14. Bei der graphischen Darstellung der Größen [Fig. 17] erkennt man, daß die Senkung y_0, also auch der entsprechende Druck p_0, immer positive Werte annehmen und sich vermindern, wenn λ, mithin die Stablänge l, zunimmt.

Das Biegungsmoment M_0 ist ebenfalls stets positiv. Es nimmt für die anfänglichen Werte von λ allmählich zu.

Die Endsenkung y_B nimmt mit wachsendem λ ab. Sie verschwindet für den Wert

$$(13)\quad \begin{cases} \lambda = \pi, \\ \text{also für} \\ l = l_A = \pi \sqrt[4]{\dfrac{4EJ}{K}} = 4{,}443 \sqrt[4]{\dfrac{EJ}{K}}. \end{cases}$$

l_A berechnet sich in unserem Fall

$$l_A = 4{,}443 \sqrt[4]{\frac{140000 \cdot 47430}{15}} = 645 \text{ cm}.$$

Von hier an oscilliert die y_B-Kurve die λ-Achse.

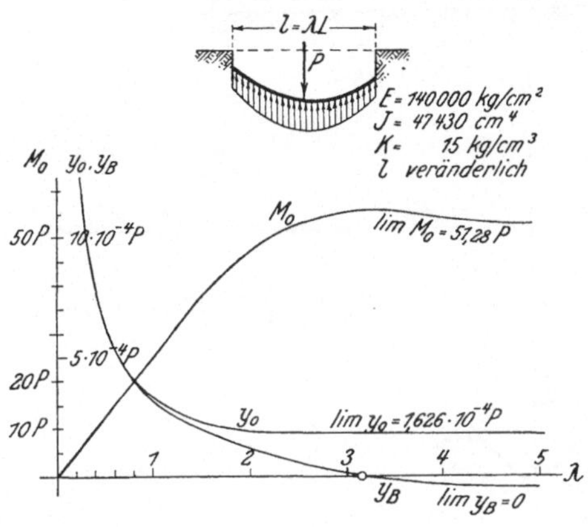

Fig. 17.

2. Die Stablänge l ist unendlich groß. Diese Aufgabe ist schon von vielen Vorgängern behandelt worden bei der Berechnung des Eisenbahnoberbaues. Eine Eisenbahnschiene, die hinreichend lang ist, um sie als unendlich lang betrachten zu können, liege ihrer ganzen Länge nach dicht auf dem Erdboden auf. Nimmt man an, daß die Schiene am Boden irgendwie befestigt ist, so können die vorher abgeleiteten Gleichungen überall als gültig betrachtet werden.

Da hierbei $\lambda = \frac{l}{L} = \infty$ ist, erhält man

$$\mathfrak{a} = 0, \quad \mathfrak{b} = 0, \quad \mathfrak{c} = 0.$$

Somit wird nach Gln. (5)

$$(14) \quad \left\{ \begin{array}{ll} y = \frac{P}{2KL} [\xi]_1 & Q = \frac{P}{2} [\xi]_4 \\ p = \frac{P}{2L} [\xi]_1 & y_B = 0. \\ M = \frac{PL}{4} [\xi]_3 & \end{array} \right.$$

Die auftretenden Hilfsgrößen $[\xi]_1$, $[\xi]_3$ und $[\xi]_4$ sind durch Gln. (4) bestimmt.

Die Gleichungen (14) stellen in einfacher Weise die Wirkungen dar, welche eine Einzellast auf den im Abstand $x = \xi L$ vom Angriffspunkt derselben befindlichen Querschnitt des endlosen Stabes

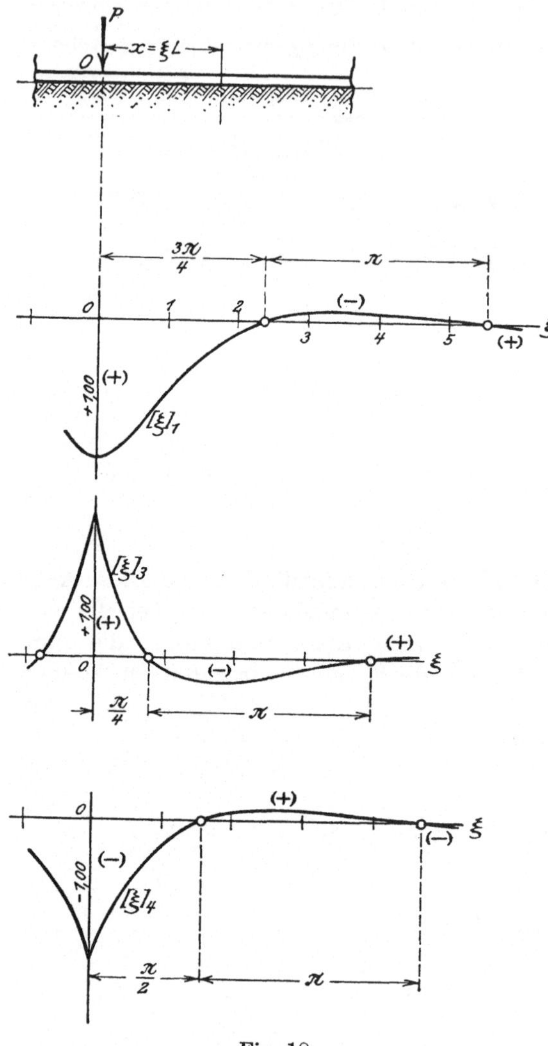

Fig. 18.

ausübt. Um die durch $[\xi]_1$, $[\xi]_3$ und $[\xi]_4$ ausgedrückte Abhängigkeit der Senkung oder Hebung, des Biegungsmomentes und der Querkraft von der Laststellung besser zu veranschaulichen, sind dieselben in Fig. 18 als Funktionen von ξ eingetragen. Man bemerkt darin, daß die Punkte, in denen die Kurven die ξ-Achse schneiden, vom ersten an, alle gleichweit voneinander entfernt sind, diese Entfernung beträgt π. Es sind also die Kurven $[\xi]_1$, $[\xi]_3$ und $[\xi]_4$ Wellenlinien mit überall gleicher Wellenlänge π, deren Ordinaten mit wachsendem ξ sehr schnell abnehmen.

Die Kurven stellen die elastische Linie, die Momenten- und Querkraftkurve für den unendlich langen, durch eine Einzellast beanspruchten Stab dar, denn die Werte x, y, M und Q, welche zu den einzelnen Punkten der Stabachse gehören, sind den die Kurvenpunkte festlegenden Werten ξ, $[\xi]_1$, $[\xi]_3$ und $[\xi]_4$ proportional.

Da aber durch x nicht nur die Abstände verschiedener Querschnitte von dem unveränderlichen Angriffspunkt einer ruhenden Last, sondern auch die Entfernungen einer beweglichen Last von ein und demselben Querschnitt gemessen werden, so geben jene Kurven auch ein Bild der Änderungen, welche die Größen y, M und Q in ein und demselben Querschnitt erleiden, wenn die Last von diesem aus die ganze Länge des Stabes durchläuft. Die Kurven der $[\xi]_1$, $[\xi]_3$ und $[\xi]_4$ sind also zugleich die Einflußlinien für die Senkung, das Biegungsmoment und die Querkraft im Punkt O.

Setzt man in den Gln. (14) $\xi = 0$, so ergibt sich für den Lastpunkt

$$(15)\qquad \begin{cases} y_0 = \dfrac{P}{2KL} & M_0 = \dfrac{PL}{4} \\[2ex] p_0 = \dfrac{P}{2L} & Q_0 = \dfrac{-P}{2}. \end{cases}$$

Dies sind die größten Werte von y, p, M und Q eines Stabes von unendlicher Länge, solange nur eine Einzellast P darüber wandert.

Man denke sich einen vollkommen unbiegsamen, geraden Stab von der Länge $2L$, der auf einer elastischen Unterlage mit dem Elastizitätskoeffizienten K ruht und in seiner Mitte eine Einzellast P trägt.

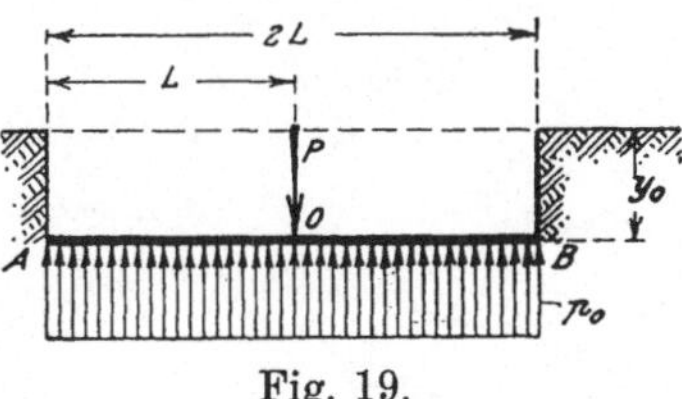

Fig. 19.

Der Auflagerdruck ist dabei überall gleich und man bemerkt sofort, daß die soeben gewonnenen Formeln (15) genau für den letztgenannten Stab gelten.

Der Auflagerdruck p_0 und das Biegungsmoment M_0, welche eine auf einen endlosen, biegsamen Stab wirkende Last P in ihrem

Angriffspunkte erzeugt, sind mithin ebenso groß, wie der überall gleiche Druck bzw. das Biegungsmoment in der Mitte des gleichbelasteten, unbiegsamen Stabes auf elastischer Unterlage von der Länge $2L$.

§ 17. Der Elastizitätskoeffizient ist als Parameter veränderlich.

1. Allgemeines. Den Einfluß von K zu untersuchen, wird unsere wichtigste Aufgabe sein. Denn in allen Erfahrungsformeln ist es von größter Bedeutung, den Einfluß der in ihnen auftretenden Konstanten kennen zu lernen, besonders wenn nur unsichere Erfahrungen vorliegen.

Aus § 3 (6) erkennt man, daß ein Abnehmen des Wertes K denselben Einfluß auf die Größe L ausübt, wie ein Zunehmen des Trägheitsmomentes J. Ist $K = 0$, so wird $L = \infty$; man erhält wieder

$$\mathfrak{a} = \infty, \quad \mathfrak{b} = 1, \quad \mathfrak{c} = \infty .$$

Es ergibt sich somit gemäß Gl. (11a)

$$y = \frac{P}{Kl} = \infty . \tag{16}$$

Die Ausdrücke für p, M und Q bleiben dieselben wie in Gln. (11a), (11b).

Für eine Unterlage, die keinen Widerstand leistet, läßt sich die Richtigkeit des eben gewonnenen Resultates durch eine kleine Überlegung ohne weiteres nachprüfen.

Die elastischen Größen p_0, y_0, y_B und M_0 für verschiedene Werte von K sind für einen Stab, dessen Abmessungen und Elastizitätsmaß wir dem Beispiel § 14 entnehmen, in Fig. 20 graphisch dargestellt.

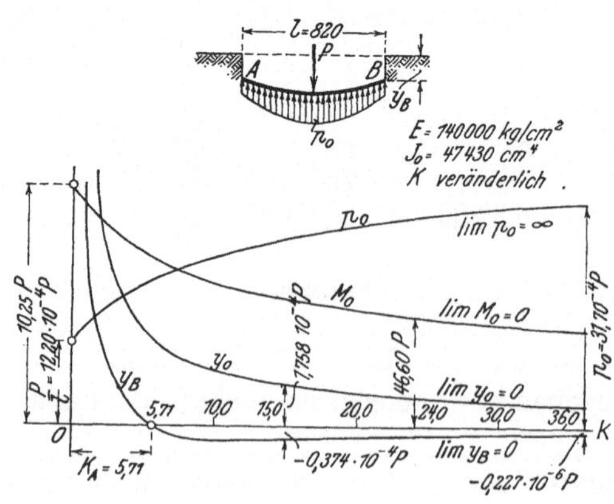

Fig. 20.

Daraus ersieht man, daß die Mittelsenkung y_0, solange es sich um verhältnismäßig kleine Werte von K handelt, wesentlich von K beeinflußt wird. Bei einer Unterlage mit $K = 4\,\mathrm{kg/cm^3}$ z. B. ist sie etwa fünfmal so groß als für $K = 20$. Wenn K einen gewissen Wert, für unseren Fall etwa $K = 15$, überschreitet, wird jedoch der Einfluß unwesentlich.

Die Endsenkung y_B vermindert sich mit zunehmendem K und verschwindet für den Wert

$$K = K_A = \frac{4\pi^4 EJ}{l^4} = 389{,}63\,\frac{EJ}{l^4}, \tag{17}$$

wobei J sich auf die Einheitsbreite des Stabes bezieht.

K_A berechnet sich in unserem Falle zu

$$K_A = \frac{389{,}63 \cdot 140\,000 \cdot 47\,430}{820^4} = 5{,}71\ \mathrm{kg/cm^3}.$$

Von hier an nimmt y_B mit zunehmendem K negative oder positive Werte an.

Das Biegungsmoment M_0, das für $K = 0$ den Wert $\frac{Pl}{8}$ hat, nimmt ab, behält aber stets das positive Vorzeichen bei.

Im Gegensatz zu den anderen Größen nimmt nur der Auflagerdruck p_0, vom Wert $\frac{P}{l}$ für $K = 0$ ausgehend, stets zu.

2. Der Elastizitätskoeffizient ist unendlich groß. Bei einer erschöpfenden Untersuchung müssen wir noch den Fall $K = \infty$ in Betracht ziehen. Der Fall entspricht einer vollkommen starren Unterlage; als etwa zutreffendes Beispiel sei massiver Fels genannt, der nur wenig elastische Nachgiebigkeit infolge der auf ihn wirkenden Kräfte gestattet.

Die Größe L ist jetzt gleich Null, und daher ist das Verhältnis $\lambda = \frac{l}{L}$ unendlich groß. Damit wird

$$\mathfrak{a} = 0, \quad \mathfrak{b} = 0, \quad \mathfrak{c} = 0.$$

Wir gehen dazu über, die elastischen Größen in der Stabmitte sowie am Ende zu bestimmen. Die Größe $KL = K^{\frac{3}{4}}\sqrt[4]{4EJ}$ in den Gleichungen für y_0, y_B [Gln. (7), (8)] ist mit K unendlich groß. Ferner hat der Ausdruck $\frac{\mathfrak{c}}{L} = \frac{\mathfrak{Cof}\,\lambda/2 \cos\lambda/2}{L(\mathfrak{Sin}\,\lambda + \sin\lambda)}$ in der Gleichung für p_B die unbestimmte Form $\frac{0}{0}$. Es ergibt sich für $L = 0$ und $\lambda = \infty$

$$\lim\left[\frac{\mathfrak{Cof}\,\lambda/2 \cos\lambda/2}{L(\mathfrak{Sin}\,\lambda + \sin\lambda)}\right] = \frac{1}{2}\lim\left[\frac{\cos\lambda/2}{L\,\mathfrak{Sin}\,\lambda/2}\right].$$

Da ferner

$$\lim\left[L\,\mathfrak{Sin}\frac{\lambda}{2}\right]=\lim\left[l\left\{1+\frac{1}{3!}\left(\frac{\lambda}{2}\right)^2+\frac{1}{5!}\left(\frac{\lambda}{2}\right)^4+\ldots\right\}\right]=\infty$$

ist, berechnet sich der Grenzwert zu ± 0.

Somit erhält man

$$(18)\qquad \begin{cases} y_0 = 0 \qquad & y_B = \pm 0 \\ p_0 = \infty \qquad & p_B = \pm 0. \end{cases}$$

Die Senkung sowie der entsprechende Druck am Ende eines elastisch gelagerten Stabes nehmen also mit zunehmendem K positive oder negative Vorzeichen an und nähern sich stets der Null.

Um über den wirklich herrschenden Gleichgewichtszustand des Stabes für unendlich großes K gänzlich ins klare zu kommen, soll noch die allgemeine Gleichung für p, M und Q [§ 13, (5)] untersucht werden.

Es handelt sich zunächst um das erste Glied $\frac{[\xi_1]}{L}=\frac{e^{-\xi}}{L}(\cos\xi+\sin\xi)$ in der allgemeinen Gleichung für p. In diesem Ausdruck ist die veränderliche Zahl $\xi=\frac{x}{L}=x\sqrt[4]{\frac{K}{4EJ}}$ mit K unendlich groß. Da aber x von K unabhängig ist, hat die Größe $x\sqrt[4]{K}$ für $x=0$ immer den Wert Null, welchen Wert K auch annehmen mag. Es folgt daher

$$\xi=\begin{cases}\infty \\ 0 \text{ ausschließlich für } x=0.\end{cases}$$

Der Ausdruck $\frac{[\xi]_1}{L}$ nimmt mithin im allgemeinen die unbestimmte Form $\frac{0}{0}$ an, während er nur für $x=0$ unendlich groß ist. Abgesehen vom Werte $\xi=0$ hat $\frac{[\xi]_1}{L}$ den Grenzwert Null, da

$$\frac{e^{-\xi}}{L}=[Le^{\xi}]^{-1}$$

und ferner

$$\lim\,[Le^{\xi}]=\lim\left[L+x+\frac{x\xi}{2!}+\frac{x\xi^2}{3!}+\ldots\right]=\infty$$

ist. Es ist daher bei $K=\infty$

$$\frac{[\xi]_1}{L}=\begin{cases}0 \\ \infty \text{ ausschließlich für } x=0.\end{cases}$$

Im zweiten Glied $\frac{\mathfrak{a}\,\mathfrak{Cof}\,\xi\cos\xi}{L}$, wobei $\mathfrak{a}$ der Gl. (3) zu entnehmen ist, hat man den Ausdruck $\frac{\mathfrak{Cof}\,\xi}{L(\mathfrak{Sin}\,\lambda+\sin\lambda)}$ der Untersuchung zu unterziehen. Dieser nimmt bei Vernachlässigung von $\sin\lambda$ gegen $\mathfrak{Sin}\,\lambda$ die Gestalt $\frac{\mathfrak{Cof}\,\xi}{L\,\mathfrak{Sin}\,\lambda}$ an. Für $x=0$, also $\xi=0$, erhalten wir, da nach der obigen Entwicklung für $L\,\mathfrak{Sin}\frac{\lambda}{2}$

$$\lim\left[L\,\mathfrak{Sin}\,\lambda\right]=\infty$$

wird,

$$\frac{\cos\xi}{L\,\mathfrak{Sin}\,\lambda}=0\,.$$

Handelt es sich um von Null verschiedene Werte von x, demnach $\xi=\infty$, so erhält man

$$\lim\left[\frac{\mathfrak{Cof}\,\xi}{L\,\mathfrak{Sin}\,\lambda}\right]=\lim\left[\frac{e^{\xi}}{Le^{\lambda}}\right]=\lim\left[L\mathrm{e}^{(\lambda-\xi)}\right]^{-1}.$$

Dieser Ausdruck hat aber, da

$$\lim\left[Le^{(\lambda-\xi)}\right]=\lim\left[L+(l-x)+\frac{(l-x)^2}{2!\,L}+\frac{(l-x)^3}{3!\,L^2}+\ldots\right]=\infty$$

ist, wieder den Grenzwert Null.

Man erhält somit für alle Werte von ξ

$$\frac{\mathfrak{a}\,\mathfrak{Cof}\,\xi\cos\xi}{L}=0\,.$$

Analog gelangt man zu

$$\frac{\mathfrak{b}\,\mathfrak{Sin}\,\xi\sin\xi}{L}=0\,.$$

Die Gleichung für p hat daher die Form

(19a) $$p=\begin{cases}0\\ \infty\ \text{ausschließlich für } x=0\,.\end{cases}$$

Ähnlich erhält man

$$M=0$$

(19b) $$Q=\begin{cases}0\\ \dfrac{-P}{2}\ \text{ausschließlich für } x=0\,.\end{cases}$$

Man erkennt jetzt, daß bei einem großen Wert von K die Last P, im wesentlichen auf die Nähe des Lastpunktes konzentriert, verteilt wird, daß also nur die Teilchen um die Stabmitte herum bei Übertragung des Auflagerdruckes in Wirksamkeit treten. Die Druckverteilungsfläche gestaltet sich dann etwa wie in Fig. 21a. Im Grenzfall $K = \infty$ ist der Stab nur unter dem Lastpunkt aufgestützt. Der Druck p_0 ist dabei unendlich groß, während Q_0 immer gleich $-P/2$ ist [Fig. 21b].

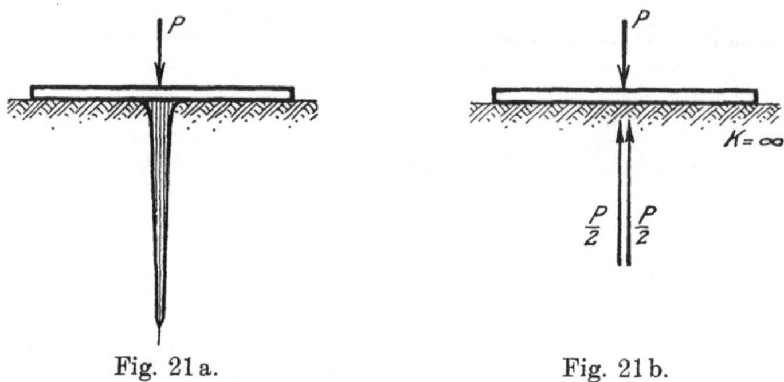

Fig. 21a. Fig. 21b.

Der Stab müßte abgeschert werden, wenn es möglich wäre, die Last in einem einzigen Punkte zu konzentrieren, wie es bei Ableitung der Formeln vorausgesetzt war. In Wirklichkeit wird sich aber die Belastung immer auf eine kleine Fläche verteilen; die Gln. 5 sind daher zur Berechnung der Beanspruchung des Materials in der Stabmitte unbrauchbar. Tatsächlich wird der Stab mehr oder weniger der Quere nach zusammengedrückt; wir werden im nächsten Paragraphen eine kurze Untersuchung für einen solchen Fall anstellen und verweisen auf die dort gefundenen Formeln.

§ 18. Der Balken ruhe auf elastisch nachgiebigem Baugrund.

In diesem Paragraphen soll als Unterlage elastisch nachgiebiger Baugrund angenommen werden. Aus der Bemerkung auf S. 8 geht hervor, daß sich bei großer Balkenlänge die beiden Enden vom

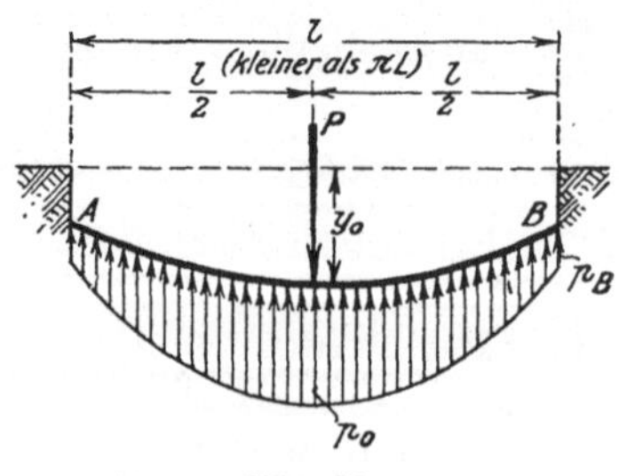

Fig. 22.

Boden abheben und bei Übertragung der Last nicht in Wirkung treten. Es sind daher zwei Fälle zu unterscheiden:

1. Die Balkenlänge ist kleiner als πL. Aus Fig. 13 erkennt man, daß es für $\lambda < \pi$ keinen reellen Senkungsnullpunkt gibt. Da y_0 stets positiv ist, folgt, daß dabei an keiner Stelle Abhebung des Balkens auftritt, d. h. der Balken liegt der ganzen Länge nach auf.

Setzt man die Ausdrücke für $\mathfrak{a}$, $\mathfrak{b}$ aus Gln. (3) in Gln. (7) ein, so erhält man

$$(20)\quad \begin{cases} y_0 = \dfrac{P}{KL}\left[\dfrac{\mathfrak{Cof}^2\frac{\lambda}{2} + \cos^2\frac{\lambda}{2}}{\mathfrak{Sin}\,\lambda + \sin\lambda}\right] \\[2ex] p_0 = \dfrac{P}{L}\left[\dfrac{\mathfrak{Cof}^2\frac{\lambda}{2} + \cos^2\frac{\lambda}{2}}{\mathfrak{Sin}\,\lambda + \sin\lambda}\right] \\[2ex] M_0 = -\dfrac{PL}{4}\left[\dfrac{\mathfrak{Cof}\,\lambda - \cos\lambda}{\mathfrak{Sin}\,\lambda + \sin\lambda}\right]. \end{cases}$$

Die Senkung sowie das Biegungsmoment haben also am belasteten Punkte stets positive Werte.

Ferner hat man

$$(21)\quad \begin{cases} \dfrac{p_0}{p_B} = \dfrac{\mathfrak{Cof}^2\frac{\lambda}{2} + \cos^2\frac{\lambda}{2}}{2\,\mathfrak{Cof}\frac{\lambda}{2}\cos\frac{\lambda}{2}} \\[2ex] p_0 - p_B = \dfrac{P}{L}\,\dfrac{\left[\mathfrak{Cof}\frac{\lambda}{2} - \cos\frac{\lambda}{2}\right]^2}{\mathfrak{Sin}\,\lambda + \sin\lambda}. \end{cases}$$

Bei numerischer Berechnung obiger Werte wird die folgende Tabelle gute Dienste leisten.

λ	$\dfrac{\mathfrak{Cof}^2\frac{\lambda}{2} + \cos^2\frac{\lambda}{2}}{\mathfrak{Sin}\,\lambda + \sin\lambda}$	$\dfrac{\mathfrak{Cof}^2\frac{\lambda}{2} + \cos^2\frac{\lambda}{2}}{2\,\mathfrak{Cof}\frac{\lambda}{2}\cos\frac{\lambda}{2}}$	$\dfrac{\left[\mathfrak{Cof}\frac{\lambda}{2} - \cos\frac{\lambda}{2}\right]^2}{\mathfrak{Sin}\,\lambda + \sin\lambda}$	$\dfrac{\mathfrak{Cof}\,\lambda - \cos\lambda}{\mathfrak{Sin}\,\lambda + \sin\lambda}$
0,00	∞	1	0	0
0,01	100,000	1,000	0,000	0,005
0,02	50,000	1,000	0,000	0,010
0,03	33,339	1,000	0,000	0,015
0,04	25,000	1,000	0,000	0,020
0,05	20,000	1,000	0,000	0,025
0,06	16,667	1,000	0,000	0,035
0,07	14,286	1,000	0,000	0,030
0,08	12,500	1,000	0,000	0,040
0,09	11,111	1,000	0,000	0,045

λ	$\dfrac{\mathfrak{Cof}^2 \frac{\lambda}{2} + \cos^2 \frac{\lambda}{2}}{\mathfrak{Sin}\, \lambda + \sin \lambda}$	$\dfrac{\mathfrak{Cof}^2 \frac{\lambda}{2} + \cos^2 \frac{\lambda}{2}}{2\, \mathfrak{Cof} \frac{\lambda}{2} \cos \frac{\lambda}{2}}$	$\dfrac{\left[\mathfrak{Cof} \frac{\lambda}{2} - \cos \frac{\lambda}{2}\right]^2}{\mathfrak{Sin}\, \lambda + \sin \lambda}$	$\dfrac{\mathfrak{Cof}\, \lambda - \cos \lambda}{\mathfrak{Sin}\, \lambda + \sin \lambda}$
0,1	10,000	1,000	0,000	0,050
0,2	5,000	1,000	0,000	0,100
0,3	3,340	1,000	0,001	0,150
0,4	2,500	1,001	0,002	0,200
0,5	2,003	1,003	0,004	0,250
0,6	1,669	1,005	0,007	0,340
0,7	1,439	1,007	0,011	0,350
0,8	1,255	1,013	0,016	0,399
0,9	1,120	1,021	0,023	0,448
1,0	1,013	1,033	0,031	0,497
1,1	0,927	1,047	0,041	0,546
1,2	0,855	1,068	0,053	0,593
1,3	0,796	1,093	0,067	0,640
1,4	0,747	1,127	0,083	0,684
1,5	0,708	1,150	0,101	0,730
$^1/_2\, \pi$	0,684	1,201	0,116	0,760
1,6	0,674	1,220	0,122	0,772
1,7	0,646	1,286	0,144	0,813
1,8	0,623	1,370	0,168	0,752
1,9	0,604	1,475	0,194	0,888
2,0	0,590	1,603	0,222	0,923
2,1	0,577	1,766	0,251	0,952
2,2	0,568	1,975	0,280	0,979
2,3	0,561	2,245	0,311	1,004
2,4	0,555	2,598	0,342	1,025
2,5	0,551	3,079	0,372	1,043
2,6	0,548	3,754	0,403	1,058
2,7	0,547	4,755	0,432	1,069
2,8	0,546	6,37	0,460	1,078
2,9	0,546	9,36	0,487	1,085
3,0	0,545	16,65	0,513	1,088
3,1	0,545	59,15	0,536	1,090
π	0,545	∞	0,545	1,090

Aus der Tabelle geht hervor: Die Pressung nimmt in der Balkenmitte mit zunehmendem λ ab. Das Verhältnis p_0/p_B aber nimmt dabei zu, d. h. die Druckverteilung weicht um so mehr von der gleichmäßigen ab, je größer λ ist.

Im Grundbau sucht man in der Regel eine gleichmäßige Verteilung der Last über das Fundament zu erreichen. Da aber die Standsicherheit des Fundamentes in der Hauptsache von der Tragfähigkeit des betreffenden Baugrundes abhängig ist, empfiehlt es sich, wenn man es mit wenig tragfähigem Baugrund zu tun hat, einen verhältnismäßig schlanken, aber passend langen Eisenbetonbalken oder -platte als Fundament zu verwenden. Damit erreicht man, daß sich die Last vorwiegend auf den mittleren Teil des Fundamentes überträgt, weil ein Baugrund unter einem Fundamentbalken in der Mitte desselben eine weit höhere Tragfähigkeit als an den Enden aufweisen kann, und diese bis zu einem gewissen Grade um so größer wird, je größer die Länge des Balkens ist.

Beispiel. Ein Eisenbetonbalken von 240 cm Länge und 100 cm Breite liege auf einem Boden, der unter einem Drucke von 1 kg/cm² eine Senkung von 1,39 mm erfährt. In der Mitte werde eine Belastung P kg auf 1 cm Breite angenommen. Das Elastizitätsmaß des Betons sei 140000 kg/cm².

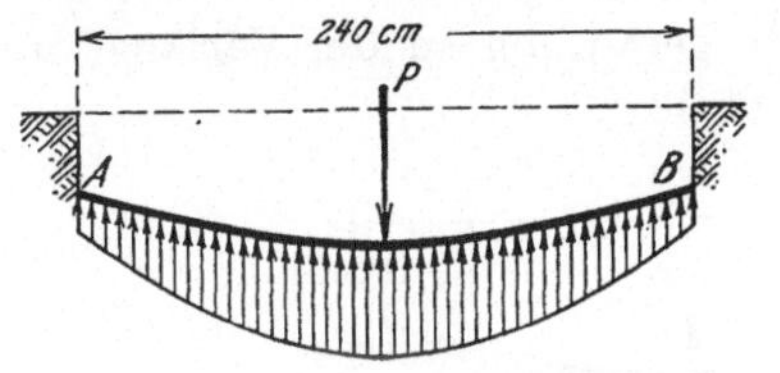

Fig. 23.

Der Abstand der Nullinie des Balkens von der Oberkante des Querschnittes ergibt sich zu

$$x = \frac{n F_e}{b}\left[-1 + \sqrt{1 + \frac{2 b h}{n F_e}}\right]$$

$$= \frac{15 \cdot 100{,}53}{100}\left[-1 + \sqrt{1 + \frac{2 \cdot 100 \cdot 82}{15 \cdot 100{,}53}}\right] = 37 \text{ cm}$$

und das Trägheitsmoment in bezug auf diese Achse zu

$$J = \frac{b x^3}{3} + n F_e [h - x]^2$$

$$= \frac{100 \cdot 37^3}{3} + 15 \cdot 100{,}53 \cdot 45^2 = 4743000 \text{ cm}^4$$

Für 1 cm Breite ist also $J = 47430$ cm⁴.

Da

$$K = \frac{1}{0{,}139} = 7{,}2 \text{ kg/cm}^3$$

ist, berechnen sich

$$L = 246{,}5 \text{ cm}$$

und

$$\lambda = \frac{240}{246{,}5} = 0{,}974.$$

Damit erhalten wir folgende Werte, wobei die zugehörige Formel rechts angegeben ist:

$$\left.\begin{array}{l} y_0 = 0{,}584 \cdot 10^{-3}\, P \\ M_0 = 30{,}15\, P \end{array}\right\} (7),\quad (20)$$

und ferner, da $l < \pi L$ ist, berechnet sich die Endsenkung zu

$$y_B = 0{,}567 \cdot 10^{-3} P. \qquad (8)$$

2. Die Balkenlänge l ist größer als πL. Läßt man im soeben behandelten Fall die Balkenlänge l allmählich wachsen, so nimmt die Endsenkung ab, bis sie bei $\lambda = \pi$ verschwindet. Dem Wert $\lambda = \pi$ entspricht notwendigerweise $\xi_0 = \pi$. Bei weiterer Zunahme von λ werden die Balkenenden den Baugrund nicht mehr berühren, sondern die Balkenachse verläuft geradlinig in der Verlängerung der Endtangente an die elastische Linie.

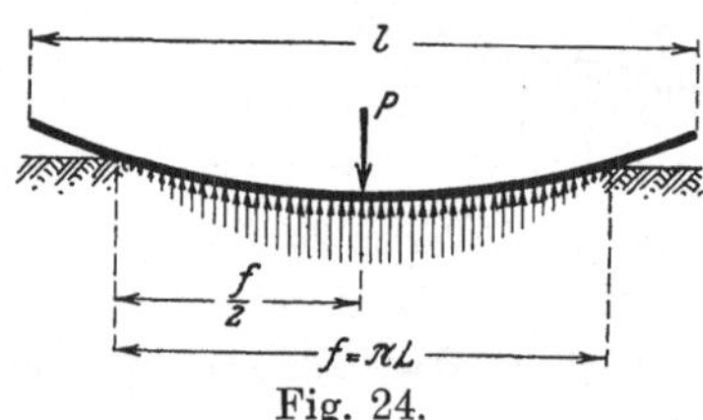

Fig. 24.

Die Berührungslänge f, die die **wirksame Traglänge** des Balkens angibt, berechnet sich:

$$(22) \qquad \left\{\begin{array}{l} f = \pi L \\ \quad = \pi \sqrt[4]{\dfrac{4\, EJ}{K}} = \dfrac{4{,}4429}{\sqrt[4]{K}} \sqrt[4]{EJ}\,. \end{array}\right.$$

Die Länge f ist, wie die Formel zeigt, um so größer, je größer J, d. h. je steifer der Balken ist, dagegen verringert sie sich, wenn K zunimmt, also wenn der Baugrund weniger nachgiebig ist.

Bemerkenswert ist es, daß die wirksame Traglänge eines Balkens von der Größe der Auflast unabhängig ist. In der Tat hat man oft Gelegenheit zu beobachten, daß die Durchbiegung eines auf ziemlich dichtem Boden gelagerten Balkens mit der Auflast zunimmt, daß aber dabei die Länge, über die der Balken in den Untergrund eindringt, keine wesentliche Änderung erfährt. Natürlich gilt dies nur für die Pressungen innerhalb einer gewissen Elastizitätsgrenze des Bodens, während ein solches Verhalten im Bereiche der bleibenden Formänderungen nicht mehr erwartet werden darf.

Die folgenden Tabellen liefern die Größe von $\dfrac{4{,}4429}{\sqrt[4]{K}}$ für verschiedene Werte von K.

K	$\frac{4{,}4429}{\sqrt[4]{K}}$	K	$\frac{4{,}4429}{\sqrt[4]{K}}$
0,00	∞	2	3,763
0,01	14,050	3	3,756
0,02	11,814	4	3,142
0,03	10,675	5	2,971
0,04	9,935	6	2,839
0,05	9,396	7	2,732
0,06	8,977	8	2,642
0,07	8,638	9	2,565
0,08	8,354	10	2,498
0,09	8,112	20	2,101
0,10	7,901	30	1,898
0,20	6,644	40	1,767
0,30	6,003	50	1,675
0,40	5,587	70	1,536
0,50	5,284	100	1,405
0,60	5,048	300	1,068
0,70	4,857	500	0,940
0,80	4,698	700	0,864
0,90	4,561	1000	0,790
1,00	4,443	5000	0,528

Will man die Gleichungen der elastischen Größen aufstellen, so hat man nur den aufgelagerten Balkenteil zu untersuchen. Sie lassen sich, indem man in Gln. (5) $\lambda = \pi$ setzt, wie folgt, schreiben:

$$(23)\quad \begin{cases} y = \dfrac{P}{2KL}\left[[\xi]_1 + 0{,}0903\,(\mathfrak{Cof}\,\xi\cos\xi - \mathfrak{Sin}\,\xi\sin\xi)\right] \\[2ex] M = \dfrac{PL}{4}\left[[\xi]_3 + 0{,}0903\,(\mathfrak{Cof}\,\xi\cos\xi + \mathfrak{Sin}\,\xi\sin\xi)\right] \\[2ex] Q = \dfrac{P}{4}\left[2\,[\xi]_4 + 0{,}1807\,\mathfrak{Sin}\,\xi\cos\xi\right] \\[2ex] \operatorname{tg}\vartheta = \dfrac{P}{2KL}\left[2\,[\xi]_2 - 0{,}1807\,\mathfrak{Cof}\,\xi\sin\xi\right]. \end{cases}$$

Setzt man darin $\xi = 0$, so ergibt sich für die Balkenmitte

$$(24)\quad \begin{cases} y_0 = \dfrac{P}{2KL}\,\mathfrak{Ctg}\,\dfrac{\pi}{2} = 0{,}545\,\dfrac{P}{KL} \\[2ex] p_0 = \dfrac{P}{2L}\,\mathfrak{Ctg}\,\dfrac{\pi}{2} = 0{,}545\,\dfrac{P}{L} \\[2ex] M_0 = \dfrac{PL}{4}\,\mathfrak{Ctg}\,\dfrac{\pi}{2} = 0{,}273\,PL. \end{cases}$$

Die Zahlenwerte der Ausdrücke in den Klammern der Gln. (23) sind in der folgenden Tabelle gegeben:

ξ	$[\xi]_1 + 0{,}0903\,[\mathfrak{Cof}\,\xi \cos\xi - \mathfrak{Sin}\,\xi \sin\xi]$	$[\xi]_3 + 0{,}0903\,[\mathfrak{Cof}\,\xi \cos\xi + \mathfrak{Sin}\,\xi \sin\xi]$	$2[\xi]_4 + 0{,}1807\,\mathfrak{Sin}\,\xi \cos\xi$
0,0	1,0903	1,0903	— 2,0000
0,1	1,0801	0,9012	— 1,7826
0,2	1,0518	0,7329	— 1,5691
0,3	1,0088	0,5864	— 1,3628
0,4	0,9539	0,4608	— 1,1664
0,5	0,8899	0,3534	— 0,9820
0,6	0,8187	0,2639	— 0,8111
0,7	0,7423	0,1907	— 0,6548
0,8	0,6620	0,1324	— 0,5144
0,9	0,5790	0,0874	— 0,3901
1,0	0,4943	0,0538	— 0,2829
1,1	0,4085	0,0301	— 0,1926
1,2	0,3221	0,0147	— 0,1194
1,3	0,2353	0,0057	— 0,0637
1,4	0,1485	0,0014	— 0,0253
1,5	0,0616	0,0001	— 0,0044
$^1/_2\,\pi$	0	0	0

3. Anwendung der Theorie auf eine elastische Zwischenlage. Eng verwandt mit der eben behandelten Aufgabe ist eine Untersuchung, die für die Praxis von großer Bedeutung ist.

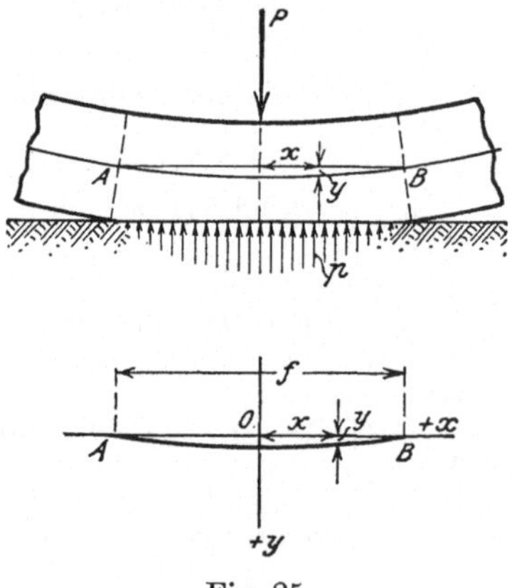

Fig. 25.

Fig. 25 stelle einen Eisenträger dar, welcher die in einem Punkte angreifende Last P auf ein Steinfundament überträgt. Hier ist zu beachten, daß das Elastizitätsmaß des Steines gegen das des Trägers sehr groß ist; der Träger erleidet daher in der Nähe des Lastpunktes eine transversale Zusammendrückung, die man näherungsweise dem Druck proportional betrachten kann.

Bezeichnet man mit y die lotrechte Abweichung der Mittellinie des deformierten Stabes von der Verbindungslinie AB, so kann man, da y durch transversale Kräfte entstanden ist, $p = Ky$ setzen.

Es ergibt sich

$$K = \frac{2E}{h}.$$

Bei rechteckigem Querschnitt erhält man mit $J = \frac{h^3}{12}$

$$L = \sqrt[4]{\frac{4EJ}{K}} = \frac{h}{\sqrt[4]{6}}.$$

Daher ist die ganze in Wirksamkeit tretende Länge des Trägers

$$f = \pi L = 3{,}1416 \frac{h}{\sqrt[4]{6}} \sim 2h.$$

Elastische Zwischenlagen von der Höhe h mit vollem, rechteckigem Querschnitt übertragen daher, sofern sie auf eine unelastische Unterlage gelegt werden, eine Einzellast P auf eine Länge $2h$; die etwa überstehenden Enden bleiben wirkungslos. Die Verteilung der Last P auf die Länge $2h$ erfolgt nach Maßgabe der Gl. (23), die in diesem Fall die Form

$$(25) \qquad p = \frac{P}{1{,}278h}\left[[\xi]_1 + 0{,}0903\,(\mathfrak{Cof}\,\xi \cos\xi - \mathfrak{Sin}\,\xi \sin\xi)\right]$$

annimmt. Insbesondere ist der Druck p_0 unter der Last P

$$(26) \qquad p_0 = 0{,}85\,\frac{P}{h}.$$

Die übliche angenäherte Berechnung, nämlich den Druck bei verhältnismäßig kurzen, auf harter Unterlage ruhenden elastischen Zwischenlagen als gleichmäßig verteilt anzusehen, ergibt für einen Balken von der Länge $2h$

$$p_0 = 0{,}5\,\frac{P}{h},$$

also einen um 40 v. H. zu kleinen Wert.

4. Berücksichtigung des Eigengewichtes des Balkens. Die gleichmäßig verteilte Eigenlast des Balkens überträgt sich unmittelbar in das Erdreich und verursacht keine Biegungsmomente, wenn der Balken der ganzen Länge nach aufliegt. Ist dies aber nicht der Fall, insbesondere bei verhältnismäßig großer Eigenlast, so wird, wie aus der Figur hervorgeht, der Belastungszustand derart geändert, daß wir es nicht mehr wie in der soeben behandelten Aufgabe nur mit einer Einzellast in der Mitte zu tun haben, sondern es tritt eine gleichmäßig verteilte Belastung auf den nicht aufgelagerten Enden hinzu. Wir erörtern diesen Fall, der eigentlich nicht in diesen Abschnitt gehört, trotzdem kurz an dieser Stelle.

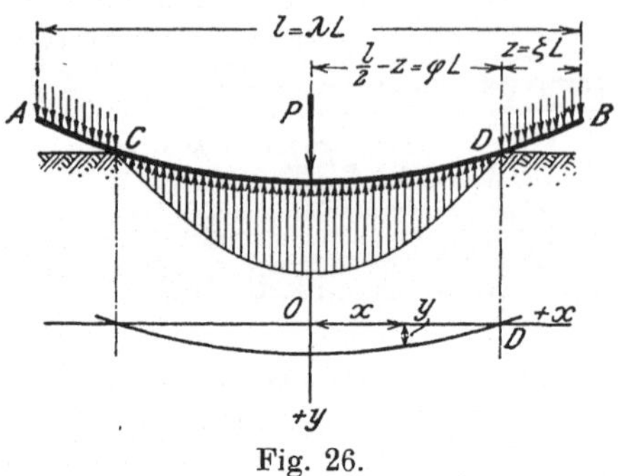

Fig. 26.

Wir nehmen als Gleichung der elastischen Linie die bekannte Form

$$y = \frac{1}{2}\left[(A_1 e^{\xi} + A_2 e^{-\xi})\cos\xi + (A_3 e^{\xi} + A_4 e^{-\xi})\sin\xi\right]$$

an. Als neue Unbekannte tritt die Länge z der Stabenden, die bei Übertragung der Last wirkungslos bleiben, folglich der Wert $\zeta = \frac{z}{L}$ auf.

Hierbei gelten die zwei Bedingungsgleichungen § 13, (I), (IV). Die übrigen drei lassen sich dadurch formen, daß am Übergangspunkt D $y = 0$, $M = -\frac{q z^2}{2}$, $Q = q z$ sein müssen, wenn q das auf die Längeneinheit bezogene Eigengewicht des Balkens bedeutet. Es ergibt sich also

$$(27)\quad \left\{\begin{aligned}
&\text{(II)}\ [A_1 e^{\varphi} + A_2 e^{-\varphi}]\cos\varphi + [A_3 e^{\varphi} + A_4 e^{-\varphi}]\sin\varphi = 0\\
&\text{(III)}\ [A_1 e^{\varphi} - A_2 e^{-\varphi}]\sin\varphi - [A_3 e^{\varphi} - A_4 e^{-\varphi}]\cos\varphi = \frac{-2\zeta^2 q}{K}\\
&\text{(V)}\ A_1 e^{\varphi}[\cos\varphi + \sin\varphi] - A_2 e^{-\varphi}[\cos\varphi - \sin\varphi]\\
&\qquad - A_3 e^{\varphi}[\cos\varphi - \sin\varphi] - A_4 e^{-\varphi}[\cos\varphi + \sin\varphi] = \frac{4\zeta q}{K},\\
&\text{wobei}\\
&\qquad \varphi = \frac{\frac{l}{2} - z}{L} = \frac{\lambda}{2} - \zeta
\end{aligned}\right.$$

ist.

Die Unbekannte ζ ist in den Gleichungen sowohl in Form einer transzendenten Funktion als auch im Quadrat enthalten, während die übrigen darin nur linear auftreten. Die Lösung eines Gleichungssystems dieser Art läßt sich in praktisch verwendbarer Form nicht durchführen. Ein praktisch brauchbares Lösungsverfahren werden wir später bei Aufgaben ähnlicher Art an Hand eines Beispiels zeigen.

§ 19. Ableitung der Formeln durch unendliche Reihen.

Hier soll das Verfahren von § 7 des vorigen Abschnittes näher erläutert werden.

Man nehme als Integral der Differentialgleichung

$$\frac{d^4 y}{d\xi^4} + 4y = 0$$

die entwickelte Form

$$\begin{aligned} y &= f(\xi) \\ &= A_1 X_1 + A_2 X_2 + A_3 X_3 + A_4 X_4 \end{aligned}$$

an. In bezug auf Fig. 12 erhält man die Ausdrücke für die Reihen X_1 bis X_4, indem man in § 7, (32) $\eta = 0$ setzt:

$$(28)\quad \left\{ \begin{aligned} X_1 &= 1 - \frac{\xi^4}{4!}4 + \frac{\xi^8}{8!}4^2 - \frac{\xi^{12}}{12!}4^3 + \dots \\ X_2 &= \xi - \frac{\xi^5}{5!}4 + \frac{\xi^9}{9!}4^2 - \frac{\xi^{13}}{13!}4^3 + \dots \\ X_3 &= \frac{\xi^2}{2!} - \frac{\xi^6}{6!}4 + \frac{\xi^{10}}{10!}4^2 - \frac{\xi^{14}}{14!}4^3 + \dots \\ X_4 &= \frac{\xi^3}{3!} - \frac{\xi^7}{7!}4 + \frac{\xi^{11}}{11!}4^2 - \frac{\xi^{15}}{15!}4^3 + \dots . \end{aligned} \right.$$

Die vier Konstanten haben den Ausdruck

$$\left\{ \begin{aligned} A_1 &= f(0) \qquad & A_3 &= f''(0) \\ A_2 &= f'(0) \qquad & A_4 &= f'''(0). \end{aligned} \right.$$

Da für die Stabmitte, also für $x = 0$

$$\frac{dy}{dx} = 0 \qquad\qquad \text{folglich} \left\{ \begin{aligned} f'(0) &= 0 \\ f'''(0) &= \frac{2P}{KL} \end{aligned} \right.$$

$$Q = \frac{-P}{2},$$

sein muß, nimmt die letzte Gleichung für y die Gestalt

$$(29)\qquad y = A_1 X_1 + A_3 X_3 + \frac{2P}{KL} X_4$$

an. Die zwei Konstanten A_1 und A_3 lassen sich durch die zwei Bedingungen

$$f''\left(\frac{\lambda}{2}\right) = 0$$

$$f'''\left(\frac{\lambda}{2}\right) = 0,$$

d. h. für $\xi = \frac{\lambda}{2}$

$$(30)\qquad \begin{cases} A_1 X_1'' + A_3 X_3'' = \dfrac{-2P}{KL} X_4'' \\[2ex] A_1 X_1''' + A_3 X_3''' = \dfrac{-2P}{KL} X_4''' \end{cases}$$

ausdrücken, worin

$$\begin{aligned}
X_1'' &= \quad - \frac{4}{2!}\left(\frac{\lambda}{2}\right)^2 + \frac{4^2}{6!}\left(\frac{\lambda}{2}\right)^6 - \frac{4^3}{10!}\left(\frac{\lambda}{2}\right)^{10} + \ldots \\
X_1''' &= \quad - \frac{4}{1!}\left(\frac{\lambda}{2}\right) + \frac{4^2}{5!}\left(\frac{\lambda}{2}\right)^5 - \frac{4^3}{9!}\left(\frac{\lambda}{2}\right)^9 + \ldots \\
X_3'' &= 1 - \frac{4}{4!}\left(\frac{\lambda}{2}\right)^4 + \frac{4^2}{8!}\left(\frac{\lambda}{2}\right)^8 - \frac{4^3}{12!}\left(\frac{\lambda}{2}\right)^{12} + \ldots \\
X_3''' &= \quad - \frac{4}{3!}\left(\frac{\lambda}{2}\right)^3 + \frac{4^2}{7!}\left(\frac{\lambda}{2}\right)^7 - \frac{4^3}{11!}\left(\frac{\lambda}{2}\right)^{11} + \ldots \\
X_4'' &= \frac{\lambda}{2!} - \frac{4}{5!}\left(\frac{\lambda}{2}\right)^5 + \frac{4^2}{9!}\left(\frac{\lambda}{2}\right)^9 - \frac{4^3}{13!}\left(\frac{\lambda}{2}\right)^{13} + \ldots \\
X_4''' &= 1 - \frac{4}{4!}\left(\frac{\lambda}{2}\right)^4 + \frac{4^2}{8!}\left(\frac{\lambda}{2}\right)^8 - \frac{4^3}{12!}\left(\frac{\lambda}{2}\right)^{12} + \ldots
\end{aligned}$$

ist.

Berechnet man für $\lambda = 2$ die Glieder dieser Reihen, so bemerkt man, daß das mit λ^8 behaftete Glied keinen Einfluß mehr auf die dritte Dezimalstelle ausübt.

Für Werte $\lambda \leqq 2$ können daher die Reihen X_1'', X_1''', ... für $\xi = \frac{\lambda}{2}$ mit hinreichender Genauigkeit vermittels der beiden ersten Glieder berechnet werden. Die Bedingungsgleichungen (30) lauten dann

$$A_1\left[\frac{\lambda^2}{2}-\frac{\lambda^6}{2880}\right]-A_3\left[1-\frac{\lambda^4}{96}\right]=\frac{2P}{KL}\left[\frac{\lambda}{2}-\frac{\lambda^5}{960}\right]$$

$$A_1\left[2\lambda-\frac{\lambda^5}{240}\right]+A_3\left[\frac{\lambda^3}{12}-\frac{\lambda^7}{40320}\right]=\frac{2P}{KL}\left[1-\frac{\lambda^4}{96}\right].$$

Daraus erhält man einen Näherungswert für die Wurzeln

$$A_1=\frac{P}{KL}\left[\frac{5(\lambda^4+48)}{2\lambda(\lambda^4+120)}\right]$$

$$A_3=\frac{-P}{KL}\left[\frac{\lambda^5+360}{6(\lambda^4+120)}\right].$$

Somit wird die Gleichung für y

$$(31)\qquad y=\frac{P}{KL}\left[\frac{5(\lambda^4+48)}{2\lambda(\lambda^4+120)}\right]X_1-\frac{P}{KL}\left[\frac{\lambda^5+360}{6(\lambda^4+120)}\right]X_3+\frac{2P}{KL}X_4,$$

worin die Reihen X_1, X_3 und X_4 mit genügender Annäherung aus

$$(32)\qquad \begin{cases} X_1=1-\dfrac{\xi^4}{6} \\ X_3=\dfrac{\xi^2}{2}-\dfrac{\xi^6}{180}=\dfrac{\xi^2}{2}\left[1-\dfrac{\xi^4}{90}\right] \\ X_4=\dfrac{\xi^3}{6}-\dfrac{\xi^7}{1260}=\dfrac{\xi^3}{6}\left[1-\dfrac{\xi^4}{210}\right] \end{cases}$$

bestimmt werden können.

Setzt man in der Gleichung für y $\xi=0$, so ergibt sich für die Stabmitte

$$(33)\qquad \begin{cases} y_0=\dfrac{P}{KL}\dfrac{5(\lambda^4+48)}{2\lambda(\lambda^4+120)} \\ p_0=\dfrac{P}{L}\dfrac{5(\lambda^4+48)}{2\lambda(\lambda^4+120)}. \end{cases}$$

Zum Vergleich soll noch das in § 18, 1 gegebene Zahlenbeispiel nach der hier gewonnenen Formel berechnet werden.

Da

$$\lambda=0{,}974$$

$$\frac{1}{KL}=\frac{1}{7{,}2\cdot 246{,}5}=0{,}565\cdot 10^{-3},$$

so erhält man

$$A_1 = \quad 0{,}588 \cdot 10^{-3} P$$
$$A_3 = -0{,}275 \quad " \quad " .$$

Vernachlässigt man in den Reihen X_1, X_3 und X_4 die mit ξ^5 und höheren Potenzen von ξ behafteten Glieder, so hat man

$$y = A_1 X_1 + A_3 X_3 + \frac{2P}{KL} X_4$$
$$= 0{,}588 \cdot 10^{-3} P \left[1 - \frac{\xi^4}{6}\right] - 0{,}275 \cdot 10^{-3} P \left[\frac{\xi^2}{2}\right] + \frac{2P}{KL}\left[\frac{\xi^3}{6}\right]$$
$$= 10^{-3} P \, [0{,}588 - 0{,}138\,\xi^2 + 0{,}189\,\xi^3 - 0{,}098\,\xi^4].$$

Setzt man darin $\xi = 0$, so ergibt sich

$$\begin{cases} y_0 = 0{,}588 \cdot 10^{-3} P \\ y_B = 0{,}573 \quad " \quad " . \end{cases}$$

Um die Gleichungen für M und Q aufzustellen, gehen wir von der Gleichung

$$y = A_1 X_1 + A_3 X_3 + \frac{2P}{KL} X_4$$
$$= A_1 \left[1 - \frac{\xi^4}{4!} 4\right] + A_3 \left[\frac{\xi^2}{2!} - \frac{\xi^6}{6!} 4\right] + \frac{2P}{KL}\left[\frac{\xi^3}{3!} - \frac{\xi^7}{7!} 4\right]$$

aus. Man erhält

$$M = \frac{-KL^2}{4} \cdot \frac{d^2 y}{d\xi^2} = \frac{-KL^2}{4}\left[-\frac{\xi^2}{2!} 4 A_1 + A_3 \left(1 - \frac{\xi^4}{4!} 4\right) + \frac{2P}{KL}\xi\right]$$

$$Q = \frac{-KL}{4} \cdot \frac{d^3 y}{d\xi^3} = \frac{-KL}{4}\left[-4\,\xi A_1 - A_3 \frac{\xi^3}{3!} + \frac{2P}{KL}\right].$$

M_0 berechnet sich zu

$$M_0 = -\frac{KL^2}{4} A_3 = \frac{-7{,}2 \cdot 246{,}5^2}{4}[-0{,}275 \cdot 10^{-3} P]$$
$$= 30{,}05\,P.$$

§ 20. Der Stab ist an beiden Enden gebunden.

1. Vorbemerkungen. Die zahlreichen Formeln, zu denen wir in den vorhergehenden Paragraphen gelangten, enthalten alle sowohl trigonometrische als hyperbolische Funktionen. Bedenkt man aber, daß wir bei der Ableitung der Grundgleichung ganz allgemeine Annahmen gemacht haben, so folgt, daß sich diese Formeln für spezielle Fälle derart vereinfachen müssen, daß wir daraus die aus der Festigkeitslehre bekannten Ausdrücke erhalten. Um dies näher zu erklären, sollen die folgenden beiden Aufgaben des an den Enden gebundenen Stabes untersucht werden. Bindet man einen Stab an einer Stelle, so erlangt man dadurch eine größere Steifigkeit desselben und meistens eine vergrößerte wirksame Traglänge.

2. Der Stab ist an beiden Enden aufgestützt. Nimmt man für die Gleichung der elastischen Linie die Gleichungsform

$$y = \frac{1}{2}\left[(A_1 e^{\xi} + A_2 e^{-\xi}) \cos \xi + (A_3 e^{\xi} + A_4 e^{-\xi}) \sin \xi\right]$$

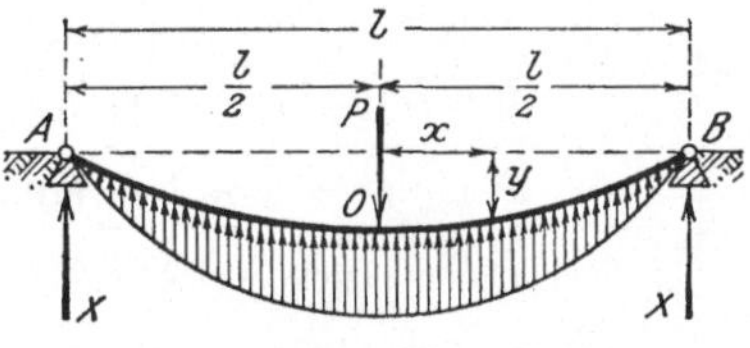

Fig. 27.

an, so hat man die fünf Unbekannten A_1, A_2, A_3, A_4 und X festzustellen, wenn unter X der Auflagerdruck an den Enden verstanden ist.

Als Bedingungsgleichungen gelten hier § 13, (I), (II). Die Beziehung

$$P = 2\left[\int_0^{\frac{l}{2}} p\, dx + X\right]$$

führt zu der selben Gleichungsform wie § 13, (IV). Die zwei übrigen (III), (V) ergeben sich daraus, daß für den Wert $\xi = \frac{\lambda}{2}$

$$y = 0$$
$$Q = -X$$

sein muß. Das ganze Gleichungssystem läßt sich folgendermaßen zusammenstellen:

	A_1	A_2	A_3	A_4	X	
(I)	1	-1	1	1	0	0
(II)	$e^{\frac{\lambda}{2}}\sin\frac{\lambda}{2}$	$-e^{-\frac{\lambda}{2}}\sin\frac{\lambda}{2}$	$-e^{\frac{\lambda}{2}}\cos\frac{\lambda}{2}$	$e^{-\frac{\lambda}{2}}\cos\frac{\lambda}{2}$	0	0
(III)	$e^{\frac{\lambda}{2}}\cos\frac{\lambda}{2}$	$e^{-\frac{\lambda}{2}}\cos\frac{\lambda}{2}$	$e^{\frac{\lambda}{2}}\sin\frac{\lambda}{2}$	$e^{-\frac{\lambda}{2}}\sin\frac{\lambda}{2}$	0	0
(IV)	1	-1	-1	-1	0	$\frac{-2P}{KL}$
(V)	$e^{\frac{\lambda}{2}}\left[\cos\frac{\lambda}{2} + \sin\frac{\lambda}{2}\right]$	$-e^{-\frac{\lambda}{2}}\left[\cos\frac{\lambda}{2} - \sin\frac{\lambda}{2}\right]$	$-e^{\frac{\lambda}{2}}\left[\cos\frac{\lambda}{2} - \sin\frac{\lambda}{2}\right]$	$-e^{-\frac{\lambda}{2}}\left[\cos\frac{\lambda}{2} + \sin\frac{\lambda}{2}\right]$	$\frac{4}{KL}$	0

Die Lösung desselben lautet:

$$(34)\qquad \left\{\begin{aligned} A_1 &= \frac{-P\left[e^{-\lambda} + \cos\lambda + \sin\lambda\right]}{2KL\left[\mathfrak{Cof}\,\lambda + \cos\lambda\right]} \\ A_2 &= \frac{-P\left[-e^{\lambda} - \cos\lambda + \sin\lambda\right]}{2KL\left[\mathfrak{Cof}\,\lambda + \cos\lambda\right]} \\ A_3 &= \frac{P\left[e^{-\lambda} + \cos\lambda - \sin\lambda\right]}{2KL\left[\mathfrak{Cof}\,\lambda + \cos\lambda\right]} \\ A_4 &= \frac{P\left[e^{\lambda} + \cos\lambda + \sin\lambda\right]}{2KL\left[\mathfrak{Cof}\,\lambda + \cos\lambda\right]}. \end{aligned}\right.$$

Durch diese Ausdrücke lassen sich die Gleichungen der elastischen Linie sowie des Biegungsmomentes [§ 4, (16)] zu

$$(35)\qquad \left\{\begin{aligned} y &= \frac{P}{2KL\left[\mathfrak{Cof}\,\lambda + \cos\lambda\right]}\left[\begin{aligned} &\cos\xi\,\mathfrak{Sin}(\lambda-\xi) - \mathfrak{Cof}\,\xi\sin(\lambda-\xi) \\ &+\sin\xi\,\mathfrak{Cof}(\lambda-\xi) - \mathfrak{Sin}\,\xi\cos(\lambda-\xi) \end{aligned}\right] \\ M &= \frac{PL}{4\left[\mathfrak{Cof}\,\lambda + \cos\lambda\right]}\left[\begin{aligned} &\cos\xi\,\mathfrak{Sin}(\lambda-\xi) + \mathfrak{Cof}\,\xi\sin(\lambda-\xi) \\ &-\sin\xi\,\mathfrak{Cof}(\lambda-\xi) - \mathfrak{Sin}\,\xi\cos(\lambda-\xi) \end{aligned}\right] \end{aligned}\right.$$

umformen.

Der Auflagerdruck ergibt sich zu

$$(36)\qquad X = \frac{P\,\mathfrak{Cof}\,\frac{\lambda}{2}\cos\frac{\lambda}{2}}{\mathfrak{Cof}\,\lambda + \cos\lambda}.$$

Setzt man in Gln. (35) $\xi = 0$, so folgt für die Stabmitte

$$(37)\quad \begin{cases} y_0 = \dfrac{P}{2KL}\left[\dfrac{\mathfrak{Sin}\,\lambda - \sin\lambda}{\mathfrak{Cof}\,\lambda + \cos\lambda}\right] \\ M_0 = \dfrac{PL}{4}\left[\dfrac{\mathfrak{Sin}\,\lambda + \sin\lambda}{\mathfrak{Cof}\,\lambda + \cos\lambda}\right]. \end{cases}$$

Ist z. B. $\lambda = 1$, so wird, da $\mathfrak{Sin}\,1 = 1{,}17520$, $\sin 1 = 0{,}84147$ ist,

$$y_0 = \frac{P}{2KL}\,0{,}1802$$

$$M_0 = \frac{PL}{4}\,0{,}9680.$$

Die entsprechenden Werte für einen nicht gebunden gelagerten Stab berechnen sich nach § 13, (7), da für $\lambda = 1$, $\mathfrak{a} = 1{,}0248$, $\mathfrak{b} = 0{,}5028$ ist, zu

$$y_0 = \frac{P}{2KL}\,2{,}0248$$

$$M_0 = \frac{PL}{4}\,0{,}4972.$$

Die Mittelsenkung fällt also beim gebundenen Stab etwa elfmal kleiner aus, während das Biegungsmoment etwa doppelt so groß ist.

Der Auflagerdruck X verschwindet, wenn $\cos\frac{\lambda}{2} = 0$, d. h. $\lambda = \pi$, $3\pi, \ldots$ ist. Die Bedingungsgleichung $\cos\frac{\lambda}{2} = 0$ ist notgedrungen dieselbe wie die für $y_B = 0$ beim stetig gelagerten Stab [vgl. § 13, (8)]. Wenn λ größer ist als π, wird X negativ. Dem Wert $\lambda = \pi$ entspricht aber bei einem auf Baugrund ruhenden Stab nicht die größte wirksame Traglänge, weil der Stab, wenn λ den Wert π überschreitet, aber innerhalb einer gewissen Grenze bleibt, noch der ganzen Länge nach aufgelagert ruht.

$\operatorname{tg}\vartheta_B$ am Ende des Stabes nimmt die Form

$$(38)\qquad \operatorname{tg}\vartheta_B = \frac{-2P}{KL}\,\frac{\mathfrak{Sin}\,\frac{\lambda}{2}\sin\frac{\lambda}{2}}{\mathfrak{Cof}\,\lambda + \cos\lambda}$$

an. Der Wert ändert das Vorzeichen, wenn $\lambda = 2\pi$. Es ergibt sich die größte wirksame Traglänge des Stabes zu

$$(39)\qquad f = 2\pi L,$$

also doppelt so groß wie die des nicht gebundenen Stabes [vgl. Gl. (22)].

Entwickelt man in Gln. (35) die eingeklammerten Glieder in Reihen, so erhält man

$$\mathfrak{Cos}\,\lambda + \cos\lambda = 2\left[1 + \frac{\lambda^4}{4!} + \frac{\lambda^8}{8!} + \dots\right]$$

$$\begin{aligned}\cos\xi\,\mathfrak{Sin}(\lambda-\xi) = (\lambda-\xi) & - \frac{\xi^2(\lambda-\xi)}{2!} + \frac{\xi^4(\lambda-\xi)}{4!} - \frac{\xi^6(\lambda-\xi)}{6!} + \dots \\ & + \frac{(\lambda-\xi)^3}{3!} - \frac{\xi^2(\lambda-\xi)^3}{2!\,3!} + \frac{\xi^4(\lambda-\xi)^3}{4!\,3!} - \dots \\ & \qquad + \frac{(\lambda-\xi)^5}{5!} - \frac{\xi^2(\lambda-\xi)^5}{2!\,5!} + \dots \\ & \qquad\qquad \vdots\end{aligned}$$

$$\begin{aligned}\sin\xi\,\mathfrak{Cos}(\lambda-\xi) = \xi & - \frac{\xi^3}{3!} + \frac{\xi^5}{5!} - \frac{\xi^7}{7!} + \dots \\ & + \frac{\xi(\lambda-\xi)^2}{2!} - \frac{\xi^3(\lambda-\xi)^2}{3!\,2!} + \frac{\xi^5(\lambda-\xi)^2}{5!\,2!} - \dots \\ & \qquad + \frac{\xi(\lambda-\xi)^4}{4!} - \frac{\xi^3(\lambda-\xi)^4}{3!\,4!} + \dots \\ & \qquad\qquad \vdots\end{aligned}$$

Die Entwicklungen von $\mathfrak{Cos}\,\xi \sin(\lambda-\xi)$ und $\mathfrak{Sin}\,\xi \cos(\lambda-\xi)$ lassen sich aus den eben angegebenen Entwicklungen für $\cos\xi\,\mathfrak{Sin}(\lambda-\xi)$ bzw. $\sin\xi\,\mathfrak{Cos}(\lambda-\xi)$ herleiten, indem man alle Glieder der 1., 3., 5. usw. Zeilen mit positiven, alle Glieder der 2., 4., 6. usw. Zeilen mit negativen Vorzeichen versieht.

Man erhält daher

$$\begin{aligned}\cos\xi\,\mathfrak{Sin}(\lambda-\xi) - \mathfrak{Cos}\,\xi\sin(\lambda-\xi) &= 2\left[\frac{(\lambda-\xi)^3}{3!} - \frac{\xi^2(\lambda-\xi)}{2!} + \dots\right] \\ &= \frac{2}{L^3}\left[\frac{(l-x)^3}{3!} - \frac{x^2(l-x)}{2!} + \dots\right] \\ \sin\xi\,\mathfrak{Cos}(\lambda-\xi) - \mathfrak{Sin}\,\xi\cos(\lambda-\xi) &= 2\left[-\frac{\xi^3}{3!} + \frac{\xi(\lambda-\xi)^2}{2!} - \dots\right] \\ &= \frac{2}{L^3}\left[-\frac{x^3}{3!} + \frac{x(l-x)^2}{2!} - \dots\right].\end{aligned}$$

Hierbei sind die nicht ausdrücklich angegebenen Glieder in den ersten Zeilen der beiden letzten Entwicklungen wenigstens vom siebenten Grad, während in den zweiten Zeilen die durch Punkte angedeuteten Glieder alle mit ξ, $(\lambda-\xi)$ oder beiden verbunden sind.

Es möge der Fall $K = 0$ betrachtet werden. Da dabei die Größe L unendlich groß und somit λ und ξ, folglich $(\lambda - \xi)$ gleich Null sind, erhält man mit Bezugnahme auf $KL = \frac{4EJ}{L^3}$ die Formel

$$y = \frac{Pl^3}{32EJ}\left[\frac{l-2x}{l}\right]\left[1 - \frac{1}{3}\left(\frac{l-2x}{l}\right)^2\right].$$

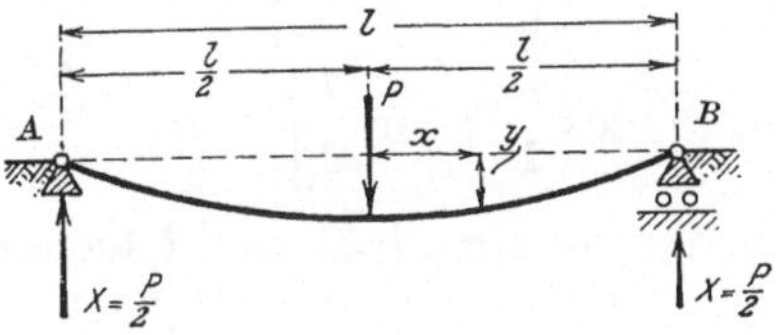

Fig. 28.

Ähnlich erhält man für das Biegungsmoment

$$M = \frac{P}{4}[l - 2x].$$

Ferner folgt aus der Gl. (36)

$$X = \frac{P}{2}.$$

Will man die letzten Gleichungen für y und M auf das Stabende A als Koordinatenanfang beziehen, so ersetzt man x durch $\left(\frac{l}{2} - x\right)$. Man gelangt dann zu den bekannten Formeln für den beiderseits frei aufliegenden Balken, nämlich:

$$\left\{\begin{aligned} y &= \frac{Pl^3}{16EJ}\left[\frac{x}{l} - \frac{4}{3}\left(\frac{x}{l}\right)^3\right] \\ M &= \frac{P}{2}x. \end{aligned}\right.$$

Hierbei bezeichnet x die Abszisse eines Punktes links von P.

3. Der Stab ist an beiden Enden eingespannt. Man hat hierbei die sechs Unbekannten A_1, A_2, A_3, A_4, X und M_B festzustellen. Die in 2. aufgestellten Bedingungsgleichungen stehen hier zur Verfügung mit Ausnahme von (II). Anstatt der letzteren hat man am Ende B

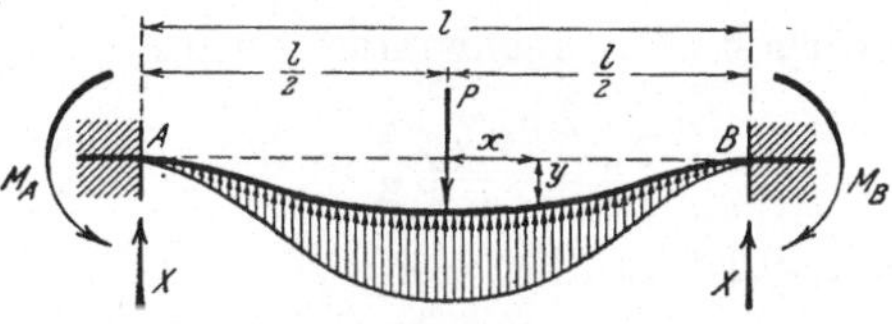

Fig. 29.

$$\text{(II)}\qquad \left[A_1 e^{\frac{\lambda}{2}} - A_2 e^{-\frac{\lambda}{2}}\right]\sin\frac{\lambda}{2} - \left[A_3 e^{\frac{\lambda}{2}} - A_4 e^{-\frac{\lambda}{2}}\right]\cos\frac{\lambda}{2} = \frac{-4\,M_B}{K L^2}.$$

Ferner folgt, da am Ende B $\frac{dy}{dx}$, also $\frac{dy}{d\xi}$, verschwinden muß,

$$\text{(VI)}\qquad A_1 e^{\frac{\lambda}{2}}\left[\cos\frac{\lambda}{2} - \sin\frac{\lambda}{2}\right] - A_2 e^{-\frac{\lambda}{2}}\left[\cos\frac{\lambda}{2} + \sin\frac{\lambda}{2}\right]$$
$$+ A_3 e^{\frac{\lambda}{2}}\left[\cos\frac{\lambda}{2} + \sin\frac{\lambda}{2}\right] + A_4 e^{-\frac{\lambda}{2}}\left[\cos\frac{\lambda}{2} - \sin\frac{\lambda}{2}\right] = 0.$$

Das ganze Gleichungssystem läßt sich folgendermaßen zusammenstellen:

	A_1	A_2	A_3	A_4	M_B	X	
(I)	1	-1	1	1	0	0	0
(II)	$e^{\frac{\lambda}{2}}\sin\frac{\lambda}{2}$	$-e^{-\frac{\lambda}{2}}\sin\frac{\lambda}{2}$	$-e^{\frac{\lambda}{2}}\cos\frac{\lambda}{2}$	$e^{-\frac{\lambda}{2}}\cos\frac{\lambda}{2}$	$\frac{4}{KL^2}$	0	0
(III)	$e^{\frac{\lambda}{2}}\cos\frac{\lambda}{2}$	$e^{-\frac{\lambda}{2}}\cos\frac{\lambda}{2}$	$e^{\frac{\lambda}{2}}\sin\frac{\lambda}{2}$	$e^{-\frac{\lambda}{2}}\sin\frac{\lambda}{2}$	0	0	0
(IV)	1	-1	-1	-1	0	0	$\frac{-2}{K}$
(V)	$e^{\frac{\lambda}{2}}\left[\cos\frac{\lambda}{2}+\sin\frac{\lambda}{2}\right]$	$-e^{-\frac{\lambda}{2}}\left[\cos\frac{\lambda}{2}-\sin\frac{\lambda}{2}\right]$	$-e^{\frac{\lambda}{2}}\left[\cos\frac{\lambda}{2}-\sin\frac{\lambda}{2}\right]$	$-e^{-\frac{\lambda}{2}}\left[\cos\frac{\lambda}{2}+\sin\frac{\lambda}{2}\right]$	0	$\frac{4}{KL}$	0
(VI)	$e^{\frac{\lambda}{2}}\left[\cos\frac{\lambda}{2}-\sin\frac{\lambda}{2}\right]$	$-e^{-\frac{\lambda}{2}}\left[\cos\frac{\lambda}{2}+\sin\frac{\lambda}{2}\right]$	$e^{\frac{\lambda}{2}}\left[\cos\frac{\lambda}{2}+\sin\frac{\lambda}{2}\right]$	$e^{-\frac{\lambda}{2}}\left[\cos\frac{\lambda}{2}-\sin\frac{\lambda}{2}\right]$	0	0	0

Daraus berechnet sich

$$\text{(40)}\qquad \left\{\begin{aligned} X &= \frac{P\,\mathfrak{Cof}\frac{\lambda}{2}\cos\frac{\lambda}{2}\left[\mathfrak{Tg}\frac{\lambda}{2} + \operatorname{tg}\frac{\lambda}{2}\right]}{\mathfrak{Sin}\lambda + \sin\lambda} \\ M_B &= \frac{PL\,\mathfrak{Sin}\frac{\lambda}{2}\sin\frac{\lambda}{2}}{\mathfrak{Sin}\lambda + \sin\lambda}. \end{aligned}\right.$$

Der Auflagerdruck X verschwindet, wenn

$$\text{(41)}\qquad \mathfrak{Tg}\frac{\lambda}{2} + \operatorname{tg}\frac{\lambda}{2} = 0$$

ist. Diese Gleichung ist erfüllt, wenn

$$\lambda = 0, \quad 4{,}730, \ldots$$

Das Einspannungsmoment M_B wird gleich Null, wenn

$$\sin\frac{\lambda}{2} = 0$$

ist. Es ergibt sich daraus

$$\lambda = 0,\ 2\pi, \ldots$$

Man erkennt, daß, wenn λ den Wert 4,730 überschreitet, X negativ wird. Der Stab erleidet dabei aber an keiner Stelle Abhebung, weil das Einspannungsmoment M_B noch positiv bleibt. Erst beim Wert $\lambda = 2\pi$ wird dieses gleich Null. Von diesem Werte ab erfährt der Stab in der Nähe der Enden Abhebung. Die größte wirksame Traglänge des Stabes ist wieder

$$f = 2\pi L. \tag{42}$$

Es sei $K = 0$, dann ergibt sich

$$\lim \frac{\mathfrak{Cof}\frac{\lambda}{2}\cos\frac{\lambda}{2}\left(\mathfrak{Tg}\frac{\lambda}{2} + \operatorname{tg}\frac{\lambda}{2}\right)}{\mathfrak{Sin}\lambda + \sin\lambda} = \lim \frac{\mathfrak{Cof}\frac{\lambda}{2}\cos\frac{\lambda}{2}}{\mathfrak{Cof}\lambda + \cos\lambda} = \frac{1}{2}$$

und ferner, da

$$\begin{aligned}\sin\frac{\lambda}{2}\,\mathfrak{Sin}\frac{\lambda}{2} = \left(\frac{\lambda}{2}\right)^2 - \frac{1}{3!}\left(\frac{\lambda}{2}\right)^4 + \frac{1}{5!}\left(\frac{\lambda}{2}\right)^6 - \ldots\\ + \frac{1}{3!}\left(\frac{\lambda}{2}\right)^4 - \frac{1}{3!\,3!}\left(\frac{\lambda}{2}\right)^6 + \ldots\\ + \frac{1}{5!}\left(\frac{\lambda}{2}\right)^6 - \ldots\\ \vdots\end{aligned}$$

ist,[1]

$$\lim\left[L\,\frac{\sin\frac{\lambda}{2}\,\mathfrak{Sin}\frac{\lambda}{2}}{\mathfrak{Sin}\lambda + \sin\lambda}\right] = \frac{l}{8}.$$

Somit erhält man die übliche Formel für den beiderseits eingespannten Balken:

$$X = \frac{P}{2} \qquad M_B = \frac{Pl}{8}.$$

B. Sprungweise veränderliches Trägheitsmoment.

§ 21. Der Stab ist in seinem mittleren Teil verstärkt.

Um die Mittelsenkung des Stabes zu vermindern, kann man dem mittleren Teil ein größeres Trägheitsmoment geben. Im folgen-

[1]) Die Entwicklung von $\mathfrak{Sin}\lambda + \sin\lambda$ s. S. 50.

den soll ein Stab untersucht werden, der in der Mitte eine Verstärkung von der Länge $\frac{l}{2}$ besitzt.

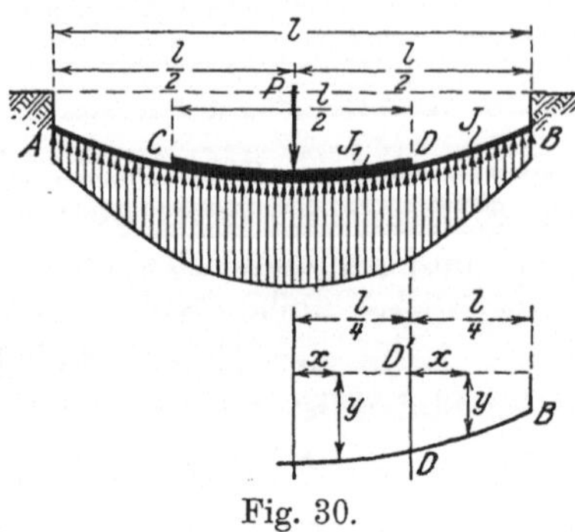

Fig. 30.

Da der Punkt D Diskontinuitätspunkt ist, hat man die Stabteile CD, DB gesondert zu betrachten. Es gilt für beide die Lösung in der Form

$$y = \frac{1}{2}\left[(A_1 e^{\xi} + A_2 e^{-\xi})\cos\xi + (A_3 e^{\xi} + A_4 e^{-\xi})\sin\xi\right].$$

Die vier Konstanten nehmen aber, den verschiedenen Bedingungen entsprechend, für die einzelnen Strecken verschiedene Werte an. Wir bezeichnen mit A_1', A_2', A_3' und A_4' diejenigen für DB und wählen den Koordinatenanfangspunkt in D. Bezeichnet ferner J_1 das Trägheitsmoment des verstärkten Stabteils CD, J, wie vorher, dasjenige der übrigen Stabteile, und setzt man

$$L_1 = \sqrt[4]{\frac{4EJ_1}{K}}$$

und ferner

$$m = \frac{L_1}{L} \qquad \lambda = \frac{l}{L},$$

so ist die Veränderliche ξ

$$\text{für } CD \quad \xi = \frac{x}{L}$$

$$\text{„} \quad DB \quad \xi = \frac{x}{L_1} = \frac{x}{mL}.$$

Man hat im ganzen acht Konstanten A_1 bis A_4 und A_1' bis A_4' festzustellen. Dazu stehen uns in der Tat acht Bedingungsgleichungen zur Verfügung. Es finden die Gleichungen § 13, (I),

(II), (III) auch hier Geltung, wenn in den beiden letzten $\frac{\lambda}{2}$ durch $\frac{\lambda}{4}$ ersetzt wird. Anstatt § 13, (IV) erhält man

$$\text{(IV)} \qquad m[A_1 - A_2 - A_3 - A_4] = \frac{-2P}{KL}.$$

Ferner ergeben sich im Punkt D vier Bedingungsgleichungen [vgl. § 6, (28)]. Diese lassen sich nach § 6, (29) sofort gestalten, wenn man darin L und L_1 vertauscht und

$$\alpha = \frac{\lambda}{4m}, \quad K = K_1, \quad P = 0$$

setzt. Sie lauten

$$(43)\left\{\begin{aligned}
&\text{(V)} \quad \left[A_1 e^{\frac{\lambda}{4m}} + A_2 e^{-\frac{\lambda}{4m}}\right]\cos\frac{\lambda}{4m} + \left[A_3 e^{\frac{\lambda}{4m}} + A_4 e^{-\frac{\lambda}{4m}}\right]\sin\frac{\lambda}{4m} \\
&\qquad = A_1' + A_2' \\
&\text{(VI)} \quad A_1 e^{\frac{\lambda}{4m}}\left[\cos\frac{\lambda}{4m} - \sin\frac{\lambda}{4m}\right] - A_2 e^{-\frac{\lambda}{4m}}\left[\cos\frac{\lambda}{4m} + \sin\frac{\lambda}{4m}\right] \\
&\qquad + A_3 e^{\frac{\lambda}{4m}}\left[\cos\frac{\lambda}{4m} + \sin\frac{\lambda}{4m}\right] + A_4 e^{-\frac{\lambda}{4m}}\left[\cos\frac{\lambda}{4m} - \sin\frac{\lambda}{4m}\right] \\
&\qquad = m[A_1' - A_2' + A_3' + A_4'] \\
&\text{(VII)} \quad m^2\left[\left(A_1 e^{\frac{\lambda}{4m}} - A_2 e^{-\frac{\lambda}{4m}}\right)\sin\frac{\lambda}{4m} - \left(A_3 e^{\frac{\lambda}{4m}} - A_4 e^{-\frac{\lambda}{4m}}\right)\cos\frac{\lambda}{4m}\right] \\
&\qquad = -A_3' + A_4' \\
&\text{(VIII)} \quad m\left[A_1 e^{\frac{\lambda}{4m}}\left(\cos\frac{\lambda}{4m} + \sin\frac{\lambda}{4m}\right) - A_2 e^{-\frac{\lambda}{4m}}\left(\cos\frac{\lambda}{4m} - \sin\frac{\lambda}{4m}\right)\right. \\
&\qquad \left. - A_3 e^{\frac{\lambda}{4m}}\left(\cos\frac{\lambda}{4m} - \sin\frac{\lambda}{4m}\right) - A_4 e^{-\frac{\lambda}{4m}}\left(\cos\frac{\lambda}{4m} + \sin\frac{\lambda}{4m}\right)\right] \\
&\qquad = A_1' - A_2' - A_3' - A_4'.
\end{aligned}\right.$$

Als Beispiel benutzen wir die Abmessungen des in § 14 behandelten Stabes; wir nehmen jedoch den mittleren Teil des Stabes mit doppelten Eiseneinlagen verstärkt an. Die Zahlenrechnung für den Stabquerschnitt des mittleren Teils gibt

$$x = 30{,}0 \text{ cm} \quad (n = 15)$$
$$J_1 = 1{,}177 \cdot 10^5 \text{ cm}^4$$
$$L_1 = 257 \text{ cm},$$

also

$$m = \frac{257}{205} = 1{,}26 \qquad \lambda = \frac{820}{205} = 4{,}00.$$

$$\frac{\lambda}{4\,m} = \frac{4{,}00}{4 \cdot 1{,}26} = 0{,}80$$

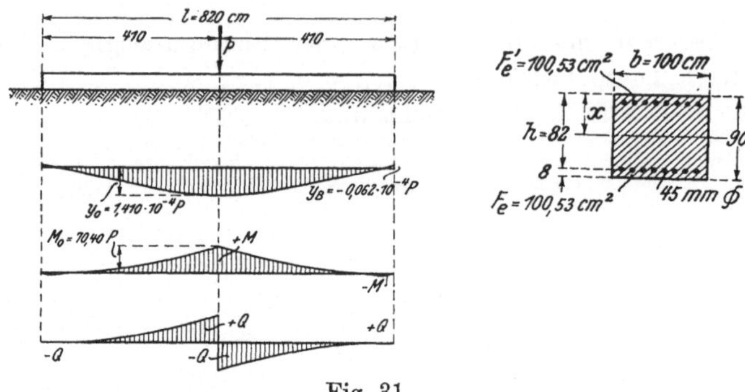

Fig. 31.

Ferner berechnet sich

$$\begin{aligned}
A_1 &= 1{,}162 \cdot 10^{-5} P & A_1' &= 0{,}430 \cdot 10^{-5} P \\
A_2 &= 27{,}040 \cdot \text{,,} \quad \text{,,} & A_2' &= 16{,}910 \cdot \text{,,} \quad \text{,,} \\
A_3 &= -1{,}049 \cdot \text{,,} \quad \text{,,} & A_3' &= -2{,}533 \cdot \text{,,} \quad \text{,,} \\
A_4 &= 27{,}210 \cdot \text{,,} \quad \text{,,} & A_4' &= 2{,}689 \cdot \text{,,} \quad \text{,,}
\end{aligned}$$

und somit

$$\begin{aligned}
y_0 &= 1{,}410 \cdot 10^{-4} P \\
p_0 &= 21{,}14 \cdot \text{,,} \quad \text{,,} \\
M_0 &= 70{,}40\,P\,.
\end{aligned}$$

Die Mittelsenkung y_0 erfährt, im Vergleich mit dem Beispiel in § 14, eine Verminderung um 20 v. H., während das Biegungsmoment M_0 um 48 v. H. vergrößert ist.

§ 22. Flanschartige Ansätze bei einem säulenartigen Körper.

1. Entwicklung der Formeln. Läßt man das Trägheitsmoment J_1 der Mittelstrecke $2\,s$ des Stabes AB immer mehr anwachsen, bis es schließlich unendlich groß wird, so erhält man den in Fig. 32 dargestellten Fall, in welchem ein säulenförmiger Körper eine Last P durch Vermittlung eines flanschartigen Ansatzes auf eine breitere Fläche einer elastischen Unterlage überträgt.

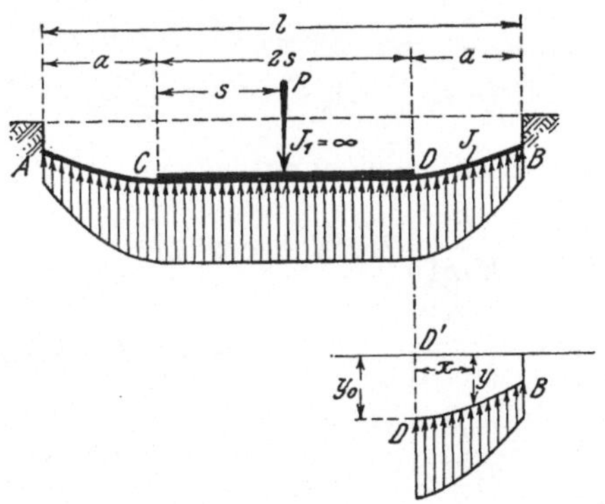

Fig. 32.

Da die Senkung des säulenartigen Körpers gleichförmig sein muß — sie sei y_0 genannt —, hat man nur die Gleichung des Flanschansatzes DB aufzustellen, die mit D' als Koordinatenanfang die Gleichungsform

$$y = \frac{1}{2}\left[(A_1 e^{\xi} + A_2 e^{-\xi}) \cos\xi + (A_3 e^{\xi} + A_4 e^{-\xi}) \sin\xi\right]$$

annimmt.

Die Bedingungsgleichungen für die fünf Unbekannten A_1 bis A_4 und y_0 lassen sich formen wie folgt: für $\xi = 0$ ist

$$y = y_0 \qquad \frac{dy}{d\xi} = 0$$

und man erhält

$$\text{(I)} \quad A_1 + A_2 = 2\,y_0$$

$$\text{(II)} \quad A_1 - A_2 + A_3 + A_4 = 0\,.$$

Ferner, da am Ende B, also für $\xi = \alpha$

$$M = 0, \quad Q = 0$$

ist, folgt:

$$\text{(III)} \quad [A_1 e^{\alpha} - A_2 e^{-\alpha}] \sin\alpha - [A_3 e^{\alpha} - A_4 e^{-\alpha}] \cos\alpha = 0$$

$$\text{(IV)} \quad A_1 e^{\alpha}[\cos\alpha + \sin\alpha] - A_2 e^{-\alpha}[\cos\alpha - \sin\alpha]$$
$$- A_3 e^{\alpha}[\cos\alpha - \sin\alpha] - A_4 e^{-\alpha}[\cos\alpha + \sin\alpha] = 0\,,$$

wobei $\alpha = \dfrac{a}{L}$ ist.

Endlich liefert die Beziehung

$$P = 2\left[s K y_0 + \int_0^a p\,dx\right]$$

die Gleichung

$$\text{(V)} \qquad A_1 - A_2 - A_3 - A_4 = \frac{4s}{L} y_0 - \frac{2P}{KL}.$$

Die Auflösung dieses Gleichungssystems ergibt:

$$(44) \quad \begin{cases} y_0 = \dfrac{P}{KL\Delta}[\mathfrak{Cof}^2\alpha + \cos^2\alpha] \\ A_1 = \dfrac{P}{2KL\Delta}[e^{-2\alpha} + 2 + \cos 2\alpha + \sin 2\alpha] \\ A_2 = \dfrac{P}{2KL\Delta}[e^{2\alpha} + 2 + \cos 2\alpha + \sin 2\alpha] \\ A_3 = \dfrac{P}{2KL\Delta}[-e^{-2\alpha} + \cos 2\alpha + \sin 2\alpha] \\ A_4 = \dfrac{P}{2KL\Delta}[e^{2\alpha} - \cos 2\alpha + \sin 2\alpha], \\ \text{wobei} \\ \Delta = \mathfrak{Sin}\, 2\alpha + \sin 2\alpha + \dfrac{2s}{L}[\mathfrak{Cof}^2\alpha + \cos^2\alpha] \end{cases}$$

ist. Ferner hat man für die Endsenkung

$$(45) \qquad y_B = \frac{2P}{KL\Delta} \mathfrak{Cof}\,\alpha \cos\alpha.$$

Für den Wert $s = 0$ gehen die gewonnenen Ausdrücke für A_1 bis A_4 über in die für den bereits in § 13 behandelten Fall, in dem der Stab in der Mitte belastet ist.

Als Beispiel diene der in Fig. 33 skizzierte Körper, für den die Abmessungen sowie E, K und J dem Beispiel in § 21 entnommen sind.

Es berechnen sich

$$y_0 = 0{,}880 \cdot 10^{-4} P$$

und

$$A_1 = 0{,}133 \cdot 10^{-4} P \qquad A_3 = 0{,}059 \cdot 10^{-4} P$$
$$A_2 = 1{,}628 \cdot \text{„} \quad \text{„} \qquad A_4 = 1{,}435 \cdot \text{„} \quad \text{„}$$

Man hat also für DB

$$y = \frac{10^{-4} P}{2} [(0{,}133\, e^{\xi} + 1{,}628\, e^{-\xi}) \cos\xi + (0{,}059\, e^{\xi} + 1{,}435\, e^{-\xi}) \sin\xi].$$

Der Verlauf der y-, M- und Q-Linie ist in Fig. 33 ersichtlich. Die gestrichelten Linien würde man bei der Annahme gleichmäßiger Verteilung von P auf der Strecke $2s$ erhalten.

Zum Vergleich stellen wir die in den Beispielen der §§ 14, 21 gefundenen Resultate mit den eben gewonnenen tabellarisch zusammen. Somit ergibt sich:

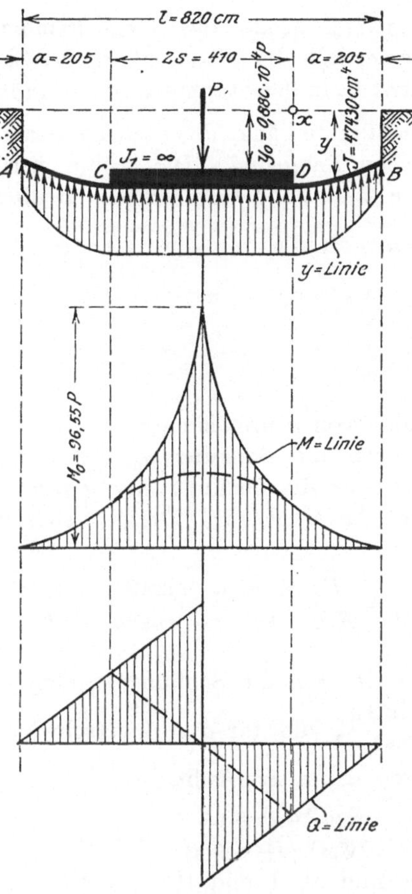

Fig. 33.

	y_0	M_0
P; $J = 47\,430$ cm^4	$1{,}758 \cdot 10^{-4} P$	$54{,}10\ P$
P; $J_1 = 117\,700$ cm^4; $J = 47\,430$ cm^4	$1{,}410 \cdot$ „ „	$70{,}40$ „
P; $J_1 = \infty$; $J = 47\,430$ cm^4	$0{,}880 \cdot$ „ „	$96{,}55$ „

Man erkennt daraus: je größer das Trägheitsmoment des mittleren Teils ist, desto kleiner fällt die Mittelsenkung des Stabes aus, während das Biegungsmoment M_0 in der Stabmitte immer größer wird [vgl. § 15].

2. Die zweckmäßigste Länge des Flanschansatzes. Wir betrachten nun einen elastischen Baugrund. Die größte wirksame Traglänge f der Flanschansätze berechnet sich aus der Bedingung $y_B = 0$ oder der Gleichung $\cos\alpha = 0$, die durch $\alpha = 0, \frac{\pi}{2}, \ldots$ erfüllt wird.

Somit erhält man

$$f = \frac{\pi}{2} L. \tag{46}$$

Die Länge f ist also von s unabhängig.

Wir wollen noch die Senkung y_0 des säulenartigen Körpers untersuchen, unter der die Senkung der ganzen Konstruktion verstanden wird. Der Ausdruck für y_0 ergibt sich nach einer kleinen Umformung

$$y_0 = \frac{P}{KL}\left[\frac{\mathfrak{Sin}\,2\alpha + \sin 2\alpha}{\mathfrak{Cof}^2\alpha + \cos^2\alpha} + \frac{2s}{L}\right]^{-1}.$$

Bei gegebenem $2s$ ist also die Senkung y_0 eine Funktion von der Größe $\frac{\mathfrak{Sin}\,2\alpha + \sin 2\alpha}{\mathfrak{Cof}^2\alpha + \cos^2\alpha}$, die für $\alpha = 0$ verschwindet, aber für alle positiven Werte von α positiv bleibt.

Die Ausdrücke $\frac{\mathfrak{Sin}\,2\alpha + \sin 2\alpha}{\mathfrak{Cof}^2\alpha + \cos^2\alpha}$ und $\left[\frac{\mathfrak{Sin}\,2\alpha + \sin 2\alpha}{\mathfrak{Cof}^2\alpha + \cos^2\alpha} + \frac{2s}{L}\right]^{-1}$ sind im folgenden Bild als I und II dargestellt. Für die Kurve II sind L und s dem soeben behandelten Zahlenbeispiel entnommen, d. h.

$$L = 205 \text{ cm}$$
$$s = 205 \text{ cm}.$$

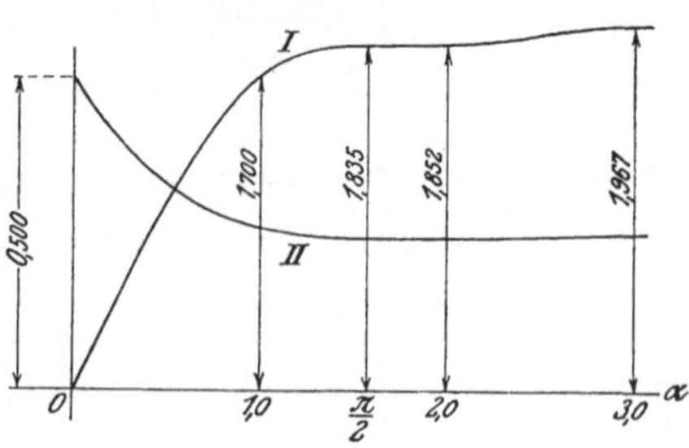

Fig. 34.

Durch Differentiation ergibt sich

$$\frac{d}{d\alpha}\left[\frac{\mathfrak{Sin}\,2\,\alpha+\sin 2\,\alpha}{\mathfrak{Cof}^2\alpha+\cos^2\alpha}\right]=8\left[\frac{\mathfrak{Cof}\,\alpha\cos\alpha}{\mathfrak{Cof}\,\alpha+\cos\alpha}\right]^2.$$

Der gewonnene Ausdruck stellt eine positive Größe dar und nimmt, von Null ausgehend, immer mit α zu; bei $\alpha=\frac{n\pi}{2}$ wird er jedoch gleich Null.

Daraus folgt nun, daß sich die Senkung des säulenartigen Körpers, wenn α von 0 an zunimmt, um so mehr verringert, je größer α, also, bei gegebenen Querabmessungen des Flanschansatzes, je größer die Länge desselben wird; die Verringerung hört bei dem Wert $\alpha=\frac{1}{2}\pi$ für einen Augenblick auf. Nimmt α weiter zu, so tritt wohl, wie es aus der Fig. 34 ersichtlich ist, noch eine Verminderung von y_0 ein, jedoch nur in einem verhältnismäßig geringen Maße. Bei einem elastischen Baugrund aber, wie eben besprochen, erreicht bei dem Wert $\alpha=\frac{1}{2}\pi$ der Flanschansatz gerade seine größte Traglänge. $\frac{1}{2}\pi L$ muß also die **zweckmäßigste Länge des Flanschansatzes** sein, mit der man erreicht, daß einerseits der Flanschansatz in seiner ganzen Länge die Last überträgt, andererseits die Senkung des ganzen Körpers den erreichbar kleinsten Wert annimmt.

Die Größe $\frac{\mathfrak{Sin}\,2\,\alpha+\sin 2\,\alpha}{\mathfrak{Cof}^2\,\alpha+\cos^2\alpha}$ für verschiedene Werte von α kann aus der folgenden Tabelle entnommen werden:

α	$\frac{\mathfrak{Sin}\,2\alpha+\sin 2\alpha}{\mathfrak{Cof}^2\alpha+\cos^2\alpha}$	α	$\frac{\mathfrak{Sin}\,2\alpha+\sin 2\alpha}{\mathfrak{Cof}^2\alpha+\cos^2\alpha}$
0,00	0,000	0,60	1,170
0,01	0,020	0,70	1,338
0,02	0,040	0,80	1,490
0,03	0,060	0,90	1,605
0,04	0,080	1,00	1,696
0,05	0,100	1,10	1,762
0,06	0,120	1,20	1,802
0,07	0,140	1,30	1,823
0,08	0,160	1,40	1,831
0,09	0,180	1,50	1,835
0,10	0,200	1,60	1,835
0,20	0,400	1,70	1,835
0,30	0,600	1,80	1,838
0,40	0,798	1,90	1,844
0,50	0,987	2,00	1,851

C. Die Größe L ändert sich mit x.

Es sind hierbei zwei Fälle zu unterscheiden:

§ 23. Das Trägheitsmoment ändert sich mit x.

1. Allgemeines. Es gilt die Differentialgleichung [§ 8, (38)]

$$\frac{EJ}{K}\frac{d^4M}{dx^4} = -M.$$

Setzt man

$$(47)\qquad \begin{cases} \dfrac{2x}{l} = \xi \\ J = J_1\,\varphi(\xi), \end{cases}$$

wobei J_1 eine Konstante, J das Trägheitsmoment an der Stelle x bezeichnen, so nimmt obige Differentialgleichung mit der Abkürzung

$$\alpha = \frac{K l^4}{16\,E J_1}$$

die Form

$$(48)\qquad \varphi(\xi)\frac{d^4M}{d\xi^4} = -\alpha M$$

an. Die Zahl α ist, wenn man $L_1 = \sqrt[4]{\frac{4EJ_1}{K}}$ setzt, mit L_1 durch die Beziehung

$$(49)\qquad \alpha = \frac{l^4}{4L_1}$$

verknüpft.

Im allgemeinen wird die Veränderlichkeit des Trägheitsmomentes durch einen „Trägeranlauf“[1]) angestrebt. Im Betonbau ferner erfolgt sie durch eine geeignete Anordnung der Eiseneinlagen. Zu bemerken ist aber, daß es bei einem Eisenbetonträger kaum gelingen dürfte, die bestehende Veränderlichkeit des Trägheitsmomentes in eine geschlossene, mathematische Formel zu fassen. Man muß sich vielmehr mit jenem Näherungsgesetze zufrieden geben, welches bei Wahrung ausreichender Sicherheit den Vorteil einfachster, mathematischer Behandlung in sich birgt. Dies wollen wir im folgenden durch Vorführung einiger einfachen Aufgaben näher erklären.

---

[1]) Dieser Ausdruck scheint uns besser als die in früherer Zeit gebrauchte Bezeichnung „Voute“ oder die in jüngster Zeit eingeführte, aber nicht immer zutreffende Bezeichnung „Schräge“.

Schließlich muß kurz bemerkt werden, daß bei einem mit Anlauf ausgestatteten oder mit Eiseneinlagen versehenen Träger die in der Berechnung zugrunde zu legende neutrale Achse eine gekrümmte Linie ist. Der Einfachheit halber aber möge hier eine gerade neutrale Achse vorausgesetzt werden. Wie weit diese Voraussetzung zulässig ist, muß von Fall zu Fall entschieden werden.

2. Das Trägheitsmoment nimmt von der Stabmitte gegen die Enden nach dem linearen Gesetz ab. Wir wählen den Koordinatenanfang auf der Lotrechten durch das Stabende A.

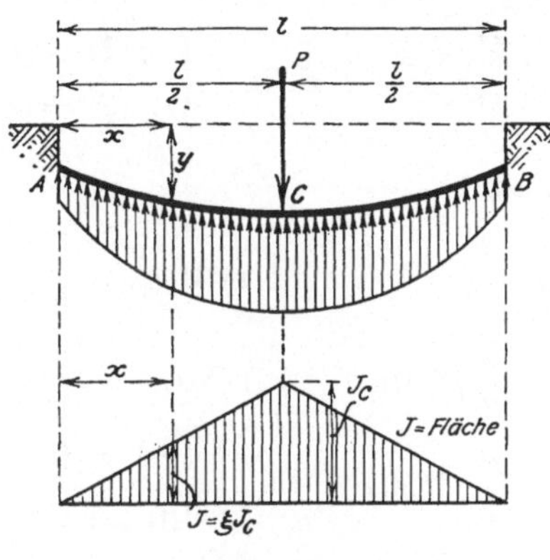

Fig. 35.

Es sei: $\varphi(\xi) = \xi$, $J_1 = J_C$, nämlich

$$J = J_C\,\xi, \tag{50}$$

wenn unter J_c das Trägheitsmoment in der Stabmitte verstanden ist.

Die Differentialgleichung lautet dann

$$\left\{\begin{aligned} &\xi\,\frac{d^4M}{d\xi^4} = -\,\alpha\,M \\ \text{mit}\quad & \\ &\alpha = \frac{K\,l^4}{16\,E J_C}. \end{aligned}\right. \tag{51}$$

Man nimmt für M die Reihe

$$M = f(\xi)$$

$$= f(0) + \frac{\xi}{1!}f'(0) + \frac{\xi^2}{2!}f''(0) + \cdots + \frac{\xi^n}{n!}f^{(n)}(0) + \cdots$$

an. Sukzessive Differentiation der letzten Differentialgleichung gibt

$$\begin{aligned}
\xi f^{IV}(\xi) &= -\alpha f(\xi)\\
f^{IV}(\xi) + \xi f^{V}(\xi) &= -\alpha f'(\xi)\\
2 f^{V}(\xi) + \xi f^{VI}(\xi) &= -\alpha f''(\xi)\\
3 f^{VI}(\xi) + \xi f^{VII}(\xi) &= -\alpha f'''(\xi)\\
&\vdots
\end{aligned}$$

Da am Stabende A, also für den Wert $\xi = 0$,

$$\begin{aligned} M &= 0 \\ Q &= 0, \end{aligned} \qquad \text{d. h.} \qquad \begin{cases} f(\xi) = 0 \\ f'(\xi) = 0 \end{cases}$$

sein muß, erhält man:

$$\begin{aligned}
f^{IV}(0) &= 0 & f^{VIII}(0) &= \frac{\alpha^2}{2\cdot 5} f''(0)\\
f^{V}(0) &= -\frac{\alpha}{2} f''(0) & f^{IX}(0) &= \frac{\alpha^2}{3\cdot 6} f'''(0)\\
f^{VI}(0) &= -\frac{\alpha}{2} f'''(0) & f^{X}(0) &= 0\\
f^{VII}(0) &= 0 & f^{XI}(0) &= -\frac{\alpha^3}{2\cdot 5\cdot 8} f''(0)\\
& & &\vdots
\end{aligned}$$

Somit bekommen wir für M

(52) $$M = X_1 f''(0) + X_2 f'''(0),$$

wobei

(53) $$\begin{cases} X_1 = \dfrac{\xi^2}{2!} - \dfrac{\xi^5}{5!}\left(\dfrac{\alpha}{2}\right) + \dfrac{\xi^8}{8!}\left(\dfrac{\alpha^2}{2\cdot 5}\right) - \dfrac{\xi^{11}}{11!}\left(\dfrac{\alpha^3}{2\cdot 5\cdot 8}\right) + \cdots \\[2ex] X_2 = \dfrac{\xi^3}{3!} - \dfrac{\xi^6}{6!}\left(\dfrac{\alpha}{3}\right) + \dfrac{\xi^9}{9!}\left(\dfrac{\alpha^2}{3\cdot 6}\right) - \dfrac{\xi^{12}}{12!}\left(\dfrac{\alpha^3}{3\cdot 6\cdot 9}\right) + \cdots \end{cases}$$

ist.

Die zwei Konstanten $f''(0)$, $f'''(0)$ bestimmen sich aus den zwei Bedingungen, daß in der Stabmitte, also für $\xi = 1$,

$$\begin{aligned} \frac{dy}{dx} &= 0 \\ Q &= \frac{-P}{2}, \end{aligned} \qquad \text{d. h.} \qquad \begin{cases} f'''(\xi) = 0 \\ f'(\xi) = \dfrac{-Pl}{4} \end{cases}$$

sein muß. Die Bedingungsgleichungen lauten also

$$
(54)\quad \left\{
\begin{aligned}
&[\alpha]_1 f''(0) + [\alpha]_3 f'''(0) = 0 \\
&[\alpha]_2 f''(0) + [\alpha]_4 f'''(0) = \frac{-Pl}{4}, \\
&\text{wenn} \\
&[\alpha]_1 = \frac{-\alpha}{2\cdot 2!} + \frac{\alpha^2}{2\cdot 5\cdot 5!} - \frac{\alpha^3}{2\cdot 5\cdot 8\cdot 8!} + \dots \\
&[\alpha]_2 = 1 - \frac{\alpha}{2\cdot 4!} + \frac{\alpha^2}{2\cdot 5\cdot 7!} - \frac{\alpha^2}{2\cdot 5\cdot 8\cdot 10!} + \dots \\
&[\alpha]_3 = 1 - \frac{\alpha}{3\cdot 3!} + \frac{\alpha^2}{3\cdot 6\cdot 6!} - \frac{\alpha^3}{3\cdot 6\cdot 9\cdot 9!} + \dots \\
&[\alpha]_4 = \frac{1}{2!} - \frac{\alpha}{3\cdot 5!} + \frac{\alpha^2}{3\cdot 6\cdot 8!} - \frac{\alpha^3}{3\cdot 6\cdot 9\cdot 11!} + \dots
\end{aligned}
\right.
$$

gesetzt wird.

3. Allgemeiner Fall: $\varphi(\xi) = \xi^m$. Es ist

$$
(55)\qquad J = \xi^m J_C.
$$

Mit Bezug auf den eben behandelten Fall lautet die Differentialgleichung

$$
(56)\qquad \xi^m \frac{d^4 M}{d\xi^4} = -\alpha M.
$$

Man erhält mittels sukzessiver Differentiation nach dem Theorem von Leibniz[1])

$$
\begin{aligned}
\xi^m M^{IV} &= -\alpha M \\
m\xi^{m-1} M^{IV} + \xi^m M^{V} &= -\alpha M' \\
m(m-1)\xi^{m-2} M^{IV} + 2m\xi^{m-1} M^{V} + \xi^m M^{VI} &= -\alpha M'' \\
(m-1)(m-2)\xi^{m-3} M^{IV} + 3m(m-1)\xi^{m-2} M^{V} + 3m\xi^{m-1} M^{VI} + \xi^m M^{VII} &= -\alpha M''' \\
&\vdots
\end{aligned}
$$

Beschränkt man sich auf positive Werte von m, so nimmt das letzte Gleichungssystem, z. B. für $m = 2$, die einfache Form

$$
\begin{aligned}
\xi^2 M^{IV} &= -\alpha M \\
2\xi M^{IV} + \xi^2 M^{V} &= -\alpha M' \\
2 M^{IV} + 4\xi M^{V} + \xi^2 M^{VI} &= -\alpha M'' \\
6 M^{V} + 6\xi M^{VI} + \xi^2 M^{VII} &= -\alpha M''' \\
12 M^{VI} + 8\xi M^{VII} + \xi^2 M^{VIII} &= -\alpha M^{IV} \\
&\vdots
\end{aligned}
$$

an.

[1]) Es lautet:

$$
\frac{d^n[uv]}{dx^n} = u v^{(n)} + \begin{bmatrix} n \\ 1 \end{bmatrix} u' v^{(n-1)} + \begin{bmatrix} n \\ 2 \end{bmatrix} u'' v^{(n-2)} + \dots + \begin{bmatrix} n \\ 1 \end{bmatrix} u^{(n-1)} v' + u^{(n)} v.
$$

Da ferner am Stabende A, also für $\xi = 0$,

$$M = 0$$
$$M' = 0$$

sein muß, kann man für diesen Wert von ξ alle höheren Ableitungen als M^{IV} durch die zwei niedrigsten M'', M''' ausdrücken. Das Integral der Differentialgleichung läßt sich dann auf ähnliche Weise wie vorher gestalten.

4. Das Trägheitsmoment verläuft nach einer Hyperbel. Wir wählen die Stabmitte als Koordinatenanfang. Es sei $\varphi(\xi) = \frac{1}{\xi}$, $J_1 = J_a$, nämlich

$$J = \frac{J_a}{\xi}, \tag{57}$$

wobei J_a das Trägheitsmoment am Ende A bezeichnet. ξ ist in Gl. (47) angegeben.

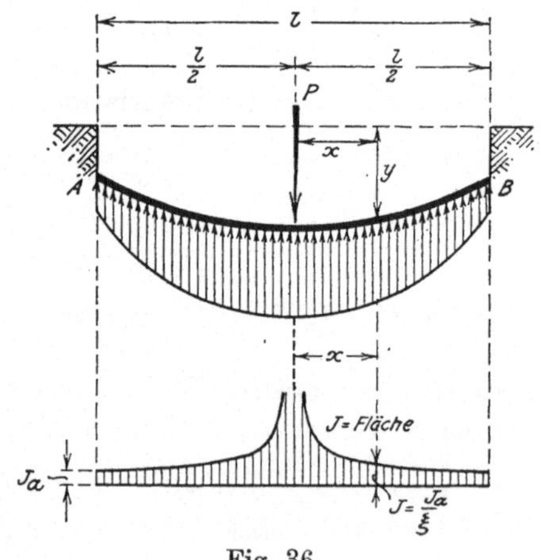

Fig. 36.

Die Differentialgleichung lautet

$$\left\{\begin{aligned} &\frac{d^4 M}{d\xi^4} = -\alpha\xi M \\ \text{mit} \\ &\alpha = \frac{K l^4}{16 E J_a}. \end{aligned}\right. \tag{58}$$

Man hat hierbei

$$\begin{aligned}
M^{IV} &= \qquad\qquad -\alpha\,\xi\,M\\
M^{V} &= -\;\alpha\,M - \alpha\,\xi\,M'\\
M^{VI} &= -\,2\alpha\,M - \alpha\,\xi\,M''\\
M^{VII} &= -\,3\alpha\,M - \alpha\,\xi\,M'''\\
M^{VIII} &= -\,4\alpha\,M - \alpha\,\xi\,M^{IV}\\
&\vdots
\end{aligned}$$

Es ergibt sich, da für $\xi = 0$

$$M''' = 0$$

$$M' = \frac{-Pl}{4}$$

ist,

$$\begin{aligned}
M^{IV} &= 0 & M^{IX} &= 0\\
M^{V} &= -\alpha\,M_0 & M^{X} &= 1\cdot 6\,\alpha^2\,M\\
M^{VI} &= -2\alpha\left[\frac{-Pl}{4}\right] & M^{XI} &= 2\cdot 7\,\alpha^2\left[\frac{-Pl}{4}\right]\\
M^{VII} &= -3\,\alpha\,M_0'' & M^{XII} &= 3\cdot 8\,\alpha^2\,M''\\
M^{VIII} &= 0 & M^{XIII} &= 0\\
& & &\vdots
\end{aligned}$$

Bei der Reihenentwicklung von M erhalten wir dann

(59) $$M = M_0\,X_1 - \frac{Pl}{4}\,X_2 + M_0''\,X_3,$$

worin

(60) $$\left\{\begin{aligned}
X_1 &= 1 + \frac{\xi^5}{5!}(-\alpha) + \frac{\xi^{10}}{10!}(1\cdot 6\,\alpha^2) + \frac{\xi^{15}}{15!}(-1\cdot 6\cdot 11\,\alpha^3) + \cdots\\
X_2 &= \frac{\xi}{1!} + \frac{\xi^6}{6!}(-2\alpha) + \frac{\xi^{11}}{11!}(2\cdot 7\alpha^2) + \frac{\xi^{16}}{16!}(-2\cdot 7\cdot 12\alpha^3) + \cdots\\
X_3 &= \frac{\xi^2}{2!} + \frac{\xi^7}{7!}(-3\alpha) + \frac{\xi^{12}}{12!}(3\cdot 8\alpha^2) + \frac{\xi^{17}}{17!}(-3\cdot 8\cdot 13\alpha^3) + \cdots
\end{aligned}\right.$$

ist.

Aus den zwei Bedingungen

$$M_{\xi=1} = 0$$

$$M'_{\xi=1} = 0$$

folgen die Gleichungen für M_0 und M_0''

$$
(61)\quad \left\{
\begin{aligned}
&[\alpha]_1 M_0 - \frac{Pl}{4}[\alpha]_3 + [\alpha]_5 M_0'' = 0 \\
&[\alpha]_2 M_0 - \frac{Pl}{4}[\alpha]_4 + [\alpha]_6 M_0'' = 0, \\
&\text{wenn} \\
&[\alpha]_1 = 1 - \frac{1}{5!}\alpha + \frac{1\cdot 6}{10!}\alpha^2 - \ldots \\
&[\alpha]_2 = -\frac{\alpha}{4!} + \frac{1\cdot 6}{9!}\alpha^2 - \frac{1\cdot 6\cdot 11}{14!}\alpha^3 + \ldots \\
&[\alpha]_3 = 1 - \frac{2}{6!}\alpha + \frac{2\cdot 7}{11!}\alpha^3 - \ldots \\
&[\alpha]_4 = 1 - \frac{2}{5!}\alpha + \frac{2\cdot 7}{10!}\alpha^2 + \ldots \\
&[\alpha]_5 = \frac{1}{2!} - \frac{3}{7!}\alpha + \frac{3\cdot 8}{12!}\alpha^3 - \ldots \\
&[\alpha]_6 = 1 - \frac{3}{6!}\alpha + \frac{3\cdot 8}{11!}\alpha^2 + \ldots
\end{aligned}
\right.
$$

gesetzt wird.

§ 24. Der Elastizitätskoeffizient K ändert sich mit x.

Es sei angenommen, daß der Elastizitätskoeffizient K von der Mitte des Balkens nach den Enden gleichmäßig abnimmt.

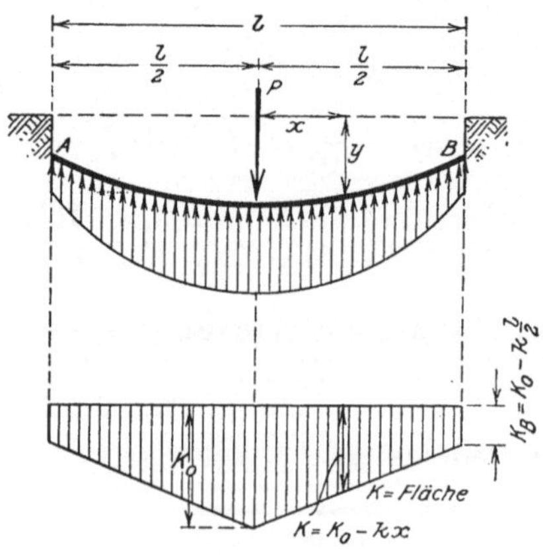

Fig. 37.

Bezeichnet man mit K_0 denjenigen in der Mitte, so erhält man

$$K = K_0 - kx,$$

worin unter k eine Konstante zu verstehen ist.

Es gilt hier die Differentialgleichung § 9, (46), nämlich:

$$\frac{d^4 y}{d\xi^4} = -\alpha \xi y,$$

worin

$$\alpha = \frac{K_0^5}{EJk^4} \qquad \xi = \frac{K_0 - kx}{K_0}$$

ist. Die Veränderliche ξ geht, wenn der Punkt x von der Mitte nach dem Ende wandert, stetig von 1 in $\frac{K_0 - kl/2}{K_0}$ über; sie ist also immer kleiner als 1.

Als Lösung der letzten Gleichung nehmen wir wieder das allgemeine Integral von der Form

$$\begin{aligned} y &= f(\xi) \\ &= A_1 X_1 + A_2 X_2 + A_3 X_3 + A_4 X_4 \end{aligned}$$

an, wobei die Ausdrücke für A_1 bis A_4, X_1 bis X_4 in bzw. § 7, (34) und § 9, (47) angegeben sind. In den Entwicklungen der Reihen wählen wir den Wert $\eta = 1$, dem die Stabmitte entspricht.

Da hier

$$\begin{aligned} \frac{dy}{dx} &= 0 \\ Q &= \frac{-P}{2} \end{aligned} \qquad \text{oder} \qquad \left\{ \begin{aligned} f'(1) &= A_2 = 0 \\ f'''(1) &= A_4 = \frac{-K_0^3 P}{2EJk^3} \end{aligned} \right.$$

sein muß, vereinfacht sich die Gleichung für y zu

$$y = A_1 X_1 + A_3 X_3 - \frac{K_0^3 P}{2EJk^3} X_4, \tag{62}$$

wobei

$$\begin{aligned} A_1 &= f(1) \\ A_3 &= f''(1) \end{aligned}$$

ist.

Die Reihen X_1, X_3, X_4 lassen sich gestalten, wenn man in § 9, (47) $\eta = 1$ setzt:

$$
(63)\quad \left\{
\begin{aligned}
X_1 &= 1 - \frac{(\xi-1)^4}{4!}\alpha + \frac{(\xi-1)^8}{8!}\alpha^2 - \dots \\
&\quad - \frac{(\xi-1)^5}{5!}\alpha + \frac{(\xi-1)^9}{9!}(1+5)\alpha^2 - \dots \\
&\qquad + \frac{(\xi-1)^{10}}{10!}1\cdot 6\,\alpha^2 - \dots \\
&\qquad \dots \\
X_3 &= \frac{(\xi-1)^2}{2!} - \frac{(\xi-1)^6}{6!}\alpha + \frac{(\xi-1)^{10}}{10!}\alpha^2 - \dots \\
&\quad - \frac{(\xi-1)^7}{7!}3\,\alpha + \frac{(\xi-1)^{11}}{11!}(3+7)\alpha^2 - \dots \\
&\qquad + \frac{(\xi-1)^{12}}{12!}3\cdot 8\,\alpha^2 - \dots \\
&\qquad \dots \\
X_4 &= \frac{(\xi-1)^3}{3!} - \frac{(\xi-1)^7}{7!}\alpha + \frac{(\xi-1)^{11}}{11!}\alpha^2 - \dots \\
&\quad - \frac{(\xi-1)^8}{8!}4\,\alpha + \frac{(\xi-1)^{12}}{12!}(4+8)\alpha^2 - \dots \\
&\qquad + \frac{(\xi-1)^{13}}{13!}4\cdot 9\,\alpha^2 - \dots \\
&\qquad \dots
\end{aligned}
\right.
$$

Die zwei Konstanten A_1 und A_3 lassen sich berechnen aus den Bedingungen, daß am Ende B $\frac{d^2y}{dx^2}$ und $\frac{d^3y}{dx^3}$, also für $\xi = \frac{K_0 - kl/2}{K_0}$, $f''(\xi)$ und $f'''(\xi)$ verschwinden müssen.

Wir greifen auf den Stab des Beispieles in § 18 zurück, setzen aber

$$K_0 = 12 \text{ kg/cm}^3$$
$$k = 0{,}08.$$

Die Zahlenrechnung liefert

$$K_B = 12 - 0{,}08\cdot 120 = 2{,}4$$

$$\alpha = \frac{K_0{}^5}{EJk^4} = \frac{12^5}{140000\cdot 47430\cdot 0{,}08^4} = 0{,}915$$

$$\frac{K_0 - kl/2}{K_0} = 0{,}2$$

$$f'''(1) = A_4 = \frac{-K_0{}^3 P}{2EJk^3} = \frac{-12^3 P}{2\cdot 140000\cdot 47430\cdot 0{,}08^3}$$
$$= -0{,}254\cdot 10^{-3}\,P.$$

Zieht man in den Reihenentwicklungen nur die Glieder von $(\xi - 1)$ bis zur fünften Potenz in Betracht, so erhält man

$$y = A_1\left[1 - \frac{(\xi-1)^4}{4!}\alpha - \frac{(\xi-1)^5}{5!}\alpha\right] + A_3\frac{(\xi-1)^2}{2!} + A_4\frac{(\xi-1)^3}{3!}$$

$$\frac{d^2y}{d\xi^2} = A_1\left[-\frac{(\xi-1)^2}{2!}\alpha - \frac{(\xi-1)^3}{3!}\alpha\right] + A_3\left[1 - \frac{(\xi-1)^4}{4!}\alpha - \frac{3(\xi-1)^5}{5!}\alpha\right]$$
$$+ A_4\left[(\xi-1) - \frac{(\xi-1)^5}{5!}\alpha\right]$$

$$\frac{d^3y}{d\xi^3} = A_1\left[-(\xi-1)\alpha - \frac{(\xi-1)^2}{2!}\alpha + \frac{(\xi-1)^5}{5!}\alpha\right] + A_3\left[-\frac{(\xi-1)^3}{3!}\alpha - \frac{3(\xi-1)^4}{4!}\alpha\right]$$
$$+ A_4\left[1 - \frac{(\xi-1)^4}{4!}\alpha - \frac{4(\xi-1)^5}{5!}\alpha\right].$$

Die zwei Bedingungsgleichungen $\left[\frac{d^2y}{d\xi^2}\right]_{\xi=0,2} = 0$, $\left[\frac{d^3y}{d\xi^3}\right]_{\xi=0,2} = 0$ lauten dann

$$-0{,}215\,A_1 + 0{,}992\,A_3 = -0{,}206\cdot 10^{-3}P$$
$$0{,}436\,A_1 + 0{,}031\,A_3 = 0{,}250\cdot\text{ „ „}$$

mit den Lösungen

$$A_1 = y_0 = 0{,}582\cdot 10^{-3}P$$
$$A_3 = -0{,}081\cdot\text{ „ „}$$

Mithin ergibt sich

$$p_0 = 12\cdot 0{,}582\cdot 10^{-3}P$$
$$= 6{,}984\cdot\text{ „ „}$$

y_B berechnet sich zu $0{,}306\cdot 10^{-3}P$.

Ferner, da

$$\left[\frac{d^2y}{dx^2}\right]_{x=0} = \left[\frac{k}{K_0}\right]^2\left[\frac{d^2y}{d\xi^2}\right]_{\xi=1} = \left[\frac{k}{K_0}\right]^2[-0{,}081\cdot 10^{-3}P]$$

ist, erhalten wir

$$M_0 = -EJ\left[\frac{d^2y}{dx^2}\right]_{x=0}$$
$$= \frac{-140000\cdot 47430(-0{,}081)\cdot 10^{-3}P\cdot 0{,}08^3}{12^2}$$
$$= 23{,}80\,P.$$

Wir vergleichen dieses Ergebnis in der nachfolgenden Tabelle mit der in § 18 behandelten Aufgabe, wo die Baugrundziffer dem durchschnittlichen Wert von K in diesem Beispiel gleich gewählt ist, und ersehen daraus, daß die angenommene Verteilung des Elastizitätskoeffizienten eine ziemlich beträchtliche Verminderung des Biegungsmomentes in der Mitte herbeiführt, aber auf die Größe der Einsenkung einen äußerst geringen Einfluß ausübt.

	y_B	y_0	M_0
Bei konstantem K $K = 7{,}2$ kg/cm³	$0{,}567 \cdot 10^{-3}\,P$	$0{,}584 \cdot 10^{-3}\,P$	$30{,}15\,P$
Bei $\begin{cases} K_0 = 12 \text{ kg/cm}^3 \\ k = 0{,}08 \end{cases}$	0,306 · „ „	0,582 · „ „	23,80 „

III. Abschnitt.

Stab mit einer Einzellast an beliebiger Stelle.

A. Konstantes Trägheitsmoment.

§ 25. Allgemeine Gleichungen.

1. Entwicklung der Formeln. Ein gerader Stab von der Länge l trage in einem Punkte C eine Einzellast P [Fig. 38]. Es sollen die Gleichungen der elastischen Größen aufgestellt werden.

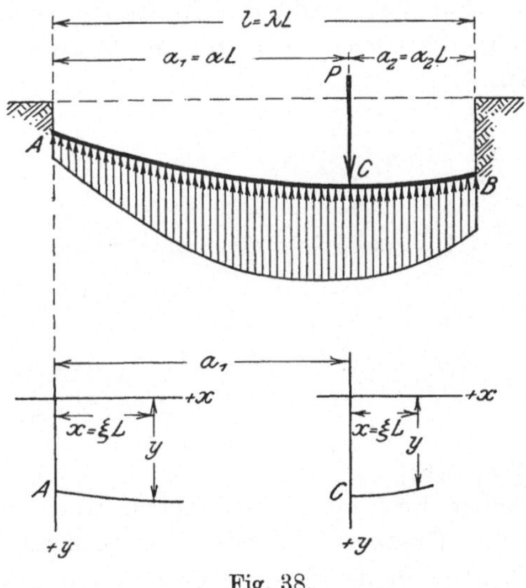

Fig. 38.

Zunächst sei der Elastizitätskoeffizient K, also somit die Größe L [§ 3, (6)], unveränderlich. Der Lastpunkt ist ein Diskontinuitätspunkt der elastischen Größen M und Q. Für die beiden Stabteile AC und CB gilt die Gleichung in der Form § 4, (13_1).

Wir bezeichnen die vier Konstanten in den Gleichungen für diese zwei Teile mit A_1, A_2, A_3 und A_4 bzw. B_1, B_2, B_3 und B_4, wählen A bzw. C als Koordinatennullpunkte und setzen

$$(1) \quad \begin{cases} \frac{a_1}{L} = \alpha_1 \qquad \frac{a_2}{L} = \alpha_2 . \\ \frac{l}{L} = \alpha_1 + \alpha_2 = \lambda , \end{cases}$$

Man erkennt zunächst, daß am Ende A das Biegungsmoment verschwindet, also für $\xi = 0$ in der Gleichung des Teiles AC $\frac{d^2 y}{d\xi^2} = 0$ sein muß. Es folgt daher: $A_3 = A_4$.

Die Gleichung der elastischen Linie für AC nimmt mithin die Gestalt

$$(2a) \quad y = \frac{1}{2} [(A_1 e^{\xi} + A_2 e^{-\xi}) \cos\xi + 2 A_3 \mathfrak{Cof}\,\xi \sin\xi]$$

an.

Besteht für einen Stab im Koordinatenanfang die Bedingung $M = 0$, so kann also die Anzahl der Konstanten um eine auf drei verringert werden; die Gleichungen für M, Q und $\operatorname{tg}\vartheta$ lassen sich nun in der Form

$$(2b) \quad \begin{cases} M = \frac{-KL^2}{4} [(A_1 e^{\xi} - A_2 e^{-\xi}) \sin\xi - 2 A_3 \mathfrak{Sin}\,\xi \cos\xi] \\ Q = \frac{KL}{4} [A_1 e^{\xi} (\cos\xi + \sin\xi) - A_2 e^{-\xi} (\cos\xi - \sin\xi) \\ \qquad - 2 A_3 (\mathfrak{Cof}\,\xi \cos\xi - \mathfrak{Sin}\,\xi \sin\xi)] \\ \operatorname{tg}\vartheta = \frac{1}{2L} [A_1 e^{\xi} (\cos\xi - \sin\xi) - A_2 e^{-\xi} (\cos\xi + \sin\xi) \\ \qquad + 2 A_3 (\mathfrak{Cof}\,\xi \cos\xi + \mathfrak{Sin}\,\xi \sin\xi)] \end{cases}$$

darstellen [vgl. § 4, (16)].

Man hat daher hier im ganzen sieben Konstanten A_1 bis A_3 und B_1 bis B_4 den Grenzbedingungen entsprechend zu bestimmen. Dazu stehen uns auch in der Tat sieben Bedingungsgleichungen zur Verfügung.

Da am Ende A mit dem Biegungsmoment auch die Querkraft, also $\frac{d^3 y}{d\xi^3}$ aus der Gleichung für AC, verschwinden muß, erhält man

$$(I) \quad A_1 - A_2 - 2 A_3 = 0 .$$

Im Punkt C bestehen die vier Bedingungsgleichungen [vgl. § 6 (28), (29)]:

$$\text{(II)}\quad [A_1 e^{\alpha_1} + A_2 e^{-\alpha_1}] \cos\alpha_1 + 2 A_3 \mathfrak{Cof}\,\alpha_1 \sin\alpha_1 - [B_1 + B_2] = 0$$

$$\begin{aligned}\text{(III)}\quad & A_1 e^{\alpha_1}[\cos\alpha_1 - \sin\alpha_1] - A_2 e^{-\alpha_1}[\cos\alpha_1 + \sin\alpha_1] \\ & + 2 A_3 [\mathfrak{Cof}\,\alpha_1 \cos\alpha_1 + \mathfrak{Sin}\,\alpha_1 \sin\alpha_1] \\ & - [B_1 - B_2 + B_3 + B_4] = 0\end{aligned}$$

$$\text{(IV)}\quad [A_1 e^{\alpha_1} - A_2 e^{-\alpha_1}] \sin\alpha_1 - 2 A_3 \mathfrak{Sin}\,\alpha_1 \cos\alpha_1 + [B_3 - B_4] = 0$$

$$\begin{aligned}\text{(V)}^{1)}\quad & A_1 e^{\alpha_1}[\cos\alpha_1 + \sin\alpha_1] - A_2 e^{-\alpha_1}[\cos\alpha_1 - \sin\alpha_1] \\ & - 2 A_3 [\mathfrak{Cof}\,\alpha_1 \cos\alpha_1 - \mathfrak{Sin}\,\alpha_1 \sin\alpha_1] \\ & - [B_1 - B_2 - B_3 - B_4] = \frac{4P}{KL}.\end{aligned}$$

Am Ende B müssen auch wieder sowohl das Biegungsmoment als auch die Querkraft verschwinden; man erhält demnach zwei Bedingungsgleichungen, die wir (VI), (VII) nennen wollen; sie lassen sich dadurch formen, daß man in Gln. § 13 (II), (III) an Stelle von $\frac{\lambda}{2}$ und den vier Konstanten A_1 bis A_4 α_2 bzw. B_1 bis B_4 einsetzt.

Diese sieben voneinander unabhängigen Gleichungen kann man weiter auf die folgenden vier Formen bringen:

$$\begin{aligned}& A_1 [e^{\alpha_1} \cos\alpha_1 + \mathfrak{Cof}\,\alpha_1 \sin\alpha_1] + A_2 [e^{-\alpha_1} \cos\alpha_1 - \mathfrak{Cof}\,\alpha_1 \sin\alpha_1] \\ & \qquad - m B_3 - n B_4 = 0\end{aligned}$$

$$\begin{aligned}& A_1 [e^{\alpha_1} \cos\alpha_1 + \mathfrak{Sin}\,\alpha_1 \sin\alpha_1] - A_2 [e^{-\alpha_1} \cos\alpha_1 + \mathfrak{Sin}\,\alpha_1 \sin\alpha_1] \\ & \qquad - g B_3 - h B_4 = \frac{2P}{KL}\end{aligned}$$

$$\begin{aligned}& A_1 [e^{\alpha_1} \sin\alpha_1 - \mathfrak{Sin}\,\alpha_1 \cos\alpha_1] - A_2 [e^{-\alpha_1} \sin\alpha_1 - \mathfrak{Sin}\,\alpha_1 \cos\alpha_1] \\ & \qquad + B_3 - B_4 = 0\end{aligned}$$

$$\begin{aligned}& A_1 [e^{\alpha_1} \sin\alpha_1 - \mathfrak{Cof}\,\alpha_1 \cos\alpha_1] + A_2 [e^{-\alpha_1} \sin\alpha_1 + \mathfrak{Cof}\,\alpha_1 \cos\alpha_1] \\ & \qquad + B_3 + B_4 = \frac{2P}{KL},\end{aligned}$$

wobei

$$m = \frac{[\sin 2\alpha_2 - 1] - e^{2\alpha_2}}{2 \sin^2 \alpha_2}$$

$$n = \frac{e^{-2\alpha_2} + [\sin 2\alpha_2 + 1]}{2 \sin^2 \alpha_2}$$

$$g = \frac{[\sin 2\alpha_2 - 1] + e^{2\alpha_2}}{2 \sin^2 \alpha_2}$$

$$h = \frac{e^{-2\alpha_2} - [\sin 2\alpha_2 + 1]}{2 \sin^2 \alpha_2}$$

ist.

---

[1]) Man kann zu derselben Gleichung durch die Bedingung

$$\int_0^{\alpha_1} p\, dx + \int_0^{\alpha_2} p\, dx = P$$

gelangen.

Die Lösung dieses Gleichungssystems nach den Konstanten A_1, A_2 lautet:

$$
(3)\quad \begin{cases}
A_1 = \dfrac{P}{2KL[\mathfrak{Sin}^2\lambda - \sin^2\lambda]}[\sin\alpha_1\,\mathfrak{Cof}\,\alpha_1\,(e^{2\alpha_2} - \cos 2\alpha_2 - \sin 2\alpha_2) \\
\qquad + \cos\alpha_1\,\mathfrak{Cof}\,\alpha_1\,(\mathfrak{Sin}\,2\alpha_2 - \sin 2\alpha_2) \\
\qquad - 2(\mathfrak{Cof}^2\alpha_2 + \cos^2\alpha_2)(e^{-\alpha_1}\sin\alpha_1 - \cos\alpha_1\,\mathfrak{Sin}\,\alpha_1) \\
\qquad - e^{-\alpha_1}\cos\alpha_1\,(\sin 2\alpha_2 - \cos 2\alpha_2 + e^{-2\alpha_2})] \\
A_2 = \dfrac{P}{2KL[\mathfrak{Sin}^2\lambda - \sin^2\lambda]}[\sin\alpha_1\,\mathfrak{Cof}\,\alpha_1\,(e^{-2\alpha_2} - \cos 2\alpha_2 + \sin 2\alpha_2) \\
\qquad + \cos\alpha_1\,\mathfrak{Cof}\,\alpha_1\,(\mathfrak{Sin}\,2\alpha_2 - \sin 2\alpha_2) \\
\qquad - 2(\mathfrak{Cof}^2\alpha_2 + \cos^2\alpha_2)(e^{\alpha_1}\sin\alpha_1 - \cos\alpha_1\,\mathfrak{Sin}\,\alpha_1) \\
\qquad - e^{\alpha_1}\cos\alpha_1\,(\sin 2\alpha_2 + \cos 2\alpha_2 - e^{2\alpha_2})], \\
\text{und man erhält} \\
A_3 = \dfrac{1}{2}[A_1 - A_2] = \dfrac{P}{2KL[\mathfrak{Sin}^2\lambda - \sin^2\lambda]}[2\cos\alpha_2\,\mathfrak{Sin}\,\alpha_1\sin\lambda + 2\,\mathfrak{Cof}\,\alpha_2\sin\alpha_1\,\mathfrak{Sin}\,\lambda \\
\qquad - \cos\alpha_1\,\mathfrak{Cof}(\lambda + \alpha_2) + \mathfrak{Cof}\,\alpha_1\cos(\lambda + \alpha_2)].
\end{cases}
$$

Die Unbekannten B_1 bis B_4 berechnen sich dann aus den Gleichungen

$$
(4)\quad \begin{cases}
B_1 = A_1 e^{\alpha_1}\cos\alpha_1 + A_3 e^{\alpha_1}\sin\alpha_1 - \dfrac{P}{KL} \\
B_2 = A_2 e^{-\alpha_1}\cos\alpha_1 + A_3 e^{-\alpha_1}\sin\alpha_1 + \dfrac{P}{KL} \\
B_3 = -A_1 e^{\alpha_1}\sin\alpha_1 + A_3 e^{\alpha_1}\cos\alpha_1 + \dfrac{P}{KL} \\
B_4 = -A_2 e^{-\alpha_1}\sin\alpha_1 + A_3 e^{-\alpha_1}\cos\alpha_1 + \dfrac{P}{KL}.
\end{cases}
$$

Mit Hilfe dieser Ausdrücke von A_1 bis A_3, sowie B_1 und B_4 können die Gleichungen der elastischen Linie und aller anderen elastischen Größen für den ganzen Stab völlig festgestellt werden.

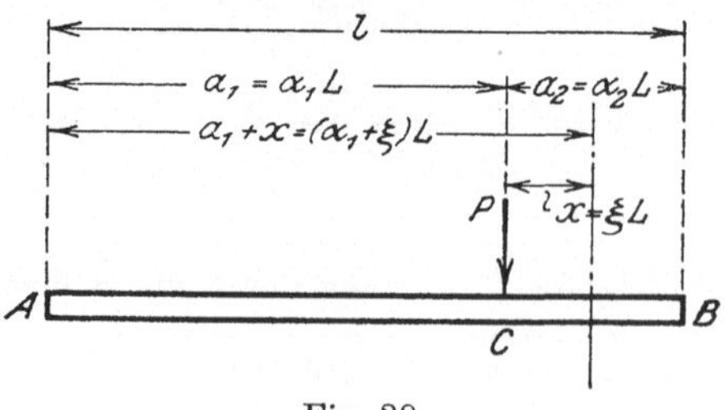

Fig. 39.

Führt man in die Gleichungen für CB die Ausdrücke B_1 bis B_4 aus Gln. (4) ein, so erhält man

$$(5)\quad \begin{cases} y = \frac{1}{2}[(A_1 e^{\alpha_1+\xi} + A_2 e^{-(\alpha_1+\xi)})\cos(\alpha_1+\xi) + 2A_3 \mathfrak{Cof}(\alpha_1+\xi)\sin(\alpha_1+\xi)] \\ \qquad - \frac{P}{KL}[\mathfrak{Cof}\,\xi \sin\xi + \cos\xi\, \mathfrak{Sin}\,\xi] \\ M = \frac{KL^2}{4}[(A_1 e^{\alpha_1+\xi} - A_2 e^{-(\alpha_1+\xi)})\sin(\alpha_1+\xi) - 2A_3 \mathfrak{Sin}(\alpha_1+\xi)\cos(\alpha_1+\xi)] \\ \qquad - \frac{PL}{2}[\mathfrak{Cof}\,\xi \sin\xi + \cos\xi\, \mathfrak{Sin}\,\xi]\,. \end{cases}$$

Bei diesen beiden Gleichungen, die die elastische Senkung und das Biegungsmoment im Punkt $x = \xi L$, wenn x vom Lastpunkt aus rechnet, auf der Strecke CB darstellen, bemerkt man sofort, daß sie aus zwei Teilen bestehen, von denen nur der erste willkürliche Konstanten enthält, während der zweite bloß vom Verhältnis ξ abhängig ist. Man erkennt überdies, daß der erste Teil der beiden Gleichungen ganz von derselben Form wie die Gl. (2a) bzw. die für M in Gln. (2b) ist, wenn man dabei anstatt ξ die Größe $\alpha_1 + \xi$ als Veränderliche betrachtet. Rechnet man also für den Augenblick, ohne Rücksicht auf den Diskontinuitätspunkt C, die Abszisse $x = \xi L$ — dabei ändert sich ξ von 0 bis λ — für den ganzen Stab vom Ende A als Koordinatenanfang, so erhält man ohne weiteres für die Strecke CB

(6)
Diese Gleichungen beziehen sich ausschließlich auf Fig. 40.

$$\begin{cases} y = \frac{1}{2}[(A_1 e^{\xi} + A_2 e^{-\xi})\cos\xi + 2A_3 \mathfrak{Cof}\,\xi \sin\xi] \\ \qquad - \frac{P}{KL}[\mathfrak{Cof}(\xi-\alpha_1)\sin(\xi-\alpha_1) + \cos(\xi-\alpha_1)\mathfrak{Sin}(\xi-\alpha_1)] \\ M = \frac{KL^2}{4}[A_1 e^{\xi}\sin\xi - A_2 e^{-\xi}\sin\xi - 2A_3 \mathfrak{Sin}\,\xi\cos\xi] \\ \qquad - \frac{PL}{2}[\mathfrak{Cof}(\xi-\alpha_1)\sin(\xi-\alpha_1) + \cos(\xi-\alpha_1)\mathfrak{Sin}(\xi-\alpha_1)]\,. \end{cases}$$

Daraus geht hervor, daß die Gleichungen der elastischen Linie sowie des Biegungsmomentes [vgl. Gl. (2a, b)] für die Strecke AC auch noch bis auf die Strecke CB ausgedehnt werden können, wenn die Abszisse x für den ganzen Stab von demselben Koordinatenanfang A aus gerechnet wird. Man hat dabei nur ein von $x - a_1$, also von $\xi - \alpha_1$, abhängiges, aber von der Stablänge l, also λ, unabhängiges Glied den entsprechenden Gleichungen hinzuzufügen.

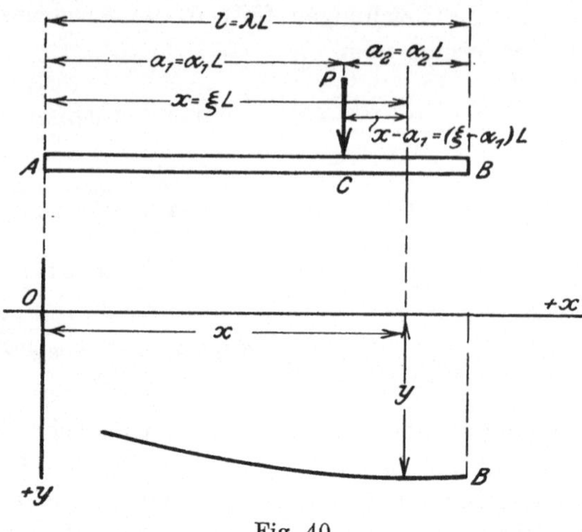

Fig. 40.

Die Größe $\mathfrak{Cof}\,\xi \sin \xi + \cos \xi\, \mathfrak{Sin}\,\xi$ für verschiedene Werte von ξ können der folgenden Tabelle entnommen werden:

ξ	$\mathfrak{Cof}\,\xi \sin \xi + \cos \xi\, \mathfrak{Sin}\,\xi$	ξ	$\mathfrak{Cof}\,\xi \sin \xi + \cos \xi\, \mathfrak{Sin}\,\xi$
0,0	0,000	2,0	1,912
0,1	0,200	2,1	1,547
0,2	0,400	2,2	1,070
0,3	0,600	2,3	0,467
0,4	0,799	2,4	— 0,277
0,5	0,998	2,5	— 1,177
0,6	1,195	2,6	— 2,247
0,7	1,389	2,7	— 3,502
0,8	1,578	2,8	— 4,954
0,9	1,761	2,9	— 6,616
1,0	1,933	3,0	— 8,497
1,1	2,093	3,1	— 10,605
1,2	2,235	3,2	— 12,942
1,3	2,353	3,3	— 15,510
1,4	2,443	3,4	— 18,301
1,5	2,497	3,5	— 21,305
1,6	2,507	3,6	— 24,501
1,7	2,464	3,7	— 27,863
1,8	2,358	3,8	— 31,352
1,9	2,178	3,9	— 34,920

2. Berechnung der besonderen Werte. Die Senkung am Ende A berechnet sich

$$(7)^{1)}\quad \begin{cases} y_A = \frac{1}{2}[A_1 + A_2] \\ \quad = \frac{2P}{KL}\left[\frac{\cos\alpha_1 \operatorname{Cof}\alpha_2 \operatorname{Sin}\lambda - \cos\alpha_2 \operatorname{Cof}\alpha_1 \sin\lambda}{\operatorname{Sin}^2\lambda - \sin^2\lambda}\right]. \end{cases}$$

Vertauscht man in dieser Gleichung α_1 und α_2, so ergibt sich

$$(8)\qquad y_B = \frac{2P}{KL}\left[\frac{\cos\alpha_2 \operatorname{Cof}\alpha_1 \operatorname{Sin}\lambda - \cos\alpha_1 \operatorname{Cof}\alpha_2 \sin\lambda}{\operatorname{Sin}^2\lambda - \sin^2\lambda}\right]$$

und daher

$$(9)\qquad y_A - y_B = \frac{2P}{KL}\left[\frac{\cos\alpha_1 \operatorname{Cof}\alpha_2 - \cos\alpha_2 \operatorname{Cof}\alpha_1}{\operatorname{Sin}\lambda - \sin\lambda}\right].$$

Der Größtwert der Senkungen y entsteht im allgemeinen nicht im Punkte C. ξ für die Maximalsenkung innerhalb CB, unter der Annahme $a_1 > a_2$, läßt sich ermitteln aus der Bedingung $\left[\frac{dy}{d\xi}\right]_{CB} = 0$; daraus folgt:

$$\operatorname{tg}\xi = \frac{[B_1 + B_3]\,e^{\xi} - [B_2 - B_4]\,e^{-\xi}}{[B_1 - B_3]\,e^{\xi} + [B_2 + B_4]\,e^{-\xi}}$$

oder

$$(10)\qquad \operatorname{tg}\left(\frac{\pi}{4} + \xi\right) = \frac{B_1 e^{\xi} + B_4 e^{-\xi}}{-B_3 e^{\xi} + B_2 e^{-\xi}}.$$

Eine mathematische Lösung für ξ anzugeben erübrigt sich; bei praktischer Anwendung ist die Lösung dieser Gleichung durch Probieren zu empfehlen.

Das Biegungsmoment ist selbstverständlich im Lastpunkt am größten; es ergibt sich

$$(11)\quad \begin{cases} M_{max} = \frac{KL^2}{4}\left[(A_1 e^{\alpha_1} - A_2 e^{-\alpha_1})\sin\alpha_1 - 2A_3 \operatorname{Sin}\alpha_1 \cos\alpha_1\right] \\ \quad = \frac{KL^2}{4}[B_4 - B_3]. \end{cases}$$

[1]) Setzt man darin $\alpha_1 = \alpha_2 = \frac{\lambda}{2}$, so erhält man die Formel [vgl. § 13, (8)]

$$y_A = y_B = \frac{2P}{KL}\left[\frac{\operatorname{Cof}\frac{\lambda}{2}\cos\frac{\lambda}{2}}{\operatorname{Sin}\lambda + \sin\lambda}\right].$$

Für die Drehung der Tangente im Punkt C erhält man

$$(12)\quad \begin{cases} \operatorname{tg}\vartheta_C = \dfrac{1}{L}\left[\dfrac{dy}{d\xi}\right]_{\xi=\alpha_1[AC]} \\ \quad = \dfrac{2P}{KL^2[\mathfrak{Sin}^2\lambda - \sin^2\lambda]}[(\mathfrak{Cos}^2\alpha_2 + \cos^2\alpha_2)(\mathfrak{Sin}^2\alpha_1 + \sin^2\alpha_1) \\ \qquad - (\mathfrak{Cos}^2\alpha_1 + \cos^2\alpha_1)(\mathfrak{Sin}^2\alpha_2 + \sin^2\alpha_2)]; \end{cases}$$

der Ausdruck muß für den Fall der Mittelbelastung, d. h. wenn $\alpha_1 = \alpha_2 = \lambda/2$, verschwinden.

3. Das Trägheitsmoment ist unendlich groß. Wie schon erwähnt, entspricht dem Wert $J = \infty$ ein vollkommen unbiegsamer Stab. Es muß also erwartet werden, daß die oben gewonnenen Formeln in diejenigen übergehen, die man unter der Annahme einer gleichförmig veränderlichen Druckverteilung zu entwickeln pflegt. Dies können wir aus den allgemeinen Gleichungen analytisch beweisen: Da hier $L = \infty$ ist, nehmen die Ausdrücke für die Konstanten A_1, A_2 und A_3 [Gln. (3)] die unbestimmte Form $\dfrac{0}{0\cdot\infty}$ an. Berechnet man ihre Grenzwerte und setzt sie in die Gleichungen für AC und CB ein, so erhält man für den ganzen Stab eine lineare Gleichung

$$(13)\qquad y = \frac{2P}{Kl^2}\left[(3a_2 - l) + \frac{3(l - 2a_2)x}{l}\right].$$

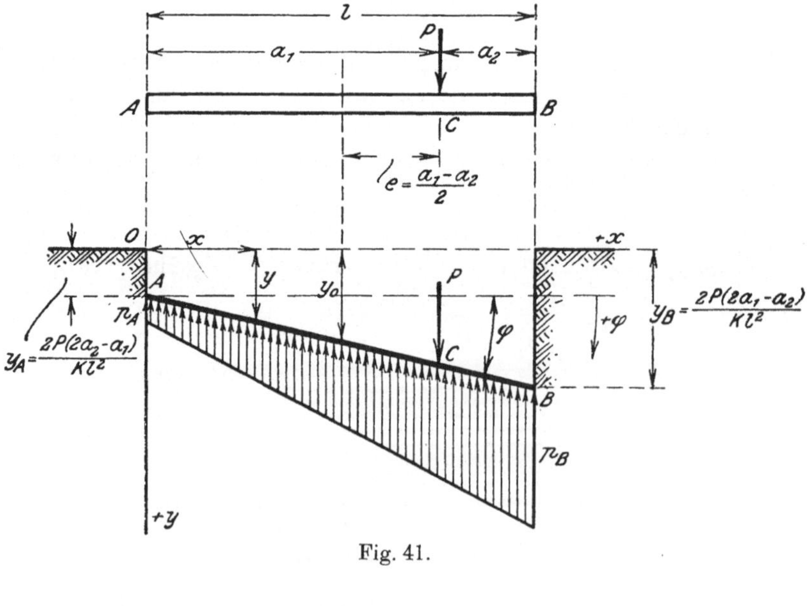

Fig. 41.

Ferner hat man

$$(14)^{1)}\quad \begin{cases} y_A = \dfrac{2P(2a_2 - a_1)}{Kl^2} & y_B = \dfrac{2P(2a_1 - a_2)}{Kl^2} \\ = \dfrac{2P(3a_2 - l)}{Kl^2} & y_0 = \dfrac{P}{Kl}. \end{cases}$$

Hierdurch gelangt man zu den üblichen Formeln der Randspannungen

$$(15)\quad \begin{cases} p_A = \dfrac{P}{l}\left[1 - \dfrac{6e}{l}\right] \\ p_B = \dfrac{P}{l}\left[1 + \dfrac{6e}{l}\right], \end{cases}$$

in denen man mit e den Abstand der Last P von der Stabmitte bezeichnet.

Die von der ungleichförmigen Senkung bewirkte Drehung des Stabes berechnet sich

$$(16_1)\quad \varphi = \frac{y_B - y_A}{l} = \frac{6P(a_1 - a_2)}{Kl^3}.$$

Bezeichnet M_0 das auf die Stabmitte bezogene Biegungsmoment der Last P, d. h. $M_0 = \frac{P(a_1 - a_2)}{2}$, so geht die Gleichung in

$$(16_2)\quad \varphi = \frac{12 M_0}{Kl^3}$$

über. Diese Ergebnisse stimmen vollständig mit den bekannten Ausdrücken überein.

§ 26. Bedingungsgleichung für $y_A = 0$.

Da, wie öfters erwähnt, bei einem Baugrund ein negativer Wert von y nicht zulässig ist, kann eine Strecke a_1, die so groß ist, daß an ihrem Ende die Senkung negativ wird, nicht mehr wirksam sein. Jener Wert von a_1, der die Senkung y_A Null macht, muß also die größte wirksame Stützlänge des Teils AC für einen gegebenen Wert der Strecke a_2 darstellen. Setzt man $y_A = 0$, so erhält man

$$(17)^{2)}\quad \cos\alpha_1 \operatorname{Cos}\alpha_2 \operatorname{Sin}\lambda - \cos\alpha_2 \operatorname{Cos}\alpha_1 \sin\lambda = 0,$$

wobei $\lambda = \alpha_1 + \alpha_2$ ist.

[1]) Wenn $a_1 = a_2 = \frac{l}{2}$ ist, so ergibt sich $y_A = y_B = y_0 = \frac{P}{Kl}$.

[2]) Dem Fall $J = \infty$ entspricht nach Gl. (14) die bekannte Bedingungsgleichung $a_1 = 2a_2$.

Dies ist eine transzendente Gleichung. Einem gegebenen α_2 entsprechen also unendlich viele α_1; es genügt aber, nur die kleinste, auf Null folgende, positive Lösung in Betracht zu ziehen, da es sich nur darum handelt, für einen gegebenen Wert von α_2 zu wissen, wie weit wir die Strecke α_1 wachsen lassen können, ohne daß sich der Stab am Ende vom Boden abhebt.

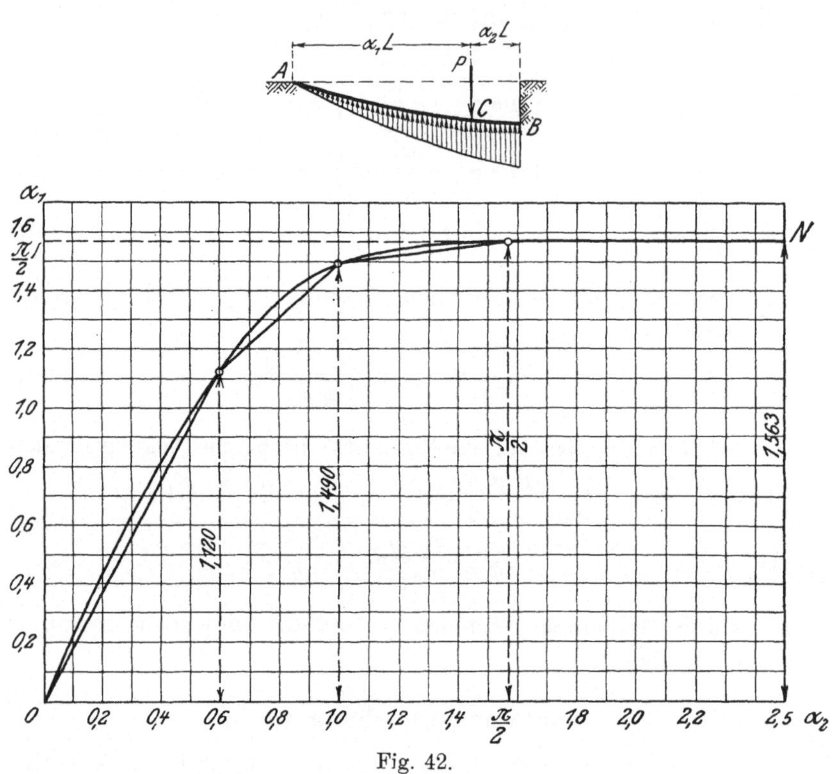

Fig. 42.

Stellt man die Gl. (17) graphisch dar [Fig. 42], so ergibt sich die Kurve ON. Es geht daraus hervor: Solange α_2 kleiner bleibt als 0,5, nimmt α_1 mit α_2, annähernd in demselben Verhältnis, zu. Bei größerem α_2 wird der Zuwachs immer kleiner. Für $\alpha_2 = {}^1/_2\pi$ ist α_1 auch ${}^1/_2\pi$.

Die Länge a_1, an deren Ende A weder eine Senkung noch eine Hebung eintritt, die also die Länge des Stabes abgrenzt, über welche die Druckwirkung der Last P durch den Stab verteilt wird, steht also nicht in konstantem Verhältnis zur Länge a_2. Gibt man die Kurve annäherungsweise durch gebrochene Linien, wie die Figur zeigt, wieder, so erhält man

$$(18)^{1)}\left\{\begin{array}{llllll} \text{wenn } \alpha_2 & \text{zwischen} & 0{,}0 & \text{und} & 0{,}6 \text{ liegt:} & \alpha_1 = 1{,}870\,\alpha_2 \\ \text{„} \ \alpha_2 & \text{„} & 0{,}6 & \text{„} & 1{,}0 \ \text{„} & \alpha_1 = 0{,}925\,\alpha_2 + 0{,}565 \\ \text{„} \ \alpha_2 & \text{„} & 1{,}0 & \text{„} & \pi/2 \ \text{„} & \alpha_1 = 0{,}142\,\alpha_2 + 1{,}349. \end{array}\right.$$

§ 27. Der Stab ist an einem Ende belastet.

Da dabei $a_2 = 0$ ist [Fig. 43], hat man

$$\alpha_2 = 0 \qquad \alpha_1 = \lambda$$

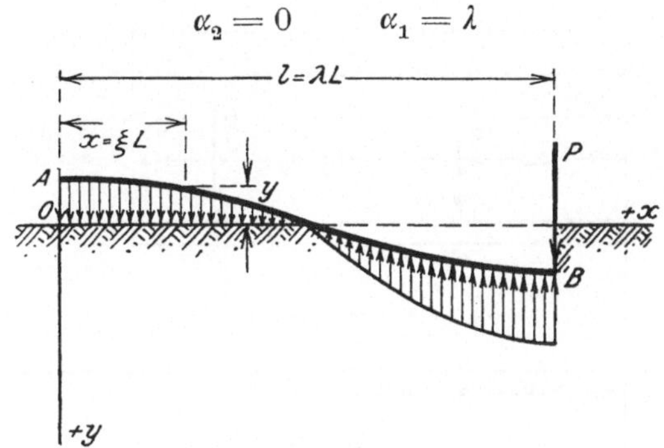

Fig. 43.

und ferner

$$(19)\quad \left\{\begin{aligned} A_1 &= \frac{2P}{KL}\left[\frac{\cos\lambda\,\mathfrak{Sin}\,\lambda - e^{-\lambda}\sin\lambda}{\mathfrak{Sin}^2\lambda - \sin^2\lambda}\right] \\ A_2 &= \frac{2P}{KL}\left[\frac{\cos\lambda\,\mathfrak{Sin}\,\lambda - e^{\lambda}\sin\lambda}{\mathfrak{Sin}^2\lambda - \sin^2\lambda}\right] \\ A_3 &= \frac{2P}{KL}\left[\frac{\sin\lambda\,\mathfrak{Sin}\,\lambda}{\mathfrak{Sin}^2\lambda - \sin^2\lambda}\right]. \end{aligned}\right.$$

Hiermit ergibt sich

$$(20)\left\{\begin{aligned} y &= \frac{2P}{KL[\mathfrak{Sin}^2\lambda - \sin^2\lambda]}[\mathfrak{Sin}\,\lambda\,(\cos\lambda\cos\xi\,\mathfrak{Cof}\,\xi + \sin\lambda\sin\xi\,\mathfrak{Sin}\,\xi) \\ &\qquad\qquad - \mathfrak{Cof}\,(\lambda - \xi)\cos\xi\sin\lambda] \\ y_A &= \frac{2P}{KL}\left[\frac{\mathfrak{Cof}\,\lambda\cos\lambda\,(\mathfrak{Tg}\,\lambda - \operatorname{tg}\lambda)}{\mathfrak{Sin}^2\lambda - \sin^2\lambda}\right]. \end{aligned}\right.$$

Solange $\lambda < {}^1/_2\pi$, ist $\mathfrak{Tg}\,\lambda - \operatorname{tg}\lambda$ negativ; es nimmt daher die Endsenkung y_A eines Stabes, dessen Länge kleiner ist als ${}^1/_2\,\pi$, einen negativen Wert an, d. h. um das Gleichgewicht des Stabes zu erhalten, muß am Ende A ein negativer Widerstand in Wirkung treten.

---

[1]) Die Kerntheorie lautet: $\alpha_1 = 2\,\alpha_2$.

§ 28. Ausdehnung der Formeln auf den Fall zweier oder mehrerer Einzellasten.

Trägt der Stab zwei Einzellasten P_1 und P_2 in den Abständen a_1 und a_1' vom linken Ende A [Fig. 44], so zerfällt die elastische Linie in drei ohne Knick verlaufende Teile AC, CD und DB.

Die Abszisse sei für die ganze Stablänge vom Ende A als Koordinatenanfang gerechnet.

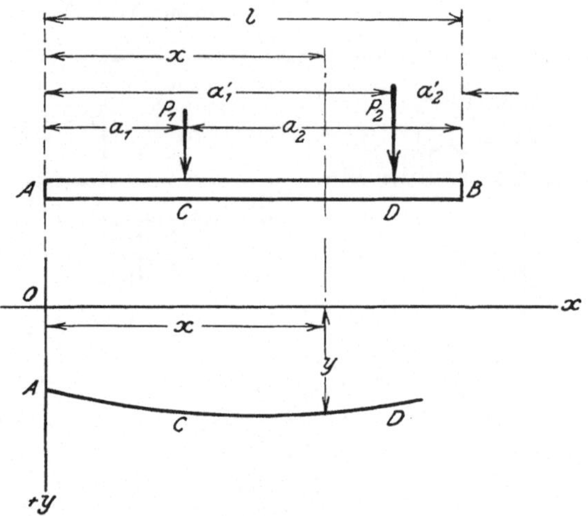

Fig. 44.

Wir setzen

$$(21)\quad \begin{cases} \dfrac{x}{L} = \xi & \\ \dfrac{a_1}{L} = \alpha_1 & \dfrac{a_1'}{L} = \alpha_1' \\ \dfrac{a_2}{L} = \alpha_2 & \dfrac{a_2'}{L} = \alpha_2' \end{cases}$$

und berechnen für AC und AD aus Gl. (3) die den Lasten P_1, P_2 entsprechenden drei Konstanten. Bezeichnet man sie mit A_1, A_2, A_3 bzw. A_1', A_2', A_3', so erhält man für AC, CD und DB bzw. [vgl. Gl. (5)]

$$(22)\quad \begin{cases} y = \dfrac{1}{2}[(A_1 e^{\xi} + A_2 e^{-\xi})\cos\xi + 2A_3 \operatorname{Cof}\xi \sin\xi] \\ \quad + \dfrac{1}{2}[(A_1' e^{\xi} + A_2' e^{-\xi})\cos\xi + 2A'_3 \operatorname{Cof}\xi \sin\xi], \\ \quad = \dfrac{1}{2}[\{e^{\xi}\Sigma(A_1) + e^{-\xi}\Sigma(A_2)\}\cos\xi + 2\Sigma(A_3)\operatorname{Cof}\xi \sin\xi] \end{cases}$$

$$\left|\begin{array}{l} y = \frac{1}{2}[\{e^{\xi}\Sigma(A_1) + e^{-\xi}\Sigma(A_2)\}\cos\xi + 2\Sigma(A_3)\mathfrak{Cos}\,\xi\sin\xi] \\ \quad - \frac{P_1}{KL}[\mathfrak{Cos}(\xi-\alpha_1)\sin(\xi-\alpha_1) + \cos(\xi-\alpha_1)\mathfrak{Sin}(\xi-\alpha_1)] \\ y = \frac{1}{2}[\{e^{\xi}\Sigma(A_1) + e^{-\xi}\Sigma(A_2)\}\cos\xi + 2\Sigma(A_3)\mathfrak{Cos}\,\xi\sin\xi] \\ \quad - \frac{1}{KL}\Sigma[P\{\mathfrak{Cos}(\xi-\alpha)\sin(\xi-\alpha) + \cos(\xi-\alpha)\mathfrak{Sin}(\xi-\alpha)\}]. \end{array}\right.$$

Ähnlich kann man mit den Gleichungen des Biegungsmomentes verfahren.

§ 29. Der Elastizitätskoeffizient K nimmt von einem Ende des Stabes nach dem andern gleichmäßig ab.

1. Entwicklung der Gleichungen. Es gilt jetzt für die beiden Teile AC und CB die Differentialgleichung [§ 9, (46)]

$$\frac{d^4 y}{d\xi^4} = -\alpha\xi y.$$

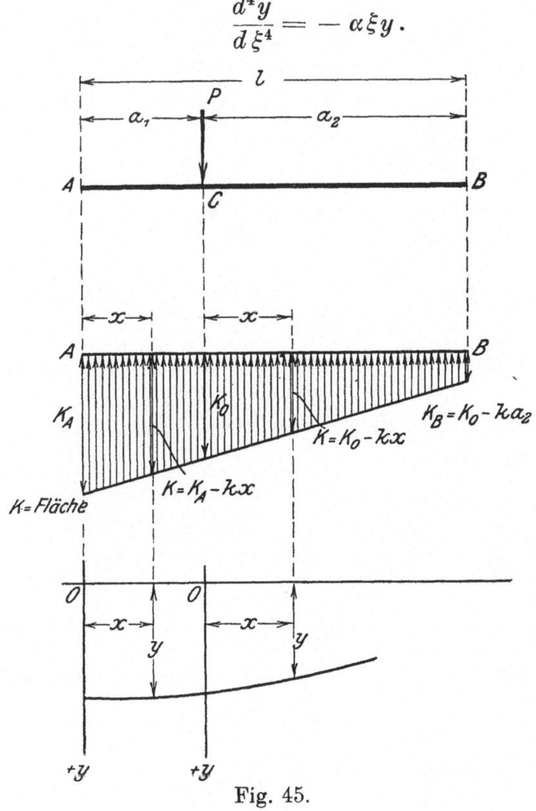

Fig. 45.

Die Hilfsgröße α bezeichnet hierbei

$$(23)\qquad \begin{cases} \text{für } AC & \alpha_1 = \dfrac{K_A^5}{EJk^4}, \\ \text{,, } CB & \alpha_2 = \dfrac{K_0^5}{EJk^4}, \end{cases}$$

wobei K_A und K_0 in der Figur veranschaulicht sind.

Verlegt man die Koordinatenanfangspunkte nach A bzw. C, so hat die Veränderliche ξ den Ausdruck

$$(24)\qquad \begin{cases} \text{für } AC & \xi = \dfrac{K_A - kx}{K_A}, \\ \text{,, } CB & \xi = \dfrac{K_0 - kx}{K_0}. \end{cases}$$

Setzt man

$$(25)\qquad \begin{cases} \beta = \dfrac{K_A - k a_1}{K_A} = \dfrac{K_0}{K_A} \\ \gamma = \dfrac{K_0 - k a_2}{K_0} = \dfrac{K_B}{K_0}, \end{cases}$$

so ändert sich ξ, wenn x in AC von 0 bis a_1, in CB von 0 bis a_2 wächst, bzw. von 1 bis β und von 1 bis γ.

Bekanntlich kann man für AC

$$y = A_1 X_1 + A_2 X_2 + A_3 X_3 + A_4 X_4$$

setzen, wenn

$$A_1 = f(\eta) \qquad A_3 = f''(\eta)$$
$$A_2 = f'(\eta) \qquad A_4 = f'''(\eta)$$

ist. Die vier Reihen X_1 bis X_4 sind in § 9, (47) entwickelt.

Wir wählen jetzt den Wert $\eta = 1$, dem der Punkt $x = 0$ entspricht. Da für $x = 0$ Biegungsmoment sowie Querkraft verschwinden, also für $\xi = \eta = 1$

$$\frac{d^2y}{d\xi^2} = 0 \qquad \frac{d^3y}{d\xi^3} = 0$$

sein muß, hat man

$$A_3 = f''(1) = 0$$
$$A_4 = f'''(1) = 0.$$

Hiermit vereinfacht sich die letzte Gleichung für AC zu

$$(26)\qquad \begin{cases} y = A_1 X_1 + A_2 X_2, \\ \text{worin} \\ A_1 = f(1), \; A_2 = f'(1) \end{cases}$$

ist. Die Reihen X_1, X_2 lassen sich leicht formen, indem man in § 9, (47) $\alpha = \alpha_1$, $\eta = 1$ setzt.

Jetzt nehmen wir für den Stabteil CB die Gleichung in der Form

$$y = B_1 X_1 + B_2 X_2 + B_3 X_3 + B_4 X_4$$

an. Da am Ende B das Biegungsmoment und die Querkraft wieder gleich Null sind, hat man

$$B_3 = f''(\gamma) = 0$$
$$B_4 = f'''(\gamma) = 0\,.$$

Die letzte Gleichung für CB nimmt dann die Form

$$(27 \qquad \left\{ \begin{array}{l} y = B_1 X_1 + B_2 X_2 \\ \text{an, worin} \\ B_1 = f(\gamma),\; B_2 = f'(\gamma) \end{array} \right.$$

ist. Die Reihen X_1, X_2 lassen sich gestalten, indem man in § 9, (47) $\alpha = \alpha_2$, $\eta = \gamma$ setzt.

In den Entwicklungen (26), (27) für y stellen $\xi - 1$ sowie $\xi - \gamma$ negative Dezimalzahlen dar. Die Konvergenz der Entwicklungen hängt daher vorwiegend von den Größen α_1, α_2 ab. Wenn letztere verhältnismäßig große Werte haben, muß bei praktischer Anwendung eine ziemlich große Anzahl von Gliedern in den Entwicklungen in Betracht gezogen werden.

Es bleibt noch übrig, die vier Integrationsfestwerte A_1, A_2, B_1 und B_2 zu ermitteln. Dafür stehen uns die vier Bedingungsgleichungen [vgl. § 6, (28)] zur Verfügung. Sie lassen sich folgendermaßen darstellen:

$$(28) \qquad \left\{ \begin{array}{ll} \text{(I)} & [y]_{\xi=\beta} = [y]_{\xi=1} \\ \text{(II)} & \dfrac{1}{K_A}\left[\dfrac{dy}{d\xi}\right]_{\xi=\beta} = \dfrac{1}{K_0}\left[\dfrac{dy}{d\xi}\right]_{\xi=1} \\ \text{(III)} & \dfrac{1}{K_A^2}\left[\dfrac{d^2y}{d\xi^2}\right]_{\xi=\beta} = \dfrac{1}{K_0^2}\left[\dfrac{d^2y}{d\xi^2}\right]_{\xi=1} \\ \text{(IV)} & \dfrac{1}{K_A^3}\left[\dfrac{d^3y}{d\xi^3}\right]_{\xi=\beta} - \dfrac{1}{K_0^3}\left[\dfrac{d^3y}{d\xi^3}\right]_{\xi=1} = \dfrac{P}{EJk^3}. \end{array} \right.$$

Die zweierlei Klammern zeigen, daß die betreffenden Größen durch die Gleichungen für AC bzw. CB ausgedrückt werden müssen.

2. Ergänzendes Zahlenbeispiel. Ein rechteckiges Fundament von 500 cm Länge erleidet einen Druck P im Abstand 210 cm vom linken Ende. Es sei die Baugrundsziffer linear über die ganze Länge des Fundamentes verteilt, wie es aus Fig. 46 ersichtlich ist. Ferner sei: $E = 140000$ kg/cm², $J = 47430$ cm⁴, $k = 0{,}02$.

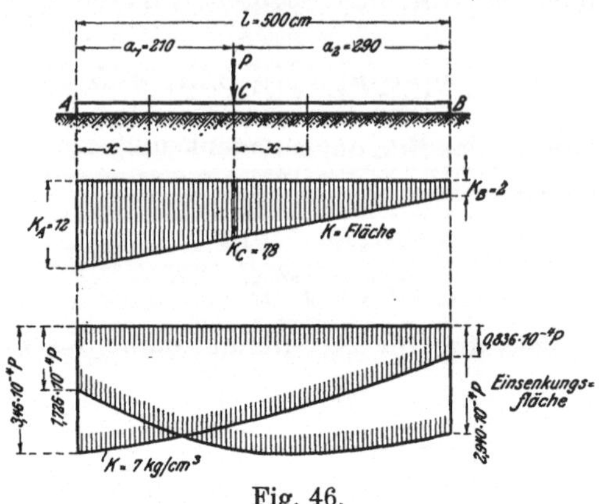

Fig. 46.

Die Zahlenrechnung liefert

$$\alpha_1 = \frac{12^5}{140000 \cdot 47430 \cdot 0{,}02^4} = 234{,}21$$

$$\alpha_2 = \frac{7{,}8^5}{140000 \cdot 47430 \cdot 0{,}02^4} = 27{,}18$$

und

$$\beta = \frac{7{,}8}{12} = 0{,}65 \qquad \gamma = \frac{2}{7{,}8} = 0{,}26\,.$$

Die Veränderliche ξ ändert sich also, wenn sich x in AC von 0 bis $a_1 = 210$ cm und in CB von 0 bis $a_2 = 290$ cm bewegt, bzw. von 1 bis 0,65 und von 1 bis 0,26.

Vernachlässigt[1]) man in den Reihen X_1 und X_2 sowie in ihren Ableitungen die sechsten und höheren Potenzen, so erhält man

---

[1]) Zur Beurteilung der Richtigkeit werten wir in der Entwicklung für AC die Reihe X_1 aus; wir wählen den höchsten Wert $-0{,}35$ von $\xi - 1$. Es ergibt sich

$$\begin{aligned} X_1 = 1 &+ \frac{(-0{,}35)^4}{4!}(-234{,}21) + \frac{(-0{,}35)^8}{8!}(-234{,}21)^2 + \ldots \\ &+ \frac{(-0{,}35)^5}{5!}(-234{,}21) + \frac{(-0{,}35)^9}{9!}[(5+1)234{,}21^2] + \ldots \\ &\qquad + \frac{(-0{,}35)^{10}}{10!}[6 \cdot 234{,}21^2] + \ldots \\ &\qquad\qquad + \ldots \\ = 1 &- 0{,}1464 + 0{,}3064 \cdot 10^{-3} + \ldots \\ &+ 0{,}1025 \cdot 10^{-1} - 0{,}7152 \cdot 10^{-4} + \ldots \\ &\qquad + 0{,}2594 \cdot 10^{-5} + \ldots \\ &\qquad\qquad + \ldots \end{aligned}$$

Also haben die höheren Potenzen als die fünften keinen Einfluß mehr auf

$$
(29)\left\{
\begin{array}{ll}
\text{für } AC & y = A_1\left[1 - \frac{(\xi-1)^4}{4!}\alpha_1 - \frac{(\xi-1)^5}{5!}\alpha_1\right] \\
& \qquad + A_2\left[\xi - 1 - \frac{(\xi-1)^5}{5!}\alpha_1\right] \\
& \frac{dy}{d\xi} = A_1\left[-\frac{(\xi-1)^3}{3!}\alpha_1 - \frac{(\xi-1)^4}{4!}\alpha_1\right] \\
& \qquad + A_2\left[1 - \frac{(\xi-1)^4}{4!}\alpha_1 - \frac{(\xi-1)^5}{5!}2\alpha_1\right] \\
& \frac{d^2y}{d\xi^2} = A_1\left[-\frac{(\xi-1)^2}{2!}\alpha_1 - \frac{(\xi-1)^3}{3!}\alpha_1\right] \\
& \qquad + A_2\left[-\frac{(\xi-1)^3}{3!}\alpha_1 - \frac{(\xi-1)^4}{4!}2\alpha_1\right] \\
& \frac{d^3y}{d\xi^3} = A_1\left[-(\xi-1)\alpha_1 - \frac{(\xi-1)^2}{2!}\alpha_1 + \frac{(\xi-1)^5}{5!}\alpha_1^2\right] \\
& \qquad + A_2\left[-\frac{(\xi-1)^2}{2!}\alpha_1 - \frac{(\xi-1)^3}{3!}2\alpha_1\right] \\
\text{für } CB & y = B_1\left[1 - \frac{(\xi-\gamma)^4}{4!}\alpha_2\gamma - \frac{(\xi-\gamma)^5}{5!}\alpha_2\right] \\
& \qquad + B_2\left[\xi - \gamma - \frac{(\xi-\gamma)^5}{5!}\alpha_2\gamma\right] \\
& \frac{dy}{d\xi} = B_1\left[-\frac{(\xi-\gamma)^3}{3!}\alpha_2\gamma - \frac{(\xi-\gamma)^4}{4!}\alpha_2\right] \\
& \qquad + B_2\left[1 - \frac{(\xi-\gamma)^4}{4!}\alpha_2\gamma - \frac{(\xi-\gamma)^5}{5!}2\alpha_2\right] \\
& \frac{d^2y}{d\xi^2} = B_1\left[-\frac{(\xi-\gamma)^2}{2!}\alpha_2\gamma - \frac{(\xi-\gamma)^3}{3!}\alpha_2\right] \\
& \qquad + B_2\left[-\frac{(\xi-\gamma)^3}{3!}\alpha_2\gamma - \frac{(\xi-\gamma)^4}{4!}2\alpha_2\right] \\
& \frac{d^3y}{d\xi^3} = B_1\left[-(\xi-\gamma)\alpha_2\gamma - \frac{(\xi-\gamma)^2}{2!}\alpha_2 + \frac{(\xi-\gamma)^5}{5!}\alpha_2^2\gamma^2\right] \\
& \qquad + B_2\left[-\frac{(\xi-\gamma)^2}{2!}\alpha_2\gamma - \frac{(\xi-\gamma)^3}{3!}2\alpha_2\right].
\end{array}
\right.
$$

---

die dritte Dezimalstelle. Das Glied von der sechsten Potenz in X_2 berechnet sich zu

$$\frac{(\xi-1)^6}{6!}[-2\alpha_1] = -\frac{1{,}838\cdot 10^{-3}}{720}\cdot 2\cdot 234{,}21 = 0{,}0012.$$

Es ist in der dritten Dezimalstelle nicht größer als 1.

Mit Hilfe dieser Ausdrücke ergeben sich, da

$$\frac{K_A^3}{EJk^3} = 0{,}033 \qquad \frac{K_A}{K_0} = 1{,}540$$

ist, die vier Bedingungsgleichungen (28) für unseren Fall

$$\begin{aligned}
0{,}863\,A_1 - 0{,}340\,A_2 - 0{,}859\,B_1 - 0{,}731\,B_2 &= 0\\
1{,}528\,A_1 + 0{,}873\,A_2 + 1{,}270\,B_1 - 1{,}243\,B_2 &= 0\\
-12{,}675\,A_1 + 1{,}381\,A_2 + 8{,}995\,B_1 + 2{,}780\,B_2 &= 0\\
65{,}478\,A_1 - 11{,}000\,A_2 + 43{,}050\,B_1 + 20{,}680\,B_2 &= 0{,}033\,P
\end{aligned}$$

mit den Lösungen

$$A_1 = 1{,}726\cdot 10^{-4}P \qquad B_1 = 2{,}940\cdot 10^{-4}P$$
$$A_2 = -5{,}570\cdot\ \text{„} \qquad B_2 = 1{,}153\cdot\ \text{„}$$

Somit erhält man für AC und CB bzw. die endgültigen Formeln

$$\begin{aligned}
y &= 1{,}726\cdot 10^{-4}P\left[1 - \frac{(\xi-1)^4}{4!}\alpha_1 - \frac{(\xi-1)^5}{5!}\alpha_1\right]\\
&\quad - 5{,}570\ \text{„}\ \text{„}\ \left[\xi - 1 - \frac{(\xi-1)^5}{5!}\alpha_1\right]\\
y &= 2{,}940\ \text{„}\ \text{„}\ \left[1 - \frac{(\xi-\gamma)^4}{4!}\alpha_2\gamma - \frac{(\xi-\gamma)^5}{5!}\alpha_2\right]\\
&\quad + 1{,}153\ \text{„}\ \text{„}\ \left[\xi - \gamma - \frac{(\xi-\gamma)^5}{5!}\alpha_2\gamma\right],
\end{aligned}$$

woraus sich die numerische Größe von y berechnen läßt.

Zum Vergleich haben wir den Fall unveränderlicher Baugrundziffer für die ganze Länge des Fundamentes und zwar unter der Annahme $K = 7{,}0$ kg/cm³ berechnet. Die Zahlenrechnung liefert die folgenden Werte, wobei die zugehörige Formel rechts angegeben ist:

$$L = 248 \text{ cm} \qquad \S\ 3,\ (6)$$
$$\alpha_1 = 0{,}846 \qquad \S\ 25,\ (1)$$
$$\alpha_2 = 1{,}168 \qquad \text{„}\quad \text{„}$$

und ferner

$$y_A = 3{,}46\cdot 10^{-4}P \qquad \S\ 25,\ (7)$$
$$y_B = 0{,}836\cdot\ \text{„}\ \text{„} \qquad \text{„}\ (8).$$

Die beiden Ergebnisse sind in Fig. 46 veranschaulicht.

Daraus erkennt man sofort, daß bei Annahme einer veränderlichen Baugrundziffer eine beträchtliche Abnahme der Einsenkung vom belasteten Punkte nach dem Ende A hin stattfindet. Dies hat zur Folge, daß dabei das Fundament nach der elastischen Formänderung noch im großen ganzen in wagerechter Lage bleibt, während es bei Annahme einer unveränderlichen Baugrundziffer nach dem Ende A stark verdreht wird. Selbstredend gilt unsere Folgerung ganz unabhängig von diesem besonderen Beispiel, das hier nur der Anschaulichkeit wegen zugrunde gelegt war.

Daß ein Fundamentbalken oder -platte im Tiefbau, im ganzen genommen, bei einer veränderlichen Belastung keine wesentliche elastische Drehung erleidet, ist für statisch unbestimmte Bauwerke eine höchst wichtige Sache, weil die statische Berechnung nur unter der Annahme, daß keine elastische Drehung des Fundamentes stattfindet, treffend durchgeführt werden kann.

B. Teilweise unendlich großes Trägheitsmoment.

§ 30. Allgemeiner Fall.

Es soll hierbei ein säulenartiger Körper vorausgesetzt werden, der an beiden Enden mit Flanschansätzen versehen ist [Fig. 47].

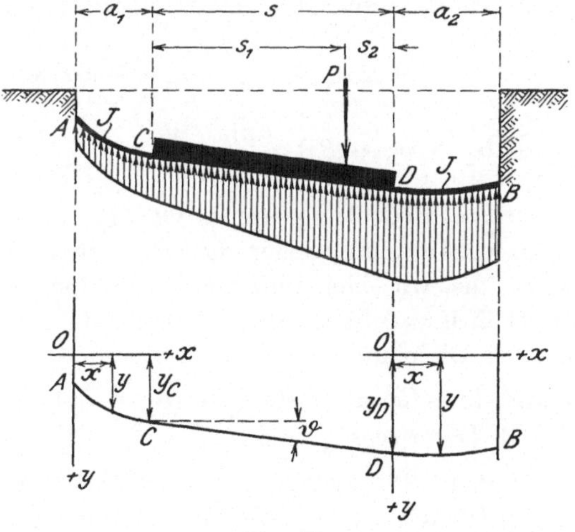

Fig. 47.

Die Punkte C und D sind Diskontinuitätspunkte. Da für die Mittelstrecke CD, deren Trägheitsmoment unendlich groß vorausgesetzt sei, eine geradlinige Druckverteilung angenommen werden kann, hat man es nur mit den Gleichungen für die beiden Flanschansätze AC, DB zu tun.

Der Elastizitätskoeffizient K sei unveränderlich. Nimmt man für AC und DB bzw. die Gleichungsform

$$y = \frac{1}{2}\left[(A_1 e^{\xi} + A_2 e^{-\xi}) \cos \xi + 2 A_3 \mathfrak{Cof}\, \xi \sin \xi\right]$$

$$y = \frac{1}{2}\left[(B_1 e^{\xi} + B_2 e^{-\xi}) \cos \xi + (B_3 e^{\xi} + B_4 e^{-\xi}) \sin \xi\right]$$

an, so sind die neun Unbekannten A_1 bis A_3, B_1 bis B_4, y_C und y_D zu bestimmen.

Bekanntlich hat man am Ende A

$$\text{(I)} \qquad A_1 - A_2 - 2 A_3 = 0.$$

Im Punkt C der elastischen Linie für AC sowie in D der Linie für DB muß $y = y_C$ bzw. $y = y_D$, und ferner in diesen zwei Punkten $\operatorname{tg} \vartheta = \frac{y_D - y_C}{s}$ sein. Dazu gehören die vier Bedingungsgleichungen:

$$\text{(II)} \qquad A_1 e^{\alpha_1} \cos \alpha_1 + A_2 e^{-\alpha_1} \cos \alpha_1 + 2 A_3 \mathfrak{Cof}\, \alpha_1 \sin \alpha_1 = 2 y_C$$

$$\text{(III)} \qquad B_1 + B_2 = 2 y_D$$

$$\text{(IV)} \qquad \frac{1}{2L}\left[A_1 e^{\alpha_1} (\cos \alpha_1 - \sin \alpha_1) - A_2 e^{-\alpha_1} (\cos \alpha_1 + \sin \alpha_1) + 2 A_3 (\mathfrak{Cof}\, \alpha_1 \cos \alpha_1 + \mathfrak{Sin}\, \alpha_1 \sin \alpha_1)\right] = \frac{y_D - y_C}{s}$$

$$\text{(V)} \qquad \frac{1}{2L}\left[B_1 - B_2 + B_3 + B_4\right] = \frac{y_D - y_C}{s},$$

worin α_1, α_2 dieselbe Bedeutung wie in Gl. (1) haben.

Am Ende B erhält man wieder dieselben zwei Gleichungen wie § 25, (VI), (VII), die wir hier mit derselben Benennung einführen Schließlich liefert $\Sigma M = 0$, bezogen auf den Punkt D, und $\Sigma V = 0$, die folgenden zwei Gleichungen:

$$\begin{aligned}\text{(VIII)} \qquad & K L \left[A_1 \{s e^{\alpha_1} (\cos \alpha_1 + \sin \alpha_1) - (a_1 + s) + L \sin \alpha_1\}\right. \\ & - A_2 \{s e^{-\alpha_1} (\cos \alpha_1 - \sin \alpha_1) - (a_1 + s) + L \sin \alpha_1\} \\ & \left. - 2 A_3 \{s (\mathfrak{Cof}\, \alpha_1 \cos \alpha_1 - \mathfrak{Sin}\, \alpha_1 \sin \alpha_1) - (a_1 + s)\}\right] \\ & + \frac{K L^2}{4} (B_3 - B_4) + \frac{K s^2 (y_D + 2 y_C)}{6} = P s_2\end{aligned}$$

$$\begin{aligned}\text{(IX)} \qquad & \frac{K L}{4}\left[A_1 e^{\alpha_1} (\cos \alpha_1 + \sin \alpha_1) - A_2 e^{-\alpha_1} (\cos \alpha_1 - \sin \alpha_1)\right. \\ & \left. - 2 A_3 (\mathfrak{Cof}\, \alpha_1 \cos \alpha_1 - \mathfrak{Sin}\, \alpha_1 \sin \alpha_1)\right] + \frac{K s (y_C + y_D)}{2} \\ & - \frac{K L}{4} [B_1 - B_2 - B_3 - B_4] = P.\end{aligned}$$

Durch diese neun Bedingungsgleichungen lassen sich die neun Unbekannten bestimmen.

§ 31. Körper mit einseitigem Flanschansatz.

Hier ist $a_1 = 0$ und $\alpha_1 = 0$. Ersetzt man die vier Konstanten B_1 bis B_4 in den soeben eingeführten Gleichungen für DB mit A_1 bis A_4, so lassen sich die sechs Bedingungsgleichungen für die Unbekannten A_1 bis A_4, y_A und y_D folgendermaßen gestalten:

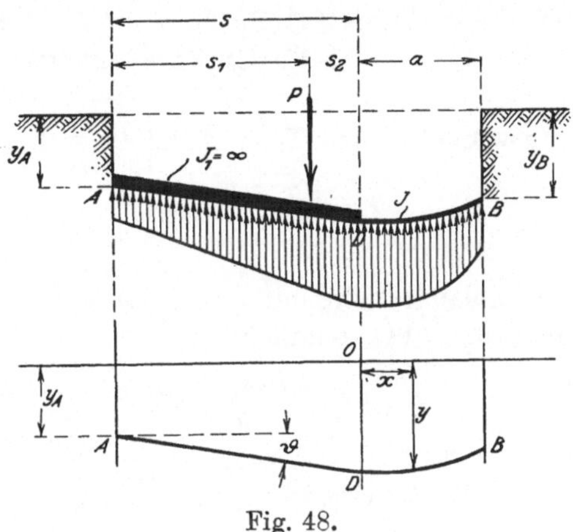

Fig. 48.

$$\text{(I)}\quad A_1 + A_2 = 2 y_D$$

$$\text{(II)}\quad A_1 - A_2 + A_3 + A_4 = 2L\,\frac{y_D - y_A}{s}$$

$$\text{(III)}\quad A_1 e^{\alpha} \sin\alpha - A_2 e^{-\alpha} \sin\alpha - A_3 e^{\alpha} \cos\alpha + A_4 e^{-\alpha} \cos\alpha = 0$$

$$\text{(IV)}\quad A_1 e^{\alpha}(\cos\alpha + \sin\alpha) - A_2 e^{-\alpha}(\cos\alpha - \sin\alpha) - A_3 e^{\alpha}(\cos\alpha - \sin\alpha) - A_4 e^{-\alpha}(\cos\alpha + \sin\alpha) = 0$$

$$\text{(V)}\quad \frac{KL^2}{4}[A_3 - A_4] = P s_2 - \frac{K s^2 (y_D + 2 y_A)}{6}$$

$$\text{(VI)}\quad P = \frac{K s (y_A + y_D)}{2} + \frac{KL}{4}[-A_1 + A_2 + A_3 + A_4],$$

worin $\alpha = \dfrac{a}{L}$ ist. Setzt man

$$(30)\quad \begin{cases} \sigma_1 = \dfrac{s_1}{L} \qquad \sigma_2 = \dfrac{s_2}{L} \\ \sigma = \sigma_1 + \sigma_2 \end{cases}$$

und wählt statt der Größe y_A die Differenz $y_D - y_A$ als Unbekannte, so liefert die Auflösung des Gleichungssystems

$$
(31)\quad \begin{cases}
y_D = \dfrac{P}{KL\Delta}\left[6\sigma_2(\mathfrak{Cof}^2\alpha - \cos^2\alpha) + 3(\mathfrak{Sin}\,2\alpha - \sin 2\alpha)\right. \\
\qquad\qquad\qquad\qquad \left. - 2\sigma^2(\sigma_2 - 2\sigma_1)(\mathfrak{Cof}^2\alpha + \cos^2\alpha)\right] \\
y_D - y_A = \dfrac{6P\sigma}{KL\Delta}\left[(\sigma_1^2 - \sigma_2^2)(\mathfrak{Cof}^2\alpha + \cos^2\alpha) - \sigma_2(\mathfrak{Sin}\,2\alpha + \sin 2\alpha)\right. \\
\qquad\qquad\qquad\qquad \left. - (\mathfrak{Cof}^2\alpha - \cos^2\alpha)\right], \\
\text{wobei} \\
\Delta = \sigma^4(\mathfrak{Cof}^2\alpha + \cos^2\alpha) + 2\sigma^3(\mathfrak{Sin}\,2\alpha + \sin 2\alpha) + 6\sigma^2(\mathfrak{Cof}^2\alpha - \cos^2\alpha) \\
\qquad + 3\sigma(\mathfrak{Sin}\,2\alpha - \sin 2\alpha) + 3(\mathfrak{Sin}^2\alpha - \sin^2\alpha)
\end{cases}
$$

ist.

Der Drehungswinkel ϑ des Teils AD läßt sich dann aus

$$(32)\qquad \vartheta = \frac{y_D - y_A}{s}$$

berechnen.

Ist $a = 0$, so gelangt man mit $\alpha = 0$ zu genau denselben Gleichungen wie Gln. (16_1), (14), nämlich:

$$\vartheta_{a=0} = \frac{6P(s_1 - s_2)}{Ks^3}$$

$$[y_D]_{a=0} = \frac{2P(2s_1 - s_2)}{Ks^2}.$$

Wir gehen jetzt dazu über, die zweckmäßigste Ansatzlänge a zu bestimmen. Ein Ansatz muß einerseits die durch den säulenartigen Körper getragene Last gleichmäßig auf eine breite Fläche verteilen, andererseits so wirksam sein, daß durch ihn der Körper bei jeder Belastungsänderung im ganzen eine möglichst geringe Drehung erleidet. Die zweckmäßigste Ansatzlänge a berechnet sich also unter der Bedingung $\vartheta = 0$. Man erhält dafür die Bedingungsgleichung:

$$(33)\qquad [\sigma_1^2 - \sigma_2^2][\mathfrak{Cof}^2\alpha + \cos^2\alpha] - \sigma_2[\mathfrak{Sin}\,2\alpha + \sin 2\alpha] - [\mathfrak{Cof}^2\alpha - \cos^2\alpha] = 0.$$

Damit die Drehung ϑ gleich Null wird, muß also α bei gegebenen σ_1, σ_2 einen bestimmten Wert annehmen, d. h. wenn die Abstände s_1, s_2 gegeben sind, ist die zweckmäßigste Ansatzlänge a bei gegebenem Elastizitätskoeffizient K eine bestimmte Funktion von L, also vom Trägheitsmoment J des Ansatzes.

Wir wollen nun an Hand eines Beispieles den Wert dieser Gleichung erörtern. Es sei gegeben [Fig. 49]:

$$s_1 = 220\text{ cm} \qquad s_2 = 190\text{ cm}$$

$$s = s_1 + s_2 = 410\text{ cm}.$$

Wir berechnen nach Gl. (33) für verschiedene Werte von L das Verhältnis α. Die zweckmäßige Ansatzlänge a für die angenommenen Werte von L folgt dann aus $a = \alpha L$. Das Ergebnis haben wir in nachstehender Tabelle:

L cm	J cm⁴	α	a cm
32	2808	2,160	69,10
33	3175	1,209	39,90
50	16740	0,615	30,72
100	268000	0,310	31,00
300	$21{,}70 \cdot 10^6$	0,100	30,00
1000	$2{,}68 \cdot 10^9$	0,030	30,00

sowie graphisch in Fig. 49 dargestellt. In der Tabelle sind auch die Werte J der besseren Übersicht wegen eingeschaltet. Sie sind unter Annahme von $K = 15$ kg/cm³ und $E = 140000$ kg/cm² gemäß der aus $L = 13{,}90\, J^{\frac{1}{4}}$ [s. S. 49] umgeformten Formel $J = 2{,}68 \cdot 10^{-3}\, L^4$ berechnet.

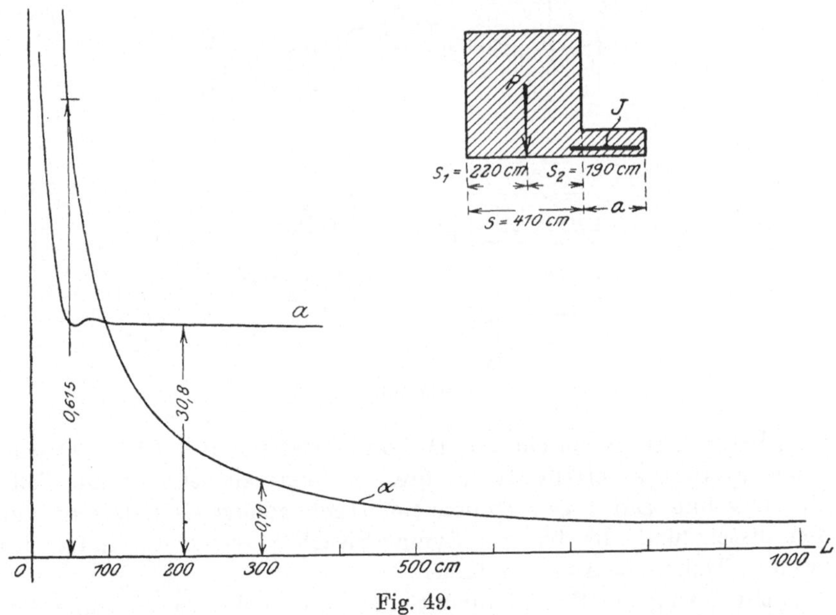

Fig. 49.

Aus der graphischen Darstellung bemerkt man, daß sich die zweckmäßigste Ansatzlänge a mit wachsendem L dem Wert 30 cm nähert, und der Lastpunkt in die Sohlenmitte des ganzen Körpers zu rücken sucht.

IV. Abschnitt.

Stab mit zwei symmetrisch zur Mitte stehenden, gleichen Lasten.

A. Allgemeine Untersuchungen.

§ 32. Entwicklung der Gleichungen.

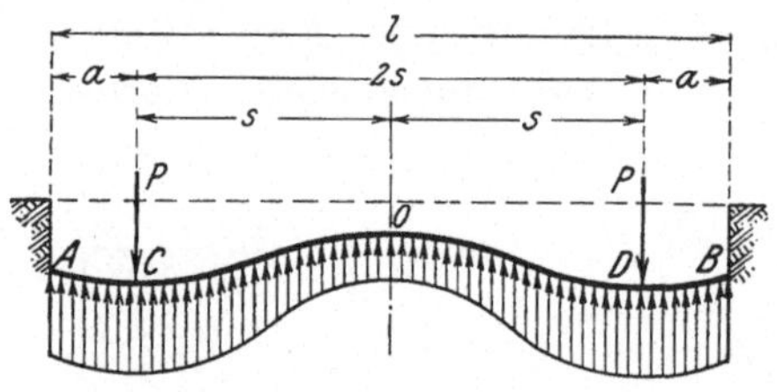

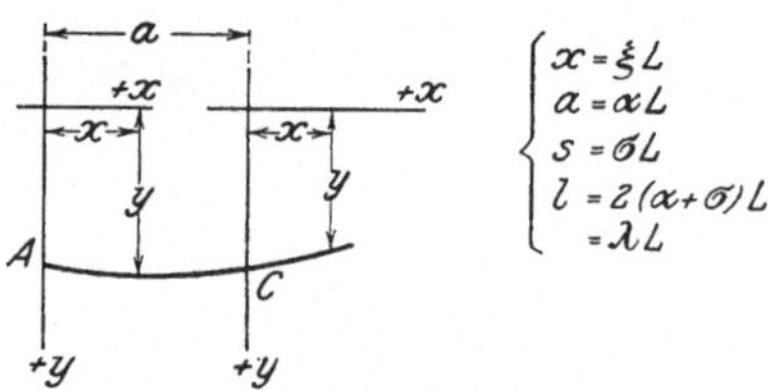

Fig. 50.

Jeder Last entspricht ein Diskontinuitätspunkt. Die elastische Linie des Stabes zerfällt also in drei, getrennt zu betrachtende Teile AC, CD und DB. Der Symmetrie wegen genügt es indessen, nur den ersten und die bis zur Symmetrieachse reichende Hälfte des zweiten Teiles ins Auge zu fassen.

Mit Bezug auf Fig. 50 nimmt man also [vgl. § 25, (2a) und § 4, (13_1)] für AC und CO bzw.

$$y = \frac{1}{2}\left[(A_1 e^{\xi} + A_2 e^{-\xi})\cos\xi + 2\,A_3\,\mathfrak{Cos}\,\xi\,\sin\xi\right],$$

$$y = \frac{1}{2}\left[(B_1 e^{\xi} + B_2 e^{-\xi})\cos\xi + (B_3 e^{\xi} + B_4 e^{-\xi})\sin\xi\right]$$

an. Die sieben Konstanten A_1 bis A_3 und B_1 bis B_4 sind nun zu ermitteln. Man setzt

$$\begin{cases} \frac{a}{L} = \alpha \quad \frac{s}{L} = \sigma \\ \frac{l}{L} = 2(\alpha + \sigma) = \lambda \,. \end{cases}$$

Hierbei können die in (I) bis (V) des vorhergehenden Abschnittes ausgesprochenen Grenzbedingungen [vgl. § 25] unmittelbar benutzt werden, wenn man in ihnen α statt α_1 setzt. Die zwei übrigen liefert die Symmetrie des Stabes, d. h. man hat in der Stabmitte $\operatorname{tg}\vartheta = 0$, $Q = 0$ zu setzen; es müssen also für den Wert $\xi = \sigma$ die Ableitungen $\frac{dy}{d\xi}$ und $\frac{d^3y}{d\xi^3}$ aus der Gleichung für CO verschwinden.

Um die spätere Vergleichung zu ermöglichen, geben wir die ganzen Gleichungen wie folgt:

$$\text{(I)} \quad A_1 - A_2 - 2A_3 = 0$$

$$\text{(II)} \quad [A_1 e^{\alpha} + A_2 e^{-\alpha}] \cos\alpha + 2A_3 \operatorname{Cos}\alpha \sin\alpha - [B_1 + B_2] = 0$$

$$\text{(III)} \quad A_1 e^{\alpha}[\cos\alpha - \sin\alpha] - A_2 e^{-\alpha}[\cos\alpha + \sin\alpha] + 2A_3[\operatorname{Cos}\alpha \cos\alpha + \operatorname{Sin}\alpha \sin\alpha] - [B_1 - B_2 + B_3 + B_4] = 0$$

$$\text{(IV)} \quad [A_1 e^{\alpha} - A_2 e^{-\alpha}] \sin\alpha - 2A_3 \operatorname{Sin}\alpha \cos\alpha + [B_3 - B_4] = 0$$

$$\text{(V)} \quad A_1 e^{\alpha}[\cos\alpha + \sin\alpha] - A_2 e^{-\alpha}[\cos\alpha - \sin\alpha] - 2A_3[\operatorname{Cos}\alpha \cos\alpha - \operatorname{Sin}\alpha \sin\alpha] - [B_1 - B_2 - B_3 - B_4] = \frac{4P}{KL}$$

$$\text{(VI)} \quad B_1 e^{\sigma}[\cos\sigma - \sin\sigma] - B_2 e^{-\sigma}[\cos\sigma + \sin\sigma] + B_3 e^{\sigma}[\cos\sigma + \sin\sigma] + B_4 e^{-\sigma}[\cos\sigma - \sin\sigma] = 0$$

$$\text{(VII)} \quad B_1 e^{\sigma}[\cos\sigma + \sin\sigma] - B_2 e^{-\sigma}[\cos\sigma - \sin\sigma] - B_3 e^{\sigma}[\cos\sigma - \sin\sigma] - B_4 e^{-\sigma}[\cos\sigma + \sin\sigma] = 0 \,.$$

Aus diesem Gleichungssystem erhält man

$$(2) \begin{cases} A_1 = \frac{P}{KL[\operatorname{Sin}\lambda + \sin\lambda]} [\operatorname{Cos}\alpha \{\cos(\lambda - \alpha) + \sin(\lambda - \alpha)\} \\ \qquad + \operatorname{Cos}(\lambda - \alpha)(\cos\alpha + \sin\alpha) + e^{-\alpha}\cos(\lambda - \alpha) + e^{-(\lambda - \alpha)}\cos\alpha] \\ A_2 = \frac{P}{KL[\operatorname{Sin}\lambda + \sin\lambda]} [\operatorname{Cos}\alpha \{\cos(\lambda - \alpha) - \sin(\lambda - \alpha)\} \\ \qquad + \operatorname{Cos}(\lambda - \alpha)(\cos\alpha - \sin\alpha) + e^{\alpha}\cos(\lambda - \alpha) + e^{\lambda - \alpha}\cos\alpha] \\ A_3 = \frac{P}{KL[\operatorname{Sin}\lambda + \sin\lambda]} [\operatorname{Cos}\alpha \sin(\lambda - \alpha) + \operatorname{Cos}(\lambda - \alpha)\sin\alpha \\ \qquad - \operatorname{Sin}\alpha \cos(\lambda - \alpha) - \cos\alpha \operatorname{Sin}(\lambda - \alpha)] \,. \end{cases}$$

Die übrigen vier Konstanten lassen sich durch A_1, A_2, A_3 ausdrücken:

$$
(3)\quad \left\{\begin{aligned}
B_1 &= A_1 e^{\alpha} \cos\alpha + A_3 e^{\alpha} \sin\alpha - \frac{P}{KL} \\
B_2 &= A_2 e^{-\alpha} \cos\alpha + A_3 e^{-\alpha} \sin\alpha + \frac{P}{KL} \\
B_3 &= -A_1 e^{\alpha} \sin\alpha + A_3 e^{\alpha} \cos\alpha + \frac{P}{KL} \\
B_4 &= -A_2 e^{-\alpha} \sin\alpha + A_3 e^{-\alpha} \cos\alpha + \frac{P}{KL}.
\end{aligned}\right.
$$

Mit diesen Werten kann die Gleichung der elastischen Linie AC nach einigen Umformungen in der Form

$$
(4)\quad \left\{\begin{aligned}
y &= y_{\xi} \\
&= \frac{P}{KL[\mathfrak{Sin}\,\lambda + \sin\lambda]}\big[\mathfrak{Cof}\,\alpha\,\mathfrak{Cof}\,\xi \cos(\lambda-\alpha-\xi) + \cos\alpha\cos\xi\,\mathfrak{Cof}(\lambda-\alpha-\xi) \\
&\qquad + \mathfrak{Cof}(\lambda-\alpha)\,\mathfrak{Cof}\,\xi\cos(\alpha-\xi) + \cos(\lambda-\alpha)\cos\xi\,\mathfrak{Cof}(\alpha- \\
&\qquad + \mathfrak{Cof}\,\alpha\,\mathfrak{Sin}\,\xi\cos\xi\sin(\lambda-\alpha) - \cos\alpha\sin\xi\,\mathfrak{Cof}\,\xi\,\mathfrak{Sin}(\lambda-\alpha \\
&\qquad + \sin\alpha\cos\xi\,\mathfrak{Cof}(\lambda-\alpha)\,\mathfrak{Sin}\,\xi - \mathfrak{Sin}\,\alpha\,\mathfrak{Cof}\,\xi\cos(\lambda-\alpha)\sin\xi
\end{aligned}\right.
$$

angegeben werden.

Setzt man darin $\xi = \alpha$, so erhält man für die Einsenkung des Lastpunktes C den positiven Ausdruck

$$
(5)\quad y_C = \frac{P}{2KL[\mathfrak{Sin}\,\lambda + \sin\lambda]}\big[2(\mathfrak{Cof}^2\alpha + \cos^2\alpha)(\mathfrak{Cof}\,2\alpha + \cos 2\alpha) + (\mathfrak{Sin}^2 2\sigma + \sin^2 2\sigma)\big].
$$

Für den Wert $\xi = 0$ ergibt sich die Einsenkung y_A zu

$$
(6)\quad y_A = \frac{2P}{KL}\left[\frac{\mathfrak{Cof}\,\alpha\cos(\lambda-\alpha) + \cos\alpha\,\mathfrak{Cof}\,(\lambda-\alpha)}{\mathfrak{Sin}\,\lambda + \sin\lambda}\right].
$$

Für die Strecke CD zwischen den Lasten erhält man

$$
(7)\quad y = \frac{1}{2}\left[\{A_1 e^{\alpha+\xi} + A_2 e^{-(\alpha+\xi)}\}\cos(\alpha+\xi) + 2A_3\,\mathfrak{Cof}(\alpha+\xi)\sin(\alpha+\xi)\right] - \frac{P}{KL}[\mathfrak{Sin}\,\xi\cos\xi - \sin\xi\,\mathfrak{Cof}\,\xi],
$$

worin ξ dem auf den Ursprung C bezogenen x entspricht.

Es kann also, wie im vorigen Falle [vgl. § 25, (5)], für die ganze Stablänge eine einzige Gleichung der elastischen Linie, deren Ursprung mit A zusammenfällt, aufgestellt werden; sobald wir die Strecke AC verlassen und in die mittlere Strecke übergehen, ist der Gleichung nur ein lediglich vom Argumentwert ξ abhängiges Glied hinzuzufügen.

Setzt man in Gl. (7) $\xi = \sigma$, so ergibt sich die Mittelsenkung zu

$$(8)^{1)}\quad y_0 = \frac{2P}{KL[\mathfrak{Sin}\lambda + \sin\lambda]}\left[\mathfrak{Cof}\alpha\left(\cos\sigma\,\mathfrak{Cof}\frac{\lambda}{2} + \sin\sigma\,\mathfrak{Sin}\frac{\lambda}{2}\right) + \cos\alpha\left(\cos\frac{\lambda}{2}\,\mathfrak{Cof}\sigma - \sin\frac{\lambda}{2}\,\mathfrak{Sin}\sigma\right)\right].$$

Die elastische Drehung des Stabes am belasteten Punkt C ist:

$$\operatorname{tg}\vartheta_C = \frac{1}{L}\left[\frac{dy}{d\xi}\right]_{\xi=\alpha(AC)}$$

$$(9)\qquad = \frac{2P}{KL^2}\left[\frac{\mathfrak{Cof}^2\alpha\sin 2\sigma - \cos^2\alpha\,\mathfrak{Sin}\,2\sigma}{\mathfrak{Sin}\lambda + \sin\lambda}\right].$$

Für das Biegungsmoment im Punkt C erhält man:

$$(10)\quad M_C = \frac{PL}{4[\mathfrak{Sin}\lambda + \sin\lambda]}\left[2\{\mathfrak{Cof}^2\alpha\cos 2\sigma - \cos^2\alpha\,\mathfrak{Cof}\,2\sigma\} + 2\{\mathfrak{Cof}(\alpha+2\sigma)\,\mathfrak{Cof}\alpha - \cos(\alpha+2\sigma)\cos\alpha\} - \{\mathfrak{Sin}\,2\sigma\sin 2\alpha + \sin 2\sigma\,\mathfrak{Sin}\,2\alpha\}\right].$$

§ 33. Gegenseitigkeit der Senkungen.

Im folgenden wollen wir den Beweis dafür erbringen, daß der *Maxwell*sche Satz von der Gegenseitigkeit der Verschiebungen auch für die Senkungen zweier symmetrisch zur Mitte angreifenden Lasten zutrifft.

Man stelle sich vor, daß die zwei Lasten P in den Punkten C, D nach rechts und links um eine gewisse Strecke verschoben sind [Fig. 52]. Es soll für diese Laststellung die Senkung des Punktes C berechnet werden.

[1]) Mit dieser Gleichung kann man leicht beweisen, daß die gefundene Senkung y_0 denselben Wert wie y_C und y_D in untenstehender Figur hat.

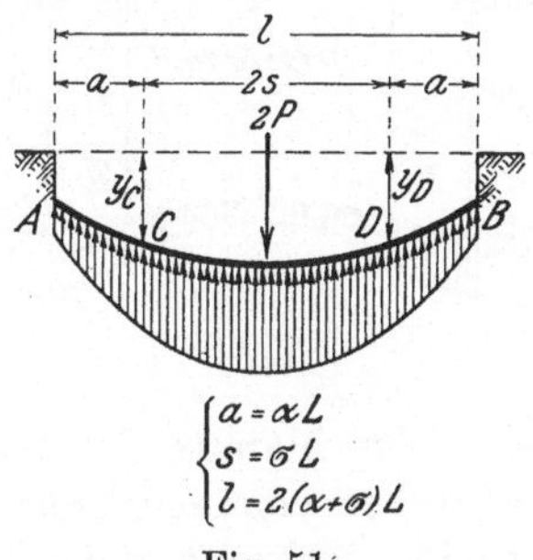

$$\begin{cases} a = \alpha L \\ s = \sigma L \\ l = 2(\alpha+\sigma)L \end{cases}$$

Fig. 51.

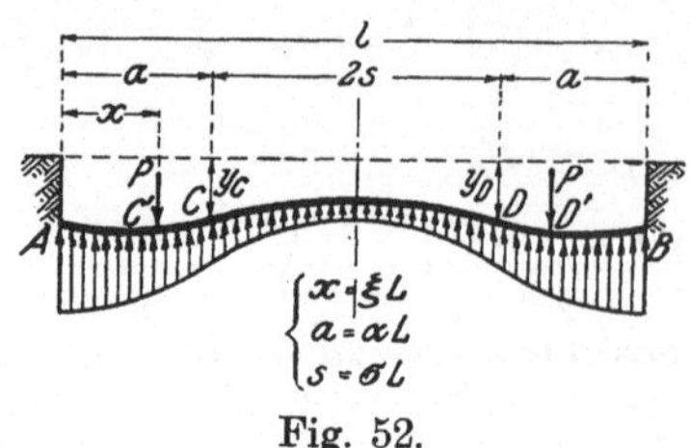

Fig. 52.

Bezeichnet man mit $x = \xi L$ den Abstand des neuen Lastpunktes C' vom Ende A, so kann man für die Einsenkung im Punkt C den Ausdruck [vgl. Gl. (7)]

$$y_C = \frac{1}{2}\left[(A_1' e^{\alpha} + A_2' e^{-\alpha}) \cos\alpha + 2 A_3' \operatorname{Cof} \alpha \sin\alpha\right]$$
$$- \frac{P}{KL}\left[\operatorname{Sin}(\alpha - \xi) \cos(\alpha - \xi) - \sin(\alpha - \xi) \operatorname{Cof}(\alpha - \xi)\right]$$

annehmen.

Hierin bezeichnen A_1', A_2' und A_3' drei zum neuen Belastungszustand [Fig. 52] gehörige Konstanten für die Gleichung der Strecke AC. Ihre Ausdrücke und folglich der erste Teil der angegebenen Gleichung für y_C lassen sich dadurch bilden, daß man in Gl. (2) für A_1, A_2 und A_3 an Stelle von α den Wert ξ einsetzt. Die so umgeformte Gleichung für y_C geht in genau dieselbe Form wie die allgemeine Gleichung der Senkung für die Strecke AC [vgl. Gl. (4)] über, wenn der Stab in C und D belastet ist. Es ergibt sich also mit Bezug auf Fig. 53

(11) $$y_{\xi\,[\text{Bel. I}]} = y_{C\,[\text{Bel. II}]}\,.$$

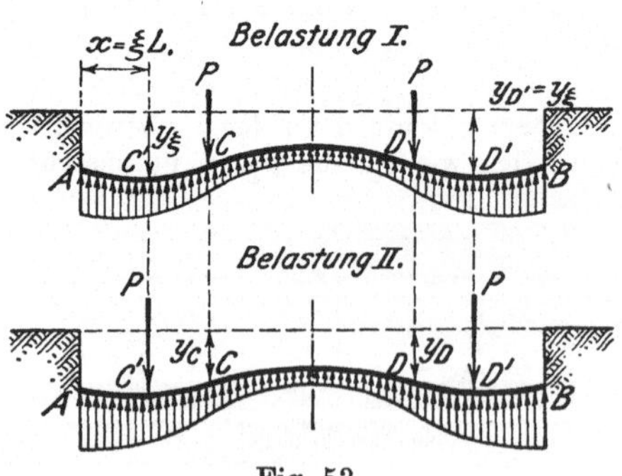

Fig. 53.

Als besonderer Fall folgt hieraus der Satz: Die Senkung, die eine in der Mitte eines Stabes von endlicher Länge ruhende Last P im Abstande x erzeugt [Fig. 54], ist derjenigen gleich, welche in der Mitte eintritt, wenn ein Lastenpaar, jede Last $\frac{P}{2}$ groß, symmetrisch zur Mitte im Abstand x angebracht wird. Hierfür erbringen wir später einen direkten Beweis.

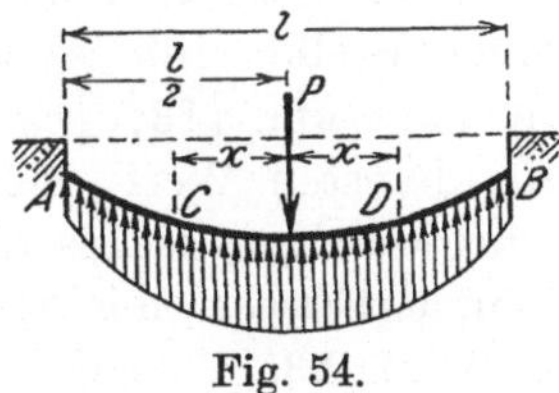

Fig. 54.

§ 34. Bedingungen dafür, daß keine Abhebung des Stabes eintritt.

Solange nur die anfänglichen Werte von α und σ in Betracht kommen, wird keine negative Senkung des Stabes zu erwarten sein; eine Zunahme dieser Werte kann jedoch eine solche hervorbringen, die dann in der Mitte oder an den Enden des Stabes eintritt.

Setzen wir Gln. (6) und (8) gleich Null, so ergeben sich folgende zwei Bedingungsgleichungen:

$$(12)\qquad \text{für } y_A = 0 \quad \mathfrak{Cof}\,\alpha \cos(\lambda - \alpha) + \mathfrak{Cof}(\lambda - \alpha)\cos\alpha = 0,$$

$$(13)\qquad \text{„}\ y_0 = 0 \quad \mathfrak{Cof}\,\alpha\left[\cos\sigma\,\mathfrak{Cof}\frac{\lambda}{2} + \sin\sigma\,\mathfrak{Sin}\frac{\lambda}{2}\right] + \cos\alpha\left[\mathfrak{Cof}\,\sigma\cos\frac{\lambda}{2} + \mathfrak{Sin}\,\sigma\sin\frac{\lambda}{2}\right] = 0.$$

Wir stellen diese Gleichungen graphisch dar [Fig. 55] und erkennen daraus:

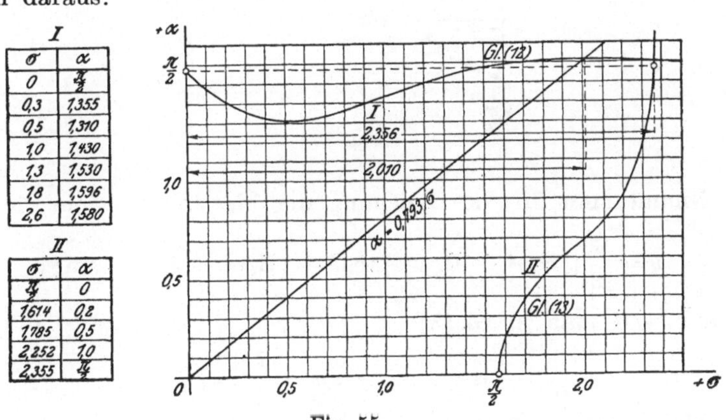

I

σ	α
0	$\frac{\pi}{2}$
0,3	1,355
0,5	1,310
1,0	1,430
1,3	1,530
1,8	1,596
2,6	1,580

II

σ	α
$\frac{\pi}{2}$	0
1,614	0,2
1,785	0,5
2,252	1,0
2,355	$\frac{\pi}{2}$

Fig. 55.

Ist σ kleiner als $\frac{1}{2}\pi$, so kommt keine negative Senkung des Stabes vor, solange α kleiner bleibt als das für σ durch Gl. (12) gegebene α. Gl. (12) gibt also den Wert von λ für die größte wirksame Stützlänge eines Stabes, in dem $\sigma < \frac{1}{2}\pi$ ist.

Wenn σ größer ausfällt als $\frac{1}{2}\pi$, aber kleiner als 2,356, muß α, damit der Stab an keiner Stelle eine Abhebung erfährt, immer zwischen den durch Gln. (12) und (13) gegebenen Werten liegen. Gl. (13) liefert also den kleinsten Wert von α für die wirksame Stützlänge eines Stabes, bei welchem σ zwischen $\frac{1}{2}\pi$ und 2,356 liegt, während Gl. (12) dabei den Größtwert der Stützlänge angibt.

Überschreitet σ den Wert 2,356, so liefert Gl. (13) kein σ entsprechendes α mehr. Es tritt dabei im Stab eine End- oder Mittelabhebung auf, je nachdem der Wert α größer oder kleiner ist als der durch Gl. (12) für einen jeweiligen Wert von σ berechnete.

Damit der Stab an keiner Stelle Abhebung erfährt, muß sich also der Punkt, der den Koordinaten (α, σ) entspricht, innerhalb des durch die Koordinatenachsen und die zwei Kurven eingeschlossenen Gebietes befinden [Fig. 55].

§ 35. Der Stab ist an den Enden belastet.

Dies ist der Grenzfall der vorhergehenden Betrachtung, bei der $a = 0$.

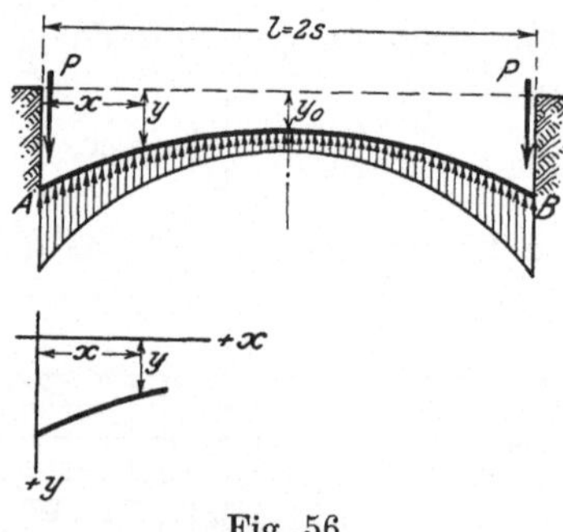

Fig. 56.

Nimmt man für die Gleichung der elastischen Linie die Form

$$y = \frac{1}{2}\left[(B_1 e^{\xi} + B_2 e^{-\xi})\cos\xi + (B_3 e^{\xi} + B_4 e^{-\xi})\sin\xi\right]$$

an und setzt man in Gl. (3)

$$\alpha = 0 \qquad 2\sigma = \frac{l}{L} = \lambda,$$

so erhält man

$$(14)\quad\begin{cases} B_1 = A_1 - \dfrac{P}{KL} = \dfrac{2P}{KL}\left[\dfrac{e^{-\lambda} + \cos\lambda}{\mathfrak{Sin}\,\lambda + \sin\lambda}\right] \\ B_2 = A_2 + \dfrac{P}{KL} = \dfrac{2P}{KL}\left[\dfrac{e^{\lambda} + \cos\lambda}{\mathfrak{Sin}\,\lambda + \sin\lambda}\right] \\ B_3 = B_4 = A_3 + \dfrac{P}{KL} = \dfrac{2P}{KL}\left[\dfrac{\sin\lambda}{\mathfrak{Sin}\,\lambda + \sin\lambda}\right] \end{cases}$$

und somit

$$(15)\quad\begin{cases} y = \dfrac{2P}{KL\,[\mathfrak{Sin}\,\lambda + \sin\lambda]}[\mathfrak{Cof}(\lambda-\xi)\cos\xi + \cos(\lambda-\xi)\,\mathfrak{Cof}\,\xi] \\ y_0 = \dfrac{4P}{KL}\,\dfrac{\mathfrak{Cof}\dfrac{\lambda}{2}\cos\dfrac{\lambda}{2}}{\mathfrak{Sin}\,\lambda + \sin\lambda}. \end{cases}$$

Die Mittelsenkung y_0 verschwindet, wenn $\cos\frac{\lambda}{2} = 0$ oder

$$\lambda = \pi, \quad 3\pi, \ldots$$

ist. Die größte wirksame Länge des Stabes ist also [vgl. § 18, (22)]

$$(16)\qquad f = \pi L.$$

Man bemerkt hierbei, wie es schon aus dem Gesetz der Gegenseitigkeit der Senkungen folgt, daß der oben erhaltene Ausdruck von y genau derselbe ist, wie der für die Endsenkung y_A des allgemeinen Falles [Gl. (6)], wenn α darin durch ξ ersetzt wird, und ferner, daß die Mittelsenkung y_0 doppelt so groß ist wie die Endsenkung y_B bei Mittelbelastung [§ 13, (8)].

Schließlich erhält man für die Drehung des Stabes am Ende A

$$(17)\qquad \operatorname{tg}\vartheta_A = \frac{1}{2L}[B_1 - B_2 + 2B_3] = \frac{-2P}{KL^2}\left[\frac{\mathfrak{Sin}\,\lambda - \sin\lambda}{\mathfrak{Sin}\,\lambda + \sin\lambda}\right].$$

Die eingeklammerten Ausdrücke der Formeln (14) geben wir folgendermaßen zahlenmäßig an:

λ	$\dfrac{e^{\lambda} + \cos\lambda}{\mathfrak{Sin}\,\lambda + \sin\lambda}$	$\dfrac{e^{-\lambda} + \cos\lambda}{\mathfrak{Sin}\,\lambda + \sin\lambda}$	$\dfrac{\sin\lambda}{\mathfrak{Sin}\,\lambda + \sin\lambda}$
0	∞	∞	0,5
0,01	100,0000	99,5000	0,5000
0,02	50,0000	49,5000	0,5000
0,03	33,8333	32,8333	0,5000
0,04	25,5001	24,5000	0,4999

λ	$\frac{e^{\lambda} + \cos\lambda}{\mathfrak{Sin}\,\lambda + \sin\lambda}$	$\frac{e^{-\lambda} + \cos\lambda}{\mathfrak{Sin}\,\lambda + \sin\lambda}$	$\frac{\sin\lambda}{\mathfrak{Sin}\,\lambda + \sin\lambda}$
0,05	20,5002	19,4998	0,4998
0,06	17,1670	16,1664	0,4997
0,07	14,7861	13,7853	0,4996
0,08	13,0006	11,9995	0,4994
0,09	11,6118	10,6104	0,4993
0,10	10,5009	9,4992	0,4992
0,20	5,5035	4,6969	0,4967
0,30	3,8417	2,8267	0,4925
0,40	3,0155	1,9888	0,4867
0,50	2,5250	1,4833	0,4792
0,60	2,2038	1,1439	0,4700
0,70	1,9807	0,8992	0,4592
0,80	1,8202	0,7138	0,4468
0,90	1,7025	0,5671	0,4328
1,00	1,6158	0,4503	0,4173
1,10	1,5528	0,3532	0,4002
1,20	1,5083	0,2718	0,3817
1,30	1,4789	0,2029	0,3620
1,40	1,4621	0,1442	0,3410
1,50	1,4559	0,0940	0,3190
$\frac{1}{2}\pi$	1,4571	0,0630	0,3020

§ 36. Untersuchung der Einsenkung einer Eisenbahnquerschwelle.

1. Vorbemerkungen. Die im Bettungsmaterial gelagerte Eisenbahnquerschwelle wird durch zwei symmetrisch zur Mitte wirkende Lasten, die Schienendrücke, beansprucht. Man hat es also mit dem allgemeinen Fall zu tun.

Wir unterziehen das folgende Zahlenbeispiel einer eingehenden Untersuchung: Es sei

$$a = 59{,}65 \text{ cm}$$

$$s = 75{,}35 \text{ cm} \quad [2\,s = 150{,}70 \text{ cm}]$$

$$E = 1\,000\,000 \text{ kg/cm}^2 \quad [\text{Eichenholz}]$$

$$J = \frac{25 \cdot 16^3}{12} \text{ cm}^4 \quad \left[\frac{16^3}{12} \text{ cm}^4 \text{ für 1 cm Breite}\right].$$

Als selbstverständlich setzen wir voraus, daß die Schwelle überall gut unterstopft ist, so daß sie in ihrer ganzen Länge vollkommen auf der Unterlage aufruht.

Berechnet man für eine Reihe von K-Werten die Schwellensenkungen y_C, y_0 und die Drehungen ϑ_C der elastischen Linie der Schwelle im Punkt C, so erhält man:

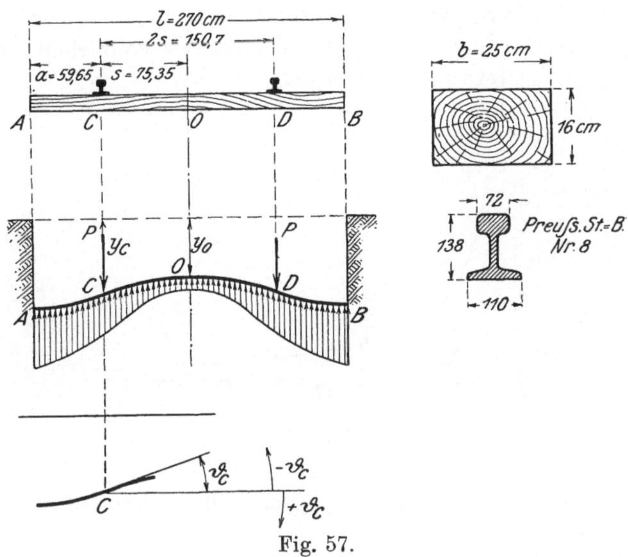

Fig. 57.

K kg/cm³	y_C cm	y_0 cm	$y_C - y_0$ cm	$\vartheta_C \sim \operatorname{tg} \vartheta_C$
1	$15{,}13 \cdot 10^{-3} P$	$3{,}59 \cdot 10^{-3} P$	$11{,}54 \cdot 10^{-3} P$	$-0{,}166 \cdot 10^{-5} P$
2	7,72 · „	1,77 · „	5,92 · „	−0,124 · „
3	5,28 · „	1,16 · „	4,12 · „	−0,102 · „
4	3,92 · „	0,85 · „	3,07 · „	−0,088 · „
5	3,25 · „	0,66 · „	2,59 · „	−0,076 · „
6	2,76 · „	0,54 · „	2,22 · „	−0,070 · „
7	2,39 · „	0,45 · „	1,94 · „	−0,064 · „
8	2,14 · „	0,39 · „	1,75 · „	−0,060 · „
9	1,91 · „	0,34 · „	1,57 · „	−0,056 · „
10	1,75 · „	0,30 · „	1,45 · „	−0,052 · „
12	1,52 · „	0,25 · „	1,28 · „	−0,046 · „
14	1,28 · „	0,19 · „	1,09 · „	−0,042 · „
16	1,21 · „	0,17 · „	1,04 · „	−0,038 · „
18	1,07 · „	0,14 · „	0,93 · „	−0,036 · „
20	0,99 · „	0,12 · „	0,87 · „	−0,034 · „

Stellt man das Ergebnis graphisch dar [Fig. 58], so bemerkt man, daß die Senkungen y_C und y_0 sowie ihre Differenz $y_C - y_0$ mit zunehmendem K abnehmen. Was die Drehung ϑ_C anbelangt, so wird sie bei den in der Tabelle für K angenommenen Werten immer negativ und nimmt dem absoluten Werte nach ab. Da bei positivem ϑ der Stab sich im Sinne des Uhrzeigers dreht, erkennt man, daß sich die Schwelle bei den angenommenen Werten von K infolge der Schienenbelastung verbiegt, wodurch die mit der Schwelle in fester Verbindung stehenden Schienen gezwungen werden, eine Drehung nach der Außenseite des Gleises zu vollziehen; die Folge ist eine Spurerweiterung des Gleises.

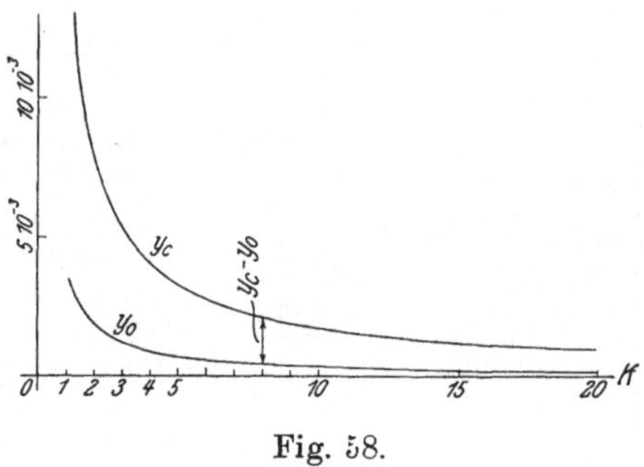

Fig. 58.

Zum Beispiel sei für $K = 8$ kg/cm³ die Schienenlast 10000 kg. Dann hat man

$$P = \frac{10000}{25} = 400 \text{ kg/cm}.$$

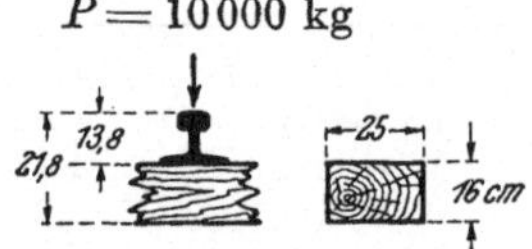

Fig. 59.

Es ergibt sich mithin

$$y_C - y_0 = 1{,}75 \cdot 10^{-3} \cdot 400 = 0{,}70 \text{ cm}.$$

Da ferner $\vartheta_C = -0{,}060 \cdot 10^{-5} \cdot 400 = -0{,}24 \cdot 10^{-3}$ ist, beträgt die Spurerweiterung mit Bezug auf Fig. 59

$$0{,}24 \cdot 10^{-3} \cdot 21{,}8 \cdot 2 = 1{,}046 \cdot 10^{-2} \text{ cm}.$$

2. Über den Einfluß der Bettungsziffer. Wenn α, σ oder beide Größen Werte außerhalb des in den Erläuterungen S. 128 zu Fig. 55 angegebenen Gebietes annehmen, so erleidet die Schwelle an den Enden, in der Mitte oder an beiden Stellen Abhebung.

Im folgenden wollen wir bei einer gegebenen Schwelle, die auf einer Bettung gelagert ist, deren Bettungsziffer wir uns von Fall zu Fall veränderlich denken, untersuchen, an welcher Stelle zuerst und für welchen Wert von K dies eintreten wird.

Den einfachsten Weg liefert die graphische Lösung: Wir suchen den Schnittpunkt der Kurven mit der geraden Linie

$$\alpha = k\,\sigma\,,$$

worin $k = \frac{a}{s}$ ist.

In unserem Fall lautet die Gleichung, da $k = \frac{0{,}5965}{0{,}7535} = 0{,}793$ ist,

$$\alpha = 0{,}793\,\sigma\,.$$

Diese gerade Linie schneidet die Kurve I im Punkt $\sigma = 2{,}010$ [Fig. 55]. Die Schwelle erfährt also bei zunehmendem K zuerst an den Enden Abhebung. Hätte die Gerade zuerst die Kurve II getroffen, so würde die Abhebung zuerst in der Mitte stattfinden.

Der gefundene Wert von σ dient mithin zur Berechnung der Grenzwerte der Bettungsziffer: Es ist

$$\sigma = 2{,}010 = \frac{0{,}7535}{L}\,.$$

Daraus erhält man $L = 37{,}48$ cm und ferner nach § 3, (6)

$$\sqrt[4]{\frac{4 \cdot 100\,000 \cdot 16 \cdot 25}{25 \cdot 12\,K}} = 37{,}48\,,$$

hieraus

$$K = 69{,}2\ \mathrm{kg/cm^3}\,.$$

Wenn K größer ist als der eben gefundene Wert, so übersteigt demnach σ den Wert 2,010.

Wie Fig. 55 ohne weiteres erkennen läßt, ist dann der entsprechende Wert von α für die Schwelle größer als der durch Gl. (12) gegebene. Dies bedeutet, daß eine Abhebung an den Enden eintreten muß. Der Wert 69,2 kg/cm³ muß also der Maximalwert von K für die angenommene Schwelle sein, wenn sich die Schwelle an keiner Stelle vom Bettungsmaterial abheben soll.

3. Einfluß der Länge a der überstehenden Schwellenenden. Handelt es sich um den Einfluß der Länge a, d. h. der Größe α, auf die Schwellensenkung, so kann man schon aus dem in § 34 Besprochenen ins klare kommen. Um jedoch einen besseren Einblick zu erhalten, sind in Fig. 60 die elastischen Linien für die vier möglichen Fälle, die durch die Veränderlichkeit von a denkbar sind, getrennt dargestellt, und zwar haben wir in derselben der Einfachheit wegen für den Augenblick die Längen a, s mit den zugehörigen Zahlen α, σ bezeichnet.

Im allgemeinen führt eine Vergrößerung von σ, bei gegebenem α, eine Verminderung der Mittelsenkung y_0 herbei. Wenn σ größer wird als $\frac{1}{2}\pi$ [Fig. 55], können nur besondere Werte von α die Mittelsenkung positiv erhalten. Wenn daher bei einer gegebenen Schwelle die Größe L verhältnismäßig klein ist, d. h. bei einem bedeutenden K oder einer geringen Steifigkeit der Schwelle, kann in der

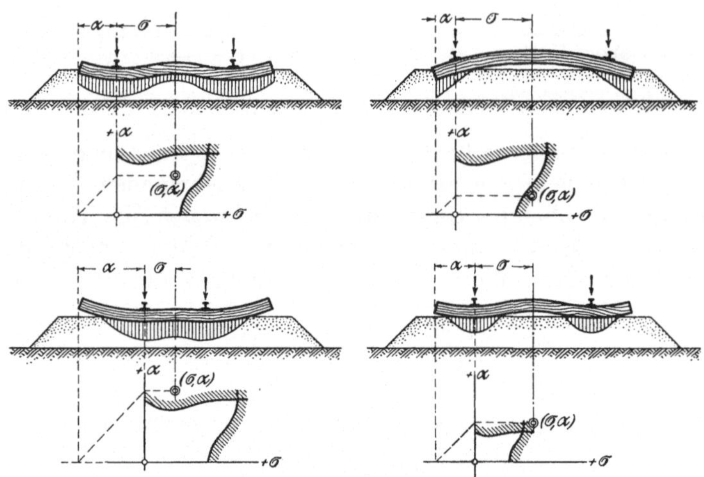

Fig. 60.

Schwellenmitte eine starke Abhebung stattfinden, wodurch übermäßige Spannungen in der Schwelle und folglich Änderungen der Spurweite eintreten könnten.

Diesen Nachteil sucht man meist dadurch zu vermeiden, daß man die Unterstopfung in der Mitte der Schwellen entweder vollständig unterläßt oder weniger dicht als an den Schwellenenden ausführt. Allerdings ist dieser Ausweg unwirtschaftlich, da er unvollkommene Ausnutzung des Materials zur Folge hat, kann daher nur als Notbehelf angesehen werden.

4. Bedingung für die wagerechte Lage der Schwelle an der Auflagerstelle der Schiene. Beim vorliegenden Beispiel wurde der Verdrehungswinkel ϑ_C an der Auflagerstelle der Schiene negativ ausgerechnet. Werden aber die Länge der Schwelle, also bei gegebener Spurweite die überstehenden Enden a zu groß gewählt, so wäre es möglich, daß die Schwelle sich im entgegengesetzten Sinn verbiegt, somit eine Spurverminderung eintritt.

Eine Schwelle, welche bei Belastung durch die Schienen das Bestreben, die auf ihr befestigten Schienen nach außen oder innen zu drehen, nicht zeigt, hätte demgemäß die zweckmäßigste Länge. Um die Bedingung für eine solche Schwelle durch eine Formel ausdrücken zu können, müssen wir die Forderung stellen, daß die Berührende der elastischen Linie der Schwelle an der Schienenauflagerstelle horizontal ist. Die Bedingungsgleichung dafür lautet also [vgl. Gl. (9)]

$$\frac{\mathfrak{Cof}\,\alpha}{\cos\alpha} = \sqrt{\frac{\mathfrak{Sin}\,2\sigma}{\sin 2\sigma}}. \tag{18}$$

Die Frage, ob der Schienendruck P, für gegebene Werte von K, J und E, das Bestreben zur Schienendrehung veranlaßt oder nicht, ist daher abhängig von den Längen a, s, also von der Länge der Schwelle, nicht aber von der Größe des Druckes P. Die Größe der Schienenneigung und damit zusammenhängend die Spurerweiterung, welche, wenn die letzte Bedingung nicht erfüllt ist, unter der Einwirkung des Schienendruckes P tatsächlich eintritt, ist selbstverständlich von der Größe des jeweiligen Druckes P abhängig [vgl. Gl. (9)].

Da $\mathfrak{Sin}\,2\sigma$ stets positiv ist, so kann die letzte Bedingungsgleichung nur dann durch reelle Werte von α erfüllt werden, wenn $\sin 2\sigma$ positiv ist, d. h. solange

$$\sigma \leqq \frac{\pi}{2}$$

ist. Dem oberen Grenzwert $\sigma = \frac{\pi}{2}$ entspricht $\cos\alpha = 0$ oder

$$\alpha = \frac{\pi}{2}, \frac{3\pi}{2}, \ldots$$

Es ergibt sich dabei die Schwellenlänge zu

$$l = 2(\alpha + \sigma)L = 2\pi L. \tag{19}$$

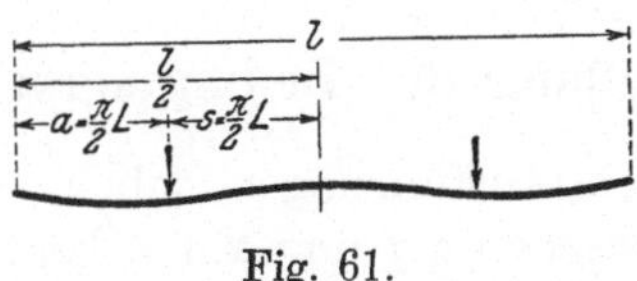

Fig. 61.

Dies ist die größte Schwellenlänge, die obige Bedingung erfüllen kann.

Für einen kleineren Wert von σ als $\frac{1}{2}\pi$ liefert die Bedingungsgleichung immer einen positiven Wert von α, der kleiner ist als $\frac{1}{2}\pi$.

Die Beziehung zwischen α und σ ist auf Fig. 62 ersichtlich. Da man in (Gl. 18) α mit $-\alpha$ vertauschen kann, muß die Kurve in bezug auf die σ-Achse symmetrisch sein. Solange σ kleiner ist als 1, kann α annäherungsweise dem Wert σ proportional betrachtet werden. So erhält man eine Näherungsformel

$$(20) \qquad \begin{cases} \alpha = 0{,}82\,\sigma \\ \text{oder} \\ a = 0{,}82\,s\,. \end{cases}$$

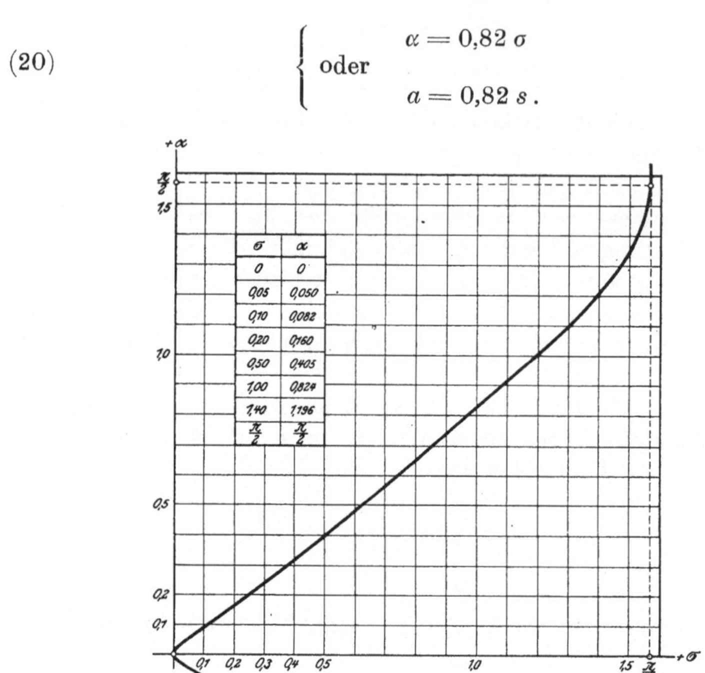

Fig. 62.

B. Der Stab erfährt eine mittlere Abhebung. Die Unterlage ist aber nicht imstande, dagegen Widerstand zu leisten.

§ 37. Aufstellung der Bedingungsgleichungen.

Nach den früheren Ausführungen haben wir es mit einem Stab zu tun, bei dem σ zwischen $\frac{1}{2}\pi$ und 2,356 liegt, und α kleiner ist als der für den jeweiligen Wert von σ aus Gl. (13) erhaltene. Der Punkt, der durch (α, σ) bestimmt ist, liegt also rechts von Kurve II und unterhalb der Kurve I [Fig. 63].

Die Abhebungspunkte E und F sind Diskontinuitätspunkte der Differentialgleichung, während C und D solche in den Gleichungen der elastischen Größen sind.

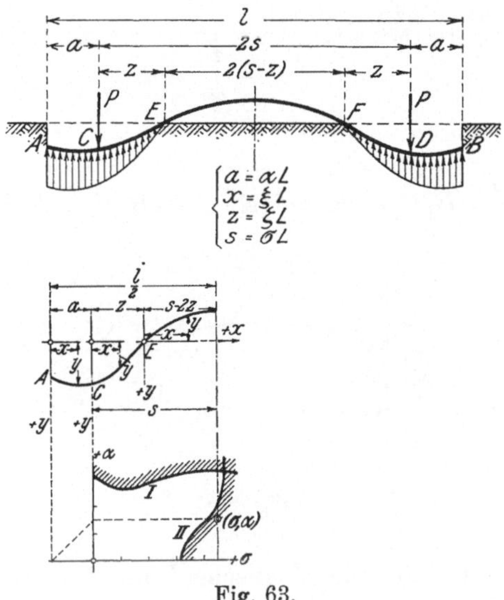

Fig. 63.

Die Teile AC und CE nehmen bekanntermaßen bzw. die Form

$$y = \frac{1}{2}\left[(A_1 e^{\xi} + A_2 e^{-\xi}) \cos \xi + 2 A_3 \mathfrak{Cof}\, \xi \sin \xi\right]$$

$$y = \frac{1}{2}\left[(B_1 e^{\xi} + B_2 e^{-\xi}) \cos \xi + (B_3 e^{\xi} + B_4 e^{-\xi}) \sin \xi\right]$$

an.

Der Teil EF biegt sich nach oben und hebt so die enge Berührung mit dem Boden auf. Als äußere Kräfte wirken nur an den Enden die gleich großen Momente M_E; die elastische Linie ist daher ein Kreisbogen mit dem Halbmesser ϱ, deren Gleichung lautet:

$$y = \frac{(s-z)^2}{2\varrho} - \left[\varrho - \sqrt{\varrho^2 - (s-z-x)^2}\,\right]^{1)}$$

$$\sim \frac{x\,[2\,(s-z) - x]}{2\,\varrho}.$$

Ferner hat man die Beziehung $\dfrac{1}{\varrho} = \dfrac{M}{EJ}$.

Hierin bedeutet M das Biegungsmoment an der Stelle x; es ist konstant und gleich M_E. Den Ausdruck für M_E erhält man aus der zugehörigen Gleichung für CE; er läßt sich aus § 3, Gl. (16) auf-

[1]) Hütte, Des Ingenieurs Taschenbuch, 23. Aufl., I, S. 549, 6.

stellen, wenn man darin ξ durch

$$(21) \qquad \zeta = \frac{z}{L}$$

ersetzt. Wir erhalten nämlich

$$M_E = \frac{KL^2}{4}\left[(B_1 e^{\zeta} - B_2 e^{-\zeta}) \sin\zeta - (B_3 e^{\zeta} - B_4 e^{-\zeta}) \cos\zeta\right].$$

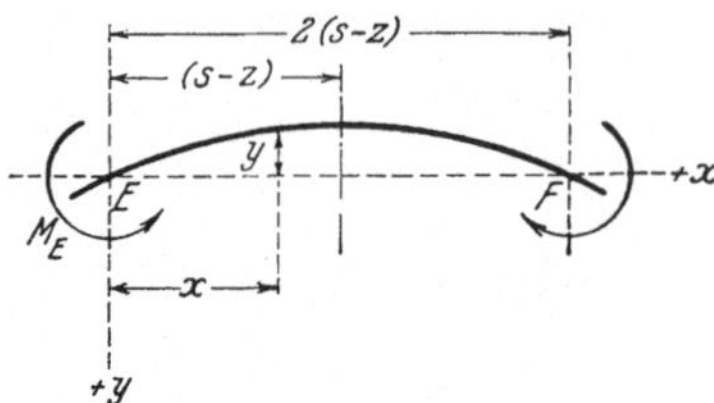

Fig. 64.

Die letzte Gleichung für die elastische Linie EF geht hiermit ohne weiteres über in:

$$(22) \qquad y = \frac{\xi}{2}\left[2(\sigma - \varrho) - \xi\right]\left[(B_1 e^{\zeta} - B_2 e^{-\zeta}) \sin\zeta - (B_3 e^{\zeta} - B_4 e^{-\zeta}) \cos\zeta\right].$$

Da wir den Abstand z, also ζ, vorerst als unbekannt ansehen, und die zu bestimmenden sieben Konstanten A_1 bis A_3 und B_1 bis B_4 alle davon abhängig sind, hat man acht Unbekannte zu bestimmen.

Fünf der aufzustellenden Bedingungsgleichungen können dem § 32 entnommen werden. Die übrigen drei lassen sich aus den Grenzbedingungen:

$$[y]_{\xi=\zeta(CE)} = 0$$

$$\left[\frac{d^3 y}{d\xi^3}\right]_{\xi=\zeta(CE)} = 0$$

$$\left[\frac{dy}{d\xi}\right]_{\xi=\zeta(CE)} = \left[\frac{dy}{d\xi}\right]_{\xi=0\,(EF)}$$

bilden.

Sieben dieser Gleichungen stellen wir in entwickelter Form in der nachfolgenden Tabelle zusammen; die achte ist darunter besonders angegeben.

Aus der Zusammenstellung ist ersichtlich, daß die Unbekannte ζ im Gegensatz zu den anderen in Form einer algebraischen und einer transzendenten Funktion in den Gleichungen auftritt. Wie schon bemerkt [§ 18, 4], ist die allgemeine Lösung des Gleichungssystems praktisch fast unmöglich. In der Praxis empfiehlt es sich, den nach-

	A_1	A_2	A_3	B_1	B_2	B_3	B_4	
(I)	1	-1	-2	0	0	0	0	0
(II)	$e^{\alpha}\cos\alpha$	$e^{-\alpha}\cos\alpha$	$2\,\mathfrak{Cof}\,\alpha\sin\alpha$	-1	-1	0	0	0
(III)	$e^{\alpha}(\cos\alpha-\sin\alpha)$	$-e^{-\alpha}(\cos\alpha+\sin\alpha)$	$2\,[\mathfrak{Cof}\,\alpha\cos\alpha + \mathfrak{Sin}\,\alpha\sin\alpha]$	-1	1	-1	-1	0
(IV)	$e^{\alpha}\sin\alpha$	$-e^{-\alpha}\sin\alpha$	$-2\,\mathfrak{Sin}\,\alpha\cos\alpha$	0	0	1	-1	0
(V)	$e^{\alpha}(\cos\alpha+\sin\alpha)$	$-e^{-\alpha}(\cos\alpha-\sin\alpha)$	$-2\,[\mathfrak{Cof}\,\alpha\cos\alpha - \mathfrak{Sin}\,\alpha\sin\alpha]$	-1	1	1	1	$\frac{4P}{KL}$
(VI)	0	0	0	$e^{\zeta}\cos\zeta$	$e^{-\zeta}\cos\zeta$	$e^{\zeta}\sin\zeta$	$e^{-\zeta}\sin\zeta$	0
(VII)	0	0	0	$e^{\zeta}(\cos\zeta+\sin\zeta)$	$-e^{-\zeta}(\cos\zeta-\sin\zeta)$	$-e^{\zeta}(\cos\zeta-\sin\zeta)$	$-e^{-\zeta}(\cos\zeta+\sin\zeta)$	0

(VIII)
$$\frac{1}{2}[B_1 e^{\zeta}(\cos\zeta-\sin\zeta) - B_2 e^{-\zeta}(\cos\zeta+\sin\zeta) + B_3 e^{\zeta}(\cos\zeta+\sin\zeta) + B_4 e^{-\zeta}(\cos\zeta-\sin\zeta)]$$
$$-(\sigma-\zeta)[B_1 e^{\zeta}\sin\zeta - B_2 e^{-\zeta}\sin\zeta - B_3 e^{\zeta}\cos\zeta + B_4 e^{-\zeta}\cos\zeta] = 0\,.$$

stehenden Weg einzuschlagen: Man berechnet aus den ersten sieben Gleichungen für verschiedene Werte von ζ die Größen B_1 bis B_4. Hierauf setzt man die so berechnete Wertgruppe B_1 bis B_4 und die dazugehörigen ζ nacheinander in die auf der linken Seite der letzten Bedingungsgleichung stehende Funktion ein, die dementsprechend eine Reihe von Werten ergibt. Diese Werte sind im allgemeinen nicht gleich Null. Aus diesem Wertsystem sucht man durch Interpolation den Wert ζ zu ermitteln, der die betreffende Funktion gleich Null macht; haben wir ihn gefunden, so ist die letzte Bedingungsgleichung und folglich das ganze Gleichungssystem erfüllt.

§ 38. Die Lasten P wirken an den Stabenden.

1. Allgemeines. Hierbei ist $a = 0$, folglich $\alpha = 0$. Setzt man in der Tabelle auf S. 139 $\alpha = 0$, so erhält man

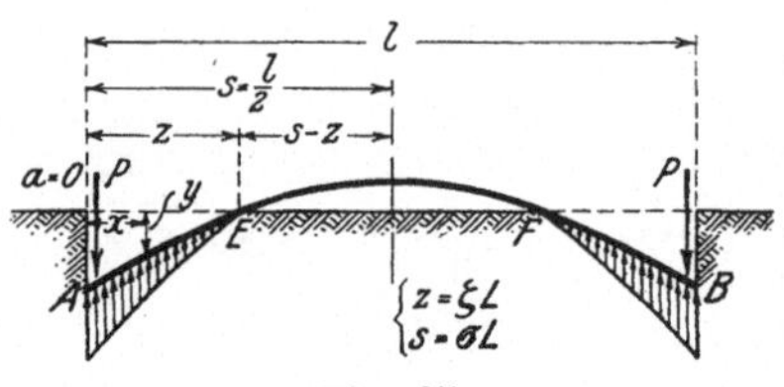

Fig. 65.

	A_1	A_2	A_3	B_1	B_2	B_3	B_4	
(I)	1	-1	-2	0	0	0	0	0
(II)	1	1	0	-1	-1	0	0	0
(III)	1	-1	2	-1	1	-1	-1	0
(IV)	0	0	0	0	0	1	-1	0
(V)	1	-1	-2	-1	1	1	1	$\frac{4P}{KL}$
(VI)	0	0	0	$e^{\zeta}\cos\zeta$	$e^{-\zeta}\cos\zeta$	$e^{\zeta}\sin\zeta$	$e^{-\zeta}\sin\zeta$	0
(VII)	0	0	0	$e^{\zeta}(\cos\zeta + \sin\zeta)$	$-e^{-\zeta}(\cos\zeta - \sin\zeta)$	$-e^{\zeta}(\cos\zeta - \sin\zeta)$	$-e^{-\zeta}(\cos\zeta + \sin\zeta)$	0

Bildet man daraus die Ausdrücke für B_1 bis B_4 und setzt sie in die letzte Bedingungsgleichung des vorigen Paragraphen ein, so vereinfacht sich diese zu

$$\frac{(\sigma - \zeta)(\mathfrak{Cof}\,\zeta \sin\zeta - \cos\zeta\,\mathfrak{Sin}\,\zeta) - \mathfrak{Cof}\,\zeta\cos\zeta}{\mathfrak{Cof}\,2\zeta - \cos 2\zeta} = 0.$$

Daraus ergibt sich

$$\sigma - \zeta = \frac{\mathfrak{Cof}\,\zeta \cos\zeta}{\sin\zeta\,\mathfrak{Cof}\,\zeta - \cos\zeta\,\mathfrak{Sin}\,\zeta} = \frac{1}{\operatorname{tg}\zeta - \mathfrak{Tg}\,\zeta}. \tag{23}$$

Berechnet man aus dieser Gleichung die einer Reihe von Werten σ entsprechenden Werte von ζ und daraus solche von $\sigma - \zeta$, $\frac{\sigma - \zeta}{\sigma}$, so erhält man:

σ	ζ	$\sigma - \zeta$	$\frac{\sigma-\zeta}{\sigma}$
$^1/_2\pi$	$^1/_2\pi$	0	0
1,6	1,395	0,205	0,128
1,7	1,260	0,440	0,259
1,8	1,183	0,617	0,343
1,9	1,124	0,776	0,408
2,0	1,080	0,910	0,460
2,1	1,045	1,055	0,503
2,2	1,012	1,188	0,540
2,3	0,986	1,314	0,572
2,4	0,961	1,439	0,600
2,5	0,943	1,557	0,623
2,6	0,917	1,683	0,647
2,7	0,905	1,795	0,664
2,8	0,887	1,913	0,683
2,9	0,875	2,025	0,698
3,0	0,861	2,139	0,746
4,0	0,765	3,235	0,809
5,0	0,705	4,335	0,867
6,0	0,655	5,345	0,891
7,0	0,616	6,394	0,913
8,0	0,590	7,410	0,926
9,0	0,565	8,435	0,937
10,0	0,545	9,455	0,946

Man erkennt, daß das Verhältnis $\frac{\sigma - \zeta}{\sigma} = \frac{s - z}{s}$ mit σ zunimmt, d. h. je tragfähiger die Unterlage und je steifer der Stab bei einer gegebenen Stablänge $2s$ ist, um so größer fällt die Abhebungsstrecke aus.

Fig. 66 stellt die Beziehung zwischen σ und ζ dar.

2. Ergänzende Bemerkungen. Denkt man sich den Stab AB beiderseits um ein Stück von der Länge a verlängert, so nimmt der Abstand z, folglich der Wert ζ, mit wachsendem a, also α, zu,

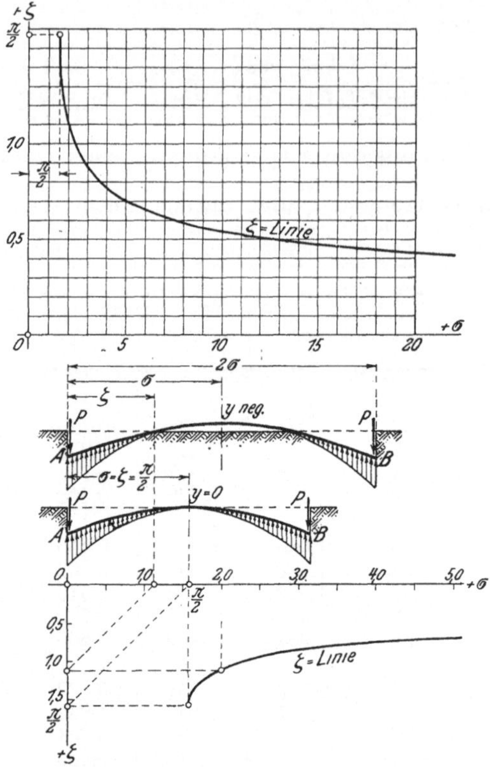

Fig. 66.

d. h. der Senkungsnullpunkt E nähert sich stetig der Stabmitte, bis endlich, bei einem gewissen Wert von α die Mittelsenkung des Stabes selbst gleich Null wird.

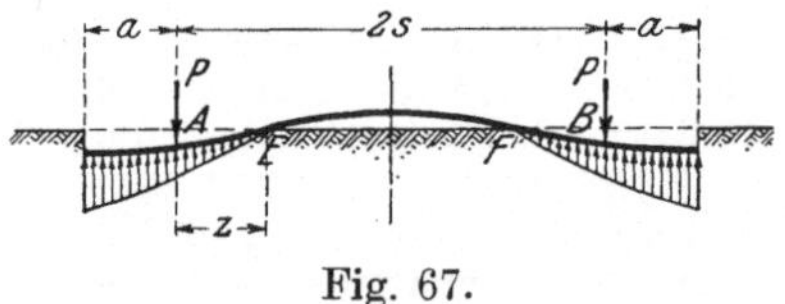

Fig. 67.

Die eben aus Gl. (23) berechneten ζ stellen also die Minimalwerte eines Stabes dar, für den die Lastentfernung $2s$, also der Wert σ, gegeben ist.

Bei einer Eisenbahnquerschwelle mit einer Lastentfernung $2s$ wird also der Senkungsnullpunkt E, falls eine mittlere Abhebung der Schwelle stattfindet, nie weiter von der Schwellenmitte verschoben als der dem oben errechneten Wert $\sigma - \zeta$ entsprechende Abstand

$(\sigma - \zeta)L$. Wir bringen noch einige Ergänzungen im folgenden Zahlenbeispiel: Es sei

$$a = 19{,}65 \text{ cm}$$
$$2s = 150{,}7 \text{ cm}$$
$$K = 50 \text{ kg/cm}^3.$$

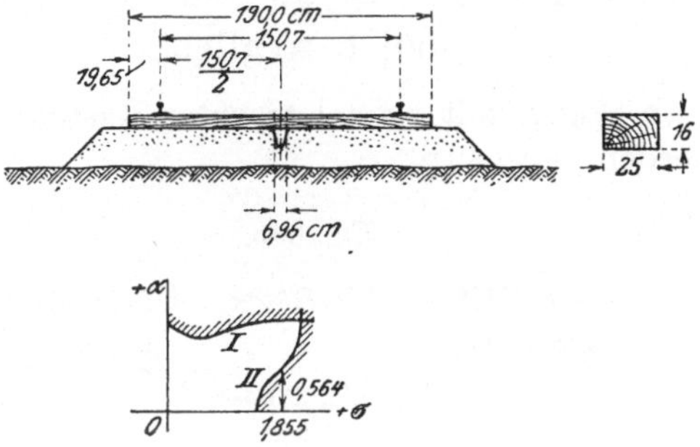

Fig. 68.

Wir erhalten

$$J = \frac{25 \cdot 16^3}{12} \text{ cm}^4 \qquad \sigma = \frac{150{,}7}{40{,}65} = 1{,}855$$

$$L = \sqrt{\frac{4 \cdot 100000 \cdot 16^3}{50 \cdot 12}} = 40{,}65 \text{ cm} \qquad \alpha = \frac{19{,}65}{40{,}65} = 0{,}483.$$

Da α kleiner ist als der Wert 0,564, der auf der Kurve II dem soeben berechneten $\sigma = 1{,}855$ entspricht, tritt eine mittlere Abhebung der Schwelle ein.

Die genaue Lage des Senkungsnullpunktes kann nur durch die allgemeinen Gleichungen ermittelt werden. Annähernd aber findet man sie folgendermaßen: Wäre $\alpha = 0$, so würde man für $\sigma = 1{,}855$ aus der oben gewonnenen Kurve (S. 142) $\sigma - \zeta = 0{,}597$ erhalten.

Da die Größe $\sigma - \zeta$ bei einer Schwelle von $\sigma = 1{,}855$ für den bestimmten Wert $\alpha = 0{,}564$ verschwinden muß [s. Fig. 68], kann man in unserem Fall, wo $\alpha = 0{,}483$ ist,

$$\sigma - \zeta = 0{,}597 \frac{0{,}564 - 0{,}483}{0{,}564} = 0{,}086$$

setzen, wenn für den Augenblick eine geradlinige Abnahme von $\sigma - \zeta$ mit α vorausgesetzt wird. Somit ergibt sich

$$s - z = (\sigma - \zeta) L = 0{,}086 \cdot 40{,}65 = 3{,}48 \text{ cm}.$$

C. Grundbogen.

Unter einem Grundbogen soll in der Folge die im Grundbau häufig angewandte Gründungsart auf umgekehrtem Gewölbe verstanden werden [Fig. 69a].

§ 39. Der Bogen ist an den Enden drehbar und beweglich.

Es soll ein Bogen mit zwei lotrechten Lasten P an jedem Ende betrachtet werden [Fig. 69b].

Fig. 69a.

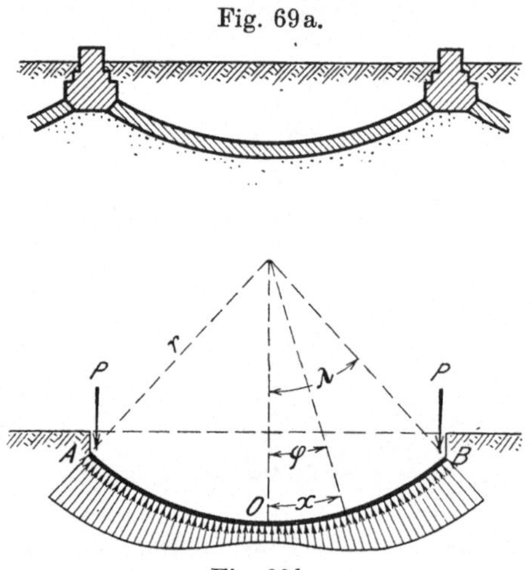

Fig. 69b.

Wir verlegen den Koordinatenanfangspunkt in die Bogenmitte. Da für $\varphi = 0$

$$\left\{\begin{aligned} \frac{dy}{dx} &= 0 \\ Q &= 0 \end{aligned}\right. \qquad \text{oder} \qquad \left\{\begin{aligned} \frac{dy}{d\varphi} &= 0 \\ -\frac{EJ}{r^3}\left[\frac{d^3y}{d\varphi^3} + \frac{dy}{d\varphi}\right] &= 0 \end{aligned}\right.$$

sein muß, hat man mit Bezug auf § 12, (69)

$$\text{(I)} \qquad A_2\alpha + A_3\beta = 0$$

$$\text{(II)} \qquad A_2\beta - A_3\alpha = 0.$$

Es ergibt sich daraus

$$A_2 = 0 \quad A_3 = 0.$$

Die Gleichung der elastischen Linie nimmt also die Form

$$y = A_0 + A_1 \mathfrak{Cof}\, \alpha\varphi \cos\beta\varphi + A_4 \mathfrak{Sin}\, \alpha\varphi \sin\beta\varphi \tag{24}$$

an.

Die drei Unbekannten A_0, A_1 und A_4 bestimmen sich aus den drei Bedingungsgleichungen

$$\begin{aligned} &[M]_\lambda = 0 \\ &[Q]_\lambda \cos\lambda + [N]_\lambda \sin\lambda = P \\ &[Q]_\lambda \sin\lambda - [N]_\lambda \cos\lambda = 0. \end{aligned}$$

Sie lauten in entwickelter Form:

$$(25)\begin{cases} \text{(I)} \quad A_0 - 4\varrho^4 [A_1 \mathfrak{Sin}\, \alpha\lambda \sin\beta\lambda - A_4 \mathfrak{Cof}\, \alpha\lambda \cos\beta\lambda] = 0 \\ \text{(II)} \quad A_0 \sin\lambda + A_1 [(\alpha\, \mathfrak{Cof}\, \alpha\lambda \sin\beta\lambda + \beta\, \mathfrak{Sin}\, \alpha\lambda \cos\beta\lambda) \cos\lambda \\ \qquad + \mathfrak{Sin}\, \alpha\lambda \sin\beta\lambda \sin\lambda] - A_4 [(\alpha\, \mathfrak{Sin}\, \alpha\lambda \cos\beta\lambda \\ \qquad - \beta\, \mathfrak{Cof}\, \alpha\lambda \sin\beta\lambda) \cos\lambda + \mathfrak{Cof}\, \alpha\lambda \cos\beta\lambda \sin\lambda] = \dfrac{P}{rK} \\ \text{(III)} - A_0 \cos\lambda + A_1 [(\alpha\, \mathfrak{Cof}\, \alpha\lambda \sin\beta\lambda + \beta\, \mathfrak{Sin}\, \alpha\lambda \cos\beta\lambda) \sin\lambda \\ \qquad - \mathfrak{Sin}\, \alpha\lambda \sin\beta\lambda \cos\lambda] - A_4 [(\alpha\, \mathfrak{Sin}\, \alpha\lambda \cos\beta\lambda \\ \qquad - \beta\, \mathfrak{Cof}\, \alpha\lambda \sin\beta\lambda) \sin\lambda - \mathfrak{Cof}\, \alpha\lambda \cos\beta\lambda \cos\lambda] = 0, \\ \text{worin} \\ \qquad \varrho = \dfrac{r}{L} \end{cases}$$

ist.

§ 40. Der Bogen ist an den Enden gebunden.

Wir stellen uns eine Reihe von Grundbogen [Fig. 69a] vor, bei denen die Kämpfer des einzelnen Bogens nicht frei drehbar, sondern je zwei Bogen in den Kämpfern unabänderlich miteinander verbunden sind.

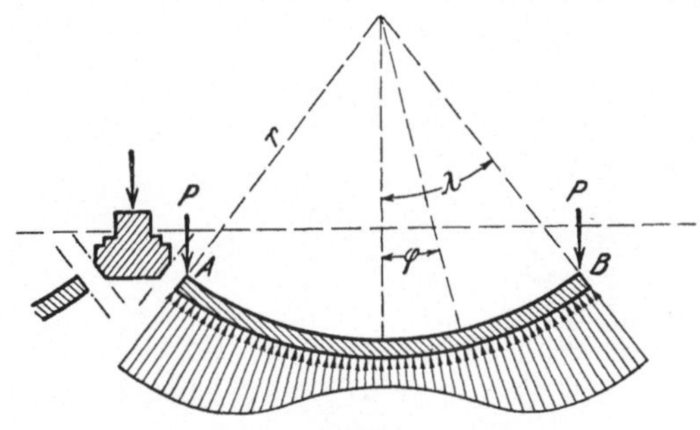

Fig. 70.

Beschränkt man sich auf symmetrische Belastung, so ist die elastische Drehung des Bogens am Kämpfer gleich Null. Wir betrachten also Bogen mit Kämpfermoment und undrehbaren Kämpfern.

Man hat, an Stelle von $[M]_\lambda = 0$ im letzten Fall, die Bedingung

$$\left[\frac{dy}{d\varphi}\right]_\lambda = 0$$

zu setzen. Dies läßt sich entwickeln zu

$$(26)\quad A_1\left[\alpha \operatorname{\mathfrak{Sin}} \alpha\lambda \cos\beta\lambda - \beta \operatorname{\mathfrak{Cof}} \alpha\lambda \sin\beta\lambda\right] + A_4\left[\alpha \operatorname{\mathfrak{Cof}} \alpha\lambda \sin\beta\lambda + \beta \operatorname{\mathfrak{Sin}} \alpha\lambda \cos\beta\lambda\right] = 0.$$

Die übrigen Gleichungen des letzten Falles gelten auch hier.

Eine weitere Ausarbeitung des Problems über Grundbogen muß der Verfasser wegen Zeitmangels vorläufig zurückstellen.

V. Abschnitt.

Stab mit symmetrisch zur Stabmitte gleichförmig verteilter Last.

A. Der Stab ist an den Enden beschwert.

§ 41. Aufstellung der Gleichungen.

Da C und D Diskontinuitätspunkte sind, hat man die Stabteile AC und CD gesondert zu untersuchen. Man nimmt für sie bzw. die Gleichungsform

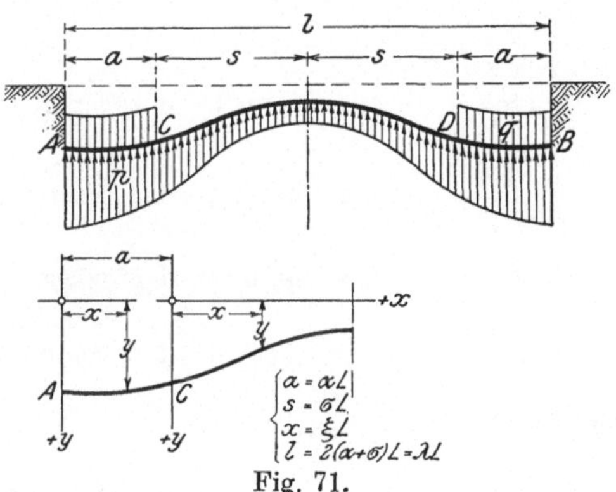

Fig. 71.

$$y = \frac{1}{2}\left[(A_1 e^{\xi} + A_2 e^{-\xi}) \cos \xi + 2 A_3 \operatorname{Cof} \xi \sin \xi\right] + \frac{q}{K}$$

$$y = \frac{1}{2}\left[(B_1 e^{\xi} + B_2 e^{-\xi}) \cos \xi + (B_3 e^{\xi} + B_4 e^{-\xi}) \sin \xi\right]$$

an.

Die sieben Bedingungsgleichungen für die Konstanten A_1 bis A_3 und B_1 bis B_4 lassen sich durch ähnliche Überlegungen wie in § 32 aufstellen. Da die gewählten Bezeichnungen den früher verwendeten entsprechen, gestalten sich die Gleichungen genau wie bisher, mit Ausnahme der zweiten und fünften, die wegen des zweiten

Gliedes q/K in der Gleichung für AC folgende Form

$$\text{(II)}\quad [A_1 e^{\alpha} + A_2 e^{-\alpha}]\cos\alpha + 2A_3 \mathfrak{Cof}\,\alpha \sin\alpha - [B_1 + B_2] = \frac{-2q}{K}$$

$$\text{(V)}\quad A_1 e^{\alpha}[\cos\alpha + \sin\alpha] - A_2 e^{-\alpha}[\cos\alpha - \sin\alpha] \\ - 2A_3[\mathfrak{Cof}\,\alpha\cos\alpha - \mathfrak{Sin}\,\alpha\sin\alpha] - [B_1 - B_2 - B_3 - B_4] = 0$$

annehmen.

Die Auflösung des Gleichungssystems liefert:

$$(1)\left\{\begin{aligned} A_1 &= \frac{q}{K[\mathfrak{Sin}\,\lambda + \sin\lambda]}[\mathfrak{Sin}\,\alpha\cos(\alpha+2\sigma) - \cos\alpha\,\mathfrak{Sin}\,(\alpha+2\sigma) \\ &\qquad + e^{-\alpha}\{e^{-2\alpha}\sin\alpha - \sin(\alpha+2\sigma)\}] \\ A_2 &= \frac{q}{K[\mathfrak{Sin}\,\lambda + \sin\lambda]}[\mathfrak{Sin}\,\alpha\cos(\alpha+2\sigma) - \cos\alpha\,\mathfrak{Sin}\,(\alpha+2\sigma) \\ &\qquad + e^{\alpha}\{e^{2\alpha}\sin\alpha - \sin(\alpha+2\sigma)\}] \\ A_3 &= \frac{q}{K[\mathfrak{Sin}\,\lambda + \sin\lambda]}[\mathfrak{Sin}\,\alpha\sin(\alpha+2\sigma) - \sin\alpha\,\mathfrak{Sin}\,(\alpha+2\sigma)] \end{aligned}\right.$$

und ferner

$$(2_1)\quad\left\{\begin{aligned} B_1 &= A_1 e^{\alpha}\cos\alpha + A_3 e^{\alpha}\sin\alpha + \frac{q}{K} \\ B_2 &= A_2 e^{-\alpha}\cos\alpha + A_3 e^{-\alpha}\sin\alpha + \frac{q}{K} \\ B_3 &= -A_1 e^{\alpha}\sin\alpha + A_3 e^{\alpha}\cos\alpha \\ B_4 &= -A_2 e^{-\alpha}\sin\alpha + A_3 e^{-\alpha}\cos\alpha \end{aligned}\right.$$

oder in entwickelter Form:

$$(2_2)\left\{\begin{aligned} B_1 &= \frac{q}{2K[\mathfrak{Sin}\,\lambda + \sin\lambda]}[(e^{2\alpha}-1)\cos 2\sigma + e^{-2\sigma}(\sin 2\alpha + 1) - e^{-2(\alpha+\sigma)} \\ &\qquad + 2\sin\alpha\cos(\alpha+2\sigma)] \\ B_2 &= \frac{q}{2K[\mathfrak{Sin}\,\lambda + \sin\lambda]}[(1-e^{-2\alpha})\cos 2\sigma + e^{2\sigma}(\sin 2\alpha - 1) + e^{2(\alpha+\sigma)} \\ &\qquad + 2\sin\alpha\cos(\alpha+2\sigma)] \\ B_3 &= \frac{q}{2K[\mathfrak{Sin}\,\lambda + \sin\lambda]}[(e^{2\alpha}-1)\sin 2\sigma - 2e^{-2\sigma}\sin^2\alpha \\ &\qquad + 2\sin\alpha\sin(\alpha+2\sigma)] \\ B_4 &= \frac{q}{2K[\mathfrak{Sin}\,\lambda + \sin\lambda]}[(1-e^{-2\alpha})\sin 2\sigma - 2e^{2\sigma}\sin^2\alpha \\ &\qquad + 2\sin\alpha\sin(\alpha+2\sigma)]. \end{aligned}\right.$$

Setzt man diese Ausdrücke für B_1 bis B_4 in die Gleichung für CD ein, so ergibt sich:

$$(3_1) \quad y = \frac{1}{2}\left[\left\{A_1 e^{\alpha+\xi} + A_2 e^{-(\alpha+\xi)}\right\}\cos(\alpha+\xi) + 2A_3 \mathfrak{Cof}(\alpha+\xi)\sin(\alpha+\xi)\right] + \frac{2q}{K}\mathfrak{Cof}\,\xi\cos\xi.$$

Man sieht sogleich, daß die Bemerkungen, die wir in § 25 für den zweiten Teil CB [s. S. 103] gemacht haben, auch hier zutreffend sind, d. h. daß die Gültigkeit der Gleichung der elastischen Linie AC sich auch noch auf den Teil CD erstrecken kann, wenn man ein zweites, von Konstanten unabhängiges Glied hinzufügt.

Die letzte Gleichung für CD läßt sich noch umformen:

$$(3_2) \quad y = \frac{q}{K[\mathfrak{Sin}\,\lambda + \sin\lambda]}\begin{bmatrix} \cos(2\sigma-\xi)\,\mathfrak{Cof}(\alpha+\xi)\,\mathfrak{Sin}\,\alpha \\ + \mathfrak{Cof}(2\sigma-\xi)\cos(\alpha+\xi)\sin\alpha \\ + \sin\alpha\cos(\alpha+2\sigma-\xi)\,\mathfrak{Cof}\,\xi \\ + \mathfrak{Sin}\,\alpha\,\mathfrak{Cof}(\alpha+2\sigma-\xi)\cos\xi \end{bmatrix}.$$

Setzt man darin $\xi = \sigma$, so ergibt sich die Mittelsenkung y_0:

$$(4) \quad y_0 = \frac{2q[\cos\sigma\,\mathfrak{Cof}(\alpha+\sigma)\,\mathfrak{Sin}\,\alpha + \mathfrak{Cof}\,\sigma\cos(\alpha+\sigma)\sin\alpha]}{K[\mathfrak{Sin}\,\lambda + \sin\lambda]}.$$

§ 42. Untersuchung der Mittelsenkung y_0.

1. Vorbemerkungen. Wie aus Gl. (4) ersichtlich, hängt die Mittelsenkung y_0 eines Stabes bei gegebenem s, also σ, von der belasteten Länge a ab.

Es sei beispielsweise $\sigma = 1{,}45$. Berechnet man aus Gl. (4) für eine Reihe von α die Werte y_0, so ergibt sich

α	y_0	α	y_0
0,0	0	0,8	$-23{,}180 \cdot 10^{-3}\frac{q}{K}$
0,1	$4{,}500 \cdot 10^{-3}\frac{q}{K}$	1,0	$-18{,}990$ „
0,2	4,500 „	1,2	$-11{,}090$ „
0,285	$-0{,}178$ „	1,4	$-1{,}732$ „
0,4	$-0{,}821$ „	1,41	$-1{,}277$ „
0,6	$-18{,}990$ „	1,6	$+7{,}255$ „

Aus der graphischen Darstellung in Fig. 72 erkennt man: Die Mittelsenkung hat positive zunehmende Werte bis zu dem Maximum für $\alpha = \alpha_1 = 0{,}15$. Von dort nimmt sie wieder ab und verschwindet bei $\alpha = \alpha_2 = 0{,}275$. Bei weiterer Zunahme von α wird sie negativ, d. h. es tritt eine Mittelabhebung auf.

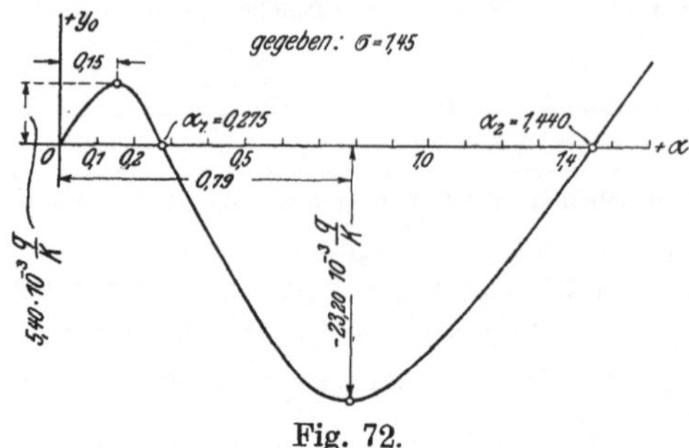

Fig. 72.

2. Bedingungsgleichung für $y_0 = 0$. Setzt man den Ausdruck y_0 gleich Null, so erhält man die Bedingungsgleichung

$$(5)\qquad \cos\sigma\,\mathfrak{Cof}\,(\alpha+\sigma)\,\mathfrak{Sin}\,\alpha + \mathfrak{Cof}\,\sigma\cos(\alpha+\sigma)\sin\alpha = 0 .$$

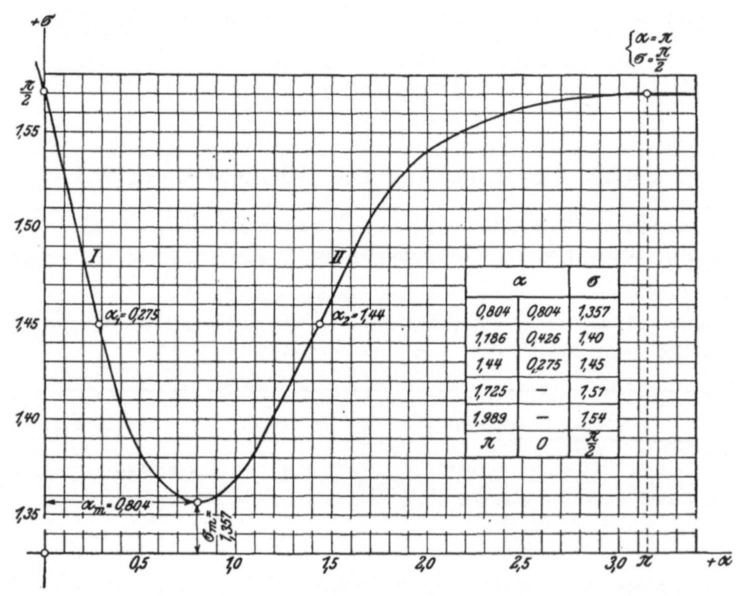

Fig. 73.

Die graphische Darstellung dieser Gleichung zeigt Fig. 73; daraus kann man folgende Schlüsse ziehen:

a) Solange σ kleiner bleibt als ein gewisser Wert σ_m, gibt es keinen σ entsprechenden Wert von α. Die Mittelsenkung bleibt positiv, wie auch immer die gleichförmige Belastung q ausgedehnt wird. Den Wert σ_m und dementsprechend α_m findet man daher durch gleichzeitige Auflösung der Bedingungsgleichung und $\frac{\partial \sigma}{\partial \alpha} = 0$; es ergibt sich

$$\alpha_m = 0{,}804,$$
$$\sigma_m = 1{,}357.$$

Die Größe der Mittelsenkung schwankt, wie oben besprochen, mit α; das Maximum findet man aus der Bedingung

$$\frac{d y_0}{d \alpha} = 0.$$

b) Wenn σ größer wird als $\sigma_m = 1{,}357$, aber kleiner als $\frac{1}{2}\pi$ bleibt, gibt es mindestens zwei σ entsprechende, positive Werte von α. Die

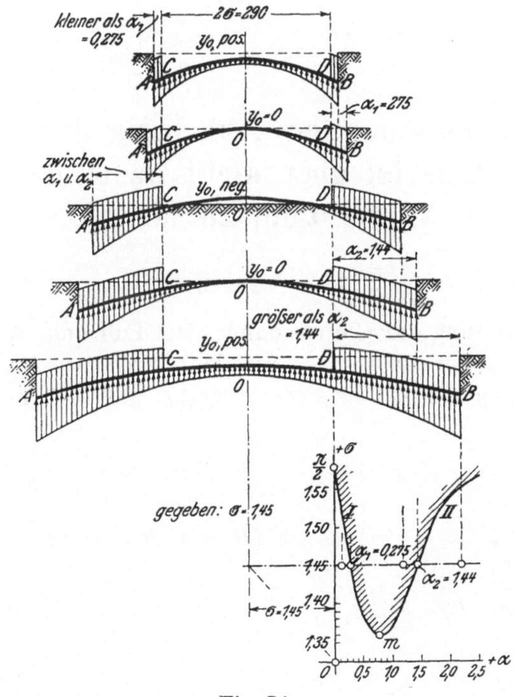

Fig. 74.

zwei niedrigsten derselben wollen wir, in Übereinstimmung mit Fig. 72, mit α_1 und α_2 bezeichnen. Einem Wert von α zwischen α_1 und α_2 oder zwischen den Kurvenästen I und II entspricht immer eine negative Mittelsenkung. Hieraus geht hervor, daß in einem Stab mit bestimmtem σ, das größer als σ_m, der Senkungsnullpunkt in der Stabmitte bei veränderlichem α auf zweierlei Arten entstehen kann. Die Mittelsenkung geht nämlich bei zunehmendem α abwechselnd von positiven zu negativen und von negativen zu positiven Werten über. Damit also der Stab kein Abheben in der Mitte erfährt, muß sich der Punkt, den (α, σ) bestimmt, unterhalb der gezeichneten Kurve befinden.

c) Wenn σ den Wert $\frac{1}{2}\pi$ erreicht, werden $\alpha_1 = 0$, $\alpha_2 = \pi$. Bei weiterer Zunahme von σ wird α_1 stets negativ, was keine praktische Bedeutung hat. $\frac{1}{2}\pi$ ist also der höchste zulässige Wert von σ, solange der Stab keine mittlere Abhebung erleiden darf.

Zur weiteren Erläuterung diene die obenstehende Figur, in der die Veränderlichkeit von α für den Wert $\sigma = 1{,}45$ veranschaulicht ist. Eine Darstellung der σ-Kurve für einen konstanten Wert von α geben wir in einem späteren Paragraphen [s. S. 161].

B. Es findet eine mittlere Abhebung des Stabes statt; die Unterlage ist aber nicht imstande, dagegen Widerstand zu leisten.

§ 43. Allgemeines.

1. Entwicklung der Gleichungen. Der Fall kommt vor, wenn in einem Stab σ größer ist als das für den Wert α aus Gl. (5) erhaltene.

Bekanntlich nehmen wir für AC, CE und EF bzw.

$$y = \frac{1}{2}\left[(A_1 e^{\xi} + A_2 e^{-\xi}) \cos\xi + 2A_3 \operatorname{Cof}\xi \sin\xi\right] + \frac{q}{K}$$

$$y = \frac{1}{2}\left[(B_1 e^{\xi} + B_2 e^{-\xi}) \cos\xi + (B_3 e^{\xi} + B_4 e^{-\xi}) \sin\xi\right]$$

$$y = \frac{\xi}{2}\left[2(\sigma - \zeta) - \xi\right]\left[(B_1 e^{\zeta} - B_2 e^{-\zeta}) \sin\zeta - (B_3 e^{\zeta} - B_4 e^{-\zeta}) \cos\zeta\right]$$

an.

Als Bedingungsgleichungen für die acht Unbekannten A_1 bis A_3, B_1 bis B_4 und ζ können hier die fünf ersten Gleichungen des soeben behandelten allgemeinen Falles [§ 41] und die drei letzten in § 37 Geltung finden. Sieben davon geben wir nachstehend in einer tabellarischen Zusammenstellung, die achte darunter an:

(6)

	A_1	A_2	A_3	B_1	B_2	B_3	B_4	
(I)	1	-1	-2	0	0	0	0	0
(II)	$e^{\alpha}\cos\alpha$	$e^{-\alpha}\cos\alpha$	$2\,\mathfrak{Cof}\,\alpha\sin\alpha$	-1	-1	0	0	$\frac{-2q}{K}$
(III)	$e^{\alpha}[\cos\alpha - \sin\alpha]$	$-e^{-\alpha}[\cos\alpha+\sin\alpha]$	$2[\mathfrak{Cof}\,\alpha\cos\alpha + \mathfrak{Sin}\,\alpha\sin\alpha]$	-1	1	-1	-1	0
(IV)	$e^{\alpha}\sin\alpha$	$-e^{-\alpha}\sin\alpha$	$-2\,\mathfrak{Sin}\,\alpha\cos\alpha$	0	0	1	-1	0
(V)	$e^{\alpha}[\cos\alpha + \sin\alpha]$	$-e^{-\alpha}[\cos\alpha-\sin\alpha]$	$-2[\mathfrak{Cof}\,\alpha\cos\alpha - \mathfrak{Sin}\,\alpha\sin\alpha]$	-1	1	1	1	0
(VI)	0	0	0	$e^{\zeta}\cos\zeta$	$e^{-\zeta}\cos\zeta$	$e^{\zeta}\sin\zeta$	$e^{-\zeta}\sin\zeta$	0
(VII)	0	0	0	$e^{\zeta}[\cos\zeta + \sin\zeta]$	$-e^{-\zeta}[\cos\zeta - \sin\zeta]$	$-e^{\zeta}[\cos\zeta - \sin\zeta]$	$-e^{-\zeta}[\cos\zeta + \sin\zeta]$	0

(VIII)
$$\frac{1}{2}[B_1 e^{\zeta}(\cos\zeta - \sin\zeta) - B_2 e^{-\zeta}(\cos\zeta + \sin\zeta) + B_3 e^{\zeta}(\cos\zeta + \sin\zeta) + B_4 e^{-\zeta}(\cos\zeta - \sin\zeta)]$$
$$-(\sigma - \zeta)[B_1 e^{\zeta}\sin\zeta - B_2 e^{-\zeta}\sin\zeta - B_3 e^{\zeta}\cos\zeta + B_4 e^{-\zeta}\cos\zeta] = 0.$$

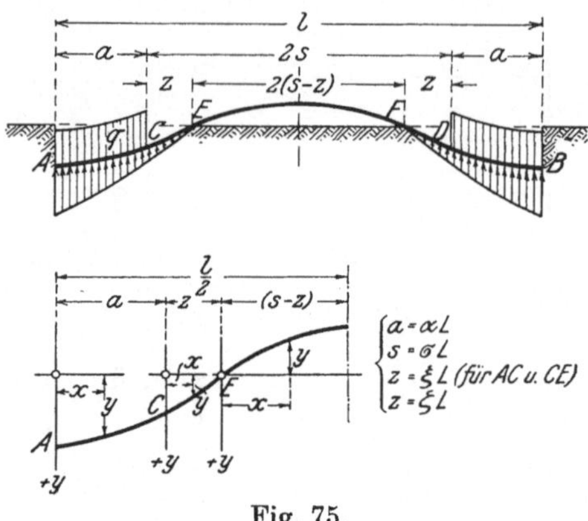

Fig. 75.

Wie schon im § 37 bemerkt, ist es hierbei praktisch unmöglich, die Lösungen für die Unbekannten durch Formeln auszudrücken.

2. Zahlenbeispiel. Zur Erklärung des Rechnungsganges diene die statische Berechnung eines Trockendocks oder eine Kammerschleuse. Die Untersuchung der Standsicherheit einer in zusammendrückbarem Boden eingebetteten, kastenähnlichen Querschnittsform ist eine statisch nicht bestimmbare Aufgabe, da die Verteilung des Bodendruckes gegen die Sohle unbekannt und von Zufälligkeiten der Bodenbeschaffenheit abhängig ist. Im folgenden sollen unter der bekannten Annahme lediglich die Verbiegung und damit die Beanspruchung, die die Sohle unter der Belastung des Mauergewichtes erleidet, untersucht werden.

Die Figur gibt die angenommenen Abmessungen in cm an.

Es sei

$$K = 50 \text{ kg/cm}^3$$
$$E = 143200 \text{ kg/cm}^2;$$

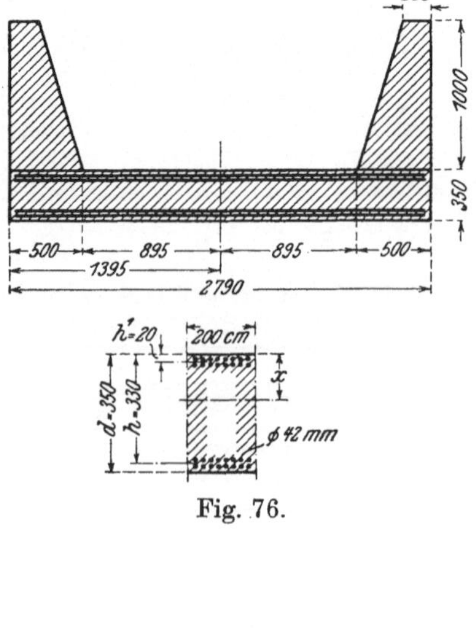

Fig. 76.

die Bettungsziffer K ist absichtlich groß gewählt, um ein kleines L, also passend große Werte von α und σ zu erzielen.

Mit diesen Angaben berechnet sich $x \sim 79{,}56$ cm und für $b = 100$ cm

$$J = 127\,000\,000 \text{ cm}^4.$$

Ferner erhält man

$$L = 347{,}30 \text{ cm} \qquad \alpha = \frac{500}{347{,}30} = 1{,}44$$

$$\sigma = \frac{895}{347{,}30} = 2{,}58\,.$$

Da für $\alpha = 1{,}44$

$$e^{\alpha} \cos \alpha = 0{,}5505 \qquad e^{\alpha} \sin \alpha = 4{,}1847$$

$$e^{-\alpha} \cos \alpha = 0{,}0309 \qquad e^{-\alpha} \sin \alpha = 0{,}2350$$

und ferner

$$\frac{2q}{K} = \frac{2q}{50} = 0{,}04\, q$$

ist, nimmt die Tabelle auf S. 153 die Form

A_1	A_2	A_3	B_1	B_2	B_3	B_4	
1	-1	-2	0	0	0	0	0
0,550	0,031	4,420	-1	-1	0	0	$-0{,}04\,q$
$-3{,}634$	$-0{,}266$	4,531	-1	1	-1	-1	0
4,185	$-0{,}235$	$-0{,}520$	0	0	1	-1	0
4,735	0,204	3,368	-1	1	1	1	0
0	0	0	$e^{\zeta} \cos \zeta$	$e^{-\zeta} \cos \zeta$	$e^{\zeta} \sin \zeta$	$e^{-\zeta} \sin \zeta$	0
0	0	0	$e^{-\zeta}(\cos \zeta + \sin \zeta)$	$-e^{-\zeta}(\cos \zeta - \sin \zeta)$	$-e^{\zeta}(\cos \zeta - \sin \zeta)$	$-e^{-\zeta}(\cos \zeta + \sin \zeta)$	0

an

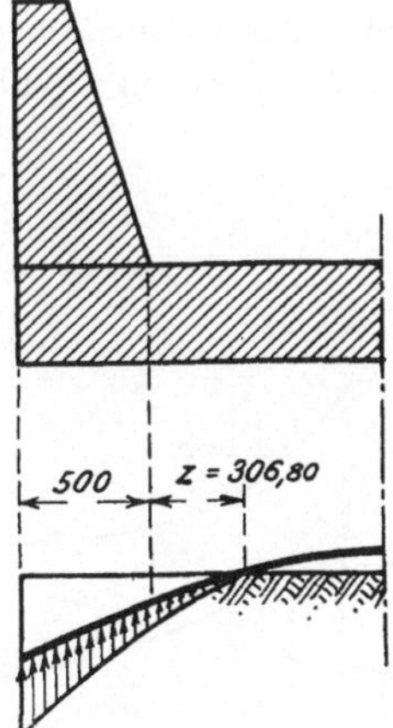

Fig. 77.

Mittels dieser Tabelle und der achten Bedingungsgleichung findet man durch Probieren

$$\zeta = \mathbf{0{,}883}.$$

Somit berechnet sich

$$z = \zeta L = 0{,}883 \cdot 347{,}30 = \mathbf{306{,}8\ cm}.$$

Da z nunmehr zahlenmäßig bestimmt ist, so sind auch die Konstanten A_1 bis A_3 und B_1 bis B_4 festgelegt:

$$\begin{array}{llll} A_1 = & -2{,}07 \cdot 10^{-4}\, q & B_1 = & -5{,}50 \cdot 10^{-4}\, q \\ A_2 = & 95{,}00 \quad " & B_2 = & 190{,}00 \quad " \\ A_3 = & -48{,}60 \quad " & B_3 = & -18{,}05 \quad " \\ & & B_4 = & -24{,}05 \quad " \end{array}$$

§ 44. Über den Abhebungspunkt.

Der Abstand z des Abhebungspunktes von C, also der Wert ζ, hängt von den zwei Größen α und σ ab, die durch die Beziehung [vgl. Gl. (6)]

$$\sigma - \zeta = \frac{\left[\begin{array}{l} B_1 e^{\zeta}(\cos\zeta - \sin\zeta) - B_2 e^{-\zeta}(\cos\zeta + \sin\zeta) \\ + B_3 e^{\zeta}(\cos\zeta + \sin\zeta) + B_4 e^{-\zeta}(\cos\zeta - \sin\zeta) \end{array}\right]}{2\,[B_1 e^{\zeta}\sin\zeta - B_2 e^{-\zeta}\sin\zeta - B_3 e^{\zeta}\cos\zeta + B_4 e^{-\zeta}\cos\zeta]}$$

verknüpft sind, wobei die Größe α in B_1 bis B_4 steckt.

Der Nenner sowie der Zähler dieses Bruches enthalten σ nicht, können also bei gegebenem α als Funktionen einer einzigen Veränderlichen ζ betrachtet werden. Man nehme beispielsweise bei der in Fig. 76 gezeichneten Docksohle, wo $\alpha = 1{,}44$ war, die Länge $2\,s$ als veränderlich an. Stellt man für diesen Wert von α die zwei Funktionen graphisch in zwei Kurven C_n und C_z dar und entwickelt

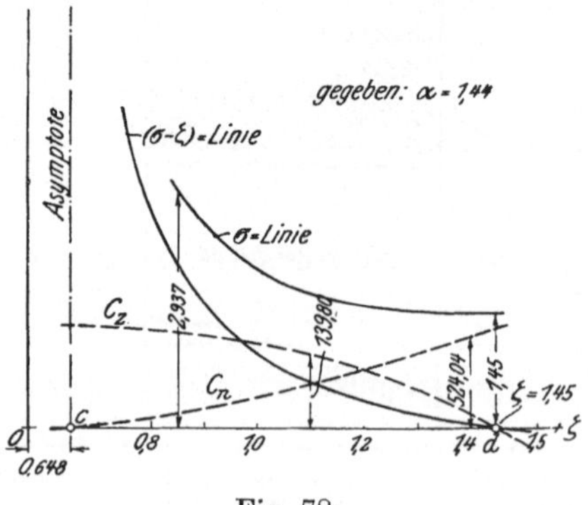

Fig. 78.

man daraus Kurven für $\sigma - \zeta$ und σ, so bemerkt man, daß die Größe $\sigma - \zeta$ nur für eine gewisse Strecke cd von ζ positiv ist, ferner, daß an einem Ende dieser Strecke $\sigma - \zeta$ gleich Null, an dem anderen unendlich groß wird.

Für den Fall $\sigma - \zeta = 0$ d. h. $\sigma = \zeta$ setzen wir den Zähler gleich Null und gelangen nach einigen Umformungen des Ausdruckes zur Gleichung

$$(7) \qquad \cos\zeta\,\mathfrak{Cos}(\alpha+\zeta)\,\mathfrak{Sin}\,\alpha + \mathfrak{Cos}\,\zeta\cos(\alpha+\zeta)\sin\alpha = 0\,.$$

Diese muß notgedrungen Gl. (5) ergeben, wenn man darin ζ durch σ ersetzt. In Fig. 78 findet man, daß die $(\sigma - \zeta)$-Kurve beim Wert $\zeta = 1{,}45$ die ζ-Achse schneidet, d. h. dem Wert $\alpha = 1{,}44$ entspricht $\sigma = \zeta = 1{,}45$, eine Tatsache, die schon aus Fig. 72 und 73 hervorging.

Den Wert von ζ, für den die Größe $\sigma - \zeta$, also σ, unendlich groß wird, bestimmt man vermittels der Bedingungsgleichung:

$$B_1\,e^{\zeta}\sin\zeta - B_2\,e^{-\zeta}\sin\zeta - B_3\,e^{\zeta}\cos\zeta + B_4\,e^{-\zeta}\cos\zeta = 0\,,$$

die in folgende einfache Form:

$$(8) \qquad \begin{aligned} &\mathfrak{Sin}\,\alpha\,[\cos\zeta\,\mathfrak{Sin}(\alpha+\zeta) - \sin\zeta\,\mathfrak{Cos}(\alpha+\zeta)] \\ &- \sin\alpha\,[\mathfrak{Cos}\,\zeta\sin(\alpha+\zeta) - \mathfrak{Sin}\,\zeta\cos(\alpha+\zeta)] = 0 \end{aligned}$$

übergeht. Damit sind wir zu einer Beziehung zwischen den zwei Größen α und ζ gelangt, wenn σ unendlich groß ist.

Bei einem Stab mit endlichem σ nimmt der Wert σ bei gegebenem α mit zunehmendem σ ab. Er wird sich aber bei beliebig großer Zunahme von σ nicht unbeschränkt vermindern, sondern nähert sich einer bestimmten Grenze. Diesen Grenzwert liefert die letzte Gleichung. Setzt man darin beispielsweise $\alpha = 1{,}44$, so berechnet sich hierfür $\zeta = \mathbf{0{,}648}$.

Die Kurven $\sigma - \zeta$ sowie σ schmiegen sich also beide einer durch den Punkt $\zeta = 0{,}648$ verlaufenden, zur lotrechten Achse parallelen Asymptote an [Fig. 78].

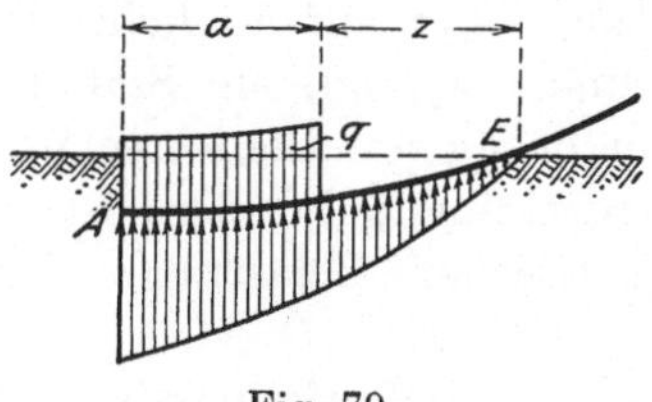

Fig. 79.

Denken wir uns das Ende eines Stabes über die Strecke a gleichförmig mit q belastet [Fig. 79], so existiert bei genügend großer

Stablänge eine bestimmte Strecke CE, die bei der Druckverteilung der Last auf die Unterlage wirksam ist. Die Größe dieser Strecke ergibt sich ohne weiteres aus der obigen Gleichung; denn diese trifft hier zu, da wir ja σ unendlich groß angenommen hatten.

Stellt man sich aus Gl. (8) einige entsprechende Werte von α und ζ graphisch dar, so erhält man die Kurve in Fig. 80. Diese läßt das wichtige Verhältnis zwischen den beiden Größen α und ζ erkennen: wenn $\alpha = 0$ ist, wird auch $\zeta = 0$, und beide nehmen ungefähr in geradem Verhältnis zu, bis α den Wert $\frac{1}{2}\pi$ erreicht.

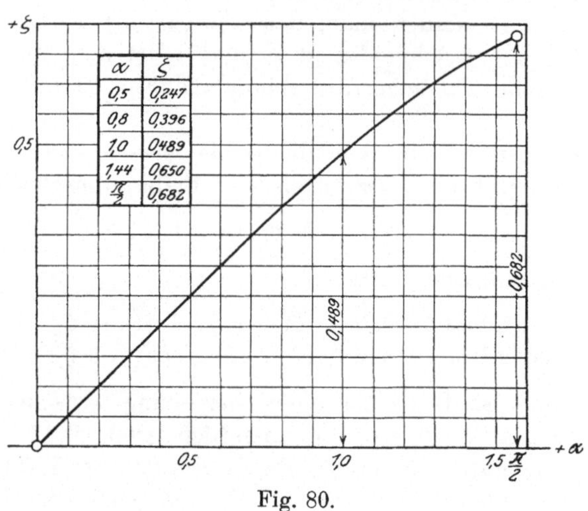

Fig. 80.

C. Der Stab ist in der Mitte festgehalten.

§ 45. Allgemeines.

Um zu verhindern, daß sich der mittlere Teil eines Stabes von seiner Unterlage abhebt, wird man ihn an dieser Stelle vermittels eines Verankerungsbolzens oder auf ähnliche Art befestigen.

Im folgenden nehmen wir an: ein Stab sei in der Mitte derart festgehalten, daß er in bezug auf die lotrechte Bewegung, aber nicht in bezug auf die Verdrehung gebunden ist, obgleich die letztere Forderung bei symmetrischer Belastung nicht unbedingt erfüllt werden muß.

Es tritt hierbei an der Befestigungsstelle O ein Auflagerdruck X auf. Nimmt man für die Gleichungen der elastischen Linien AC und CO dieselbe Form wie in § 32 an, so sind die acht Unbekannten A_1 bis A_3, B_1 bis B_4 und X zu bestimmen.

In den Punkten A und C bekommen wir sechs Bedingungsgleichungen, welche dieselbe Form wie (I) bis (VI) in § 32 haben. Die beiden übrigen ergeben sich aus der Erwägung, daß in der Stabmitte

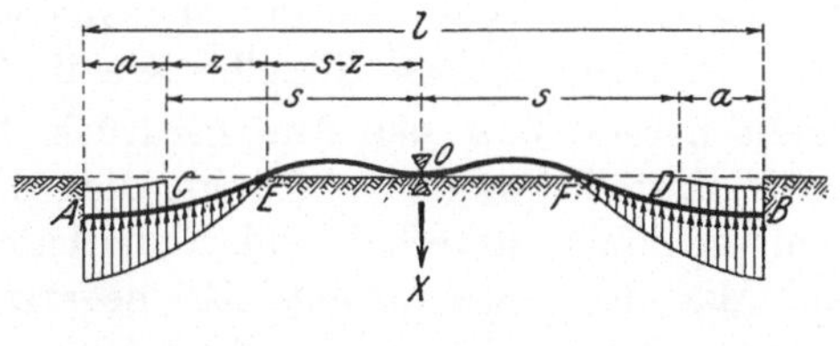

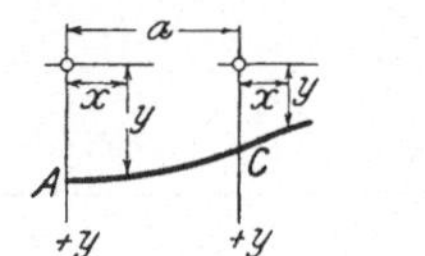

$$\begin{cases} a = \alpha L \\ z = \zeta L \\ x = \xi L \end{cases}$$

Fig. 81.

$$y = 0 \qquad Q = \frac{-X}{2}$$

sein muß. Sie lauten in entwickelter Form:

$$\text{(VII)} \quad [B_1 e^{\sigma} + B_2 e^{-\sigma}] \cos\sigma + [B_3 e^{\sigma} + B_4 e^{-\sigma}] \sin\sigma = 0$$

$$\text{(VIII)} \quad B_1 e^{\sigma}[\cos\sigma + \sin\sigma] - B_2 e^{-\sigma}[\cos\sigma - \sin\sigma] - B_3 e^{\sigma}[\cos\sigma - \sin\sigma] - B_4 e^{-\sigma}[\cos\sigma + \sin\sigma] = \frac{-2X}{KL}.$$

Der Auflagerdruck X berechnet sich:

$$\text{(9)} \qquad X = \frac{2qL\left[\mathfrak{Cof}\,\sigma \sin\alpha \cos\frac{\lambda}{2} + \cos\sigma\, \mathfrak{Sin}\,\alpha\, \mathfrak{Cof}\,\frac{\lambda}{2}\right]}{\mathfrak{Cof}^2\frac{\lambda}{2} + \cos^2\frac{\lambda}{2}}.$$

Daraus erhält man für die Bedingung $X = 0$ die Gleichung

$$\text{(10)} \qquad \mathfrak{Cof}\,\sigma \sin\alpha \cos\frac{\lambda}{2} + \cos\sigma\, \mathfrak{Sin}\,\alpha\, \mathfrak{Cof}\,\frac{\lambda}{2} = 0,$$

die notwendigerweise von derselben Form wie Gl. (5) ist.

Das Biegungsmoment M_0 hat den Ausdruck:

$$\text{(11)} \quad M_0 = \frac{-qL^2}{2\left[\mathfrak{Cof}^2\frac{\lambda}{2} + \cos^2\frac{\lambda}{2}\right]} \left[\cos\frac{\lambda}{2}(\mathfrak{Sin}\,\sigma \sin\alpha - \mathfrak{Cof}\,\sigma \cos\alpha) + \mathfrak{Cof}\,\frac{\lambda}{2}(\sin\sigma\, \mathfrak{Sin}\,\alpha + \cos\sigma\, \mathfrak{Cof}\,\alpha)\right].$$

Die Bedingung für $M_0 = 0$ lautet daher:

$$(12) \quad \cos\frac{\lambda}{2}[\mathfrak{Sin}\,\sigma\sin\alpha - \mathfrak{Cof}\,\sigma\cos\alpha] + \mathfrak{Cof}\,\frac{\lambda}{2}[\sin\sigma\,\mathfrak{Sin}\,\alpha + \cos\sigma\,\mathfrak{Cof}\,\alpha] = 0.$$

Die graphische Darstellung der Gln. (10) und (12) zeigen die Kurven I und II in Fig. 82. Die Kurve I ist dieselbe wie in Fig. 73.

Aus ihnen geht hervor, daß der Auflagerdruck X eines Stabes positiv oder negativ ausfällt, wenn der Punkt, dem die Koordinaten (α, σ) entsprechen, sich bzw. unterhalb oder oberhalb der Kurve I befindet, während das Biegungsmoment M_0 negativ oder positiv wird, je nachdem der Punkt sich bezüglich der Kurve II in demselben Verhältnis befindet.

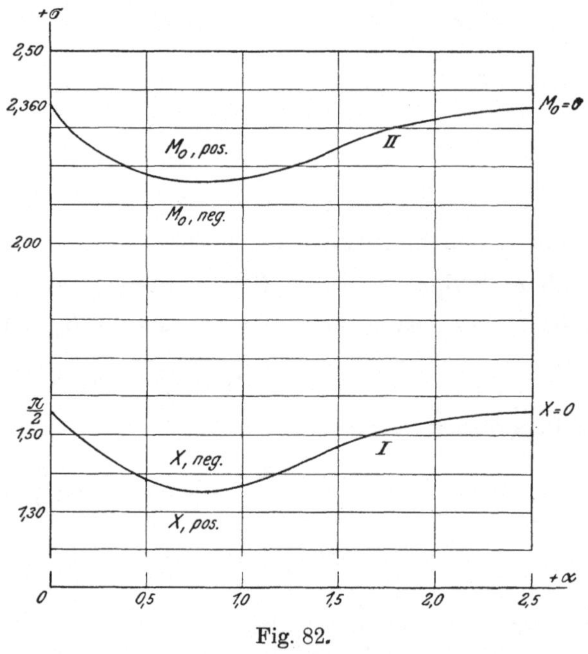

Fig. 82.

Zur näheren Erklärung sei beispielsweise $\alpha = 1,44$ und σ veränderlich. Man erhält für die beiden Größen die nachstehende Figur, welche lehrt, daß X anfänglich bis zu einem Werte von $\sigma = 1,45$ positiv, M_0 bis $\sigma = 2,24$ negativ ist.

Im allgemeinen durchlaufen die X- und M_0-Kurven von gewissen Werten σ ab, die zum erstenmal beide Größen verschwinden lassen, Wellenlinien von der Länge π. Ferner sieht man, daß das Biegungsmoment M_0 bei dem Wert von σ, für den der bisher positive Auflagerdruck X das Vorzeichen wechselt, noch negativ bleibt, d. h.

daß dort der Stab noch nach unten gebogen ist. M_0 wechselt sein Vorzeichen erst nach X, also für einen späteren Wert von σ, wo X selbstverständlich schon negativ ist.

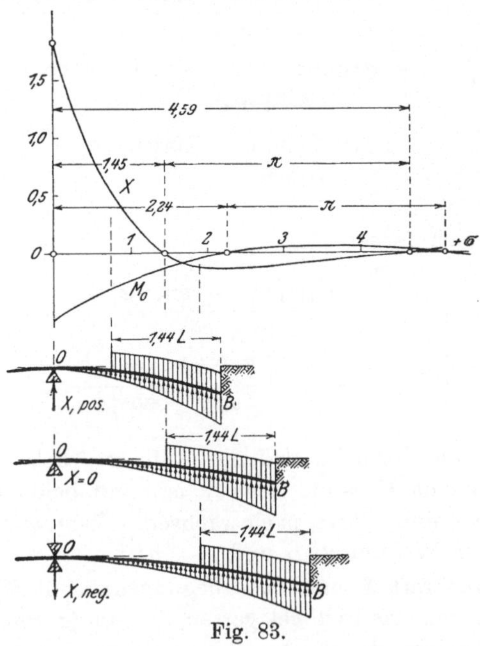

Fig. 83.

§ 46. Der Stab ist auf der ganzen Länge belastet.

Nimmt man für die Gleichung der elastischen Linie die Form

$$y = \frac{1}{2}\left[(A_1 e^{\xi} + A_2 e^{-\xi}) \cos \xi + 2 A_3 \mathfrak{Cof}\, \xi \sin \xi\right] + \frac{q}{K}$$

an, so lassen sich, wenn man in den Gleichungen des vorigen Falles

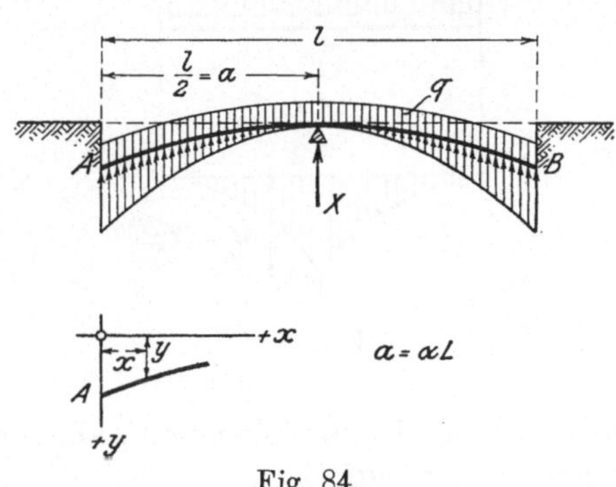

Fig. 84.

$\sigma = 0$ setzt, die drei Konstanten A_1 bis A_3 folgendermaßen berechnen:

$$(13)\quad \begin{cases} A_1 = \dfrac{-q\,[\mathfrak{Cof}\,\alpha\,(\cos\alpha + \sin\alpha) + e^{-\alpha}\cos\alpha]}{K\,[\mathfrak{Cof}^2\alpha + \cos^2\alpha]} \\[2ex] A_2 = \dfrac{-q\,[\mathfrak{Cof}\,\alpha\,(\cos\alpha - \sin\alpha) + e^{\alpha}\cos\alpha]}{K\,[\mathfrak{Cof}^2\alpha + \cos^2\alpha]} \\[2ex] A_3 = \dfrac{-q\,[\mathfrak{Cof}\,\alpha\sin\alpha - \mathfrak{Sin}\,\alpha\cos\alpha]}{K\,[\mathfrak{Cof}^2\alpha + \cos^2\alpha]}. \end{cases}$$

Es ergibt sich ferner

$$(14)\quad \begin{cases} X = \dfrac{q\,L\,[\mathfrak{Sin}\,2\alpha + \sin 2\alpha]}{\mathfrak{Cof}^2\alpha + \cos^2\alpha} \\[2ex] M_0 = \dfrac{-qL^2}{2}\left[\dfrac{\mathfrak{Cof}^2\alpha - \cos^2\alpha}{\mathfrak{Cof}^2\alpha + \cos^2\alpha}\right]. \end{cases}$$

Man sieht aus den Formeln, daß der Auflagerdruck X stets positiv, das Biegungsmoment M_0 stets negativ ist, und beide mit zunehmendem α dem absoluten Werte nach wachsen. Wenn $\alpha = \infty$ ist, nähern sie sich bzw. den Werten $2qL$ und $-\frac{1}{2}qL^2$.

Die Auflagerkraft X und das Biegungsmoment M_0, welche eine auf einen endlosen, elastisch gelagerten, in einem Punkt gestützten, biegsamen Stab wirkende gleichmäßig verteilte Last q im Stützpunkt erzeugt, sind mithin so groß wie der Druck bzw. das Biegungsmoment im Stützpunkt eines ebenso belasteten, einfachen Stabes von der Länge $2L$, der nur in der Mitte gestützt ist [Fig. 85].

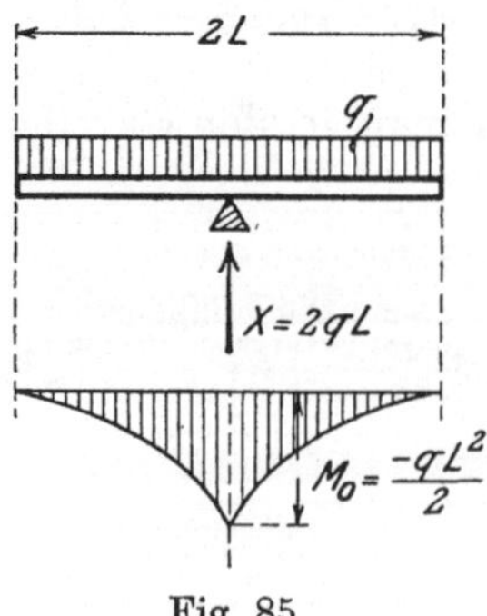

Fig. 85.

Die Hilfsgröße für M_0 ist im folgenden zahlenmäßig angegeben; diejenige für X findet man auf S. 87.

α	$\frac{\mathfrak{Cof}^2\alpha - \cos^2\alpha}{\mathfrak{Cof}^2\alpha + \cos^2\alpha}$	α	$\frac{\mathfrak{Cof}^2\alpha - \cos^2\alpha}{\mathfrak{Cof}^2\alpha + \cos^2\alpha}$
0	0	0,90	0,683
0,01	0,000	1,0	0,781
0,02	0,000	1,1	0,862
0,03	0,001	1,2	0,923
0,04	0,002	1,3	0,964
0,05	0,003	1,4	0,988
0,06	0,004	1,5	0,988
0,07	0,005	1,6	1,000
0,08	0,006	1,7	0,996
0,09	0.008	1,8	0,989
0,10	0,010	1,9	0,983
0,20	0,040	2,0	0,976
0,30	0,090	3,0	0,981
0,40	0,159	4,0	0,999
0,50	0,245	5,0	1,000
0,60	0,347		
0,70	0,458	∞	1
0,80	0,571		

§ 47. Der Stab ist an den Enden mit gleichen Einzellasten P belastet.

Dieser Fall ist mit dem vorigen eng verwandt, obschon von einer gleichförmigen Belastung bei ihm nicht die Rede sein kann. Die Ergebnisse können außerdem annäherungsweise auf einen Stab angewendet werden, dessen gleichförmige Belastung sich an den Enden auf eine kurze Strecke ausdehnt, so daß man sie durch Einzellasten ersetzen kann.

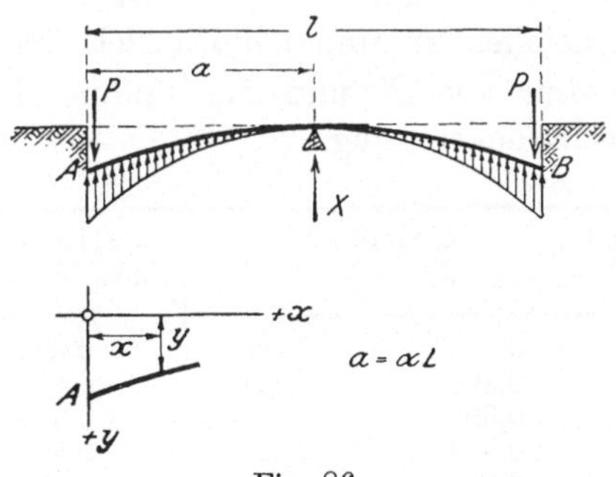

Fig. 86.

Nimmt man die Gleichung der elastischen Linie

$$y = \frac{1}{2}\left[(A_1 e^{\xi} + A_2 e^{-\xi})\cos\xi + 2A_3\,\mathfrak{Cof}\,\xi\,\sin\xi\right]$$

an, so berechnet sich

$$(15)\quad \begin{cases} A_1 = \dfrac{-P\,[\sin 2\alpha + 1 + e^{-2\alpha}]}{KL\,[\mathfrak{Cof}^2\alpha + \cos^2\alpha]} \\[2ex] A_2 = \dfrac{-P\,[\sin 2\alpha - 1 - e^{2\alpha}]}{KL\,[\mathfrak{Cof}^2\alpha + \cos^2\alpha]} \\[2ex] A_3 = \dfrac{2\,P\cos^2\alpha}{KL\,[\mathfrak{Cof}^2\alpha + \cos^2\alpha]}, \end{cases}$$

ferner

$$(16)\quad \begin{cases} X = \dfrac{4\,P\,\mathfrak{Cof}\,\alpha\cos\alpha}{\mathfrak{Cof}^2\alpha + \cos^2\alpha} \\[2ex] M_0 = \dfrac{-P\,[\mathfrak{Sin}\,\alpha\cos\alpha + \sin\alpha\,\mathfrak{Cof}\,\alpha]}{L\,[\mathfrak{Cof}^2\alpha + \cos^2\alpha]}. \end{cases}$$

Der Auflagerdruck X, der für anfängliche Werte von α positiv ist, verschwindet, wenn $\cos\alpha = 0$ oder

$$\alpha = \frac{\pi}{2},\ \frac{3\pi}{2}, \ldots$$

Das Biegungsmoment M_0, von negativen Werten ausgehend, wird Null, wenn

$$\mathfrak{Tg}\,\alpha = -\operatorname{tg}\alpha$$

oder

$$\alpha = 2{,}365, \ldots$$

Mit wachsendem α nehmen X und M_0 abwechselnd positive oder negative Vorzeichen an und nähern sich der Null.

Die Koeffizienten von X und M_0 finden sich tabellarisch in der folgenden Zusammenstellung:

α	$\dfrac{4\,\mathfrak{Cof}\,\alpha\cos\alpha}{\mathfrak{Cof}^2\alpha+\cos^2\alpha}$	$\dfrac{\mathfrak{Sin}\,\alpha\cos\alpha+\sin\alpha\,\mathfrak{Cof}\,\alpha}{\mathfrak{Cof}^2\alpha+\cos^2\alpha}$	α	$\dfrac{4\,\mathfrak{Cof}\,\alpha\cos\alpha}{\mathfrak{Cof}^2\alpha+\cos^2\alpha}$	$\dfrac{\mathfrak{Sin}\,\alpha\cos\alpha+\sin\alpha\,\mathfrak{Cof}\,\alpha}{\mathfrak{Cof}^2\alpha+\cos^2\alpha}$
0,0	2	0	1,8	−0,291	0,243
0,2	2,000	0,200	2,0	−0,436	0,132
0,4	1,975	0,396	2,365	−0,520	0
0,6	1,871	0,574	2,5	−0,512	−0,031
0,8	1,343	0,570	3,0	−0,390	−0,083
1,0	1,248	0,723	3,5	−0,226	−0,078
1,2	0,772	0,655	4,0	−0,096	−0,052
1,4	0,316	0,525	$\frac{3}{2}\pi$	0	−0,018
$\frac{1}{2}\pi$	0	0,4	5,0	0,015	−0,009
1,6	−0,045	0,378	∞	± 0	± 0

§ 48. Der Wert σ ist, bei gegebenem α, größer als der aus Gl. (12) berechnete.

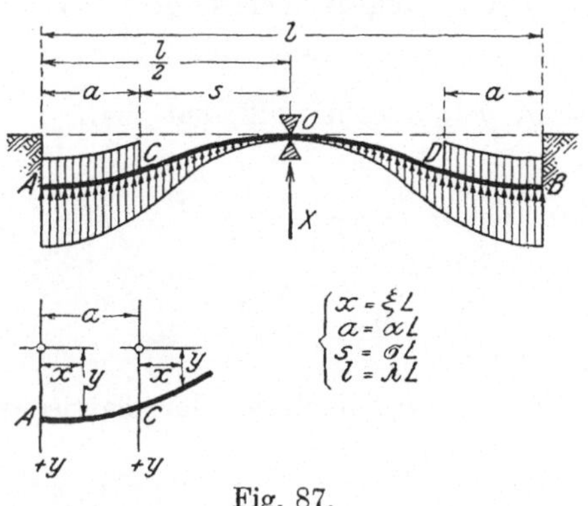

Fig. 87.

1. Aufstellung der Bedingungsgleichungen. Hierbei nimmt das Biegungsmoment M_0 positive Werte an. Es tritt also beiderseits der Mitte eine Abhebung des Stabes auf. Man hat wieder die drei Teile der elastischen Linie gesondert zu betrachten. Die für AC, CE nehmen bzw. die Formen

$$y = \frac{1}{2}\left[(A_1 e^{\xi} + A_2 e^{-\xi})\cos\xi + 2\,A_3\,\mathfrak{Cof}\,\xi\sin\xi\right] + \frac{q}{K}$$

$$y = \frac{1}{2}\left[(B_1 e^{\xi} + B_2 e^{-\xi})\cos\xi + (B_3 e^{\xi} + B_4 e^{-\xi})\sin\xi\right]$$

an.

Handelt es sich um den dritten Teil EO, so geht man von der Differentialgleichung

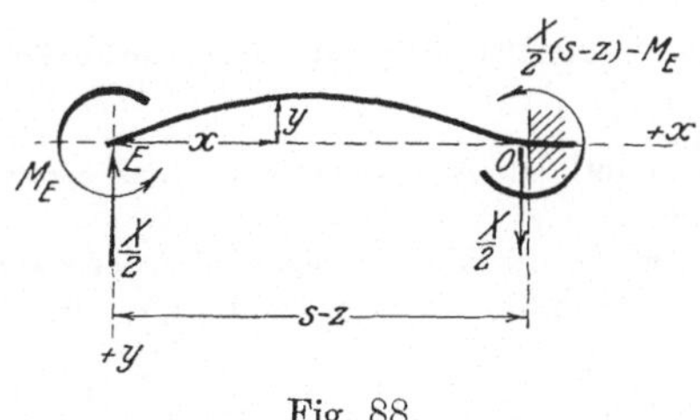

Fig. 88.

$$\frac{X}{2}x - M_E = -EJ\frac{d^2y}{dx^2}$$

aus. Nach zweimaliger Integration gelangt man zur Gleichung

$$y = \frac{1}{EJ}\left[\frac{M_E x^2}{2} - \frac{X x^3}{12}\right] + C_1 x + C_2,$$

worin C_1 und C_2 zwei Integrationsfestwerte bedeuten.

Für $x = 0$ ist $y = 0$; daraus folgt $C_2 = 0$. Ferner, da für $x = s - z$ $\frac{dy}{dx} = 0$, $y = 0$ sein muß, hat man

$$C_1 = \frac{s-z}{EJ}\left[\frac{X(s-z)}{4} - M_E\right]$$

$$M_E = \frac{X(s-z)}{3}.$$

Man findet daher als Gleichung der elastischen Linie für EO:

$$(17) \qquad y = \frac{-Xx}{12EJ}\left[x^2 - 2(s-z)x + (s-z)^2\right].$$

Nun sind noch die neun Unbekannten A_1 bis A_3, B_1 bis B_4, X und z zu ermitteln. Es bestehen am Ende A und an der Anschlußstelle C der zwei Teile AC und CE fünf Bedingungsgleichungen von derselben Form wie in § 41. Der Umstand, daß im Punkt E $y = 0$ sein muß, liefert dieselbe Gleichung wie § 37, (VI). Die übrigen drei findet man aus den drei Grenzbedingungen in demselben Punkt

$$\text{(VII)} \qquad \frac{-KL}{4}\left[\frac{d^3y}{d\xi^3}\right]_{\zeta(CE)} = \frac{X}{2}$$

$$\text{(VIII)} \qquad \frac{-KL^2}{4}\left[\frac{d^2y}{d\xi^2}\right]_{\zeta(CE)} = -M_E = \frac{-X(s-z)}{3}$$

$$\text{(IX)} \qquad \left[\frac{dy}{dx}\right]_{x=z\,(CE)} = \left[\frac{dy}{dx}\right]_{x=0\,(EO)}$$

Wir geben die Gleichungen auf der näehsten Seite übersichtlich an.

2. Ergänzungsbeispiel. Die Ausführungen sollen weiter durch ein Zahlenbeispiel ergänzt werden.

Es möge die Sohle des in Fig. 76 gegebenen Trockendocks unter der in diesem Paragraphen zugrunde gelegten Annahme noch einmal berechnet werden. Es folgt

$$\frac{2}{KL} = \frac{2}{50 \cdot 347{,}30} = 1{,}151 \cdot 10^{-4}$$

$$\frac{4}{3KL^2} = \frac{4}{3 \cdot 50 \cdot 347{,}30^2} = 2{,}211 \cdot 10^{-7}$$

$$\frac{L}{6EJ} = \frac{347{,}30}{6 \cdot 143\,200 \cdot 1\,270\,000} = 3{,}181 \cdot 10^{-10}.$$

(18)

	A_1	A_2	A_3	B_1	B_2	B_3	B_4	
(I)	1	-1	-2	0	0	0	0	0
(II)	$e^{\alpha}\cos\alpha$	$e^{-\alpha}\cos\alpha$	$2\,\mathfrak{Cos}\,\alpha\sin\alpha$	-1	-1	0	0	$\frac{-2q}{K}$
(III)	$e^{\alpha}[\cos\alpha - \sin\alpha]$	$-e^{-\alpha}[\cos\alpha + \sin\alpha]$	$2[\mathfrak{Cos}\,\alpha\cos\alpha + \mathfrak{Sin}\,\alpha\sin\alpha]$	-1	1	-1	-1	0
(IV)	$e^{\alpha}\sin\alpha$	$-e^{-\alpha}\sin\alpha$	$-2\,\mathfrak{Sin}\,\alpha\cos\alpha$	0	0	1	-1	0
(V)	$e^{\alpha}[\cos\alpha + \sin\alpha]$	$-e^{\alpha}[\cos\alpha - \sin\alpha]$	$2[\mathfrak{Sin}\,\alpha\sin\alpha - \mathfrak{Cos}\,\alpha\cos\alpha]$	-1	1	1	1	0
(VI)	0	0	0	$e^{\zeta}\cos\zeta$	$e^{-\zeta}\cos\zeta$	$e^{\zeta}\sin\zeta$	$e^{-\zeta}\sin\zeta$	0
(VII)	0	0	0	$e^{\zeta}[\cos\zeta + \sin\zeta]$	$-e^{-\zeta}[\cos\zeta - \sin\zeta]$	$-e^{\zeta}[\cos\zeta - \sin\zeta]$	$-e^{-\zeta}\cos\zeta + \sin\zeta]$	$\frac{2X}{KL}$

Die andern beiden lauten:

(VIII) $$B_1 e^{\zeta}\sin\zeta - B_2 e^{-\zeta}\sin\zeta - B_3 e^{\zeta}\cos\zeta + B_4 e^{-\zeta}\cos\zeta + \frac{4(s-z)X}{3KL^2} = 0$$

(IX) $$B_1 e^{\zeta}[\cos\zeta - \sin\zeta] - B_2 e^{-\zeta}[\cos\zeta + \sin\zeta] + B_3 e^{\zeta}[\cos\zeta + \sin\zeta] + B_4 e^{-\zeta}[\cos\zeta - \sin\zeta] + \frac{(s-z)^2 L X}{6EJ} = 0.$$

Setzt man die Zahlenwerte aus dem betreffenden Beispiel ein, so ergeben sich

A_1	A_2	A_3	B_1	B_2	B_3	B_4	
1	-1	-2	0	0	0	0	0
0,550	0,031	4,420	-1	-1	0	0	$-0{,}04\,q$
$-3{,}634$	$-0{,}266$	4,531	-1	1	-1	-1	0
4,185	$-0{,}235$	$-0{,}520$	0	0	1	-1	0
4,735	0,204	3,368	-1	1	1	1	0
0	0	0	$e^{\zeta}\cos\zeta$	$e^{-\zeta}\cos\zeta$	$e^{\zeta}\sin\zeta$	$e^{-\zeta}\sin\zeta$	0
0	0	0	$e^{\zeta}[\cos\zeta + \sin\zeta]$	$-e^{-\zeta}[\cos\zeta - \sin\zeta]$	$-e^{\zeta}[\cos\zeta - \sin\zeta]$	$-e^{-\zeta}[\cos\zeta + \sin\zeta]$	$1{,}151\cdot 10^{-4}\,X$

und

$$B_1 e^{\zeta}\sin\zeta - B_2 e^{-\zeta}\sin\zeta - B_3 e^{\zeta}\cos\zeta + B_4 e^{-\zeta}\cos\zeta + 2{,}211\cdot 10^{-7}(s-z)\,X = 0$$

$$B_1 e^{\zeta}[\cos\zeta - \sin\zeta] - B_2 e^{-\zeta}[\cos\zeta + \sin\zeta] + B_3 e^{\zeta}[\cos\zeta + \sin\zeta] + B_4 e^{-\zeta}[\cos\zeta - \sin\zeta] + 3{,}181\cdot 10^{-10}(s-z)^2 X = 0\,.$$

Durch Probieren erhält man:

$$s - z = 269{,}90 \text{ cm}$$
$$X = 46{,}65\,q$$

und also

$$z = 895{,}00 - 269{,}90 = \mathbf{625{,}10} \text{ cm}$$

$$\zeta = \frac{625{,}10}{347{,}30} = \mathbf{1{,}8}\,.$$

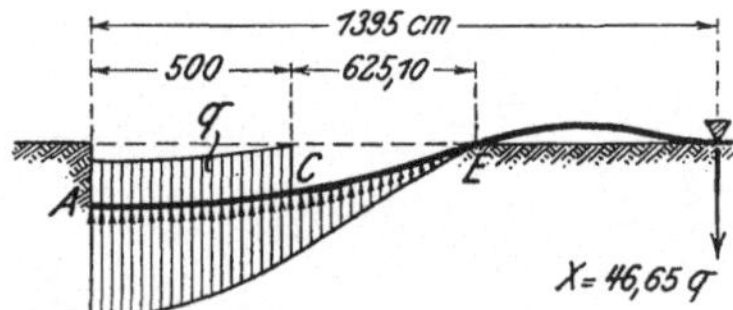

Fig. 89.

Da ζ bekannt ist, findet man leicht alle übrigen Größen, nach denen gefragt ist. Man berechnet

$$A_1 = -\;6{,}65\cdot 10^{-4}\,q \qquad B_1 = -\,0{,}052\cdot 10^{-4}\,q$$
$$A_2 = \;87{,}10 \;\;\text{„} \qquad B_2 = \;191{,}90 \;\;\text{„}$$
$$A_3 = -\,46{,}85 \;\;\text{„} \qquad B_3 = \;1{,}84 \;\;\text{„}$$
$$B_4 = -\,22{,}12 \;\;\text{„}\;.$$

Zum Vergleich haben wir in der nebenstehenden Figur die gefundenen Sohlensenkungen oder -abhebungen, Biegungsmomente und Querkräfte für beide Berechnungen mit demselben Maßstab aufgetragen.

Es ist daraus ersichtlich, daß, wenn sich eine Befestigung in der Sohlenmitte befindet, die Senkung sowie die Querkraft ganz unwesentlich davon beeinflußt werden, während das Biegungsmoment in der mittleren Strecke da-

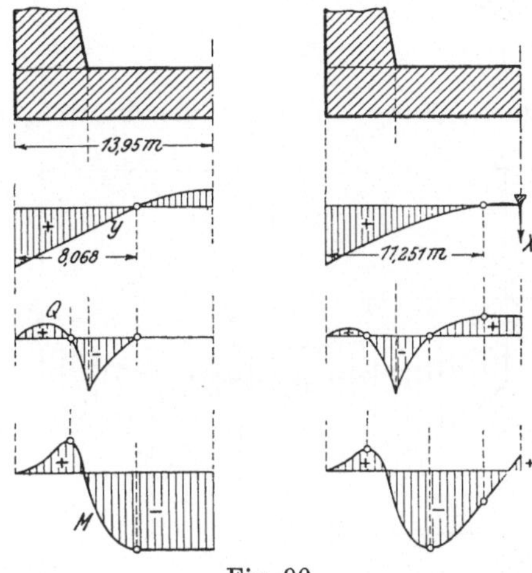

Fig. 90.

durch erheblich vermindert wird. Das hat eine bedeutende Vergrößerung der Festigkeit sowohl der Sohle, also auch der des ganzen Bauwerkes zur Folge, weil, wie eine einfache Überlegung zeigt, die elastische Formänderung der Sohle, von der die elastische Bewegung der sich darauf befindlichen Seitenmauern wesentlich abhängt, dementsprechend verkleinert wird. Hierauf werden wir in einem der nachfolgenden Abschnitte ausführlicher zurückkommen.

D. Der Stab ist in der mittleren Strecke gleichförmig belastet.

§ 49. Der Stab hat konstantes Trägheitsmoment.

Nimmt man als Gleichung der elastischen Linie für AC und CD bzw.

$$y = \frac{1}{2}\left[(A_1 e^{\xi} + A_2 e^{-\xi})\cos\xi + 2 A_3 \operatorname{Cof}\xi \sin\xi\right]$$

$$y = \frac{1}{2}\left[(B_1 e^{\xi} + B_2 e^{-\xi})\cos\xi + (B_3 e^{\xi} + B_4 e^{-\xi})\sin\xi\right] + \frac{q}{K}$$

an, so merkt man sofort, daß man, um die sieben Konstanten zu bestimmen, zu genau denselben Bedingungsgleichungen wie in dem Fall § 41 gelangt, indem man nur das Vorzeichen von q ändert. Die Ausdrücke für A_1 bis A_3 und B_1 bis B_4 sind also in beiden ihren absoluten Werten nach gleich [vgl. Gln. (1), (2_2)].

Man überzeugt sich davon, wenn man bedenkt, daß ein durchweg gleichförmig beschwerter Stab, der als Zusammensetzung der beiden ebengenannten Fälle betrachtet werden kann, die Gleichung der elastischen Linie

$$y = \frac{q}{K}$$

annimmt, d. h. die Senkung durchweg gleichförmig ist.

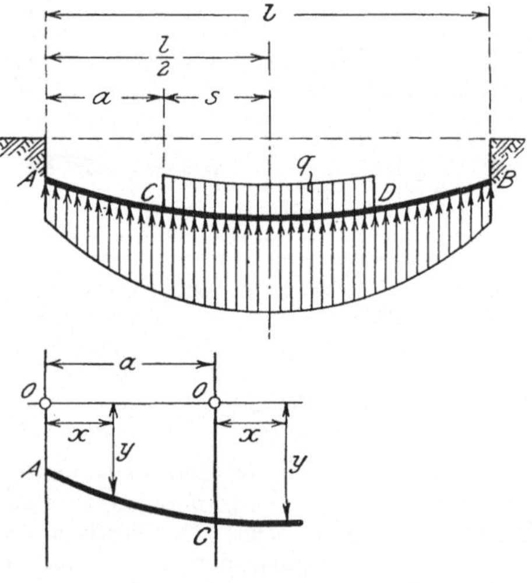

Fig. 91.

Die Mittelsenkung berechnet sich

$$(19) \qquad y_0 = \frac{q}{K}\left[1 - \frac{2\left(\cos\sigma \operatorname{Cof}\frac{\lambda}{2} \operatorname{Sin}\alpha + \operatorname{Cof}\sigma \cos\frac{\lambda}{2} \sin\alpha\right)}{\operatorname{Sin}\lambda + \sin\lambda}\right],$$

wobei $\lambda = 2(\alpha + \sigma)$ ist.

Bei gegebenem s, also σ, ist die in Klammern stehende Funktion nur von α abhängig. Man berechne z. B. für $\sigma = 1$ Werte der Funktion und daraus solche von y_0 für verschiedene Werte α. Die

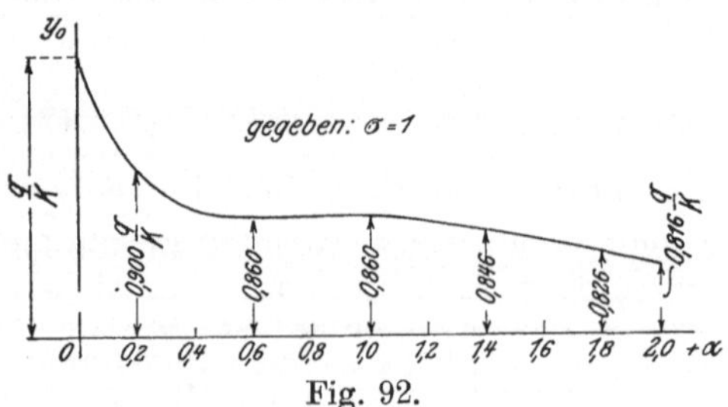

Fig. 92.

Figur zeigt die graphische Darstellung des Ergebnisses. Man erkennt daraus, daß, wenn α den Wert 0,4 überschreitet, die Mittelsenkung keine weitere wesentliche Veränderung erleidet.

Schließlich erhält man für die Endsenkung

$$(20)\quad y_A = \frac{q}{K\,[\mathfrak{Sin}\,\lambda + \sin\lambda]} \cdot [\cos\alpha\,\mathfrak{Sin}(\lambda - \alpha) - \sin\alpha\,\mathfrak{Cos}(\lambda - \alpha) - \cos(\lambda - \alpha)\,\mathfrak{Sin}\,\alpha + \sin(\lambda - \alpha)\,\mathfrak{Cos}\,\alpha].$$

Um die größte wirksame Länge des Stabes für einen gegebenen Wert von σ zu bestimmen, setzt man die letzte Gleichung gleich Null:

$$(21)\quad \cos\alpha\,\mathfrak{Sin}(\lambda - \alpha) - \sin\alpha\,\mathfrak{Cos}(\lambda - \alpha) - \cos(\lambda - \alpha)\,\mathfrak{Sin}\,\alpha + \sin(\lambda - \alpha)\,\mathfrak{Cos}\,\alpha = 0.$$

Wenn man die Kurve, die dieser Gleichung entspricht, durch eine gebrochene Linie annähernd wiedergibt, wie es Fig. 93 zeigt, dann erhält man:

$$\begin{cases} \text{wenn } \sigma \text{ zwischen } 0 \text{ und } 0{,}7 \text{ liegt}, & \alpha = \tfrac{1}{2}\pi - 0{,}773\,\sigma \\ \text{„} \ \sigma \ \text{„} \ 0{,}7 \ \text{„} \ 1{,}4 \ \text{„} & \alpha = 1{,}390 - 0{,}250\,\sigma \\ \text{„} \ \sigma \ \text{„} \ 1{,}4 \ \text{„} \ 3{,}0 \ \text{„} & \alpha = 0{,}780. \end{cases}$$

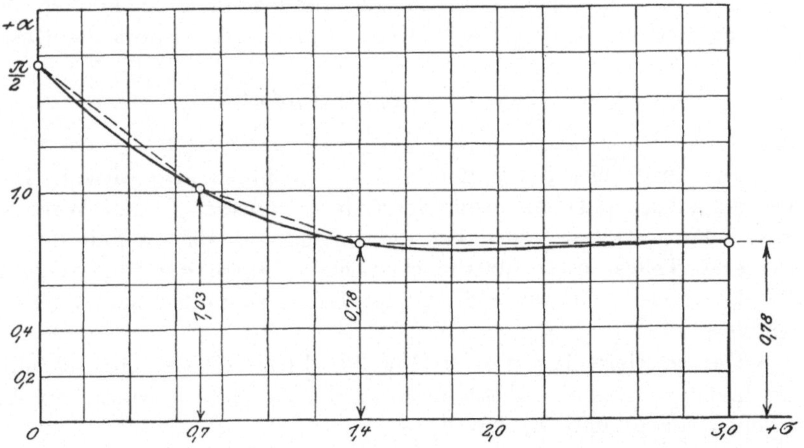

Fig. 93.

§ 50. Die belastete Strecke hat ein unendlich großes Trägheitsmoment.

Die Formeln könnten aus denen des letzten Falles unmittelbar abgeleitet werden. Da aber die mittlere Strecke CD eine gleichmäßige Senkung erleidet, — sie sei mit y_0 bezeichnet, — behandelt man die Aufgabe bequemer wie die in § 22.

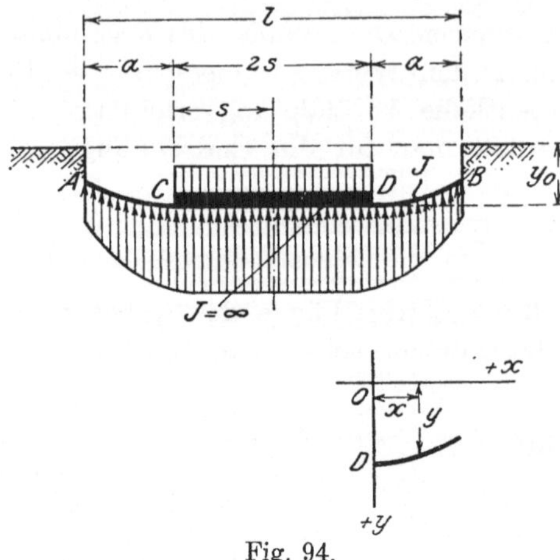

Fig. 94.

Man nimmt für die überstehende Strecke DB die Gleichung

$$y = \frac{1}{2}\left[(A_1 e^{\xi} + A_2 e^{-\xi})\cos\xi + (A_3 e^{\xi} + A_4 e^{-\xi})\sin\xi\right]$$

an.

Die vier ersten Bedingungsgleichungen in § 22 können hier Geltung finden. Die letzte Bedingungsgleichung nimmt die Gestalt

$$2sq = 2\left[sKy_0 + \int_0^a p\,dx\right]$$

an.

Die Ausdrücke für y_0 und A_1 bis A_4 nehmen also dieselbe Form wie § 22, Gln. (44) an, wenn man darin anstatt P den Wert $2sq$ setzt. Es gestalten sich daher die Gleichungen für die Senkung des mittleren Teiles sowie für die elastischen Linien der überstehenden Strecke ebenso, wie wenn die ganze Last $2sq$ in der Stabmitte konzentriert wäre [vgl. § 22].

Der mittlere Teil des in Fig. 33 skizzierten Stabes sei mit q gleichmäßig belastet. Setzt man in den in § 22 gewonnenen Ausdrücken für y_0 und A_1 bis A_4

$$P = 2sq = 410q,$$

so erhält man

$$y_0 = 36{,}08 \cdot 10^{-3}\,q$$

$$A_1 = 5{,}44 \;\;\text{„} \qquad A_3 = 2{,}43 \cdot 10^{-3}\,q$$

$$A_2 = 66{,}70 \;\;\text{„} \qquad A_4 = 58{,}82 \;\;\text{„}$$

Die M- und Q-Flächen sind in Fig. 33 durch gestrichelte Linien gekennzeichnet.

VI. Abschnitt.

Träger mit elastisch nachgiebigen Stützflächen.

§ 51. Vorbemerkungen.

Wenn auf einen Mauerkörper an einer Stelle eine große Last, z. B. der Auflagerdruck eines Brückenträgers, übertragen werden soll, sucht man die zunächst ziemlich konzentriert auftretende Belastung mit Hilfe einer Eisenplatte auf die Mauer zu verteilen. Die statischen Berechnungen von Trägern werden indessen im allgemeinen unter der Voraussetzung durchgeführt, daß der Stützendruck sich in einem Punkt konzentriert. Diese Annahme führt bei einigen besonderen Fällen zu wenig befriedigenden Ergebnissen.

Zum Beispiel wird bei einem Balken, der an beiden Enden eingemauert ist, fast ausnahmslos vorausgesetzt, daß jede Drehung sowie Verschiebung der Balkenenden unmöglich ist; die Berechnung des Balkens erfolgt daher meistens unter der Annahme, daß an der Einmauerkante die elastische Linie von der ursprünglich geraden Balkenachse berührt wird. In Wirklichkeit aber erleidet der Balken bei jeder Veränderung der Belastung eine Drehung und manchmal selbst eine Verschiebung an der Einmauerkante; dabei haben die Beschaffenheit und Festigkeit des Stützkörpers sowie das elastische Verhalten des Balkens einen beträchtlichen Einfluß auf die Beanspruchung des letzteren.

Derartige Untersuchungen bilden ein sehr wichtiges Kapitel der Festigkeitslehre, weil dabei, wie die Praxis häufig zeigt, bedeutend größere Kräfte auftreten können als die gewöhnlich in Rechnung gestellten, so daß sie für die Spannungsverteilung im Träger, also für die Festigkeit des ganzen Bauwerkes sehr ins Gewicht fallen.

Es sei vorausgesetzt, daß die konstruktive Verbindung zwischen Träger und Stützkörper völlig wirksam ist, und daß, wenn der Träger sich krümmt, auch die Stützfläche ihre Gestalt ändert, um sich der Formänderung des Trägers anzupassen, d. h. es müssen in jedem Punkt der Stützfläche Träger und Lagerkörper dieselbe Formänderung aufweisen. Bei einem beiderseits eingemauerten Träger tritt, solange es sich um eine mäßige Einmauerungslänge [vgl. Fig. 95, AC]

handelt, ein Druck der Stützfläche gegen den Träger auf, der auf ihrer linken Seite abwärts, auf ihrer rechten aufwärts gerichtet ist.

Ferner nehmen wir an, daß die Stützfläche nur in lotrechter Richtung Widerstand zu leisten vermag, und vernachlässigen den unendlich kleinen Unterschied zwischen der Verschiebung der neutralen Achse und den Verschiebungen der äußersten Trägerfasern; wir dürfen also den in irgend einem Punkte der Stützfläche herrschenden Druck proportional der Senkung y dieses Punktes setzen; daher gilt die Beziehung § 1 (1), wobei unter y sowohl die Senkungen der Stützfläche als die Ordinaten der elastischen Linie der Trägerachse selbst verstanden sind.

Außer diesem senkrechten Widerstand p kann und wird in der Regel auch ein Tangentialwiderstand längs der Auflagerflächen entstehen. Diesen lassen wir außer Betracht mit dem nämlichen Rechte, mit dem bei den früher behandelten Aufgaben die durch die elastische Bewegung der Träger zeitweise hervorgerufenen, unregelmäßigen, wagerechten Widerstände vernachlässigt wurden.

Nach diesen Voraussetzungen können die folgenden Aufgaben auf genau derselben Grundlage wie die vorhergehenden behandelt werden.

A. Der Träger ist beiderseits eingemauert.

§ 52. Allgemeine Gleichungen.

1. Entwicklung der Hilfsgrößen. Um hierbei die Entwicklung nicht allzu kompliziert zu gestalten, soll eine Einzellast in der Trägermitte angenommen werden.

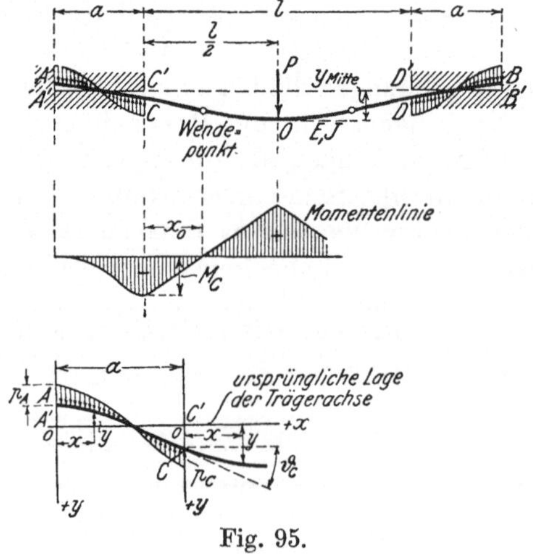

Fig. 95.

Wie schon erwähnt, darf man für das eingemauerte Trägerende AC die Gleichungsform

$$y = \frac{1}{2}\left[(A_1 e^{\xi} + A_2 e^{-\xi})\cos\xi + 2 A_3 \mathfrak{Cos}\,\xi \sin\xi\right]$$

annehmen. Der Koordinatenanfang sei in der Lotrechten durch das Ende A gewählt. Die Veränderliche ξ hat den Ausdruck $\xi = x/L$, wenn L für das dem Auflagermaterial entsprechende K aus § 3, (6) berechnet ist.

Die Differentialgleichung der elastischen Linie für die Strecke CD läßt sich unter der Annahme unveränderlichen Trägheitsmomentes in der Form

$$EJ\frac{d^4y}{dx^4} = 0\,^{1)} \qquad \text{oder} \qquad \frac{d^4y}{dx^4} = 0$$

darstellen. Das allgemeine Integral lautet:

(1) $$y = B_1 x^3 + B_2 x^2 + B_3 x + B_4 .$$

Zur Bestimmung der sieben Konstanten A_1 bis A_3 und B_1 bis B_4 hat man bekanntlich

(I) $$A_1 - A_2 - 2 A_3 = 0 .$$

Verlegt man den Koordinatenanfang für CD nach der Auflagerkante C, so ergeben sich dort die vier Bedingungsgleichungen [vgl. § 6, (28)]:

(II) $$A_1 e^{\alpha}\cos\alpha + A_2 e^{-\alpha}\cos\alpha + 2 A_3 \mathfrak{Cos}\,\alpha\sin\alpha = 2 B_4$$

(III) $$A_1 e^{\alpha}[\cos\alpha - \sin\alpha] - A_2 e^{-\alpha}[\cos\alpha + \sin\alpha] + 2 A_3[\mathfrak{Cos}\,\alpha\cos\alpha + \mathfrak{Sin}\,\alpha\sin\alpha] = 2 L B_3$$

(IV) $$A_1 e^{\alpha}\sin\alpha - A_2 e^{-\alpha}\sin\alpha - 2 A_3 \mathfrak{Sin}\,\alpha\cos\alpha = -\,2 L^2 B_2$$

(V) $$A_1 e^{\alpha}[\cos\alpha + \sin\alpha] - A_2 e^{-\alpha}[\cos\alpha - \sin\alpha] - 2 A_3[\mathfrak{Cos}\,\alpha\cos\alpha - \mathfrak{Sin}\,\alpha\sin\alpha] = -\,6 L^3 B_1,$$

worin $\alpha = \frac{a}{L}$ ist.

---

[1]) Wenn es sich um stetige Belastung q handelt, lautet die Gleichung

$$EJ\frac{d^4y}{dx^4} = q,$$

wobei q eine Funktion von x darstellt. Bei konstantem q ergibt sich

$$y = Y = \frac{q x^4}{24 EJ} + \frac{B_1 x^3}{6} + \frac{B_2 x^2}{2} + B_3 x + B_4 .$$

Ist $q = kx + q_o$, wobei k und q_o konstant sind, so erhält man

$$y = \frac{k x^5}{120 EJ} + Y,$$

wobei q in Y durch q_o ersetzt werden muß.

Da schließlich in der Trägermitte

$$\frac{dy}{dx} = 0 \qquad Q = -EJ\frac{d^3y}{dx^3} = \frac{-P}{2}$$

sein muß, erhält man[1]):

$$\text{(VI)} \qquad \frac{3}{4}B_1 l^2 + B_2 l + B_3 = 0$$

$$\text{(VII)} \qquad \frac{3}{2}KL^4 B_1 = \frac{-P}{2}$$

Die Auflösung des Gleichungssystem liefert

$$(2)\quad \left\{\begin{aligned}
A_1 &= \frac{P}{KL^2\Delta}\Big[L^2\{\mathfrak{Cof}\,\alpha(\cos\alpha + \sin\alpha) + e^{-\alpha}\cos\alpha\} + Ll(\mathfrak{Sin}\,\alpha\cos\alpha - e^{-\alpha}\sin\alpha) \\
&\qquad + \frac{l^2}{4}\{\mathfrak{Sin}\,\alpha(\cos\alpha - \sin\alpha) + e^{-\alpha}\sin\alpha\}\Big] \\
A_2 &= \frac{P}{KL^2\Delta}\Big[L^2\{\mathfrak{Cof}\,\alpha(\cos\alpha - \sin\alpha) + e^{\alpha}\cos\alpha\} + Ll(\mathfrak{Sin}\,\alpha\cos\alpha - e^{\alpha}\sin\alpha) \\
&\qquad - \frac{l^2}{4}\{\mathfrak{Sin}\,\alpha(\cos\alpha + \sin\alpha) + e^{\alpha}\sin\alpha\}\Big] \\
A_3 &= \frac{P}{KL^2\Delta}\Big[L^2(\mathfrak{Cof}\,\alpha\sin\alpha - \mathfrak{Sin}\,\alpha\cos\alpha) + Ll\,\mathfrak{Sin}\,\alpha\sin\alpha \\
&\qquad + \frac{l^2}{4}(\mathfrak{Sin}\,\alpha\cos\alpha + \mathfrak{Cof}\,\alpha\sin\alpha)\Big] \\
B_1 &= \frac{-P}{3KL^4} \\
B_2 &= \frac{P}{KL^4\Delta}\Big[\frac{l^2}{4}(\mathfrak{Sin}^2\alpha - \sin^2\alpha) - L^2(\mathfrak{Cof}^2\alpha - \cos^2\alpha)\Big] \\
B_3 &= \frac{Pl}{2KL^3\Delta}\Big[\frac{l}{2}(\mathfrak{Sin}\,2\alpha + \sin 2\alpha) + 2L(\mathfrak{Cof}^2\alpha - \cos^2\alpha)\Big] \\
B_4 &= \frac{P}{KL^2\Delta}\Big[L^2(\mathfrak{Cof}^2\alpha + \cos^2\alpha) + \frac{Ll}{2}(\mathfrak{Sin}\,2\alpha - \sin 2\alpha) + \frac{l^2}{4}(\mathfrak{Cof}^2\alpha - \cos^2\alpha)\Big] \\
&\text{wobei} \\
\Delta &= L(\mathfrak{Sin}\,2\alpha + \sin 2\alpha) + l(\mathfrak{Sin}^2\alpha - \sin^2\alpha)
\end{aligned}\right.$$

ist.

---

[1]) Für ein über die ganze Mittelöffnung sich erstreckendes, gleichförmiges q nehmen diese zwei Gleichungen folgende Form an:

$$\text{(VI)} \qquad B_1\left(\frac{l}{2}\right)^2 + B_2 l + 2B_3 = \frac{-ql^3}{24EJ}$$

$$\text{(VII)} \qquad B_1 = \frac{-ql}{2EJ}.$$

2. Aufstellung der Formeln. Mit diesen Ausdrücken folgt für den eingemauerten Teil AC:

$$(3)\quad y = \frac{1}{KL^2\varDelta}\Big[L^2\{\mathfrak{Cof}\,\alpha\,\mathfrak{Cof}\,\xi\cos(\alpha-\xi)+\cos\alpha\cos\xi\,\mathfrak{Cof}(\alpha-\xi)$$
$$+\mathfrak{Cof}\,\alpha\sin\alpha\cos\xi\,\mathfrak{Sin}\,\xi-\mathfrak{Sin}\,\alpha\cos\alpha\sin\xi\,\mathfrak{Cof}\,\xi\}$$
$$+Ll\{\mathfrak{Sin}\,\alpha\,\mathfrak{Cof}\,\xi\cos(\alpha-\xi)-\sin\alpha\cos\xi\,\mathfrak{Cof}(\alpha-\xi)\}$$
$$+\frac{l^2}{4}\{\mathfrak{Sin}\,\alpha\,\mathfrak{Sin}\,\xi\cos\alpha\cos\xi+\mathfrak{Cof}\,\alpha\,\mathfrak{Cof}\,\xi\sin\alpha\sin\xi$$
$$-\mathfrak{Sin}\,\alpha\,\mathfrak{Cof}\,\xi\sin(\alpha-\xi)-\sin\alpha\cos\xi\,\mathfrak{Sin}(\alpha-\xi)\}\Big]$$

Für die freiliegende Strecke CO erhält man:

$$(4)\quad \begin{cases} y = \dfrac{P}{K\varDelta}\Big[\left(\dfrac{\lambda^2\xi^2}{4}-\dfrac{\lambda\xi^3}{3}\right)(\mathfrak{Sin}^2\alpha-\sin^2\alpha)+\left(\dfrac{\lambda^2\xi}{4}-\dfrac{\xi^3}{3}\right)(\mathfrak{Sin}\,2\alpha+\sin 2\alpha) \\ \qquad +\left(\dfrac{\lambda^2}{4}-\xi^2+\lambda\xi\right)(\mathfrak{Cof}^2\alpha-\cos^2\alpha)+\dfrac{\lambda}{2}(\mathfrak{Sin}\,2\alpha-\sin 2\alpha) \\ \qquad +(\mathfrak{Cof}^2\alpha+\cos^2\alpha)\Big], \\ \text{wenn}\qquad \lambda=\dfrac{l}{L}\qquad \xi=\dfrac{x}{L}. \end{cases}$$

Setzt man darin $\xi=\frac{\lambda}{2}$, so ergibt sich die Durchbiegung in der Trägermitte

$$(5)\quad y_{\text{Mitte}} = \frac{P}{K\varDelta}\Big[\frac{\lambda^4}{48}(\mathfrak{Sin}^2\alpha-\sin^2\alpha)+\frac{\lambda^3}{12}(\mathfrak{Sin}\,2\alpha+\sin 2\alpha)+\frac{\lambda^2}{2}(\mathfrak{Cof}^2\alpha-\cos^2\alpha)$$
$$+\frac{\lambda}{2}(\mathfrak{Sin}\,2\alpha-\sin 2\alpha)+(\mathfrak{Cof}^2\alpha+\cos^2\alpha)\Big].$$

Das Biegungsmoment an der Auflagerkante C beträgt

$$M_C = -EJ\left[\frac{d^2y}{dx^2}\right]_{x=0(CO)} = -2EJB_2$$
$$(6)\quad = \frac{P\left[L^2(\mathfrak{Sin}^2\alpha-\sin^2\alpha)-\frac{l^2}{4}(\mathfrak{Sin}^2\alpha-\sin^2\alpha)\right]}{2\,[L(\mathfrak{Sin}\,2\alpha+\sin 2\alpha)+l\,(\mathfrak{Sin}^2\alpha-\sin^2\alpha)]}.$$

Für die Tangente des Drehungswinkels ϑ_C an der Kante C erhält man den positiven Ausdruck

$$\operatorname{tg}\vartheta_C = \left[\frac{dy}{dx}\right]_{x=0(CO)} = B_3$$
$$(7)\quad = \frac{Pl}{2KL^3}\left[\frac{\frac{1}{2}l(\mathfrak{Sin}\,2\alpha+\sin 2\alpha)+2L(\mathfrak{Cof}^2\alpha-\cos^2\alpha)}{L(\mathfrak{Sin}\,2\alpha+\sin 2\alpha)+l(\mathfrak{Sin}^2\alpha-\sin^2\alpha)}\right].$$

Der Wendepunkt der elastischen Linie bestimmt sich durch die Bedingung

$$\left[\frac{d^2 y}{d x^2}\right]_{\text{Gl. CO}} = 0 .$$

Daraus findet man ohne weiteres

$$(8) \qquad x_0 = \frac{\frac{1}{4} l^2 [\mathfrak{Sin}^2 \alpha - \sin^2 \alpha] - L^2 [\mathfrak{Cof}^2 \alpha - \cos^2 \alpha]}{L [\mathfrak{Sin}\, 2\alpha + \sin 2\alpha] + l [\mathfrak{Sin}^2 \alpha - \sin^2 \alpha]} .$$

3. Zahlenbeispiel. Der in Fig. 96a skizzierte Doppel-T-Träger, NP. 20 mit $J = 2139$ cm⁴, hat eine Lichtweite von 600 cm und ist in seiner Mitte mit einer Einzellast W belastet. Die Einmauerungstiefe a beträgt 38,4 cm. Die Auflagerbreite des Trägers ist 90 mm; die auf 1 cm Breite reduzierte Belastung beträgt also $P = W/9$. Vom Eigengewicht des Trägers ist abgesehen.

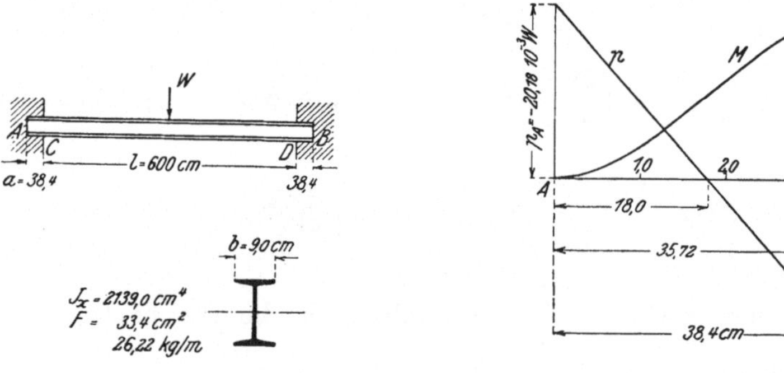

Fig. 96a. Fig. 96b.

Es sei $K = 500$ kg/cm³, $E = 2\,100\,000$ kg/cm². Somit berechnet sich

$$L = \sqrt[4]{\frac{4\,E\,J}{b\;K}} = 44{,}65 \text{ cm}$$

$$\alpha = \frac{38{,}4}{44{,}65} = 0{,}86 \qquad [\alpha = 49^0\ 16',76]$$

und ferner

$$A_1 = 0{,}938 \cdot 10^{-5}\, W$$
$$A_2 = -9{,}050 \cdot \ \text{„} \ \text{„}$$
$$A_3 = 5{,}000 \cdot \ \text{„} \ \text{„}$$

Es ergibt sich dann für AC:

$$y = \frac{10^{-5}\, W}{2} [0{,}938\, e^{\xi} \cos \xi - 9{,}050\, e^{-\xi} \cos \xi + 10{,}000\, \mathfrak{Cof}\, \xi \sin \xi]$$

$$p = \frac{5 \cdot 10^{-3}\, W}{2} [0{,}938\, e^{\xi} \cos \xi - 9{,}050\, e^{-\xi} \cos \xi + 10{,}000\, \mathfrak{Cof}\, \xi \sin \xi]$$

$$M = -22{,}420\, W [10{,}000\, \mathfrak{Sin}\, \xi \cos \xi - 0{,}938\, e^{\xi} \sin \xi - 9{,}050\, e^{-\xi} \sin \xi] .$$

M bezieht sich auf die ganze Trägerbreite 9 cm.

Für verschiedene Stützpunkte wurden nach diesen Formeln Werte von p und M errechnet und in Fig. 96b aufgetragen.

Die Spannungsverteilungslinie unterscheidet sich kaum von einer geraden Linie. Für Stützkörper mittlerer Widerstandsfähigkeit ist also die Annahme einer geradlinigen Spannungsverteilung in praktischer Beziehung gerechtfertigt.

Aus der M-Linie erkennt man, daß das größte Biegungsmoment, für das die Beanspruchung des Trägers bemessen werden muß, in einer kleinen Entfernung e von der Einmauerkante entsteht. Mit zunehmender Tiefe nehmen die Biegungsmomente rasch ab. Es berechnet sich

$$e = 2{,}68 \text{ cm} \qquad M_{\max} = -39{,}96\, W,$$

während $M_C = -39{,}08\, W$ ist.

4. Sonderfälle. Es sei α unendlich groß. Hierunter versteht man praktisch den Fall, bei dem entweder die Einmauerungslänge a in Vergleich zu L verhältnismäßig groß, oder bei gegebenem a der Elastizitätskoeffizient K erheblich groß ist.

Da dabei $\sin\alpha$ und $\cos\alpha$ gegen $\mathfrak{Sin}\,\alpha$ und $\mathfrak{Cos}\,\alpha$ vernachlässigt werden können[1]), erhält man für CO nach Gln. (4), (5) und (6)

$$(9)\qquad \begin{cases} y = \dfrac{P}{KL}\left[\dfrac{-\xi^3}{3} + \dfrac{(\lambda-2)\xi^2}{4} + \dfrac{\lambda\xi}{2} + \dfrac{\lambda+2}{4}\right] \\[2ex] y_{\text{Mitte}} = \dfrac{P}{48\,KL}\left[\lambda^3 + 6\lambda^2 + 12\lambda + 24\right] \\[2ex] M_C = \dfrac{-P[l-2L]}{8}. \end{cases}$$

Der Abstand des Wendepunktes beträgt [vgl. Gl. (8)]

$$(10)\qquad x_0 = \frac{l-2L}{4}.$$

Schließlich sei $K = \infty$. Gln. (4), (5) und (8) für CO gehen dann bzw. in die bekannten Formeln[2])

$$(11)\qquad \begin{cases} y = \dfrac{Pl^3}{16\,EJ}\left[\left(\dfrac{x}{l}\right)^2 - \dfrac{4}{3}\left(\dfrac{x}{l}\right)^3\right] \\[2ex] y_{\text{Mitte}} = \dfrac{Pl^3}{192\,EJ} = \dfrac{Pl^3}{48\,KL^4} \\[2ex] x_0 = \dfrac{l}{4} \end{cases}$$

über, während Gl. (3) für AC die Form $y = 0$ annimmt. Ferner berechnet sich das Biegungsmoment M_C an der Auflagerkante C

$$(12)\qquad M_C = \frac{-Pl}{8}.$$

---

[1]) Somit vereinfachen sich die Ausdrücke für B_2, B_3 und B_4 wie folgt:

$$B_2 = \frac{P(l-2L)}{4\,K\,L^4} \qquad B_3 = \frac{Pl}{2\,K\,L^3} \qquad B_4 = \frac{P(l+2L)}{4\,K\,L^2}.$$

[2]) Vgl. Hütte, Des Ingenieurs Taschenbuch, 23. Aufl., I., S. 549.

§ 53. Über die Einspannung des Trägers.

Es ist von Interesse und zur Beurteilung der tatsächlichen Inanspruchnahme nicht selten von Wert, zu untersuchen, bis zu welchem Grad die Einspannung eines beiderseits eingemauerten Trägers durch die Nachgiebigkeit der Stützflächen beeinflußt wird.

Die **Einspannung** eines Trägers an einer bestimmten Stelle der eingemauerten Enden läßt verschiedene Definitionen zu. Im folgenden wollen wir unter dieser Bezeichnung einen solchen Gleichgewichtszustand des Trägers an der betreffenden Stelle verstehen, bei dem er durch ein negatives Biegungsmoment beansprucht wird.

1. Bedingung dafür, daß der Träger an den Enden eingespannt ist. Damit die Biegungsmomente gegen die Trägerenden zu ein negatives Vorzeichen haben, muß der Differentialquotient der Momentenlinie, also die Querkraft Q einen negativen Wert besitzen. An den Enden ist Q gleich Null; diese Bedingung führt daher zu

$$\left[\frac{dQ}{dx}\right]_A = p_A < 0\,. \tag{13$_1$}$$

Zuerst berechnen wir die Senkung sowie die entsprechende Pressung an der Einmauerkante C. Setzt man in Gl. (3) $\xi = \alpha$, so ergeben sich die positiven Ausdrücke

$$(14)\quad \left\{\begin{aligned} y_C &= \frac{P}{KL^2\varDelta}\Big[L^2(\mathfrak{Cos}^2\alpha + \cos^2\alpha) + \frac{1}{2}Ll(\mathfrak{Sin}\,2\alpha - \sin 2\alpha) \\ &\qquad + \frac{l^2}{4}(\mathfrak{Sin}^2\alpha + \sin^2\alpha)\Big] \\ p_C &= \frac{P}{L^2\varDelta}\Big[L^2(\mathfrak{Cos}^2\alpha + \cos^2\alpha) + \frac{1}{2}Ll(\mathfrak{Sin}\,2\alpha - \sin 2\alpha) \\ &\qquad + \frac{l^2}{4}(\mathfrak{Sin}^2\alpha + \sin^2\alpha)\Big], \end{aligned}\right.$$

wobei sich der Ausdruck $\varDelta$ in Gl. (2) findet. Es entsteht also an der Auflagerkante immer eine Senkung, folglich ein nach oben gerichteter Druck.

Die Endsenkung y_A und p_A ergeben sich

$$(15)\quad \left\{\begin{aligned} y_A &= \frac{2P}{KL^2\varDelta}\Big[L^2\,\mathfrak{Cos}\,\alpha\cos\alpha - \frac{Ll}{2}(\mathfrak{Cos}\,\alpha\sin\alpha - \mathfrak{Sin}\,\alpha\cos\alpha) \\ &\qquad - \frac{l^2}{4}\mathfrak{Sin}\,\alpha\sin\alpha\Big] \\ &= \frac{Pl^2\,\mathfrak{Cos}\,\alpha\cos\alpha}{2KL^2\varDelta}\left[\frac{2L}{l} - \operatorname{tg}\alpha\right]\left[\frac{2L}{l} + \mathfrak{Tg}\,\alpha\right] \\ p_A &= \frac{Pl^2\,\mathfrak{Cos}\,\alpha\cos\alpha}{2L^2\varDelta}\left[\frac{2L}{l} - \operatorname{tg}\alpha\right]\left[\frac{2L}{l} + \mathfrak{Tg}\,\alpha\right]. \end{aligned}\right.$$

Man erkennt daraus: Für niedere Werte von α ist p_A in gleicher Weise wie p_C positiv. Die ganze Einmauerungslänge a ist also nur durch einen nach oben gerichteten Auflagerdruck beansprucht. Allerdings kann man dabei nicht von einer Einspannung des Trägers reden; er ist beiderseits auf der Strecke a aufgelagert [Fig. 97 a].

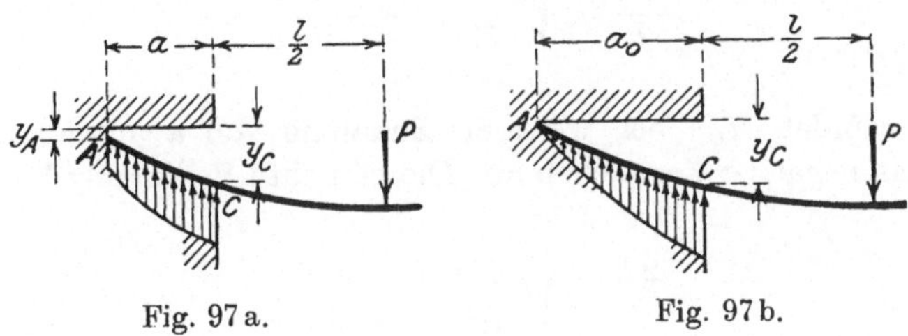

Fig. 97 a. Fig. 97 b.

Da ein negativer Wert von $2L/l$ praktisch keine Rolle spielt, lautet die Bedingung für $y_A = 0$, also $p_A = 0$,

$$\frac{2L}{l} = \operatorname{tg} \alpha . \tag{16}$$

Diese Gleichung wird bei gegebenen l und L in jedem ungeraden Quadranten einmal erfüllt; wir wollen aber vorläufig nur den ersten, also zwischen 0 und $\frac{1}{2}\pi$ liegenden Wert — er sei α_0 genannt — ins Auge fassen.

Geht α über α_0 hinaus, so wird p_A zunächst negativ. Der Träger erleidet an den Enden einen nach unten gerichteten Druck, und es liegt eine Einspannung des Trägers an den Enden vor. Die Bedingung (13_1) läßt sich dann in der Form

$$\operatorname{tg} \alpha > \frac{2L}{l} \tag{13_2}$$

angeben.

Damit ein beiderseits eingemauerter Träger, mit einer lichten Weite l und einem bestimmten L, an den Enden eingespannt ist, muß also bei einer Einzellast in der Mitte die Einmauerungslänge a größer sein als $L \operatorname{arctg}\left(\frac{2L}{l}\right)$. Der Wert α_0 entspricht also der kleinsten Einmauerungslänge des Trägers, die wir mit a_0 bezeichnen wollen [Fig. 97 b].

Dem Verhältnis $2L/l = \infty$, d. h. dem Wert $J = \infty$ bei gegebenem K, entspricht ein unendlich großes a_0. Ein vollkommen steifer Träger kann also nie als an den Enden eingespannt angesehen werden.

2. Bedingung dafür, daß der Träger an den Einmauerkanten eingespannt ist. Aus Gl. (6) geht hervor, daß M_C, welches für $\alpha = 0$ verschwindet, positiv bleibt, wenn α von Null an zunimmt [Fig. 98a]. Erfüllt aber α zum erstenmal die Bedingung

$$\frac{2L}{l} = \sqrt{\frac{\mathfrak{Sin}^2\alpha - \sin^2\alpha}{\mathfrak{Sin}^2\alpha + \sin^2\alpha}}, \tag{17}$$

so verschwindet M_C; bei weiterer Zunahme von α nimmt M_C zunächst das negative Vorzeichen an. Die gesuchte Bedingung lautet also

$$\frac{2L}{l} < \sqrt{\frac{\mathfrak{Sin}^2\alpha - \sin^2\alpha}{\mathfrak{Sin}^2\alpha + \sin^2\alpha}}. \tag{18}$$

Da der Wurzelausdruck kleiner ist als 1 [s. Tabelle S. 183], wird dieser Bedingung nur durch reelle Werte von α Genüge geleistet, wenn

$$l \geqq 2L \quad \text{oder} \quad J \leqq \frac{Kl^4}{64E}. \tag{19}$$

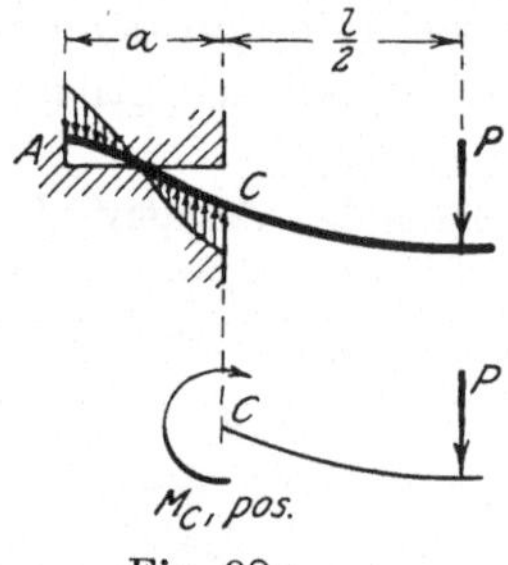

Fig. 98a.

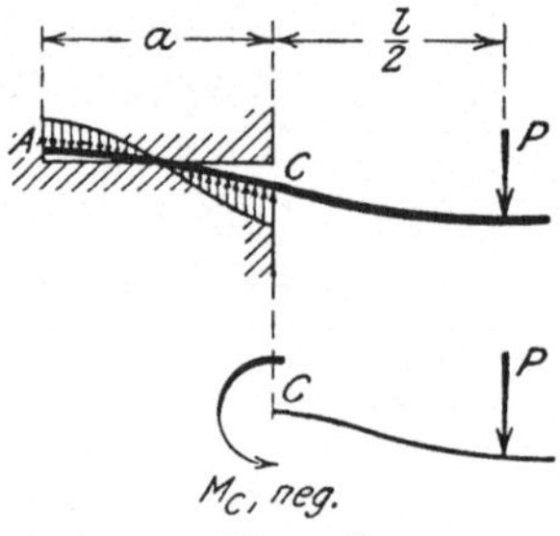

Fig. 98b.

Ein beiderseits eingemauerter Träger, dessen Lichtweite l bei gegebener Steifigkeit kleiner ist als $2L$ oder dessen Trägheitsmoment J bei gegebener Lichtweite größer ist als $\frac{Kl^4}{64E}$, kann also bei einer Einzellast in der Mitte nie als an den Einmauerkanten eingespannt gelten.

Bei gegebenem $2L/l < 1$ wird Gl. (17) durch einen bestimmten Wert von α im ersten Halbkreis erfüllt. Es gibt also in solchen Fällen stets im ersten Halbkreis Werte von α, die der Bedingung (18) entsprechen.

Für praktische Berechnungen sind folgende Tabellen beigefügt:

Für Gl. (16).

$\frac{2L}{l}$	α_0	$\frac{2a_0}{l}$	$\frac{2L}{l}$	α_0	$\frac{2a_0}{l}$
0	0	0	20	1,508	30,16
0,1	0,100	0,010	30	1,538	46,14
0,2	0,197	0,039	40	1,546	61,84
0,3	0,292	0,088	50	1,551	77,55
0,4	0,3 1	0,152	60	1,554	93,24
0,5	0,464	0,232	70	1,557	108,99
0,6	0,540	0,324	80	1,558	124,64
0,7	0,611	0,428	90	1,560	140,40
0,8	0,675	0,540	100	1,561	156,10
0,9	0,733	0,660	200	1,566	313,20
1	0,785	0,785	300	1,568	470,40
2	1,107	2,214	400	1,568	627,20
3	1,249	3,747	500	1,569	784,50
4	1,326	5,304	600	1,569	941,40
5	1,373	6,865	700	1,569	1098,30
6	1,406	8,436	800	1,570	1256,00
7	1,429	10,000	900	1,570	1413,00
8	1,446	11,568	1000	1,570	1569,80
9	1,460	13,14			
10	1,471	14,71	∞	$\frac{1}{2}\pi$	∞

Für Gl. (17).

α	$\sqrt{\frac{\mathfrak{Sin}^2\alpha - \sin^2\alpha}{\mathfrak{Sin}^2\alpha + \sin^2\alpha}}$	α	$\sqrt{\frac{\mathfrak{Sin}^2\alpha - \sin^2\alpha}{\mathfrak{Sin}^2\alpha + \sin^2\alpha}}$
0	0	0,60	0,3456
0,01	0,0058	0,70	0,4024
0,02	0,0116	0,80	0,4520
0,03	0,0173	0,90	0,5137
0,04	0,0231	1,00	0,5676
0,05	0,0289	1,10	0,6197
0,06	0,0347	1,20	0,6693
0,07	0,0404	1,30	0,7162
0,08	0,0462	1,40	0,7599
0,09	0,0520	1,50	0,8000
0,10	0,0578	1,60	0,8364
0,20	0,1155	1,70	0,8681
0,30	0,1733	1,80	0,8959
0,40	0,2309	1,90	0,9191
0,50	0,2883	2,00	0,9391
		π	1
		∞	1

3. Untersuchung der Biegungsmomente an den Einmauerkanten. Mit Bezug auf Fig. 99a erkennt man, daß Gl. (17) in jedem Halbkreis, mit Ausnahme des ersten, im allgemeinen durch zwei Werte von α erfüllt wird. Gl. (17) hat also eine ungerade Zahl von Lösungen für α. Da jedem dieser α ein Vorzeichenwechsel von M_C entspricht, folgt ohne weiteres, daß mit zunehmendem α das Biegungsmoment abwechselnd positiv und negativ ist und zuletzt ein Zustand erreicht wird, für den M_C, unabhängig von α, stets negativ bleibt [Fig. 99b].

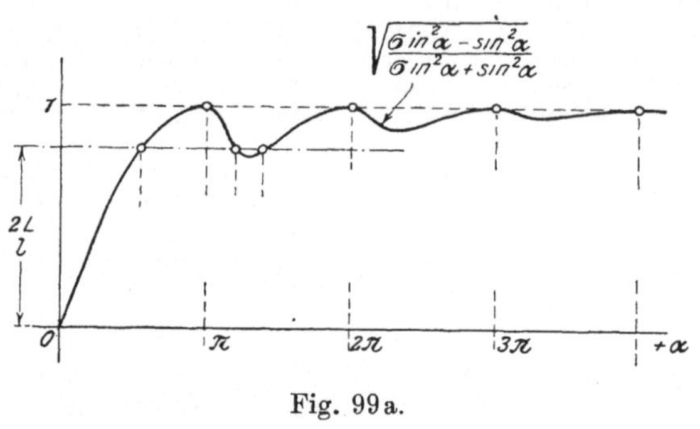

Fig. 99a.

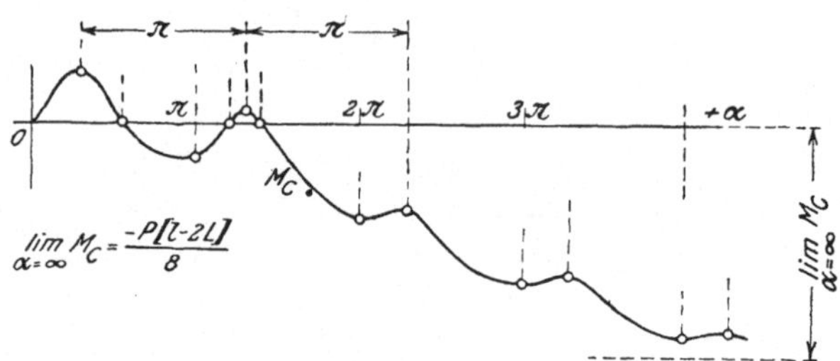

Fig. 99b.

Die Einspannung eines Trägers, welcher für Werte von α im ersten Halbkreis an den Einmauerkanten eingespannt ist, kann bei zunehmendem α aufgehoben werden und durch die Werte von α im zweiten Halbkreis ersetzt werden usw. Dies wird vorkommen, wenn die Verhältniszahl $2L/l$ einen Wert in der Nähe von 1 hat, d. h. wenn bei gegebenem Trägheitsmoment der Elastizitätskoeffizient K ziemlich klein ist.

Differentiiert man Gl. (6) nach α, so ergibt sich

$$(20)\qquad \frac{dM_C}{d\alpha} = \frac{P L l^2 \,\mathfrak{Sin}\, 2\alpha \sin 2\alpha \left[\frac{2L}{l} - \operatorname{tg}\alpha\right]\left[\frac{2L}{l} + \mathfrak{Tg}\,\alpha\right]}{4\left[L(\mathfrak{Sin}\, 2\alpha + \sin 2\alpha) + l(\mathfrak{Sin}^2\alpha - \sin^2\alpha)\right]^2}.$$

Der Differentialquotient verschwindet, wenn

$$\sin 2\alpha \left[\frac{2L}{l} - \operatorname{tg}\alpha\right] = 0$$

oder

$$(21) \qquad \begin{cases} \dfrac{2L}{l} - \operatorname{tg}\alpha = 0 \\ \sin\alpha = 0. \end{cases}$$

Den letzten Gleichungen entsprechen bzw.

$$\alpha = \alpha_0 + n\pi$$
$$\alpha = n\pi,$$

wenn unter α_0 der bei der Diskussion von Gl. (16) angegebene Wert von α und unter n eine positive ganze Zahl verstanden ist.

Diese α liefern die Maximal- bzw. Minimalwerte von M_C, welche ohne weiteres in der Form

$$(22) \qquad \begin{cases} [M_C]_{\max} = \dfrac{Pl}{8} [\operatorname{tg}(\alpha_0 + n\pi)\,\mathfrak{Ctg}(\alpha_0 + n\pi) - 1] \\ [M_C]_{\min} = \dfrac{-P[l^2/4 + L^2]}{2[2L\,\mathfrak{Ctg}\,n\pi + l]} \end{cases}$$

angegeben werden können.

Das Biegungsmoment M_C schwankt also mit zunehmendem α zwischen diesen zwei Größen.

Die Funktionen $\mathfrak{Ctg}(\alpha_0 + n\pi)$ sowie $\mathfrak{Ctg}\,n\pi$ erfahren, wenn n von Null an wächst, eine Verminderung. Die Maxima von M_C nehmen daher mit zunehmendem n ab, während die Minima dem absoluten Wert nach zunehmen. Die beiden nähern sich für $n = \infty$, also $\alpha = \infty$, demselben Grenzwert

$$\lim_{\alpha=\infty} M_C = \frac{-P[l - 2L]}{8}.$$

Dies ist das höchstens erreichbare negative M_C.

Der höchstens erreichbare positive Wert von M_C tritt, wenn α von Null an wächst, zuerst auf. Er beträgt

$$M_C = [M_C]_{\max\,(n=0)}$$
$$(23) \qquad = \frac{Pl}{8}[\operatorname{tg}\alpha_0\,\mathfrak{Ctg}\,\alpha_0 - 1].$$

Betrachten wir den Fall, daß K zunimmt, so läßt sich analog beweisen, daß sich für M_C abwechselnd Maxima und Minima ergeben, und bei $K = \infty$ wieder ein bestimmter negativer Wert erreicht wird [vgl. Gl. (12)].

Wegen $l > 2L$ folgt weiter

$$\lim_{K=\infty} M_C > \lim_{\alpha=\infty} M_C.$$

$\lim\limits_{K=\infty} M_C = \dfrac{-Pl}{8}$ ist also der größte Wert des Biegungsmomentes, den der Träger in Wirklichkeit unter allen möglichen Verhältnissen an den Auflagerkanten annehmen kann.

4. Untersuchung der Mittelsenkung. Der Träger erleidet eine positive Senkung in der Mitte [vgl. Gl. (5)].

Um uns die Abhängigkeit derselben von α klarzulegen, leiten wir Gl. (5) nach α ab. Wir finden

$$(24)\quad \left\{\begin{aligned} \frac{d}{d\alpha}[y_{\text{Mitte}}] &= \frac{-L}{2K\Delta^2}[(\lambda\sin\alpha + 2\cos\alpha)^2(\lambda\,\mathfrak{Sin}\,\alpha - 2\,\mathfrak{Cos}\,\alpha)^2 \\ &\qquad - 4\lambda^2\,\mathfrak{Sin}\,2\alpha\sin 2\alpha] \\ &= \frac{-L\,\mathfrak{Sin}^2\alpha\sin^2\alpha}{2K\Delta^2}\left[\left(\lambda + \frac{2}{\operatorname{tg}\alpha}\right)^2\left(\lambda - \frac{2}{\mathfrak{Tg}\,\alpha}\right)^2 - \frac{16\lambda^2}{\mathfrak{Tg}\,\alpha\operatorname{tg}\alpha}\right]. \end{aligned}\right.$$

Für die anfänglichen Werte von α ist der Differentialquotient negativ. Solange der in den eckigen Klammern stehende Ausdruck positiv ist, nimmt die Mittelsenkung, die für $\alpha = 0$ unendlich groß ist, mit zunehmendem α ab.

Der Differentialquotient verschwindet, wenn

$$(25)\qquad \left[\lambda + \frac{2}{\operatorname{tg}\alpha}\right]^2\left[\lambda - \frac{2}{\mathfrak{Tg}\,\alpha}\right]^2 = \frac{16\lambda^2}{\mathfrak{Tg}\,\alpha\operatorname{tg}\alpha}$$

ist. Da $\mathfrak{Tg}\,\alpha\operatorname{tg}\alpha$ hierin positiv sein muß, ist Gl. (21) einmal in jedem ungeraden Quadranten erfüllt. Solche Werte seien mit α_1, α_3, α_5 ... bezeichnet.

Die Größe der diesen α entsprechenden Maximal- sowie Minimalsenkungen in der Trägermitte nehmen nacheinander ab, bis sie sich schließlich für $\alpha = \infty$ einem Grenzwert nähern [vgl. Gl. (9)].

Bei zunehmendem K kann man ähnlich beweisen, daß für y_{Mitte} abwechselnd Minima und Maxima entsprechend den Werten K_1, K_3 ... auftreten, und bei $K = \infty$ wieder ein bestimmter Wert erreicht wird [vgl. Gl. (11)]; er gibt ohne weiteres die kleinste mögliche Durchbiegung eines beiderseits eingemauerten Trägers bei gegebenem l und J an.

Zusammengefaßt folgt, daß die Mittelsenkung eines beiderseits eingemauerten Trägers im großen ganzen, bei gegebenem Elastizitätskoeffizienten des Auflagermaterials mit zunehmender Einmauerungslänge, bei gegebener Einmauerungslänge mit zunehmendem Elastizitätskoeffizienten des Auflagermaterials, von ∞ an abnimmt und sich für den unendlich großen Wert der Veränderlichen α bzw. K den angegebenen Grenzwerten nähert [vgl. Fig. 100]. Die Figur zeigt den ungefähren Verlauf der y_{Mitte}-Kurven für α und K; der Einfachheit wegen wurde nur eine Kurve aufgetragen. Bei rechnungsmäßiger Auswertung müssen sich natürlich für α und K verschiedene Werte $\alpha_1, \alpha_3, \ldots$ bzw. $K_1, K_3, \ldots$ ergeben.

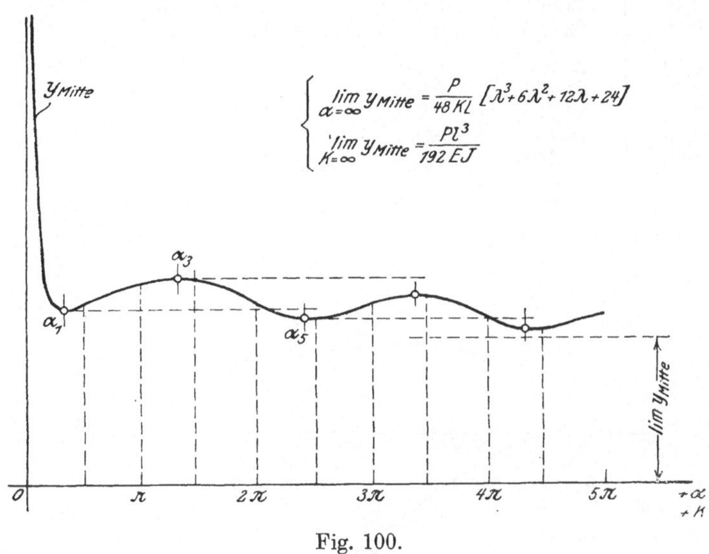

Fig. 100.

§ 54. Ergänzende Bemerkungen.

Um uns ein anschauliches Bild von den in Betracht kommenden Größen zu machen, sei zunächst ein beiderseits eingemauerter Träger, für den wir die Einmauerungslänge a als veränderlich betrachten wollen, näher untersucht. Die Werte b, l, J, K und also L sind dem in § 52, 3 behandelten Beispiel entnommen, nämlich

$$b = 9\ \mathrm{cm} \qquad K = 500\ \mathrm{kg/cm^3}$$
$$l = 600\ \mathrm{cm} \qquad L = 44{,}65\ \mathrm{cm}.$$
$$J = 2139\ \mathrm{cm^4}$$

Nach Gln. (14), (6) und (15) berechnet man:

α	$a = \alpha L$ cm	p_C kg/cm²	M_C cmkg	y_A cm
0	0	∞	0	∞
0,02	0,893	0,555 P	0,223 P	$11{,}400 \cdot 10^{-4}\,P$
0,04	1,786	0,297 „	0,446 „	5,276 „
0,06	2,679	0,217 „	0,670 „	3,128 „
0,08	3,572	0,181 „	0,830 „	1,978 „
0,10	4,465	0,163 „	0,939 „	1,320 „
0,20	8,931	0,158 „	0,831 „	— 0,819 „
0,30	13,396	0,187 „	— 1,130 „	— 2,238 „
0,40	17,861	0,215 „	— 5,49 „	
0,50	22,326	0,234 „	— 12,46 „	
0,60	26,790	0,240 „	— 19,71 „	
0,70	31,255	0,235 „	— 27,65 „	
0,80	35,719	0,226 „	— 34,60 „	
0,90	40,184	0,207 „	— 41,30 „	
1,00	44,649	0,190 „	— 46,45 „	
∞	∞	0,086 „	— 63,90 „	

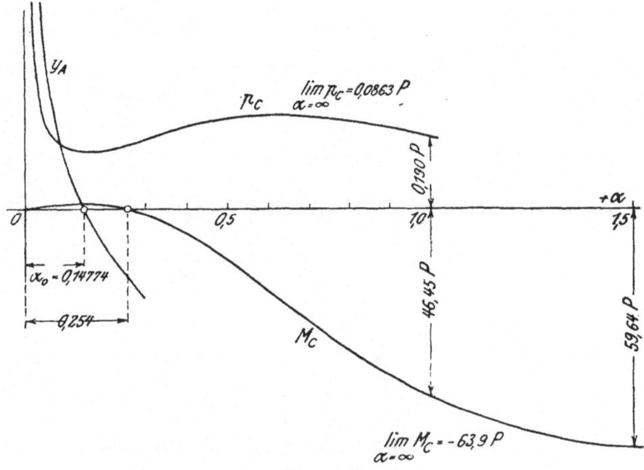

Fig. 101.

Hierin bedeutet P die Last für 1 cm Trägerbreite. M_C bezieht sich also auf die Einheitsbreite des Trägers. Die Ergebnisse sind in Fig. 101 graphisch aufgetragen. Man erkennt daraus: Wenn der Wert α, also die Einmauerungslänge a, von Null aus gerechnet, verhältnismäßig klein ist, fällt p_C sehr groß[1]) aus, womit ausgesprochen wird, daß der Auflagerdruck im wesentlichen in der Nähe der Einmauerkante C konzentriert wirkt. Die Einsenkung y_A so-

[1]) Im Grenzfall $\alpha = 0$ ergibt sich $\lim\limits_{\alpha=0} p_C = \infty$.

wie das Biegungsmoment M_C, die für $\alpha = 0$ bzw. ∞ und 0 werden, sind dabei positiv. M_C ist eine verhältnismäßig kleine Größe. Der Träger ruht in solchem Fall an den Enden auf einer Fläche auf; y_A und p_C nehmen, wie eine einfache Überlegung zeigt, mit wachsendem α ab, während M_C gleichzeitig zunimmt.

Erreicht α einen gewissen Wert, so wird die Endsenkung y_A gleich Null. Bei weiterer Zunahme von α, fällt y_A negativ aus. Das Moment M_C bleibt dabei noch positiv, aber es nimmt schon ab. Dies zeigt, daß, wenn α den genannten Wert überschreitet, schon eine teilweise Einspannung des Trägers vorhanden ist. Diesen Wert von α liefert Gl. (16). Da in unserem Fall $2L/l = 0{,}14883$ ist, berechnet sich $\alpha_0 = 8^0\,27',91$ oder im Bogenmaß $\alpha_0 = 0{,}14774$. Demnach ist die Einmauerungslänge

$$a_0 = 0{,}14774 \cdot 44{,}65 = 6{,}60\ \text{cm}.$$

Der Auflagerdruck p_C beginnt von dem Wert α_0 an wieder zuzunehmen, weiterhin aber nimmt er abwechselnd ab und zu, wobei er sich aber nur unwesentlich ändert. Für den Grenzfall $\alpha = \infty$ erhält man ohne weiteres

$$\lim_{\alpha=\infty} p_C = \frac{P[l + 2L]}{4L^2}. \tag{26}$$

Für das vorliegende Beispiel ist

$$\lim_{\alpha=\infty} p_C = \frac{P[600 + 2 \cdot 44{,}65]}{4 \cdot 44{,}65^2} = 0{,}086\,P\ \text{kg/cm}^2.$$

Das Biegungsmoment M_C hingegen nimmt stets ab und wird bei einem gewissen Wert von α seinerseits zu Null; von da ab hat es negative Werte, nimmt aber mit Bezug auf den absoluten Wert rasch zu. Dieser Wert von α läßt sich bestimmen aus Gl. (17). In unserem Fall ist $\frac{4L^2}{l^2} = 0{,}0222$, ferner im Bogenmaß $\alpha = 0{,}254$ und dementsprechend $a = 11{,}30$ cm.

Bei dem Wert von α kann der Träger erst als an den Einmauerkanten eingespannt betrachtet werden.

Bei einem beiderseits eingemauerten Träger hat also die Einmauerungslänge einen bedeutenden Einfluß auf die Vergrößerung des Einspannungsgrades des Trägers; sie übt aber nur geringen Einfluß auf die Verminderung des Auflagerdruckes aus.

Nach Gl. (9) wird

$$\lim_{\alpha=\infty} M_C = \frac{-P[600 - 2 \cdot 44{,}65]}{8} = -63{,}90\,P.$$

Aus Fig. 101 erkennt man, daß man diesem Grenzwert erst bei einem bedeutenden Wert von α nahe kommen kann. Die Zunahme des absoluten Wertes von M_C hört, wenn α etwa den Wert 1,5 überschreitet, zunächst auf. Es ist also 1,5 in unserem Fall der zweckmäßige Grenzwert von α. Dementsprechend folgt $a = 1{,}5 \cdot 44{,}65 = 70$ cm.

Mit Bezugnahme auf Fig. 96b erhält man

$$\frac{-39{,}08\,P}{-63{,}90\,P} = 61{,}2 \text{ v. H.}$$

Das infolge der Verteilung der Stützwiderstände auf die Einmauerungslänge verringerte Biegungsmoment an den Einmauerkanten ist also in Beispiel § 52, 3 etwa 60 v. H. mal so klein wie dasjenige, welches man durch Vergrößerung der Einmauerungslänge erreichen kann.

Das sogenannte Einspannungsmoment des beiderseits eingespannten Trägers, das, wie später erörtert wird, auf der Annahme $K = \infty$ beruht, berechnet sich für diesen Fall

$$M_C = \frac{-Pl}{8} = -75{,}00\,P.$$

Im Vergleich mit diesem verringert sich das letzte Verhältnis weiter zu

$$\frac{-39{,}08\,P}{-75{,}00\,P} = 52{,}1 \text{ v. H.}$$

Die Mittelsenkung für $\alpha = \infty$ berechnet sich nach Gl. (9), da $\lambda = \frac{600}{44{,}65} = 13{,}42$ ist,

$$y_{\text{Mitte}} = \frac{P}{48 \cdot 500 \cdot 44{,}65}\left[13{,}42^3 + 6 \cdot 13{,}42^2 + 12 \cdot 13{,}42 + 24\right]$$
$$= 3{,}44 \cdot 10^{-3}\,P.$$

Für $K = \infty$ ergibt sich aus Gl. (11)

$$y_{\text{Mitte}} = \frac{P \cdot 600^3}{48 \cdot 500 \cdot 44{,}65^4} = 2{,}26 \cdot 10^{-3}\,P;$$

hiermit verglichen, ist die Mittelsenkung für $\alpha = \infty$ $\frac{3{,}44}{2{,}26} = 1{,}52$ mal so groß.

Schließlich betrachte man in den Gleichungen für p_C und M_C [Gln. (14), (6)] die Ziffer K als veränderlich. Wir nehmen einen Träger mit den Zahlenwerten a, b, l und J aus dem Beispiel § 52, 3 an. Es ergibt sich:

K kg/cm³	p_C kg/cm²	M_C cmkg
10	—	$-$ 1,783 P
50	0,057 P	$-$ 10,700 „
100	0,093 „	$-$ 17,290 „
300	—	$-$ 30,700 „
500	0,214 „	$-$ 39,080 „
10^3	0,270 „	$-$ 47,350 „
$3 \cdot 10^3$	0,342 „	—
$5 \cdot 10^3$	0,377 „	—
10^4	0,442 „	$-$ 61,800 „
10^5	—	$-$ 62,250 „
∞	∞	$-$ 75,000 „

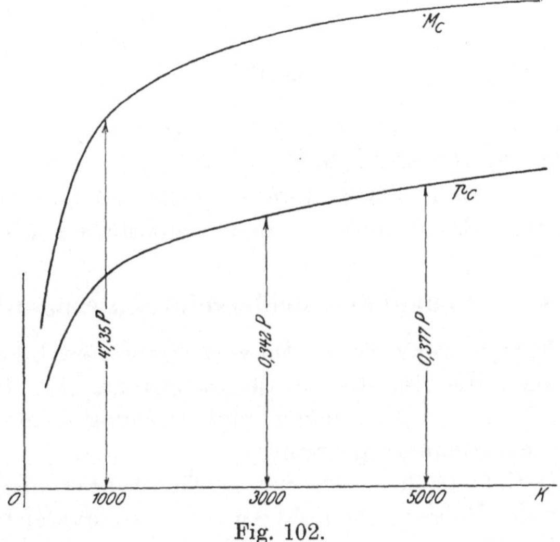

Fig. 102.

Aus der graphischen Darstellung [Fig. 102] erkennt man, daß die beiden Größen mit zunehmendem K ihrem absoluten Wert nach wachsen. Für $K = \infty$ ergibt sich ohne weiteres

$$\lim_{K=\infty} p_C = \infty . \tag{27}$$

Bei wachsendem K nimmt der Auflagerdruck an einem beliebigen Punkt der Stützfläche mit zunehmendem Abstand des Punktes von der Auflagerkante sehr schnell ab. Bei einem Stützkörper mit bedeutender Widerstandsfähigkeit läßt sich also ungefähr der ganze Druckwiderstand auf ein kleines Gebiet an der Vorderkante konzentrieren, und der übrige, verhältnismäßig kleine Teil des Druckes sich auf eine sehr große Strecke der Stützfläche verteilen. Die Spannungsverteilungslinie nimmt dann etwa eine Gestalt wie in Fig. 103 an. Das Einspannungmoment M_C nähert sich in solchem Fall seinem Grenzwert [vgl. Gl. (12)], und der Einspannungsgrad des Trägers wird vergrößert. Die übermäßige Beanspruchung der Vorderkante hat die häufig beobachtete Absplitterung der Kante zur Folge.

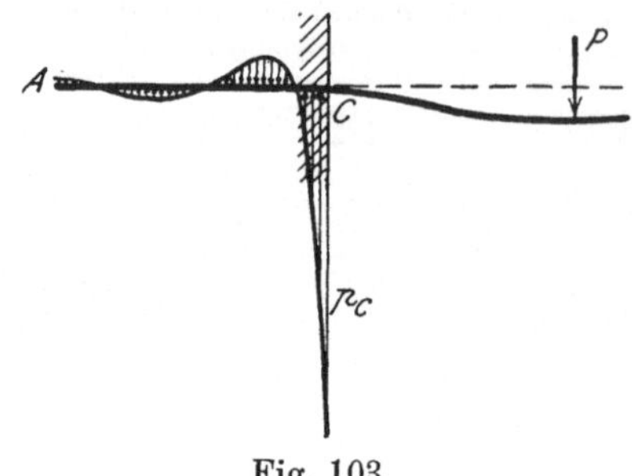

Fig. 103.

Aus Fig. 102 geht hervor, daß, wenn K für den betrachteten Fall etwa den Wert 1000 erreicht, die Zunahme von M_C ziemlich langsam wird, so daß eine weitere Vergrößerung des Wertes K auf die Einspannung des Trägers keinen wesentlichen Einfluß ausübt.

§ 55. Über den sogenannten „beiderseits eingespannten Träger".

1. Der Einspannungsgrad. Im vorhergehenden haben wir einen Träger, bei dem die Befestigung derart erfolgt, daß bis zu einem gewissen Grade Längsbewegungen und Drehungen an den Enden möglich sind, eingemauert genannt.

In der Festigkeitslehre setzt man gewöhnlich den idealen Fall voraus, bei dem der Träger derart eingemauert ist, daß er bei der Formänderung keine Drehung an den Einmauerkanten erleiden darf, und wendet dafür den unklaren Ausdruck beiderseits eingespannt an. Zur Unterscheidung wollen wir diese Befestigungsweise als vollkommene Einspannung bezeichnen.

Bei der statischen Berechnung des beiderseits eingemauerten Trägers geht man also in der Regel von der Bedingungsgleichung

$$\operatorname{tg} \vartheta_C = 0 \tag{28}$$

aus. Diese Gleichung führt bekanntlich unter der Annahme einer Einzellast in der Mitte zu dem eindeutig bestimmten Ausdruck

$$M_C = \frac{-Pl}{8},$$

dem sogenannten Einspannungsmoment an den Auflagerkanten.

Die Größe $\operatorname{tg}\vartheta_C$ ist im allgemeinen nicht gleich Null, sie weist vielmehr, wie die Formel (7) zeigt, je nach der elastischen Beschaffenheit des Auflagermaterials, je nach der Einmauerungslänge des Trägers, oder sogar je nach der Querschnittsform desselben einen statisch nicht vernachlässigbaren Wert auf. Ferner machen sich diese Einflüsse, wie aus den ausführlichen Untersuchungen des letzten Paragraphen erhellt, ebenfalls auf das Biegungsmoment an den Auflagerkanten in hohem Maße geltend.

Im folgenden wollen wir die Veränderlichkeit von $\operatorname{tg}\vartheta_C$ untersuchen und feststellen, unter welchen Verhältnissen die übliche Bedingung $\operatorname{tg}\vartheta_C = 0$ bei einem beiderseits eingemauerten Träger tatsächlich erfüllt werden kann.

Differentiiert man Gl. (7) nach α, so ergibt sich

$$(29)\qquad \frac{d}{d\alpha}[\operatorname{tg}\vartheta_C] = \frac{P l^3\, \mathfrak{Sin}\, 2\alpha \sin 2\alpha \left[\frac{2L}{l} - \operatorname{tg}\alpha\right]\left[\frac{2L}{l} + \mathfrak{Tg}\,\alpha\right]}{2KL^3\left[L(\mathfrak{Sin}\,2\alpha + \sin 2\alpha) + l(\mathfrak{Sin}^2\alpha - \sin^2\alpha)\right]^2}.$$

Der Differentialquotient ist positiv, wenn α von Null an wächst, und ändert bei weiterer Zunahme von α abwechselnd sein Vorzeichen.

Er verschwindet, wenn

$$\frac{2L}{l} - \operatorname{tg}\alpha = 0$$

$$\sin\alpha = 0\,.$$

Man gelangt also zu genau denselben Bedingungen, wie wir sie in Gln. (21) fanden.

Es ergibt sich somit

$$(30)\qquad \begin{cases} [\operatorname{tg}\vartheta_C]_{\max} = \dfrac{Pl}{2KL^3}\,\mathfrak{Ctg}\,(\alpha_0 + n\pi) \\[2ex] [\operatorname{tg}\vartheta_C]_{\min} = \dfrac{Pl}{2KL^3}\,\mathfrak{Ctg}\, n\pi. \end{cases}$$

Die Maximal- sowie Minimalwerte von $\operatorname{tg}\vartheta_C$ nehmen demnach mit wachsendem n, also α, ab. Für $\alpha = \infty$ nähern sich beide demselben Grenzwert

$$(31)\qquad \lim_{\alpha=\infty} \operatorname{tg}\vartheta_C = \frac{Pl}{2KL^3}.$$

Der Gleichung $\operatorname{tg}\vartheta_C = 0$ entspricht also kein reelles α. Die elastische Linie eines beiderseits eingemauerten Trägers kann daher nie eine wagerechte Tangente an der Einmauerkante besitzen, wie groß auch die Einmauerungslänge sein möge.

Geht man dazu über, den Einfluß der Veränderlichkeit der Ziffer K zu untersuchen, so kann man analog beweisen, daß die Maxima und Minima von $\operatorname{tg}\vartheta_C$ wiederum abwechseln und mit zunehmendem K ebenso wie für α abnehmen. Für $K=\infty$ gelangt man, da dabei $\alpha=\infty$ ist, wieder zu demselben Ausdruck des Grenzwertes wie in Gl. (31), der aber mit Rücksicht auf $KL^3 = K^{1/4}\sqrt[\frac{3}{4}]{4EJ}$,

$$\lim_{K=\infty} \operatorname{tg}\vartheta_C = 0 \tag{32}$$

wird. Die Bedingung $\operatorname{tg}\vartheta_C = 0$ kann also für $K=\infty$ erfüllt werden.

Es läßt sich ohne weiteres begreifen, daß die Bedingung (28) außerdem noch durch $J=\infty$ befriedigt werden kann. Der Fall kommt aber nicht in Betracht, weil der Träger dabei nie an den Enden eingespannt ist [vgl. § 53, 1].

Der üblichen Theorie des beiderseits eingespannten Trägers entspricht also nur der Fall $K=\infty$. In der Tat sind wir im früheren an manchen Stellen für $K=\infty$ zu Formeln gelangt, mit denen wir in der Festigkeitslehre vertraut sind.

Damit der Träger an den Einmauerkanten einer vollkommenen Einspannung unterliegt, muß also das Auflagermaterial einen unendlich großen Elastizitätskoeffizienten besitzen, was einen unendlich großen Auflagerdruck an derselben Stelle zur Folge hätte [vgl. Gl. (27)]. Ein beiderseits eingemauerter Träger kann also in Wirklichkeit niemals im strengen Sinne des Wortes als vollkommen eingespannt angesehen werden.

Dem Einspannungsmoment $M_C = -Pl/8$ kann man, wie es in § 54 für einen besonderen Fall erörtert wurde, bei einem beiderseits eingemauerten Träger nicht leicht nahe kommen, mag man es nun durch eine Verlängerung der Einmauerlänge des Trägers oder durch eine Steigerung des Elastizitätskoeffizienten des Auflagermaterials versuchen. Ferner ist die Mittelsenkung des Trägers um ein Mehrfaches größer als die beim vollkommen eingespannten; sie könnte sogar diejenige überschreiten, welche ein auf unelastischen Stützen frei aufliegender Träger erleidet[1]).

Ein Träger kann an den Enden auf verschiedene Weise eingespannt werden [vgl. Fig. 104]. Bei der statischen Untersuchung kommt fast ausschließlich die Formel $M_C = -Pl/8$ zur Verwendung.

---

[1]) Die Mittelsenkung bei einem frei aufliegenden Träger beträgt unter der Annahme einer Einzellast in der Mitte

$$f = \frac{Pl^3}{48EJ} = \frac{Pl^3}{12KL^4};$$

sie ist 4 mal so groß wie y_{Mitte} für $K=\infty$ [vgl. Gl. (11)].

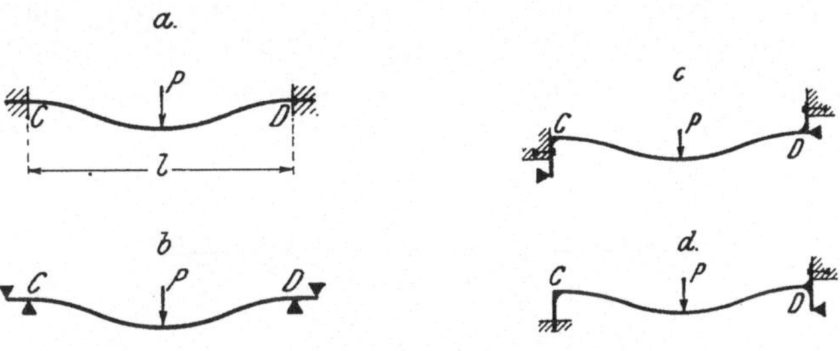

Fig. 104.

Die Formel ist an sich unabhängig von der Einspannungsart des Trägers, während der Träger an der Einspannungsstelle von Fall zu Fall auf andere Weise beansprucht wird, und der in demselben tatsächlich herrschende Gleichgewichtszustand wesentlich von dieser Beanspruchung abhängt.

Die übliche Theorie des beiderseits eingespannten Trägers eignet sich also mit Rücksicht auf die erwähnten Gesichtspunkte weder für praktische Berechnung noch für scharfe Untersuchungen, bei denen man auf die tatsächlich in den Trägern herrschenden Spannungsverhältnisse eingehen will.

2. **Zweckmäßige Formeln.** Im vorigen haben wir den Träger unter zwei voneinander unabhängigen Annahmen $K=\infty$ und $\alpha=\infty$ ausführlich behandelt. Der Bequemlichkeit halber stellen wir die für diese beiden Fälle gewonnenen Formeln folgendermaßen zusammen:

für $K=\infty$	für $\alpha=\infty$
$y_{(CO)}=\frac{Pl^3}{16EJ}\left[\left(\frac{x}{l}\right)^2-\frac{4}{3}\left(\frac{x}{l}\right)^3\right]$	$=\frac{P}{KL}\left[\frac{-\xi^3}{3}+\frac{(\lambda-2)\xi^2}{4}+\frac{\lambda\xi}{2}+\frac{\lambda+2}{4}\right]$
$y_{\text{Mitte}}=\frac{Pl^3}{192EJ}=\frac{Pl^3}{48KL^4}$	$=\frac{P}{48KL}[\lambda^3+6\lambda^2+12\lambda+24]$
$M_C=\frac{-Pl}{8}$	$=\frac{-P[l-2L]}{8}$
$y_C=0$	$=\frac{P[2L+l]}{4KL^2}$
$p_C=\infty$	$=\frac{P[2L+l]}{4L^2}$
$x_0=\frac{l}{4}$	$=\frac{l-2L}{4}$
$\operatorname{tg}\vartheta_C=0$	$=\frac{Pl}{2KL^3}$

Hierin sind λ und ξ in Gln. (4) bezeichnet.

Aus der Tabelle können wir folgende Feststellung machen: Ein beiderseits eingemauerter Träger mit der Lichtweite l erleidet, unter der Annahme einer Einzellast in der Mitte, ein Biegungsmoment an

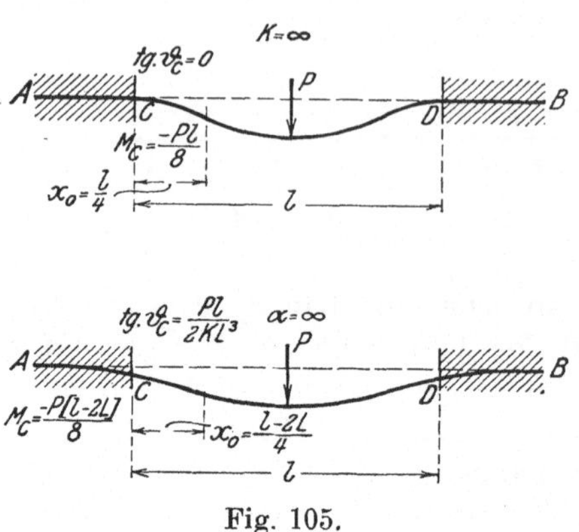

Fig. 105.

den Einmauerkanten, das dem Einspannungsmoment gleich ist, dem ein beiderseits vollkommen eingespannter, gleich steifer Träger mit der Lichtweite $l-2L$ unter derselben Belastung ausgesetzt ist. $l-2L$ möge als **stellvertretende Lichtweite** des eingemauerten Trägers bezeichnet werden.

Es scheint ohne weiteres nicht glaublich, daß in einem gegebenen Fall die beiden Formelgruppen den wirklichen Gleichgewichtsverhältnissen der Konstruktion entsprechen. Die Formeln der ersten Gruppe sind einfach in der Form und kommen gewöhnlich in Verwendung, während die der zweiten von der Erfahrungsgröße K abhängig sind und daher die Unsicherheit des Rechnungsergebnisses vergrößern müssen.

In der Praxis wird der Träger gewöhnlich mit genügender Einmauerungslänge a ausgeführt. Die Zahl α darf daher als unendlich groß oder wenigstens $\sin\alpha$ und $\cos\alpha$ in den allgemeinen Formeln gegen $\mathfrak{Sin}\,\alpha$ und $\mathfrak{Cof}\,\alpha$ als vernachlässigbar angesehen werden, während der Elastizitätskoeffizient K bei weitem nicht einen unendlich großen Wert erreicht.

Es empfiehlt sich daher, insbesondere bei theoretischen Untersuchungen, obige Formeln für $\alpha=\infty$ in Verbindung mit dem richtigen Wert von K zu verwenden, weil wir mit einer solchen Annahme den tatsächlichen Spannungsverhältnissen sicherlich besser Rechnung tragen als mit der Annahme $K=\infty$.

§ 56. Berücksichtigung der Längskraft des Trägers.

Ein beiderseits eingemauerter Träger wird außer durch ein Biegungsmoment auch durch eine Längskraft beansprucht, wenn die eingemauerten Teile keine horizontale Verschiebung des Trägers gestatten. Sie ist gewöhnlich eine Zugkraft, die auf die Beanspruchung des Trägers eine günstige Wirkung ausübt, indem sie eine Verminderung des Feldmomentes hervorruft. Daher wird auf sie bei statischen Berechnungen der Einfachheit sowie ihres geringen Einflusses wegen gewöhnlich keine Rücksicht genommen. Im folgenden wollen wir kurz davon reden.

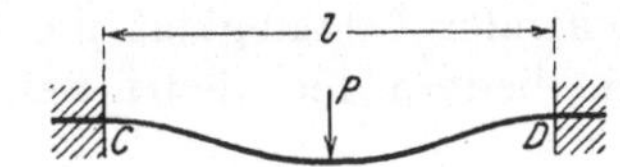

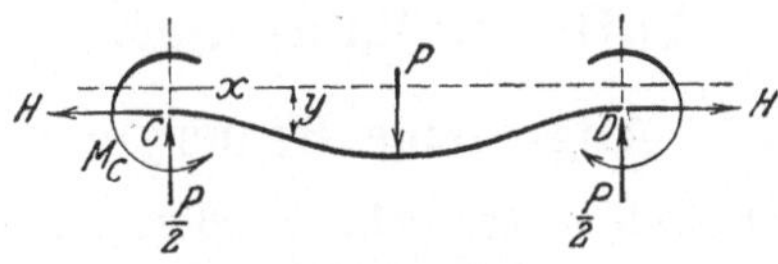

Fig. 106.

Wir greifen für die elastische Linie der lichten Weite CD [Fig. 106] auf die Differentialgleichung § 11, (61) zurück. Setzt man darin $K = 0$, so nimmt die Gleichung die Form

$$EJ\frac{d^4 y}{dx^4} - H\frac{d^2 y}{dx^2} = 0$$

an, mit dem allgemeinen Integral

$$(33) \qquad \left\{ \begin{aligned} y &= B_1 x^{\omega x} + B_2 x^{-\omega x} + B_3 x + B_4, \\ &\text{wenn} \\ \omega &= \sqrt{\frac{H}{EJ}}. \end{aligned} \right.$$

Diese Gleichung für y muß an Stelle von Gl. (1) gesetzt werden. Ferner gilt, da H eine innere Kraft ist, noch die bekannte Bedingungsgleichung

$$\int_0^l \frac{N}{EF}\frac{\partial N}{\partial H}dx + \int_0^l \frac{M}{EJ}\frac{\partial M}{\partial H}dx = 0,$$

welche wegen

$$\frac{\partial M}{\partial H} = -y \qquad M = -EJ\frac{d^2 y}{dx^2}$$
$$= -H[B_1 x^{\omega x} + B_2 e^{-\omega x}]$$

ohne weiteres die Form

$$(34) \qquad \int_0^l [B_1 e^{\omega x} + B_2 e^{-\omega x}]\, y\, dx = \frac{-l}{EF}$$

annimmt.

Die allgemeine Behandlung der Aufgabe führt zu sehr weitgehenden Formeln; wir wollen hier darauf verzichten. In praktischen Fällen empfiehlt es sich, die Gleichungen für y sowie für ihre Ableitungen in Potenzen von ωx zu entwickeln. Da ωx gewöhnlich eine verhältnismäßig kleine Zahl ist, kann man bei einer vorläufigen Berechnung mit hinreichender Genauigkeit die Entwicklungen durch die Summe von einigen Gliedern der niedrigsten Potenzen annähernd angeben.

B. Der Träger ruht beiderseits auf einer Auflagerfläche auf.

§ 57. Allgemeine Bemerkungen.

Es soll hier ein Fall untersucht werden, der mit dem vorigen in engem Zusammenhang steht, obwohl es sich nicht um eine Einspannung handelt. Der Träger AB trage in der Mitte eine Einzellast P und sei an seinen beiden Enden aufgelagert. Die Druckverteilung auf die Auflagerfläche des Trägers ist zu bestimmen.

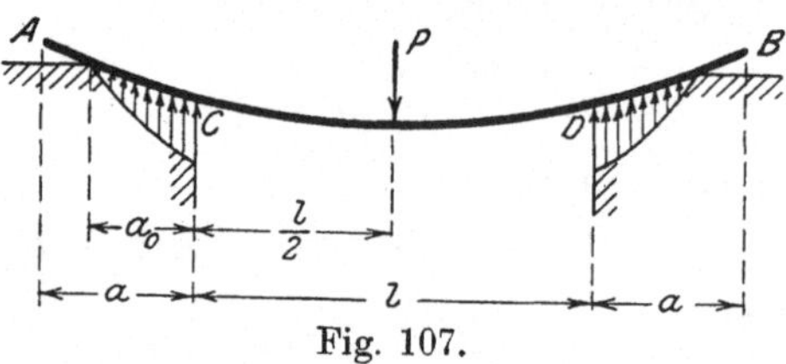

Fig. 107.

Berechnet man nach der Gleichung [vgl. Gl. (16)]

$$\operatorname{tg} \alpha_0 = \frac{2L}{l}$$

den Wert α_0, so sind zwei Fälle zu unterscheiden:

$$\alpha_0 \gtrless \alpha.$$

Unter $\alpha > \alpha_0$ versteht man den Fall, wenn das aufliegende Trägerende ausreichend lang gedacht wird, und zwar so, daß nur ein Teil desselben bei Übertragung des Auflagerdruckes in Wirksamkeit tritt, während bei $\alpha < \alpha_0$ das aufliegende Trägerende, weil verhältnismäßig kurz, ganz zur Wirkung kommen kann.

Bei $\alpha > \alpha_0$ haben sämtliche Formeln der vorhergehenden Aufgabe Geltung, wenn man dabei α durch das soeben berechnete α_0 ersetzt. Selbstredend gelten sie bei dem Fall $\alpha < \alpha_0$, ohne etwas zu ändern.

Die Größe α_0 im ersten Fall hängt, wie aus der oben angegebenen Gleichung erhellt, bei einem gegebenen Träger von L ab, d. h. sie ist eine Funktion von K allein.

Als Zahlenbeispiel diene ein Träger mit demselben Querschnitt wie im Beispiel § 52, 3. Wir setzen eine passend große Auflagerlänge a voraus. Berechnet man nach Gln. (16), (14) für verschiedene Werte von K die Werte α_0 und somit a_0 und p_C, so erhält man

K kg/cm³	a_0 cm	p_C kg/cm²
10	44,20	$2{,}27 \cdot 10^{-2}\,P$
50	20,83	4,59 „ „
100	14,55	6,88 „ „
500	6,60	15,60 „ „
1000	4,65	17,75 „ „
3000	2,66	36,70 „ „
5000	2,098	46,50 „ „
10000	1,471	64,80 „ „

Daraus geht hervor, daß mit wachsendem K die wirksame Auflagerlänge a_0 abnimmt, während der Auflagerdruck p_C an der Kante zunimmt.

Da für $K = \infty$ $L = 0$ ist, erhält man

$$(35) \qquad \left\{\begin{aligned} &\lim_{K=\infty} a_0 = \lim_{L=0}\left[L \operatorname{arc\,tg}\frac{2L}{l}\right] = 0 \\ &\lim_{K=\infty} p_C = \infty\,. \end{aligned}\right.$$

Man ersieht, daß bei einem verhältnismäßig großen Wert von K die rechnungsmäßige Wirkungslänge a_0 sehr klein wird, und ferner, daß der Träger dabei an der Auflagerkante einen konzentrierten Druck ausübt.

Bei der Flächenlagerung eines Trägers pflegt man durch geeignete Vorkehrungen, etwa durch Lagerung des Trägers auf Blei oder sonstigem geeigneten Auflagermaterial, eine elastisch nachgiebige Unterlage zu erzielen. Hierdurch sucht man einen kleineren Elastizitätskoeffizienten K, also eine größere Wirkungslänge a_0 der Auflagerfläche zu bekommen.

$\operatorname{tg}\vartheta_C$ nimmt, wie es aus der Untersuchung § 55, 1 erhellt, mit zunehmendem α vom kleinsten Wert an zu. Der Träger erleidet mit einer Verlängerung der Auflagerstrecke eine vergrößerte Drehung an den Auflagerkanten.

Das oben Erwähnte gilt selbstverständlich auch noch, wenn α kleiner ist als α_0. Der Auflagerdruck p_C nimmt, wie es Fig. 101 erkennen läßt, dabei mit abnehmendem α rasch zu.

Zusammengefaßt folgt: Bei dem auf einem Flächenlager aufruhenden Träger hat das Auflagerende im Gegensatz zum eingespannten nur den Zweck, die Beanspruchung des Auflagermaterials zu ermäßigen; je kleiner sie gewählt wird, desto größer fällt die erforderliche Länge des Auflagerendes aus.

§ 58. Näherungsverfahren.

Dieselbe Aufgabe soll jetzt noch einmal auf einfachere Art behandelt werden.

Als Verdrehungswinkel und Querkräfte in den Auflagerkanten C und D seien die Werte angenommen, die man üblicherweise für den in den Punkten C und D unsenkbar gestützten Balken berechnet.

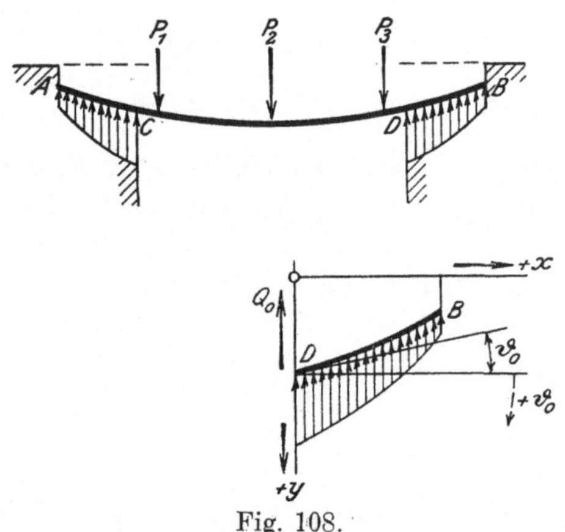

Fig. 108.

Nimmt man für DB

$$y = \frac{1}{2}\left[(A_1 e^{\xi} + A_2 e^{-\xi}) \cos\xi + (A_3 e^{\xi} + A_4 e^{-\xi}) \sin\xi\right]$$

an, so lassen sich, da die Querkraft Q_0 und die Drehung ϑ_0 im Punkt D als gegeben angesehen werden können, die Bedingungsgleichungen für die Konstanten A_1 bis A_4 gestalten wie folgt:

Im Koordinatenanfangspunkt D erhält man

$$\text{(I)} \quad \vartheta_0 = \frac{1}{2L}\left[A_1 - A_2 + A_3 + A_4\right]$$

$$\text{(II)} \quad Q_0 = \frac{KL}{4}\left[A_1 - A_2 - A_3 - A_4\right].$$

Da ferner am Ende B $M = 0$, $Q = 0$ sein muß, ergibt sich

$$\text{(III)} \qquad [A_1 e^{\alpha} - A_2 e^{-\alpha}] \sin\alpha - [A_3 e^{\alpha} - A_4 e^{-\alpha}] \cos\alpha = 0$$

$$\text{(IV)} \qquad A_1 e^{\alpha}[\cos\alpha + \sin\alpha] - A_2 e^{-\alpha}[\cos\alpha - \sin\alpha] - A_3 e^{\alpha}[\cos\alpha - \sin\alpha] - A_4 e^{-\alpha}[\cos\alpha + \sin\alpha] = 0.$$

Die Auflösung dieses Gleichungssystems liefert:

$$6) \left\{ \begin{aligned} A_1 &= \frac{1}{2\Delta}\left[L\vartheta_0(-e^{-2\alpha} + \cos 2\alpha + \sin 2\alpha) - \frac{2Q_0}{KL}(2 + e^{-2\alpha} + \cos 2\alpha - \sin 2\alpha)\right] \\ A_2 &= \frac{1}{2\Delta}\left[L\vartheta_0(-e^{2\alpha} + \cos 2\alpha - \sin 2\alpha) - \frac{2Q_0}{KL}(2 + e^{2\alpha} + \cos 2\alpha + \sin 2\alpha)\right] \\ A_3 &= \frac{1}{2\Delta}\left[L\vartheta_0(-e^{-2\alpha} + 2 - \cos 2\alpha + \sin 2\alpha) - \frac{2Q_0}{KL}(-e^{-2\alpha} + \cos 2\alpha + \sin 2\alpha)\right] \\ A_4 &= \frac{1}{2\Delta}\left[L\vartheta_0(e^{2\alpha} - 2 + \cos 2\alpha + \sin 2\alpha) - \frac{2Q_0}{KL}(e^{2\alpha} - \cos 2\alpha + \sin 2\alpha)\right], \end{aligned} \right.$$

wobei

$$\Delta = \mathfrak{Sin}\, 2\alpha + \sin 2\alpha$$

ist.

Man erhält somit für die Endsenkung

$$\text{(37)} \qquad y_B = \frac{L\vartheta_0 \,\mathfrak{Sin}\,\alpha \sin\alpha - \frac{4Q_0}{KL}\mathfrak{Cof}\,\alpha\cos\alpha}{\mathfrak{Sin}\, 2\alpha + \sin 2\alpha}$$

Die Bedingung für $y_B = 0$ lautet dann

$$\text{(38)} \qquad \mathfrak{Tg}\,\alpha \,\mathrm{tg}\,\alpha = \frac{4Q_0}{KL^2\vartheta_0}.$$

Sie entspricht der Bedingungsgleichung (16) des beiderseits eingemauerten Trägers.

Falls der Träger eine Einzellast P in der Mitte trägt, ergeben sich

$$\vartheta_0 = \frac{-Pl^2}{16EJ}$$

$$Q_0 = \frac{-P}{2},$$

also die Bedingungsgleichung für $y_B = 0$

$$\text{(39)} \qquad \mathfrak{Tg}\,\alpha \,\mathrm{tg}\,\alpha = 8\left[\frac{L}{l}\right]^2.$$

Falls er gleichförmig mit q belastet ist, erhält man

$$\vartheta_0 = \frac{-ql^3}{24EJ}$$

$$Q_0 = \frac{-ql}{2}$$

und die Bedingungsgleichung

$$\mathfrak{Tg}\,\alpha\,\mathrm{tg}\,\alpha = 12\left[\frac{L}{l}\right]^2. \tag{40}$$

Für den Träger im Beispiel § 57 folgt, unter derselben Annahme bezüglich l, K und L wie dort,

$$\mathfrak{Tg}\,\alpha\,\mathrm{tg}\,\alpha = 8\left[\frac{44{,}65}{600{,}00}\right]^2 = 0{,}04428.$$

Daraus findet man durch Probieren $\alpha = 0{,}221$; somit ergibt sich die wirksame Auflagerlänge $a = 0{,}221 \cdot 44{,}65 = 9{,}42$ cm.

Sie nimmt also einen etwas größeren Wert an als die aus der genaueren Formel [Gl. (16)] berechnete Länge $a = 6{,}60$ cm [s. S. 189].

Schließlich hat man an der Kante D

$$(41)\quad \begin{cases} y_D = \dfrac{P}{4L^3}\left[\dfrac{l^2(\mathfrak{Cof}^2\alpha - \cos^2\alpha) + 4L^2(\mathfrak{Cof}^2\alpha + \cos^2\alpha)}{\mathfrak{Sin}\,2\alpha + \sin 2\alpha}\right] \\[2ex] p_D = \dfrac{KP}{4L^3}\left[\dfrac{l^2(\mathfrak{Cof}^2\alpha - \cos^2\alpha) + 4L^2(\mathfrak{Cof}^2\alpha + \cos^2\alpha)}{\mathfrak{Sin}\,2\alpha + \sin 2\alpha}\right]. \end{cases}$$

C. Der Träger ist einseitig eingemauert.

§ 59. Allgemeine Gleichungen.

Der Träger sei am Ende B mit einer Einzellast belastet.

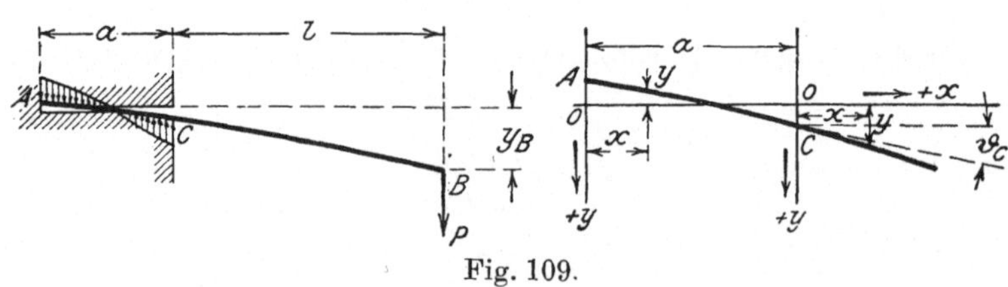

Fig. 109.

Nimmt man für die elastischen Linien der Teile AC und CB bekannterweise die Gleichungen

$$y = \frac{1}{2}\left[(A_1 e^{\xi} + A_2 e^{-\xi})\cos\xi + 2A_3\,\mathfrak{Cof}\,\xi\sin\xi\right]$$

$$y = B_1 x^3 + B_2 x^2 + B_3 x + B_4$$

an, so gelten die ersten fünf Bedingungsgleichungen des § 52.

Die noch fehlenden zwei Gleichungen findet man aus der Erwägung, daß am Ende B $\frac{d^2y}{dx^2}=0$, $Q=P$ sein muß. Es ergibt sich:

$$\text{(VI)}\quad 3B_1e+B_2=0$$

$$\text{(VII)}\quad 6EJB_1=-P.$$

Wenn der Träger anstatt mit der Last P gleichförmig mit über die ganze Länge belastet wäre, hätte man, da nun

$$\frac{d^2y}{dx^2}=\frac{qx^2}{2EJ}+B_1x+B_2$$

und

$$\frac{d^3y}{dx^3}=\frac{qx}{EJ}+B_1$$

sein müßte, an Stelle der letzten zwei Bedingungsgleichungen

$$\text{(VI')}\quad B_1l+B_2=-\frac{ql^2}{2EJ}$$

$$\text{(VII')}\quad B_1=-\frac{ql}{EJ}.$$

Die Auflösung des Gleichungssystems liefert:

$$\text{(42)}\left\{\begin{aligned}
A_1&=\frac{2P}{KL^2\varDelta}\left[L(\mathfrak{Sin}\,\alpha\cos\alpha-e^{-\alpha}\sin\alpha)+l\{\mathfrak{Sin}\,\alpha(\cos\alpha-\sin\alpha)+e^{-\alpha}\sin\alpha\}\right]\\
A_2&=\frac{2P}{KL^2\varDelta}\left[L(\mathfrak{Sin}\,\alpha\cos\alpha-e^{\alpha}\sin\alpha)-l\{\mathfrak{Sin}\,\alpha(\cos\alpha+\sin\alpha)+e^{\alpha}\sin\alpha\}\right]\\
A_3&=\frac{2P}{KL^2\varDelta}\left[L\,\mathfrak{Sin}\,\alpha\sin\alpha+l(\mathfrak{Sin}\,\alpha\cos\alpha+\mathfrak{Cof}\,\alpha\sin\alpha)\right]\\
B_1&=\frac{-2P}{3KL^4}\qquad B_2=\frac{2Pl}{KL^4}\\
B_3&=\frac{2P}{KL^3\varDelta}\left[L(\mathfrak{Sin}^2\alpha+\sin^2\alpha)+l(\mathfrak{Sin}\,2\alpha+\sin 2\alpha)\right]\\
B_4&=\frac{P}{KL^2\varDelta}\left[L(\mathfrak{Sin}\,2\alpha-\sin 2\alpha)+2l(\mathfrak{Sin}^2\alpha+\sin^2\alpha)\right],\\
&\text{wobei}\\
&\varDelta=\mathfrak{Sin}^2\alpha-\sin^2\alpha
\end{aligned}\right.$$

ist.

Es ergibt sich dann für AC bzw. für CB

$$
(43)\left\{\begin{aligned}
y &= \frac{2P}{KL^2\varDelta}\Big[L\{\mathfrak{Sin}\,\alpha\,\mathfrak{Cof}\,\xi\cos(\alpha-\xi)-\sin\alpha\cos\xi\,\mathfrak{Cof}(\alpha-\xi)\}\\
&\quad+l\{\mathfrak{Sin}\,\alpha\cos\alpha\cos\xi\,\mathfrak{Sin}\,\xi+\sin\alpha\,\mathfrak{Cof}\,\alpha\,\mathfrak{Cof}\,\xi\sin\xi\\
&\quad-\mathfrak{Sin}\,\alpha\,\mathfrak{Cof}\,\xi\sin(\alpha-\xi)-\sin\alpha\cos\xi\,\mathfrak{Sin}(\alpha-\xi)\}\Big],\\
y &= \frac{P}{KL\varDelta}\Big[2\left(\lambda\xi^2-\frac{\lambda^3}{3}\right)(\mathfrak{Sin}^2\alpha-\sin^2\alpha)+2\lambda\xi(\mathfrak{Sin}\,2\alpha+\sin 2\alpha)\\
&\quad+2(\lambda+\xi)(\mathfrak{Sin}^2\alpha+\sin^2\alpha)+(\mathfrak{Sin}\,2\alpha-\sin 2\alpha)\Big],
\end{aligned}\right.
$$

worin λ und ξ dieselbe Bedeutung wie in Gl. (4) haben.

Setzt man in der Gleichung für CB $\xi=\lambda$, so erhält man für die Endsenkung

$$
(44)\quad y_B=\frac{P}{KL\varDelta}\Big[\frac{4\lambda^3}{3}(\mathfrak{Sin}^2\alpha-\sin^2\alpha)+2\lambda^2(\mathfrak{Sin}\,2\alpha+\sin 2\alpha)
+4\lambda(\mathfrak{Sin}^2\alpha+\sin^2\alpha)+(\mathfrak{Sin}\,2\alpha-\sin 2\alpha)\Big].
$$

Für $\operatorname{tg}\vartheta_C$ folgt der positive Ausdruck

$$
(45)\quad \operatorname{tg}\vartheta_C=\frac{2P}{KL^3[\mathfrak{Sin}^2\alpha-\sin^2\alpha]}[L(\mathfrak{Sin}^2\alpha+\sin^2\alpha)+l(\mathfrak{Sin}\,2\alpha+\sin 2\alpha)].
$$

§ 60. Sonderfälle.

Es sei $\alpha=\infty$. B_3 und B_4 nehmen die Form

$$B_3=\frac{2P}{KL^3}[L+2l]$$

$$B_4=\frac{2P}{KL^2}[L+l]$$

an. Somit erhält man für CB

$$
(46)\left\{\begin{aligned}
y_{(CB)} &= \frac{2P}{KL}\left[\frac{-\xi^3}{3}+\lambda\xi^2+\xi(1+2\lambda)+\lambda+1\right]\\
y_C &= \frac{2P}{KL}[1+\lambda]\\
p_C &= \frac{2P}{L}[1+\lambda]\\
\operatorname{tg}\vartheta_C &= \frac{2P}{KL^3}[L+2l]\\
y_B &= \frac{2P}{3KL}[2\lambda^3+6\lambda^2+6\lambda+3]
\end{aligned}\right.
$$

Ist $K = \infty$, so ergeben sich

(47) $$\begin{cases} y_{(AC)} = 0 \\ y_{(CB)} = \dfrac{P}{EJ}\left[l\dfrac{x^2}{2} - \dfrac{x^3}{3}\right] \\ y_B = \dfrac{Pl^3}{3EJ}. \end{cases}$$

Die Gleichungen für CB und für die Durchbiegung am freien Ende B sind genau dieselben, wie man sie unter der Annahme einer unveränderlichen Tangente an der Auflagerkante erhält.

Für unendlich großes Trägheitsmoment des Trägers nimmt die Gleichung für AC die Form

(48) $$y = \frac{2P}{Ka^2}\left[\frac{3(a+2l)}{a}x - (a+3l)\right]$$

an. Diesem Fall entspricht also die Annahme einer gleichmäßigen, geradlinigen Druckverteilung über die Auflagerfläche AC. Es ergibt sich

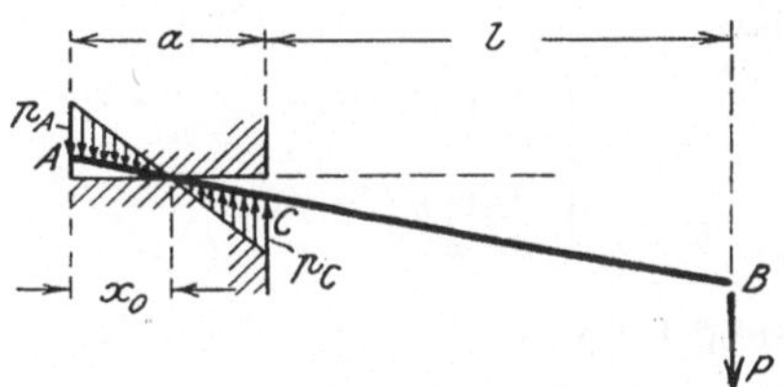

Fig. 110.

(49) $$\begin{cases} p_A = \dfrac{-2P[a+3l]}{a^2} \\ p_C = \dfrac{2P(2a+3l)}{a^2} \\ x_0 = \dfrac{a(a+3l)}{3(a+2l)}. \end{cases}$$

§ 61. Über die Einspannung des Trägers.

Es ist ohne weiteres verständlich, daß im vorliegenden Fall das Biegungsmoment M_C an der Kante keine maßgebende Rolle in der Frage der Einspannung spielt. Es bleibt konstant und ist gleich $-Pl$.

$\operatorname{tg}\vartheta_C$ ist positiv [vgl. Gl. (45)], nimmt mit zunehmendem K ab und verschwindet für $K = \infty$

Es berechnen sich

$$
(50)\quad \begin{cases}
y_C = \dfrac{P}{KL^2\Delta}\left[L(\mathfrak{Sin}\,2\alpha - \sin 2\alpha) + 2l(\mathfrak{Sin}^2\alpha + \sin^2\alpha)\right] \\[2ex]
p_C = \dfrac{P}{L^2\Delta}\left[L(\mathfrak{Sin}\,2\alpha - \sin 2\alpha) + 2l(\mathfrak{Sin}^2\alpha + \sin^2\alpha)\right] \\[2ex]
\text{und ferner} \\[1ex]
y_A = \dfrac{-2P\,\mathfrak{Sin}\,\alpha \sin\alpha}{KL^2\Delta}\left[L\dfrac{\operatorname{tg}\alpha - \mathfrak{Tg}\,\alpha}{\mathfrak{Tg}\,\alpha \operatorname{tg}\alpha} + 2l\right] \\[2ex]
p_A = \dfrac{-2P\,\mathfrak{Sin}\,\alpha \sin\alpha}{L^2\Delta}\left[L\dfrac{\operatorname{tg}\alpha - \mathfrak{Tg}\,\alpha}{\mathfrak{Tg}\,\alpha \operatorname{tg}\alpha} + 2l\right].
\end{cases}
$$

Man erkennt, daß die Kantensenkung y_C für alle Werte von α stets positiv ist. Die Endsenkung y_A aber fällt, da der Ausdruck $\dfrac{\operatorname{tg}\alpha - \mathfrak{Tg}\,\alpha}{\operatorname{tg}\alpha\,\mathfrak{Tg}\,\alpha}$ für die anfänglichen Werte von α positiv ist, negativ aus. Bei zunehmendem K nehmen y_C sowie y_A ab. Die Kantenpressung p_C aber wächst dabei, während diejenige am Ende abnimmt. Für den Grenzfall erhält man

$$
(51)\quad \begin{cases}
\lim\limits_{K=\infty} p_C = \infty \\[1ex]
\lim\limits_{K=\infty} p_A = 0.
\end{cases}
$$

Zusammenfassend folgt, daß, je größer der Elastizitätskoeffizient des Auflagermaterials ist, desto kleiner die Drehung des Trägers an der Vorderkante der Auflagerung, und desto kleiner die Senkungen des eingemauerten Trägerteils ausfallen, d. h. desto fester der Träger eingemauert ist. Die Druckwiderstände lassen sich dabei auf ein kleines Gebiet an der Vorderkante der Auflagerung konzentrieren. Die Druckverteilungslinie nimmt also bei bedeutendem K wieder etwa die in Fig. 103 dargestellte Form an.

Um den Einfluß der Einmauerungstiefe a klarzulegen, nehmen wir den in Fig. 111a skizzierten Träger an. Er hat eine freie Länge von 300 cm und ist an seinem Ende mit W belastet. Die Querschnittsabmessungen des Trägers und die Ziffer K seien dem Beispiel § 52, 3 entnommen. Es ist also

$$l = 300 \text{ cm}$$

$$L = 44{,}65 \text{ cm} \qquad P = \frac{W}{9}.$$

Man berechnet gemäß Gln. (50), (45) für verschiedene Werte von α p_C und $\operatorname{tg}\vartheta_C$ und trägt die Ergebnisse in Kurven auf [Fig. 111b]. Daraus erkennt man, daß p_C und $\operatorname{tg}\vartheta_C$ mit wachsendem α abnehmen;

beide nähern sich für $\alpha = \infty$ ihrem Grenzwerte [vgl. Gl. (46)]. Mittels einer Vergrößerung der Einmauerungslänge kann also die vollkommene Einspannung des Trägers nicht erreicht werden.

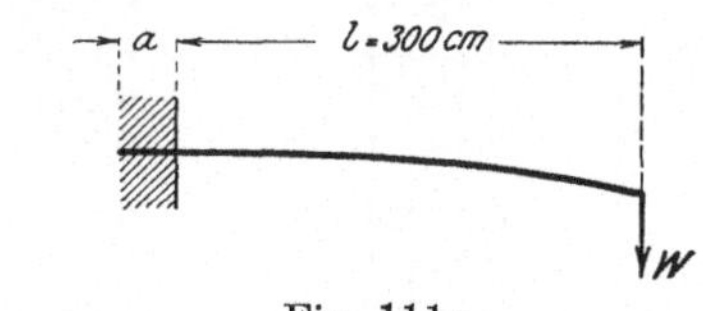

Fig. 111 a.

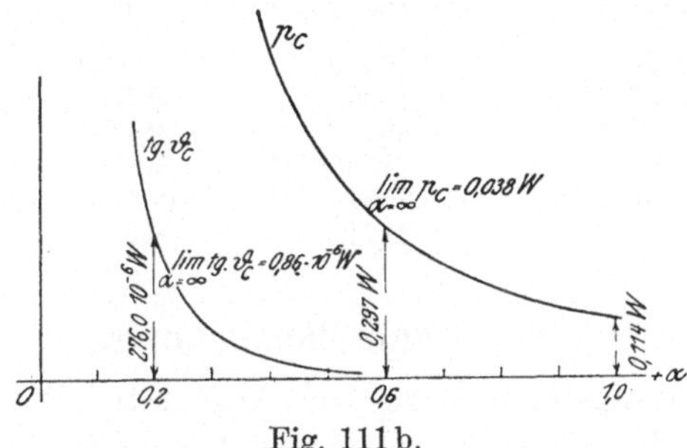

Fig. 111 b.

Schließlich ergibt sich für $\alpha = 0$

$$\left\{\begin{array}{l} \lim p_C = \infty \\ \lim p_A = -\infty\,. \end{array}\right. \tag{52}$$

Der Träger ist also, im Gegensatz zu dem beiderseits eingemauerten, stets am Ende eingespannt, wie klein auch die Einmauerungslänge sein mag. Das Auflagermaterial erfährt aber bei verhältnismäßig kleinem a bedeutende Druckwiderstände durch den Träger. Eine solche Befestigungsart könnte also praktisch nicht existieren.

Im folgenden sind Zahlenwerte für $\operatorname{tg}\alpha$, $\mathfrak{Tg}\,\alpha$ usw. angegeben:

α	$\operatorname{tg}\alpha$	$\mathfrak{Tg}\,\alpha$	$\operatorname{tg}\alpha\,\mathfrak{Tg}\,\alpha$	$\frac{\mathfrak{Tg}\,\alpha}{\operatorname{tg}\alpha}$
0	0	0	0	1
0,01	0,01000	0,01000	0,0001	1,0000
0,02	0,02000	0,02000	0,0004	1,0000
0,03	0,03001	0,02999	0,0009	0,9993
0,04	0,04002	0,03998	0,0016	0,9990
0,05	0,05004	0,04996	0,0025	0,9984
0,06	0,06007	0,05993	0,0036	0,9977
0,07	0,07011	0,06989	0,0049	0,9969
0,08	0,08022	0,07983	0,0064	0,9951
0,09	0,09024	0,08976	0,0081	0,9947

α	$\operatorname{tg}\alpha$	$\mathfrak{Tg}\,\alpha$	$\operatorname{tg}\alpha\,\mathfrak{Tg}\,\alpha$	$\frac{\mathfrak{Tg}\,\alpha}{\operatorname{tg}\alpha}$
0,10	0,10033	0,09967	0,0100	0,9934
0,20	0,20271	0,19737	0,0400	0,9737
0,30	0,30933	0,29131	0,0901	0,9417
0,40	0,42279	0,37995	0,1606	0,8987
0,50	0,54630	0,46211	0,2525	0,8459
0,60	0,68414	0,53704	0,3674	0,7850
0,70	0,84229	0,60437	0,5091	0,7175
0,80	1,02964	0,66403	0,6837	0,6449
0,90	1,26015	0,71629	0,9026	0,5684
1,00	1,55741	0,76159	1,1861	0,4890
1,10	1,96476	0,80050	1,5728	0,4074
1,20	2,57216	0,83365	2,1443	0,3241
1,30	3,60224	0,86172	3,1041	0,2392
1,40	5,79793	0,88535	5,1332	0,1527
1,50	14,10141	0,90515	12,7640	0,0642
$\frac{1}{2}\pi$	∞	0,91715	∞	0

§ 62. Schlußbemerkung.

Der Anwendungsbereich der im Abschnitt I behandelten allgemeinen Theorie des elastisch gelagerten Stabes ist, ohne daß wir es besonders angedeutet haben, auf diejenigen Stäbe beschränkt, deren Elastizitätsmaß höher ist als das der Unterlage, also auf solche, welche bei jeder Belastung in die nachgiebige Unterlage eindringen. Daher durfte bei unseren Untersuchungen der Unterschied zwischen den Verschiebungen der neutralen Achse und denen der äußersten Stabfasern als unendlich klein vernachlässigt werden. Ist aber das Elastizitätsmaß des Stabes, wie es bei dem beiderseits eingemauerten Träger der Fall sein kann, entweder dem der Unterlage ungefähr gleich oder ist es gar kleiner als das der Unterlage, so kann diese Annahme nicht mehr zutreffend sein. Sehr viele Teile der bisherigen Abhandlung würden also unter diesem Gesichtspunkt ihren Wert verlieren.

In solchen Fällen ist es sehr wahrscheinlich, daß sich Träger und Auflagerkörper bei der elastischen Formänderung entweder dadurch aneinander anpassen, daß sich beide gemeinsam durchbiegen, oder, falls das Elastizitätsmaß des Auflagermaterials gegenüber dem des Trägers verhältnismäßig groß ist, der Träger selbst der Quere nach zusammengedrückt wird [vgl. § 18, 3]. Der Fundamentalbegriff der Größe K, also L, muß dabei eine Abänderung erfahren. Die Theorie im ganzen kann natürlich bei weiterem Ausbau des Stoffes in dieser Richtung als Grundlage genommen werden.

VII. Abschnitt.

Einfluß der Nachgiebigkeit des Baugrundes auf die Berechnung des elastisch eingespannten Gewölbebogens und Rahmens.

§ 63. Allgemeines.

1. Vorbemerkungen. Die Standsicherheit eines in den Baugrundfugen elastisch eingespannten Gewölbebogens hängt bekanntlich von der elastischen Beschaffenheit des Baugrundes ab. Biegt sich der Bogen infolge der äußeren Belastung, so tritt eine Drehung und Senkung der Widerlager auf. Von diesen Bewegungen haben die meist verschwindend kleinen elastischen Senkungen nur einen geringen Einfluß auf die Änderung der inneren Kräfte des Bogens. Die Drehung der Widerlager hingegen, die auch verhältnismäßig klein ist, darf mit Rücksicht auf die Beanspruchung des Bogens nicht außer acht gelassen werden.

Durch die elastische Bewegung des Widerlagers kann eine Vergrößerung der Spannweite des Bogens eintreten. Besonders bei weitgespannten Bogen auf hohen Widerlagern kann sich ein bedeutender Einfluß auf die innere Beanspruchung der Konstruktionen geltend machen. Es wäre möglich, daß ein Bogen lediglich durch die zufällige Beweglichkeit des Widerlagers bis zur höchsten zulässigen Grenze beansprucht wird, was Rissebildungen und andere, zweifellos von einer Bewegung des Baugrundes herrührende Beschädigungen zur Genüge beweisen.

Im folgenden sei wie früher angenommen, daß die Zusammendrückung des Baugrundes der Pressung proportional ist. Weil Zugkräfte zwischen Baugrund und Sohle des Widerlagers nicht auftreten können, müssen die Bodenpressungen und daher die zugehörigen Zusammendrückungen im Ergebnis der Rechnung positive Werte annehmen; selbstredend ist es belanglos, wenn diese Größen in Zwischenrechnungen negativ werden.

2. Grundlegende elastische Gleichungen. Wir denken uns den Gewölbebogen durch einen lotrechten Schnitt $n\,n$ im Scheitel auseinandergeschnitten und bringen die daselbst wirkenden Fugenkräfte als äußere Kräfte an [Fig. 112]. Jede Bogenhälfte soll als statisch bestimmtes Hauptsystem betrachtet werden. Die Fugenkräfte können durch ihre in den Schwerpunkt des Querschnittes verlegten, wagerechten und lotrechten Komponenten X_a, X_c und durch das um die Schwerachse des Querschnittes drehende Moment X_b ersetzt werden; diese Kräfte und das Biegungsmoment sind natürlich für die rechte Bogenhälfte als in entgegengesetztem Sinn wirkend anzunehmen.

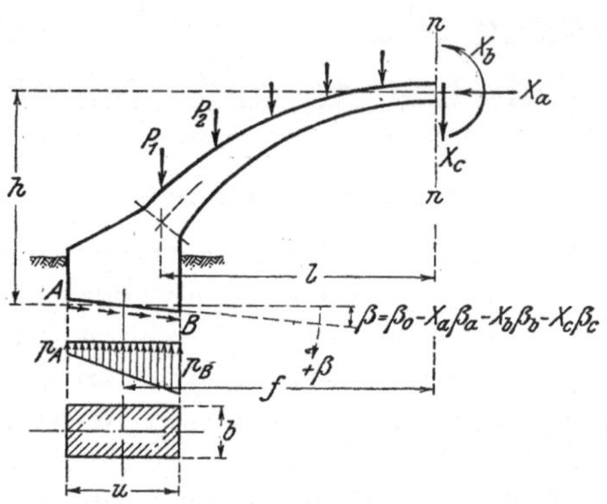

Fig. 112.

Der Verdrehungswinkel β des Widerlagers berechnet sich

(1) $$\beta = \beta_o - X_a \beta_a - X_b \beta_b - X_c \beta_c,$$

wobei

β_o den Verdrehungswinkel des statisch bestimmten Hauptsystems für $X = 0$,

β_a denjenigen für $X_a = -1$,

β_b " " $X_b = -1$,

β_c " " $X_c = -1$

bedeuten.

Zur Ermittlung der statisch nicht bestimmbaren Größen X_a, X_b und X_c gelten die allgemeinen Elastizitätsgleichungen

(2) $$\begin{cases} L_a + \delta_a = \delta_{ao} - \delta_{aa} X_a - \delta_{ba} X_b - \delta_{ca} X_c \\ L_b + \delta_b = \delta_{bo} - \delta_{ab} X_a - \delta_{bb} X_b - \delta_{cb} X_c \\ L_c + \delta_c = \delta_{co} - \delta_{ac} X_a - \delta_{bc} X_b - \delta_{cc} X_c. \end{cases}$$

Hierin bedeuten

δ_a, δ_b, δ_c die Wege der Belastungen X_a, X_b, X_c des statisch bestimmten Hauptsystems, gleichgültig, ob diese eine Kraft oder ein Moment sind,

δ_{aa} den Einfluß der Ursache $X_a = -1$ auf den Weg δ_a,
δ_{ba} „ „ „ „ $X_a = -1$ „ „ „ δ_b,
...

L_a die virtuelle Arbeit, die man erhält, wenn man die von der Ursache $X_a = -1$ herrührenden Auflagerwiderstände des statisch bestimmten Hauptsystems mit den Projektionen der wirklichen Verrückungen ihrer Angriffspunkte multipliziert, usw.

§ 64. Der Bogen ist symmetrisch belastet.

Um den Gang der Berechnung anschaulicher darzustellen, möge der Fall, daß der Bogen symmetrisch belastet ist, zuerst behandelt werden.

1. Ableitung der Formeln. Bei der herrschenden völligen Symmetrie verschwindet die lotrechte Kraft X_c. Es genügt daher, die Untersuchung des Systems nur auf die Hälfte des Bauwerkes auszudehnen.

Man hat für jede Bogenhälfte die zwei Gleichungen

$$(3_1)\qquad \begin{cases} L_a + \delta_a = \delta_{ao} - X_a\,\delta_{aa} - X_b\,\delta_{ba} \\ L_b + \delta_b = \delta_{bo} - X_a\,\delta_{ab} - X_b\,\delta_{bb}. \end{cases}$$

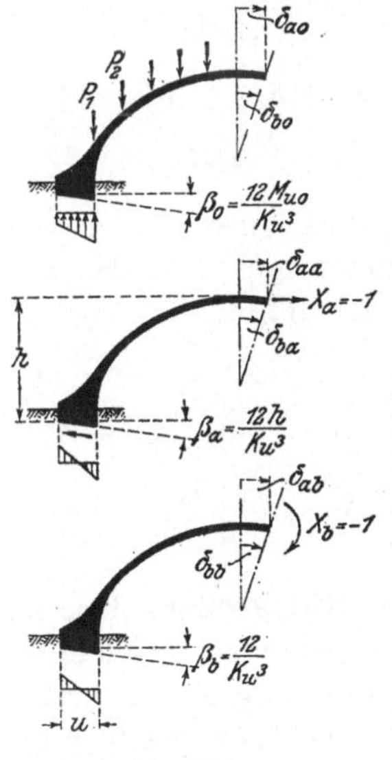

Fig. 113.

Die Belastungszustände $X = 0$, $X_a = -1$ und $X_b = -1$ sind in Fig. 113 dargestellt. Die zwei Größen L_a und L_b haben die Ausdrücke

$$(4)\qquad \begin{cases} L_a = -h\beta = -[h\beta_o - X_a h\beta_a - X_b h\beta_b] \\ L_b = -\beta \;\; = -[\beta_o \;\; - X_a h\beta_b - X_b \beta_b]. \end{cases}$$

Da die virtuellen Belastungszustände für den rechten Bogenteil genau dieselben sind, bleiben die Größen δ_{ao}, δ_{bo}, δ_{aa}, $\delta_{ab} = \delta_{ba}$ sowie L_a, L_b in den beiden Bogenhälften unverändert. Was die zwei Größen δ_a, δ_b betrifft, die die wirklichen Verschiebungen des betreffenden Punktes bzw. Schnittes bezeichnen, müssen sie in den beiden Bogenhälften dieselben Werte, aber entgegengesetzte Vorzeichen haben. Es ergibt sich daher

$$(3_2)\qquad \begin{cases} L_a = \delta_{ao} - X_a \delta_{aa} - X_b \delta_{ba} \\ L_b = \delta_{bo} - X_a \delta_{ab} - X_b \delta_{bb}. \end{cases}$$

Setzt man die Ausdrücke L_a und L_b aus Gl. (4) ein, so erhält man mit Rücksicht auf $\beta_a = h\beta_b$

$$(3_3)\qquad \begin{cases} [h\beta_a + \delta_{aa}] X_a + [\beta_a + \delta_{ba}] X_b = \delta_{ao} + h\beta_o \\ \;\;[\beta_a + \delta_{ab}] X_a + [\beta_b + \delta_{bb}] X_b = \delta_{bo} + \beta_o. \end{cases}$$

Daraus folgen die Determinantenbrüche:

$$(5)\qquad \begin{cases} X_a = \dfrac{[\beta_b + \delta_{bb}][\delta_{ao} + h\beta_o] - [\beta_a + \delta_{ab}][\delta_{bo} + \beta_o]}{[h\beta_a + \delta_{aa}][\beta_b + \delta_{bb}] - [\beta_a + \delta_{ab}]^2} \\[2ex] X_b = \dfrac{[h\beta_a + \delta_{aa}][\delta_{bo} + \beta_o] - [\beta_a + \delta_{ab}][\delta_{ao} + h\beta_o]}{[h\beta_a + \delta_{aa}][\beta_b + \delta_{bb}] - [\beta_a + \delta_{ab}]^2}. \end{cases}$$

Bei starrem Baugrund, also für $K = \infty$, verschwinden alle β, so daß die Verschiebungen nur von der Formänderung des Bogens herrühren. Es ergibt sich dann:

$$(6)\qquad \begin{cases} X_a = \dfrac{\delta_{ao}\delta_{bb} - \delta_{bo}\delta_{ba}}{\delta_{aa}\delta_{bb} - \delta_{ab}^2} \\[2ex] X_b = \dfrac{\delta_{bo}\delta_{aa} - \delta_{ao}\delta_{ab}}{\delta_{aa}\delta_{bb} - \delta_{ab}^2}. \end{cases}$$

2. Berechnung der Hilfsgrößen. Um zu praktisch brauchbaren Rechnungsmethoden zu gelangen, wollen wir in der Folge bei der Berechnung der Formänderungen den unbedeutenden Einfluß der Normalkräfte und der Querkräfte vernachlässigen. Diese Vereinfachung, die auch bei manchen andern Aufgaben der Elastizitätslehre üblich ist, wird eine wesentliche Erleichterung bei der Untersuchung des Systems bieten.

Die in den Formeln auftretenden Festwerte berechnen sich dann

$$(7)^{1)}\quad\left\{\begin{aligned}
&\beta_0 = \frac{12\,M_{uo}}{b\,K\,u^3} \qquad \beta_a = \frac{12\,h}{b\,K\,u^3} \qquad \beta_b = \frac{12}{b\,K\,u^3}\\
&\delta_{ao} = \int_0^l \frac{M_a\,M_o\,dx}{EJ\cos\varphi} = \int_0^l \frac{M_a\,M_o\,ds}{EJ}\\
&\delta_{bo} = \int_0^l \frac{M_b\,M_o\,dx}{EJ\cos\varphi} = \int_0^l \frac{M_b\,M_o\,ds}{EJ}\\
&\delta_{ab} = \delta_{ba} = \int_0^l \frac{M_a\,M_b\,dx}{EJ\cos\varphi} = \int_0^l \frac{M_a\,M_b\,ds}{EJ}\\
&\delta_{aa} = \int_0^l \frac{M_a^2\,dx}{EJ\cos\varphi} = \int_0^l \frac{M_a^2\,ds}{EJ}\\
&\delta_{bb} = \int_0^l \frac{M_b^2\,dx}{EJ\cos\varphi} = \int_0^l \frac{M_b^2\,ds}{EJ},
\end{aligned}\right.$$

wobei unter l die halbe in die Rechnung aufzunehmende Spannweite, unter b die in Betracht gezogene Tiefe des Widerlagers und unter u die Sohlenlänge desselben verstanden sind.

M_{uo} bezeichnet das von der Belastung herrührende Biegungsmoment, bezogen auf die Sohlenmitte des Widerlagers; bei gegebener Belastung ist es eine bekannte Größe. Unter M_o, M_a und M_b versteht man die virtuellen Momente in einem beliebigen Punkt der Bogenachse.

Die Integrale in den Formeln können ohne Schwierigkeit berechnet werden, sei es durch gewöhnliche Integration, sei es durch mechanische Quadratur.

Die drei Größen δ_{ao}, δ_{bo} und δ_{co}, welche den Faktor mit dem Index Null in ihren Ausdrücken enthalten, beziehen sich auf die Lage der äußeren Lasten P_1, P_2 .... Alle übrigen sind davon unabhängig; es genügt, sie nur einmal auszuwerten.

---

[1]) Für β_0, β_a und β_b siehe S. 107, Gl. (16_2).

3. Zahlenbeispiel. Zur besseren Beleuchtung des Erörterten möge ein Zahlenbeispiel durchgeführt werden.

Der in Fig. 114 dargestellte Eisenbetonbogen habe bei 19,2 m lichter Weite einen Pfeil von 3,85 m. Die Gewölbestärke beträgt im Scheitel 35 cm, an den Kämpfern 70 cm. Die Eiseneinlage besteht oben und unten aus je zehn Rundeisen 8 mm ($f_c = 0{,}503$ cm²).

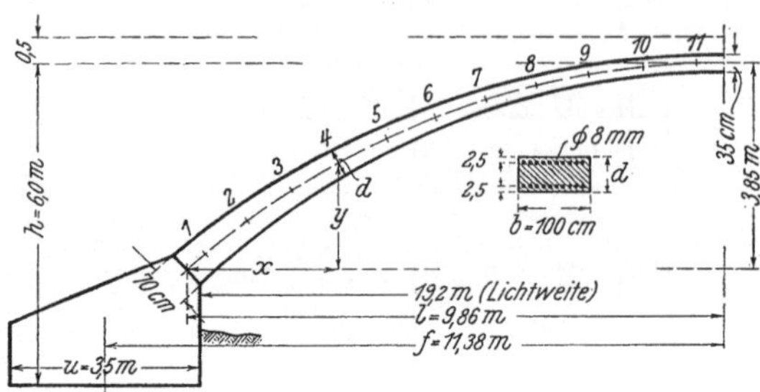

Fig. 114.

Für die statische Berechnung teilen wir den halben Bogen in elf Teile von ungefähr 100 cm Länge. Die Mittelpunkte dieser Stücke sind vom Kämpfer aus mit 1 bis 11 beziffert. Ihre auf den Kämpfer bezogenen Koordinaten x, y, die Bogenstärke d und das Trägheitsmoment J sind in der nachstehenden Tabelle enthalten:

Punkt	x m	y m	d m	J (für $b = 100$ cm) cm⁴
1	0,313	0,300	0,700	$295 \cdot 10^4$
2	1,035	0,985	0,640	226 „
3	1,815	1,580	0,590	178 „
4	2,465	2,100	0,530	129 „
5	3,555	2,550	0,490	102 „
6	4,485	2,910	0,440	74 „
7	5,435	3,225	0,400	56 „
8	6,395	3,475	0,380	48 „
9	7,375	3,650	0,360	41 „
10	8,365	3,775	0,355	39 „
11	9,360	3,850	0,350	38 „

Als Belastung sollen Eigengewicht + Nutzlast über die ganze Spannweite angenommen werden. Es seien die

ständigen Lasten:

Eisenbeton . . . . 2400 kg/m³
Erdreich . . . . 1650 kg/m³
30 cm starke Pflasterdecke einschließlich Packlage 750 kg/m²,

Verkehrslast: 360 kg/m².

Im folgenden bezeichnen P_1, P_2 . . . die Gewichte der Bogenstücke samt ihren Auflasten. Die Werte M_o, M_a und M_b ergeben sich am zweckmäßigsten graphisch mit Hilfe von Seillinien. Die Ausdrücke in Integralform bestimmen sich durch einfache Summierung.

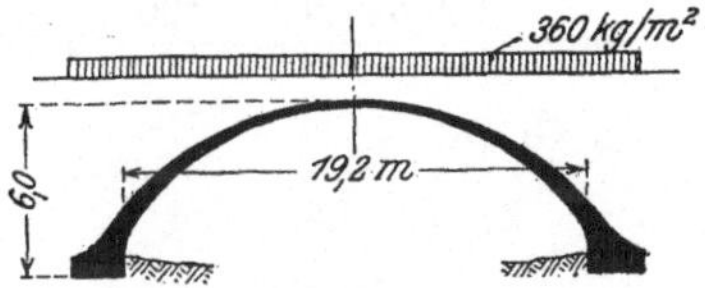

Fig. 115.

Punkt	P kg	M_o cmkg	M_a cmkg	M_b cmkg
1	8140	$13300\cdot10^3$	355,0	1
2	5580	10750 „	286,5	1
3	5050	8500 „	227,0	1
4	4550	6500 „	175,0	1
5	4100	4750 „	130,0	1
6	3500	3250 „	94,0	1
7	3050	2075 „	62,5	1
8	2700	1250 „	37,5	1
9	2270	610 „	20,0	1
10	2140	200 „	7,5	1
11	2020	0 „	0	1

Punkt	$\frac{M_a^2}{J}$	$\frac{M_b^2}{J}$	$\frac{M_a M_b}{J}$	$\frac{M_a M_o}{J}$	$\frac{M_b M_o}{J}$
1	$4,273\cdot10^{-2}$	$3,389\cdot10^{-7}$	$1,202\cdot10^{-4}$	$16,00\cdot10^2$	$451,0\cdot10^{-2}$
2	3,635 „	4,425 „	1,268 „	13,63 „	476,0 „
3	2,895 „	5,618 „	1,275 „	10,84 „	477,0 „
4	2,375 „	7,752 „	1,358 „	8,82 „	503,8 „
5	1,658 „	9,804 „	1,275 „	6,05 „	466,0 „
6	1,194 „	13,510 „	1,270 „	4,13 „	439,0 „
7	0,697 „	17,857 „	1,117 „	2,32 „	370,0 „
8	0,293 „	20,833 „	0,781 „	0,98 „	260,4 „
9	0,098 „	24,390 „	0,468 „	0,30 „	148,7 „
10	0,014 „	25,641 „	0,192 „	0,04 „	51,3 „
11	0	26,316 „	0	0	0
	$17,132\cdot10^{-2}$	$159,535\cdot10^{-7}$	$10,226\cdot10^{-4}$	$63,11\cdot10^2$	$3643,2\cdot10^{-2}$

Das Produkt $M_i M_k$ ist mit positivem Vorzeichen zu versehen, wenn die Momente M_i und M_k den Stab in gleichem Sinne durchbiegen.

Es berechnet sich, wenn $E = 140000$ kg/cm² gewählt wird,

$$\delta_{ao} = \frac{63,11\cdot10^2\cdot100}{E} = 4,510$$

$$\delta_{bo} = \frac{3643,2\cdot10^{-2}\cdot100}{E} = 2,600\cdot10^{-2}$$

$$\delta_{ab} = \delta_{ba} = \frac{10,226\cdot10^{-4}\cdot100}{E} = 73,00\cdot10^{-8}$$

$$\delta_{aa} = \frac{17{,}132 \cdot 10^{-2} \cdot 100}{E} = 12{,}240 \cdot 10^{-5}$$

$$\delta_{bb} = \frac{159{,}535 \cdot 10^{-7} \cdot 100}{E} = 1{,}140 \cdot 10^{-8}.$$

Somit ist für $K = \infty$ nach Gl. (6)

$$X_a = \mathbf{37600\ kg}$$

$$X_b = \mathbf{-127500\ cmkg}.$$

Der Horizontalschub X_a greift also bei starrem Baugrund in einer Tiefe von $e = \frac{-12750}{37600} = -3{,}49$ cm unter dem Bogenscheitel an. Das Minuszeichen zeigt, daß e von der Mitte des Scheitelquerschnittes nach unten gerechnet werden muß.

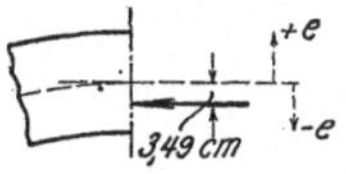

Fig. 116.

Wir gehen jetzt dazu über, den Einfluß der Variation der Baugrundziffer zu untersuchen. Um der Unsicherheit bei der Wahl der richtigen Größe der Baugrundziffer zu entgehen, führen wir die Berechnung mit verschiedenen Baugrundziffern durch, zwischen welche die in der Praxis vorkommenden Werte eingeschaltet werden können.

Die drei Größen β_o, β_a und β_c, in denen die Ziffer K vorkommt, sind zu errechnen. Das Biegungsmoment M_{uo} bestimmt sich graphisch zu

$$M_{uo} = 21050 \cdot 10^3 \text{ cmkg}.$$

Es ergibt sich, da $b = 100$ cm angenommen ist,

$$\left\{\begin{aligned} \beta_o &= \frac{12\, M_{uo}}{b K u^3} = \frac{12 \cdot 21050 \cdot 10^3}{100 \cdot K \cdot 350^3} = \frac{0{,}0589}{K} \\ \beta_a &= \frac{12\, h}{b K u^3} = \frac{12 \cdot 600}{100 K \cdot 350^3} = \frac{1{,}680 \cdot 10^{-6}}{K} \\ \beta_b &= \frac{12}{b K u^3} = \frac{12}{100 K \cdot 350^3} = \frac{2{,}800 \cdot 10^{-9}}{K}. \end{aligned}\right.$$

Es sollen die fünf Fälle $K = 1,\ 10,\ 50,\ 100$ und 1000 kg/cm³ berechnet werden. Man erhält

K kg/cm³	β_o	β_a	β_b
∞	0	0	0
1000	$5{,}89 \cdot 10^{-5}$	$1{,}68 \cdot 10^{-9}$	$2{,}80 \cdot 10^{-12}$
100	58,90 „	16,80 „	28,00 „
50	117,80 „	33,60 „	56,00 „
10	589,00 „	168,00 „	280,00 „
1	5890,00 „	1680,00 „	2800,00 „

und ferner

K kg/cm³	X_a kg	X_b cmkg	$e=\frac{X_b}{X_a}$ cm
∞	37600	−127500	−3,49
1000	37500	−126100	−3,36
100	37500	−116000	−3,10
50	37200	−104800	−2,81
10	36320	− 58400	−1,61
1	35280	− 7800	−0,22

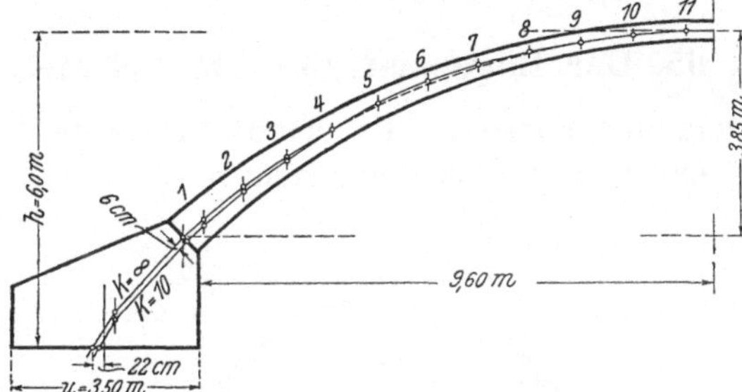

Fig. 117.

Die Stützlinie für $K=\infty$ ist in Fig. 117 eingetragen. Sie fällt fast genau mit der Bogenachse zusammen; in der Sohle des Widerlagers weicht sie von der Mitte um 22 cm nach links ab. Ein Zusammenfallen der Stützlinie mit der Bogenachse ist nur dann gerechtfertigt, wenn tatsächlich ein starrer Baugrund, z. B. Felsen, vorliegt, weil die Stützlinie, wie es aus dem Rechnungsergebnis hervorgeht, bei abnehmendem K im Scheitel nur wenig steigt und gegen die Kämpfer rasch nach innen rückt. Sie weicht z. B. für $K = 10$ kg/cm³ im Scheitel um 1,61 cm von der Bogenachse und in den Kämpfern um etwa 6 cm von derjenigen für $K=\infty$ ab.

Ferner kann man sich ohne weiteres überzeugen, daß für eine Änderung der Baugrundziffer zwischen den weiten Grenzen $K=1$ und $K=100$, die wohl außer Felsboden alle für eine Gründung in Frage kommenden Bodenarten einschließen, und selbst für $K=\infty$, die Abweichungen der Stützlinie von der Bogenachse unwesentlich sind; der Fehler, den man mit der Annahme starrer Einspannung begeht, würde also nicht bedeutend sein.

Da die Baugrundziffer bei einem geeignet vorbereiteten Baugrund aller Wahrscheinlichkeit nach nicht kleiner als 10 kg/cm³ werden wird, kann man bei praktischer Berechnung diese für einen sehr nachgiebigen Baugrund gültige Annahme immer zugrunde legen. Unter dieser Annahme geht die Stützlinie bei vorliegendem Beispiel fast durch die Mitte der Baugrundfuge; das Bauwerk verhält sich dabei wie ein Bogen mit Gelenken in der Sohlenmitte des Widerlagers.

Es darf aber selbstverständlich hieraus nicht der Schluß gezogen werden, daß die Güte des Baugrundes für die Standsicherheit des Bauwerks gleichgültig ist. Denn die Untersuchung setzt ja eine völlige Unverschieblichkeit der Bausohle in wagerechter Richtung voraus; bei schlechtem Baugrund würde jedoch ohne Zweifel eine seitliche Verschiebung des Widerlagers auftreten; das ganze Bauwerk würde also wie ein freiliegender Balken wirken.

§ 65. Der Bogen ist einseitig belastet.

1. Ableitung der Formeln. Es gelten für beide Hauptsysteme die drei allgemeinen elastischen Gleichungen (2).

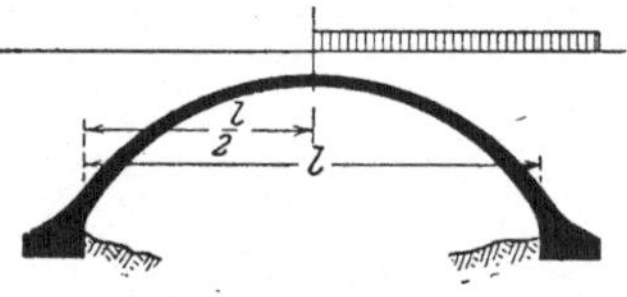

Fig. 118.

Die virtuellen Belastungszustände $X_a = -1$, $X_b = -1$ bleiben für die beiden Bogenhälften dieselben wie im vorigen Fall [vgl. Fig. 113]. In Fig. 119 sind die Zustände $X = 0$ und $X_c = -1$ dargestellt. Das rechte Hauptsystem ist der Bequemlichkeit halber hier als Umkehrung des linken gezeichnet.

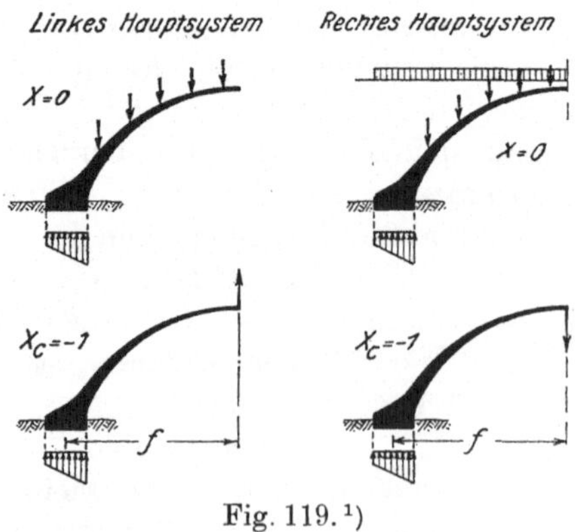

Fig. 119.[1]

[1]) In der linksseitigen Figur für $X_c = -1$ sind die Pfeile der Spannungsfigur umzukehren.

Die Ausdrücke L_a, L_b und L_c lauten dann für beide Hauptsysteme

$$(8)\quad \begin{cases} L_a = -[h\beta_o - X_a h\beta_a - X_b h\beta_b - X_c h\beta_c] \\ L_b = -[\beta_o \quad - X_a\beta_a \quad - X_b\beta_b \quad - X_c\beta_c] \\ L_c = \pm[f\beta_o - X_a f\beta_a - X_b f\beta_b - X_c f\beta_c]. \end{cases}$$

Das Minuszeichen in der Gleichung für L_c bezieht sich auf das rechte Hauptsystem.

Mit Rücksicht auf $\sum(\delta_{ca}) = 0$ und $\sum(\delta_{cb}) = 0$ lassen sich Gln. (2) in der Form

$$(9_1)\quad \begin{cases} \sum[L_a] = \sum[\delta_{ao}] - 2X_a\delta_{aa} - 2X_b\delta_{ba} \\ \sum[L_b] = \sum[\delta_{bo}] - 2X_a\delta_{ab} - 2X_b\delta_{bb} \\ \sum[L_c] = \sum[\delta_{co}] \qquad\qquad\qquad\qquad - 2X_c\delta_{cc} \end{cases}$$

angeben. Führt man die Ausdrücke für L_a, L_b und L_c aus Gl. (8) ein, so ergibt sich, da $\sum(\beta_c) = 0$,

$$(9_2)\quad \begin{cases} -[h\sum(\beta_o) - 2X_a h\beta_a - 2X_b h\beta_b] = \sum[\delta_{ao}] - 2X_a\delta_{aa} - 2X_b\delta_{ba} \\ -[\sum(\beta_o) - 2X_a\beta_a - 2X_b\beta_b] \qquad = \sum[\delta_{bo}] - 2X_a\delta_{ab} - 2X_b\delta_{bb} \\ [f(\beta_o' - \beta_o'') - X_c f(\beta_c' - \beta_c'')] \quad = \sum[\delta_{co}] - 2X_c\delta_{cc}, \end{cases}$$

wobei β_o', β_c' und β_o'', β_c'' bzw. die Werte von β_o, β_c für das linke und das rechte Hauptsystem bezeichnen. Formt man die Gleichungen weiter um, so erhält man mit Rücksicht auf $h\beta_b = \beta_a$

$$(9_3)\quad \begin{cases} 2[h\beta_a + \delta_{aa}]X_a + 2[\beta_a + \delta_{ba}]X_b = \sum[\delta_{ao}] + h\sum[\beta_o] \\ 2[\beta_a + \delta_{ab}]X_a \quad + 2[\beta_b + \delta_{bb}]X_b = \sum[\delta_{bo}] + \sum[\beta_o] \\ \qquad\qquad [f(\beta_c'' - \beta_c') + 2\delta_{cc}]X_c = \sum[\delta_{co}] + f[\beta_o'' - \beta_o']. \end{cases}$$

Die Auflösung liefert

$$(10)\quad \begin{cases} X_a = \dfrac{[\beta_b + \delta_{bb}][\sum(\delta_{ao}) + h\sum(\beta_o)] - [\beta_a + \delta_{ab}][\sum(\delta_{bo}) + \sum(\beta_o)]}{2[(h\beta_a + \delta_{aa})(\beta_b + \delta_{bb}) - (\beta_a + \delta_{ab})^2]} \\[2ex] X_b = \dfrac{[h\beta_a + \delta_{aa}][\sum(\delta_{bo}) + \sum(\beta_o)] - [\beta_a + \delta_{ab}][\sum(\delta_{ao}) + h\sum(\beta_o)]}{2[(h\beta_a + \delta_{aa})(\beta_b + \delta_{bb}) - (\beta_a + \delta_{ab})^2]} \\[2ex] X_c = \dfrac{\sum(\delta_{co}) + f[\beta_o'' - \beta_o']}{f[\beta_c'' - \beta_c'] + 2\delta_{cc}} \end{cases}$$

und für $K = \infty$

$$(11)\quad \begin{cases} X_a = \dfrac{\delta_{bb}\sum(\delta_{ao}) - \delta_{ab}\sum(\delta_{bo})}{2[\delta_{aa}\delta_{bb} - \delta_{ab}^2]} \\[2ex] X_b = \dfrac{\delta_{aa}\sum(\delta_{bo}) - \delta_{ab}\sum(\delta_{ao})}{2[\delta_{aa}\delta_{bb} - \delta_{ab}^2]} \\[2ex] X_c = \dfrac{\sum(\delta_{co})}{2\delta_{cc}}. \end{cases}$$

Hierbei sind β_c' und β_c'' bzw. durch den Ausdruck $\mp \frac{12 f}{b K u^3}$ bestimmt. β_0' und β_0'' sind aus der Formel (7) auszuwerten, in der $M_{u o}$ sich auf die zugehörige wirkliche Belastung bezieht.

2. Zahlenbeispiel. Wir wollen den im vorigen Paragraphen behandelten Bogen noch einmal unter der Voraussetzung untersuchen, daß sich die Verkehrslast nur über die rechte Hälfte des Bogens erstreckt.

Man erhält für das linke Hauptsystem folgende Tabelle:

Punkt	M kg	M_o cmkg	M_c cmkg	$\frac{M_c M_o}{J}$	$\frac{M_c^2}{J}$
1	7790	$11750 \cdot 10^3$	−954,50	−3804,00	0,309
2	5310	9400 „	−882,50	−3670,00	0,344
3	4760	7330 „	−804,50	−3313,00	0,363
4	4240	5500 „	−721,50	−3075,00	0,404
5	3770	3950 „	−630,50	−2440,00	0,390
6	3160	2750 „	−537,50	−1995,00	0,390
7	2710	1750 „	−442,50	−1382,00	0,250
8	2350	1000 „	−346,50	−722,00	0,230
9	1920	500 „	−248,50	−303,00	0,151
10	1780	170 „	−149,50	−65,20	0,057
11	1660	0 „	−50,00	0	0,007
	39450			−20769,20	3,015

Punkt	$\frac{M_a M_c}{J}$	$\frac{M_b M_c}{J}$	$\frac{M_a M_o}{J}$	$\frac{M_b M_o}{J}$
1	$-1149 \cdot 10^{-4}$	$-3{,}236 \cdot 10^{-4}$	$14{,}14 \cdot 10^2$	$398{,}5 \cdot 10^{-2}$
2	−1120 „	−3,902 „	11,90 „	416,0 „
3	−1025 „	−4,518 „	9,35 „	414,0 „
4	−979 „	−5,600 „	7,46 „	426,4 „
5	−804 „	−6,185 „	5,03 „	387,0 „
6	−684 „	−7,260 „	3,49 „	371,5 „
7	−494 „	−7,900 „	1,95 „	312,5 „
8	−271 „	−7,223 „	0,78 „	208,3 „
9	−121 „	−6,055 „	0,24 „	122,0 „
10	−20 „	−3,835 „	0,03 „	43,6 „
11	0 „	−1,315 „	0 „	0 „
	−6676 „	−57,029 „	54,37 „	3099,80 „

Man berechnet dann

$$\delta_{a o} = \frac{5437 \cdot 100}{140000} = 3{,}882$$

$$\delta_{b o} = \frac{3099{,}80 \cdot 10^{-2} \cdot 100}{140000} = 2{,}212 \cdot 10^{-2}$$

$$\delta_{c o} = \frac{-20769{,}20 \cdot 100}{140000} = -14{,}825$$

$$\delta_{cc} = \frac{3{,}015 \cdot 100}{140\,000} = 2{,}155 \cdot 10^{-3}$$

$$\delta_{ac} = \frac{-6676 \cdot 10^{-4} \cdot 100}{140\,000} = -4{,}768 \cdot 10^{-4}$$

$$\delta_{bc} = \frac{-57{,}029 \cdot 10^{-4} \cdot 100}{140\,000} = -4{,}070 \cdot 10^{-6}$$

Ferner ergibt sich

$$\beta_c' = \frac{-12 f}{b K u^3} = \frac{-12 \cdot 1138}{100 K \cdot 350^3} = \frac{-3{,}184 \cdot 10^{-6}}{K}.$$

M_{uo} beträgt $19{,}00 \cdot 10^6$ cmkg. Somit folgt

$$\beta_o' = \frac{12 \cdot 19{,}00 \cdot 10^6}{100\, K \cdot 350^3} = \frac{0{,}0532}{K}.$$

Für das rechte Hauptsystem können, da die P_1, $P_2 \ldots$ denen des vorigen Falles gleich bleiben [vgl. S. 215], δ_{ao}, δ_{bo}, M_o sowie β_o übernommen werden. Berechnet man

Punkt	M_c	$\frac{M_c M_o}{J}$
1	954,50	4300,0
2	882,50	4200,0
3	804,50	3840,0
4	721,50	3634,0
5	630,50	2940,0
6	537,50	2360,0
7	442,50	1640,0
8	346,50	902,0
9	248,50	100,0
10	149,50	77,0
11	50,00	0
		23993,0

so ergibt sich

$$\delta_{co} = \frac{23993{,}0 \cdot 100}{140{,}000} = 17{,}135.$$

δ_{cc} bleibt dasselbe wie im linken Hauptsystem, während $\delta_{bc} = \delta_{cb}$, $\delta_{ac} = \delta_{ca}$ und β_c, das in den Formeln mit β_c'' bezeichnet wurde, dieselben Werte mit entgegengesetzten Vorzeichen haben. Schließlich ändern sich ebenfalls die im vorigen Beispiel errechneten δ_{aa}, δ_{bb}, $\delta_{ab} = \delta_{ba}$, β_a und β_b für die beiden Hauptsysteme nicht.

Der besseren Übersicht wegen mögen die Ergebnisse in Tabellenform wiederholt werden:

	Für das linke Hauptsystem	Für das rechte Hauptsystem	Totalsumme und Differenz
δ_{ao}	3,882	4,510	$\Sigma[\delta_{ao}] = 8,392$
δ_{bo}	$2,212 \cdot 10^{-2}$	$2,600 \cdot 10^{-2}$	$\Sigma]\delta_{bo}] = 4,812 \cdot 10^{-2}$
δ_{co}	$-14,825$	17,375	$\Sigma[\delta_{co}] = 2,550$
$\delta_{ab} = \delta_{ba}$	$73,00 \cdot 10^{-4}$		
$\delta_{ac} = \delta_{ca}$	$-4,768 \cdot 10^{-4}$	$4,768 \cdot 10^{-4}$	
$\delta_{bc} = \delta_{cb}$	$-4,070 \cdot 10^{-6}$	$4,070 \cdot 10^{-6}$	
δ_{aa}	$12,240 \cdot 10^{-5}$		
δ_{bb}	$1,140 \cdot 10^{-8}$		
δ_{cc}	$2,155 \cdot 10^{-3}$		
β_o	$\beta_o' = \frac{0,0532}{K}$	$\beta_o'' = \frac{0,0589}{K}$	$\Sigma[\beta_o] = \frac{0,1121}{K}$; $\beta_o'' - \beta_o' = \frac{0,0057}{K}$
β_a	$\frac{1,680 \cdot 10^{-6}}{K}$		
β_b	$\frac{2,800 \cdot 10^{-9}}{K}$		
β_c	$\beta_c' = \frac{-3,184 \cdot 10^{-6}}{K}$	$\beta_c'' = \frac{3,184 \cdot 10^{-6}}{K}$	$\Sigma[\beta_c] = 0$; $\beta_c'' - \beta_c' = \frac{6,368 \cdot 10^{-6}}{K}$

Mit diesen Zahlenwerten erfolgt die Berechnung der Unbekannten nach Gln. (10) und (11). Die Rechnungsergebnisse für die im vorigen Fall angenommenen Werte von K sind in folgenden Tabellen zusammengestellt:

K	$\Sigma(\beta_o)$	$\beta_o'' - \beta_o'$	$\beta_c'' - \beta_c'$
∞	0	0	0
1000	$0,1121 \cdot 10^{-3}$	$0,57 \cdot 10^{-5}$	$6,368 \cdot 10^{-9}$
100	1,121 „	5,7 „	63,68 „
50	2,242 „	11,4 „	127,36 „
10	11,21 „	57,0 „	636,8 „
1	112,1 „	570,0 „	6368,0 „

K	X_a kg	X_b cmkg	X_c kg	$e = \frac{X_b}{X_a}$ cm
∞	35000	-136100	592,0	$-3,89$
1000	35000	-132500	592,0	$-3,78$
100	35000	-131800	597,0	$-3,74$
50	34800	-120100	602,0	$-3,45$
10	34300	-93120	636,0	$-2,72$
1	33520	-58500	782,0	$-1,75$

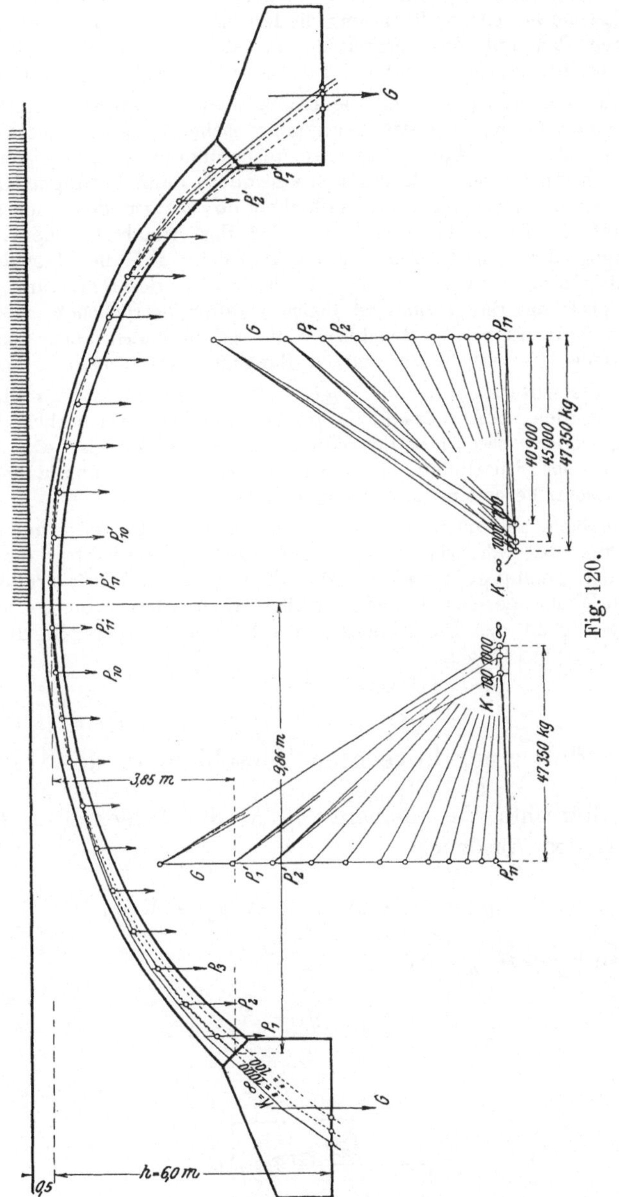

Fig. 120.

Die Stützlinien für $K=100$, 1000 und ∞ sind in Fig. 120 eingetragen. Daraus erkennt man folgendes: Die bei der älteren Gewölbetheorie übliche Annahme, daß bei einseitiger Belastung die Drucklinie auf der belasteten Kämpferseite durch den unteren Kernpunkt, auf der unbelasteten Seite durch den oberen geht, ist bei der Annahme $K=\infty$ annähernd gerechtfertigt.

Ferner bemerkt man, daß die Drucklinien für die angenommenen Werte der Baugrundziffer, im Gegensatz zur symmetrischen Belastung, rasch voneinander abweichen. Bei einseitiger Belastung, insbesondere wenn es sich um Bogen mit verhältnismäßig hohen Widerlagern handelt, kann im allgemeinen die Veränderlichkeit der elastischen Beschaffenheit des Baugrundes einen bedeutenden Einfluß auf die Drucklinien ausüben. Vor der Annahme einer vollständigen Einspannung der Baugrundfuge ohne Rücksicht auf die Nachgiebigkeit des Baugrundes muß gewarnt werden; die Korrektur der Drucklinie infolge der Nachgiebigkeit des Baugrundes ist meist ziemlich beträchtlich, so daß sich bei derartigen Bauwerken die Drucklinien für gewöhnliche Werte von K wesentlich von denen für vollständig starren Baugrund unterscheiden.

Auf die Untersuchung des Bogens für weitere Belastungsfälle kann hier verzichtet werden. In Anbetracht der unvermeidlichen Unsicherheit der sonstigen Rechnungsgrößen, besonders des Wertes K, ist es wertlos, die kleinen Verschiebungen der Stützlinien, die etwa bei anderer Stellung der Verkehrslast noch entstehen, besonders zu verfolgen.

Schließlich sei noch darauf hingewiesen, daß die Annahme starrer Einspannung des Widerlagers unzutreffende Resultate über die im Bogen herrschenden Spannungen liefert. Die ältere Gewölbetheorie ergibt für Bogen mit hohen Widerlagern zu kleine Gewölbestärken. Berücksichtigt man dagegen die Nachgiebigkeit des Baugrundes, so erhält man praktisch durchaus sich bewährende Abmessungen.

§ 66. Einfluß einer lotrechten Verschiebung des Widerlagers.

Die lotrechte Verschiebung y_m in der Sohlenmitte des Widerlagers hat den Ausdruck

$$y_m = y_o - X_a y_a - X_b y_b - X_c y_c,$$

der wegen $y_a = 0$, $y_b = 0$

$$y_m = y_o - X_c y_c \tag{12}$$

wird.

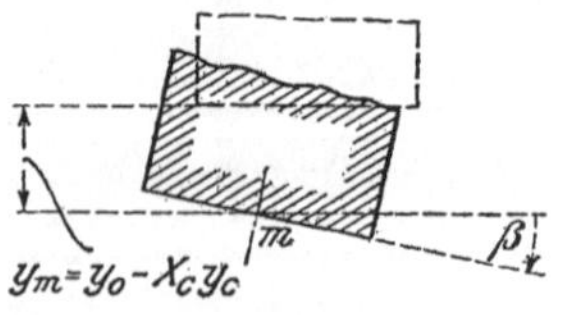

Fig. 121.

Die drei y_m entsprechenden Größen L_a, L_b und L_c nehmen die Werte:

$$L_a = 0 \qquad L_b = 0 \tag{13}$$
$$L_c = \pm (y_o - X_c y_c)$$

an, wobei sich das Minuszeichen der letzten Gleichung auf das rechte Hauptsystem bezieht.

Diese Ausdrücke für L sind in Gln. (9_1) einzusetzen. Nur die Gleichung für X_c erfährt dabei eine Änderung. Sie formt sich um zu

$$2\,[f\beta_c'' + y_c'' + \delta_{cc}] + X_c = \sum[\delta_{co}] - f[\beta_o' - \beta_o''] - [y_o' - y_o''].$$

Daraus erhält man:

$$X_c = \frac{\sum[\delta_{co}] + f[\beta_o'' - \beta_o'] + [y_o'' - y_o']}{2\,[f\beta_c'' + y_c'' + \delta_{cc}]}. \tag{14}$$

Bei symmetrischer Belastung werden alle Glieder im Zähler gleich Null; damit verschwindet auch X_c.

Bei einseitiger Belastung, z. B. für den soeben behandelten Fall, erhält man:

$$y_c'' = \frac{1}{bKu} = \frac{1}{100\,K\,350} = \frac{2{,}857\cdot 10^{-5}}{K}$$

$$y_o' = \frac{\sum[P] + G}{bKu} = \frac{39450 + 15730}{100\,K\,350} = \frac{1{,}576}{K}$$

$$y_o'' = \frac{\sum[P] + G}{bKu} = \frac{43100 + 15730}{100\,K\,350} = \frac{1{,}680}{K}$$

$$y_o'' - y_o' = \frac{1{,}680 - 1{,}576}{K} = \frac{0{,}104}{K}$$

und ferner

K kg/cm³	$y_o'' - y_o'$ cm	y_c'' cm	X_c kg
∞	0	0	592,00
1000	$0{,}104\cdot 10^{-3}$	$2{,}857\cdot 10^{-8}$	592,50
100	1,04 „	28,57 „	597,50
50	2,08 „	57,14 „	602,50
10	10,4 „	285,7 „	637,00
1	104,0 „	2857,0 „	787,00

Man bemerkt, daß X_c infolge der unsymmetrischen lotrechten Belastung auf den Verlauf der Drucklinie gar keinen merklichen Einfluß ausübt.

§ 67. Der eingespannte, biegungsfeste Rahmen.

Wie die vorstehenden Untersuchungen zeigen, gestattet die Theorie der statisch unbestimmten Bauwerke in verhältnismäßig einfacher Weise die Einführung der Nachgiebigkeit des Baugrundes in die Berechnung.

Es sei im folgenden noch auf den im Erdreich eingespannten, biegungsfesten Rahmen hingewiesen. Die Aufgabe bildet einen besonderen Fall des soeben besprochenen Bogens. Wir beschränken uns daher auf die Angabe der Hilfsgrößen, deren man sich bei der Aufstellung der Elastizitätsgleichungen bedienen kann.

Als äußere Kraft sei die sich über den ganzen Riegel erstreckende gleichförmige Belastung angenommen [Fig. 122].

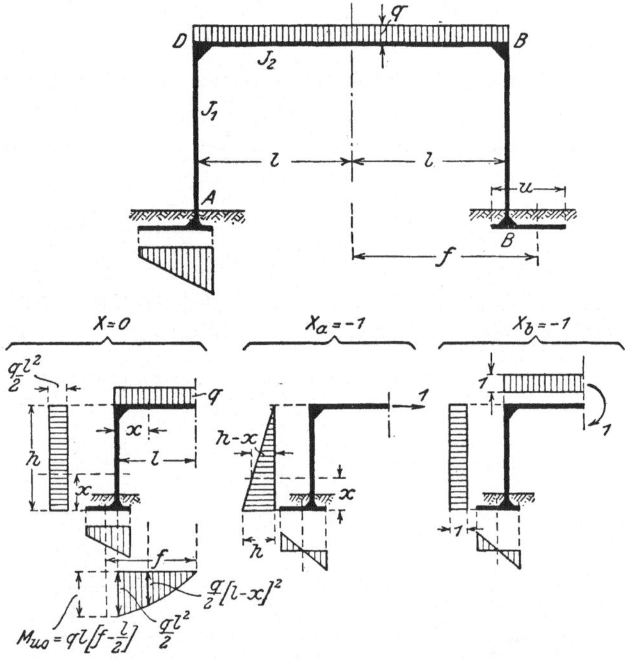

Fig. 122.

Denkt man sich den Rahmen in der Mitte des Riegels durchschnitten, so hat man analog dem vorigen Fall für die so gewonnenen zwei Hauptsysteme die drei virtuellen Belastungszustände $X = 0$, $X_a = -1$ und $X_b = -1$ zu betrachten. Sie sind in Fig. 122 veranschaulicht.

Die Hilfsgrößen berechnen sich ohne weiteres:

$$
(15)\quad
\left\{
\begin{aligned}
\beta_o &= \frac{12\,M_{uo}}{K u^3} = \frac{12\,q l\,[f - l/2]}{K u^3} = \frac{6\,q l\,[2f - l]}{K u^3} \\
\beta_a &= \frac{12\,h}{K u^3} \qquad \beta_b = \frac{12}{K u^3} \\
\delta_{ao} &= \int_0^f \frac{M_a M_o\,dx}{EJ\cos\varphi} = \int_0^h \frac{M_a M_o}{EJ_1}\,dx + \int_0^l \frac{M_a M_o}{EJ_2}\,dx \\
&= \frac{1}{EJ_1}\int_0^h [h - x]\,\frac{q l^2}{2}\,dx = \frac{q l^2 h^2}{4\,EJ_1} \\
\delta_{bo} &= \int_0^f \frac{M_b M_o\,dx}{EJ\cos\varphi} = \frac{q l^2}{2\,E}\left[\frac{h}{J_1} + \frac{l}{3\,J_2}\right] \\
\delta_{ab} &= \delta_{ba} = \int_0^f \frac{M_a M_b\,dx}{EJ\cos\varphi} = \frac{h^2}{2\,EJ_1} \\
\delta_{aa} &= \int_0^f \frac{M_a^2\,dx}{EJ\cos\varphi} = \frac{h^2}{3\,EJ_1} \\
\delta_{bb} &= \int_0^f \frac{M_b^2\,dx}{EJ\cos\varphi} = \frac{1}{E}\left[\frac{h}{J_1} + \frac{l}{J_2}\right] \\
\delta_{cc} &= \int_0^f \frac{M_c^2\,dx}{EJ\cos\varphi} = 0.
\end{aligned}
\right.
$$

Bei starker Exzentrizität des Sohlendruckes ergibt eine erste Rechnung oft Zugspannungen an der Fundamentsohle, die der Natur der Auflagerung nach ausgeschlossen sind. Man hat alsdann die Rechnung zu wiederholen und dabei als neue Achse die Mittellinie des gedrückten Teils der Fundamentsohle einzuführen. Durch fortgesetzte Wiederholung erreicht man, daß die eingeführte Achse mit derjenigen der unter Spannung stehenden Fläche zusammenfällt.

VIII. Abschnitt.

Über die Berechnung von Bohlwänden sowie ähnlichen Bauteilen.

§ 68. Einleitende Vorbemerkungen.

1. **Allgemeines.** Bevor wir auf die allgemeinen Gleichungen eingehen, wollen wir uns erst mit dem unsichersten Teile der Rechnung, dem Erdwiderstand, etwas näher beschäftigen.

Wenn ein Pfosten oder eine Strebe, welche gegen einen Erdkörper gestützt ist, durch irgend eine andere Ursache eine elastische Formänderung erfährt, wird sie sich so lange bewegen, bis sich das Gleichgewicht durch Vermehrung oder zeitweilige Verminderung des auf die deformierte Fläche wirkenden Erddruckes wiederhergestellt hat.

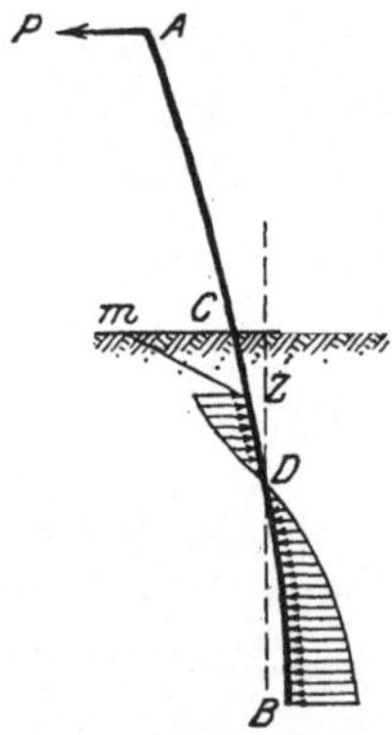

Fig. 123.

Denkt man sich den einfachen Fall einer lediglich im Boden eingerammten Wand AB [Fig. 123], so wirkt ein natürlicher Erddruck auf das im Boden steckende Ende CB. Wird nun eine wagerechte Kraft P am freien Ende der Wand angebracht, so verbiegt sie sich, indem sie sich um irgendeinen Punkt D im Boden dreht. An diesem Punkte bleibt der Erddruck, da ja keine Verschiebung der Wand eintritt, unverändert. Oberhalb des Punktes muß sich der

Erddruck links erhöhen, rechts zeitweilig verringern. Ähnlich wird er unterhalb des Punktes links zeitweilig vermindert, rechts vergrößert. Wir haben es dabei mit dem sogenannten passiven Erddruck zu tun. Seine Verteilungslinie nimmt etwa die in Fig. 123 dargestellte Form an.

Im Tiefbau berücksichtigt man gewöhnlich den passiven Erddruck nicht, oder rechnet man wenigstens nicht mit ihm, weil zu befürchten ist, daß er erst dann zur Wirkung kommt, wenn an dem Bauwerke Formänderungen eingetreten sind, die den Bestand der Konstruktion gefährden könnten. Bei Anlagen, besonders bei solchen mit geringen Dimensionen, wie sie im Eisenbetonbau vorkommen, kann man häufig die Beobachtung machen, daß sie bei Formänderungen infolge Belastung oder auch nur Temperaturänderung neue Verbiegungen erleiden, die durch den beträchtlichen Erdwiderstand entstehen. In den meisten Fällen gewinnt das Bauwerk durch diesen Widerstand eine vergrößerte Standsicherheit. Ohne es zu wissen, verdankt man in der Tat seinem Auftreten in der Natur, daß nicht unzählige Widerlager, Streben sowie Gewölbe eingestürzt sind.

2. Über die Größe des Erddruckes. Es sei kohäsionslose Erde mit wagerechter Oberfläche vorausgesetzt [Fig. 124]. Für den sogenannten aktiven und passiven Erddruck p_1 und p_2 auf ein lotrechtes Flächenelement in der Tiefe x gelten die bekannten Rankineschen Formeln:

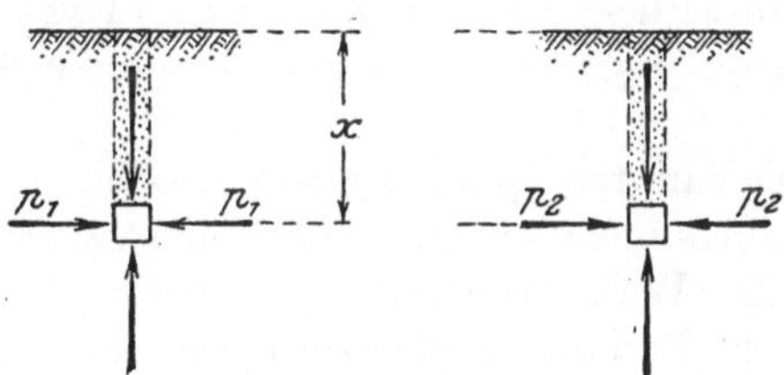

Fig. 124.

$$p_1 = \gamma x \frac{1 - \sin \varphi}{1 + \sin \varphi}$$

$$p_2 = \gamma x \frac{1 + \sin \varphi}{1 - \sin \varphi},$$

wobei γ das Raumgewicht der Erde, φ den Reibungswinkel von Erde auf Erde bezeichnen. Daraus ergibt sich

(1) $$p_2 - p_1 = \gamma x \frac{4 \sin \varphi}{1 - \sin^2 \varphi}$$

Dies ist der höchste wagerechte Überdruck, den der Erdkörper in der Tiefe x zu erleiden vermag, ohne daß das Flächenelement seine Lage ändert. In Fig. 125 ist die $(p_2 - p_1)$-Linie als die **Grenzlinie des höchstens zulässigen Erdwiderstandes** bezeichnet.

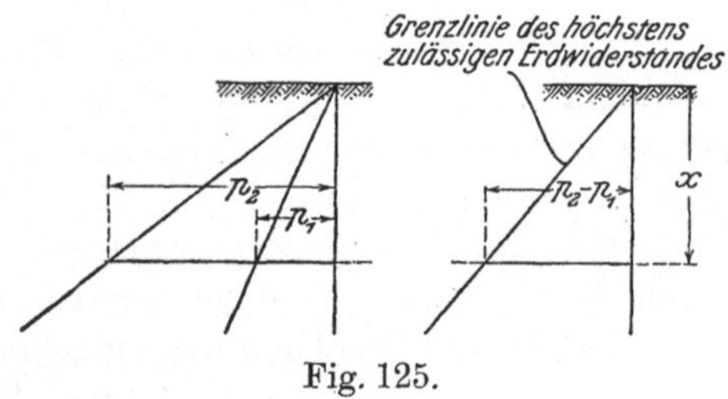

Fig. 125.

Ist beispielsweise $\varphi = 30^0$, so erhält man

$$p_1 = \gamma x \frac{0,5}{1,5} = \frac{1}{3} \gamma x \qquad p_2 = \gamma x \frac{1,5}{0,5} = 3\,\gamma x$$

$$p_2 - p_1 = \gamma x \frac{4 \cdot 0,5}{1 - 0,5^2} = 2,668\,\gamma x$$

und daher

$$\frac{p_2 - p_1}{p_1} = \frac{2,668\,\gamma x}{\frac{1}{3}\gamma x} \sim 8\,.$$

Also ist der größte Druck, den ein lotrechtes Flächenelement in der Tiefe x erleiden kann, ungefähr 8 mal so groß wie die dort herrschende Aktivkraft.

Bei dem sogenannten gewachsenen Boden, der auch Zugspannungen, allerdings nur kleine, aufzunehmen vermag, ist der aktive Erddruck sowie die Widerstandsfähigkeit gegen Druck keineswegs allein auf die innere Reibung zurückzuführen, die in der Theorie des Erddruckes bei kohäsionsloser Erde der einzige maßgebende Faktor ist. In solchem Fall kann sich das Verhältnis $(p_2 - p_1)/p_1$ in Wirklichkeit bis zu 10—12 steigern.

3. Annahme hinsichtlich der Druckverteilung. Das Gesetz, nach welchem sich der passive Erddruck in einem gegebenen Fall über die Wand verteilt, sowie seine Beziehungen zur Formänderung derselben lassen sich natürlich in genauer Weise kaum feststellen. Daher ist man auf Hypothesen angewiesen, welche insofern zur teilweisen Lösung des Problems beitragen können, als es mit ihrer Hilfe möglich ist, einen Anhaltspunkt über die Grenzwerte des Erdwiderstandes zu gewinnen. Die Schwierigkeit liegt aber darin, daß dabei nicht nur für die innere Reibung des Erdkörpers, sondern auch für die eingetretene oder noch eintretende Zusammendrückung desselben Annahmen zugrunde gelegt werden müssen.

Es handle sich um die elastische Zusammendrückung des Erdkörpers, die das Erdreich im allgemeinen Sinn des Wortes noch in der Querrichtung auszuhalten vermag. Der Zusammendrückung entsprechend erhält das Erdteilchen an einer bestimmten Stelle Z (Fig. 123) einen gewissen Druck von der Wand, und zwar so lange, bis der Druck den an jenem Punkt höchstens zulässigen Wert erreicht. Bei weiterer Zusammendrückung geht das Gleichgewicht dort verloren, und das Erdteilchen wird nach der Seite verdrängt. Dieses Seitwärtsdrängen mag in der Weise vor sich gehen, daß in einer Fläche Zm der Reibungswinkel der Erde überschritten wird, und nun die oberhalb dieser Fläche befindliche Bodenmasse seitlich gedrängt wird.

Was die Größe des elastischen Erdwiderstandes betrifft, den die Wand erfährt, wird man verschiedener Ansicht sein können. Eins ist aber jedenfalls ganz ohne Frage, daß er nämlich in einer bestimmten Tiefe mindestens gleich dem dort herrschenden, natürlichen Erddruck, und sehr wahrscheinlich noch erheblich größer, sein muß. Inwieweit er sich dem sogenannten passiven Erddruck nähert oder vielleicht noch darüber hinausgeht, wollen wir dahingestellt sein lassen. Immerhin steht fest, daß, sofern an einer Stelle kein Gleiten der Erdteilchen stattfindet, der Widerstand stets zwischen den beiden Grenzwerten, dem aktiven und dem passiven Erddruck, liegen muß.

Ferner ist es auch sehr wahrscheinlich, daß der Erdwiderstand an einem Punkte der Wand um so größer sein muß, je größer die Verschiebung ist, die dieser Punkt infolge der Formänderung erfährt. Überdies muß sich der Widerstand, der einer bestimmten Verschiebung der Wand entspricht, bei gleichen Bodenverhältnissen mit der Tiefe des Punktes verändern.

Nimmt man an, daß die Wandfläche nur normalen Widerstand aufzunehmen vermag, so möge für ein Erdteilchen, das nur elastische Zusammendrückung erleidet, in der Tiefe x zwischen dem Widerstand p und seiner Verschiebung y die Beziehung

$$p = Ky \tag{2}$$

bestehen, wenn unter K eine Konstante für die betreffende Tiefe verstanden wird.

Handelt es sich um eine schiefe Wand, so hat man noch mit dem Reibungswiderstand zwischen Wand und Boden zu rechnen, der unter Umständen auf die Größe des Erdwiderstandes einen starken Einfluß ausübt.

Es ist jetzt schon die Möglichkeit vorhanden, die Frage nach dem Erdwiderstand mittels Formeln genau zu beantworten. Da aber schon die Berechnung des aktiven Erddruckes eine vielfach statisch unbestimmte Aufgabe ist, deren Lösung nur näherungsweise durchgeführt werden kann, so hat man im ersten Augenblick den Eindruck, daß eine Berücksichtigung des passiven Erdwiderstandes das unsichere Resultat des vorliegenden Problems noch steigern müßte, indem wir durch Einführung weiterer Annahmen auch neue Fehlerquellen erschließen.

Man wird vielleicht zu einem anderen Urteil gelangen, wenn man in Betracht zieht, daß der aktive Erddruck, von der inneren Reibung des Erdkörpers in hohem Maße beeinflußt, verschiedene Werte aufweisen kann. Infolge der stets in gewissem Grade im Erdreich vorhandenen, in der Rechnung nicht berücksichtigten Kohäsion ist er, wie die Erfahrung lehrt, sehr oft sogar gleich Null. Der passive Erddruck, besser der Erdwiderstand, hingegen tritt, weil er nur durch äußere Ursachen hervorgerufen wird, stets auf. Da er außerdem vorwiegend von der elastischen Beschaffenheit und nur in geringem Maße von der Kohäsion des Bodens abhängig ist, muß er in einem gegebenen Fall einen festen, ziemlich genau bestimmbaren Wert haben im Gegensatz zu dem aktiven. Wie schon oben bemerkt, kann er unter Umständen etwa 10 mal so groß wie der aktive sein.

Wir wollen selbstredend nicht behaupten, daß unsere Annahmen genau die tatsächlich auftretenden Widerstände ergeben. Aber wenigstens sind wir der Meinung, daß ein Bauwerk, für dessen Haltbarkeit der Erddruck maßgebend ist, bezüglich seiner Beanspruchung einer scharfen Untersuchung zu unterwerfen ist, bei der der Erdwiderstand in erster Linie, und zwar den gegebenen Darlegungen entsprechend berücksichtigt werden muß.

§ 69. Allgemeine Gleichungen. Erste Annahme.

Im folgenden beschränken wir uns auf den einfachen Fall, wenn die Bohlwand am Ende mit einer Einzellast belastet ist. Ganz ähnlich kann man auch vorgehen, wenn die Wand anders verteilte Lasten trägt.

Damit die Wand im ganzen eine gewisse Sicherheit gegen das Umkippen hat, muß der hervorgerufene Erddruck an jedem Punkt der Wand gerade noch innerhalb seines Grenzwertes bleiben.

Die Verschiebung eines Punktes der Wand wird, falls sie unveränderlich steif, um so größer sein, je weiter der Punkt vom

Drehpunkte D entfernt ist. Hätte der Koeffizient K in der Beziehung $p = Ky$ für die ganze Tiefe denselben Wert, so würde der

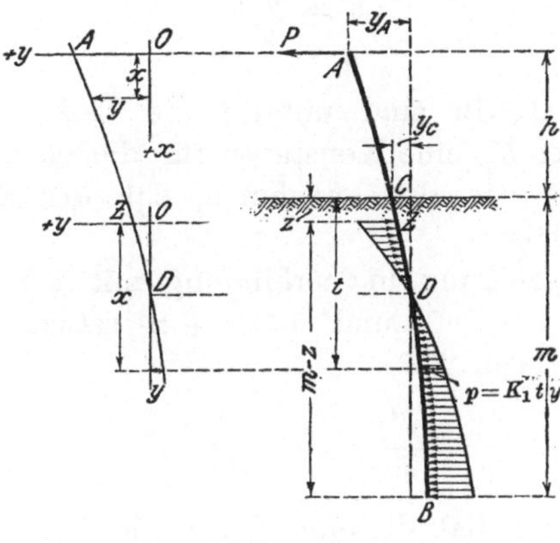

Fig. 126.

Erdwiderstand dementsprechend größer werden. Da aber der höchstens zulässige Erdwiderstand mit der Tiefe zunimmt, muß bei einem gegebenen P, solange an dem Bauwerk Gleichgewicht herrscht, ein solcher Punkt in irgendeiner Tiefe der Wand vorhanden sein, in dem dieser Grenzwert gerade erreicht wird. In Fig. 126 wird er in Übereinstimmung mit der früheren Bezeichnung wieder mit Z bezeichnet.

Der Punkt Z ist ein Diskontinuitätspunkt der Differentialgleichung. Die beiden Teile der elastischen Linien AZ und ZB müssen also gesondert betrachtet werden.

Wir nehmen zunächst an, daß die Tiefe z des Punktes Z bekannt ist und verlegen die Koordinatenanfangspunkte für AZ und ZB bzw. in das Ende A und in den Punkt Z.

Am Punkt x des Teiles AZ ergibt sich das Biegungsmoment

$$M = -Px.$$

Mit Bezug auf § 3, (4) erhält man dann die Gleichung

$$\frac{d^2y}{dx^2} = \frac{Px}{EJ},$$

die nach zweimaliger Integration

$$(3_1) \qquad y = \frac{Px^3}{6EJ} + A_1 x + A_2$$

gibt.

Was den unteren Teil ZB betrifft, bleibt die Bestimmung des Koeffizienten K der Erfahrung vorbehalten. Es möge nun

$$K = K_1 t,$$

(4) also $$p = K_1 t y$$

gesetzt werden. Hierin sind unter t die Tiefe eines betrachteten Punktes und unter K_1 eine Konstante für die ganze Tiefe der Wand verstanden, womit wir also annehmen, daß der Erdwiderstand der Tiefe proportional ist.

Die letzte Beziehung in Verbindung mit § 3, (5) liefert, wenn wir darin $b = 1$, $q = 0$ und $t = z + x$ setzen, die Differentialgleichung für den Teil ZB

$$(5_1) \qquad EJ \frac{d^4 y}{dx^4} = -K_1 [z + x] y.$$

Diese Gleichung hat dieselbe Form wie § 9, (40).

Die Auflösung soll hier in der gleichen Weise wie damals durchgeführt werden [vgl. § 9, 2].

Setzt man

$$(6) \qquad \sqrt[5]{\frac{EJ}{K_1}} = \mathfrak{R} \qquad \frac{z + x}{\mathfrak{R}} = \xi,$$

so läßt sich obige Gleichung in der Form

$$(5_2) \qquad \frac{d^4 y}{dx^4} = -\xi y$$

angeben. Die Veränderliche ξ ändert sich von ζ bis μ, wenn x von 0 nach $m - z$ wandert. Hierbei ist

$$(7) \qquad \zeta = \frac{z}{\mathfrak{R}} \qquad \mu = \frac{m}{\mathfrak{R}}.$$

Man entwickelt die Funktion y in der Reihe

$$y = f(\xi)$$
$$= f(\mu) + \frac{\xi - \mu}{1!} f'(\mu) + \frac{(\xi - \mu)^2}{2!} f''(\mu) + \ldots + \frac{(\xi - \mu)^n}{n!} f^{(n)}(\xi) + \ldots$$

Da am Ende B $M = 0$, $Q = 0$ sein muß, ergibt sich

$$f''(\mu) = 0$$
$$f'''(\mu) = 0.$$

Bezeichnet man ferner die konstanten Größen $f(\mu)$ und $f'(\mu)$ mit B_1 und B_2, so erhält man:

$$(8) \qquad y = B_1 X_1 + B_2 X_2,$$

wenn unter X_1, X_2 zwei unendliche Reihen verstanden werden; diese lassen sich aus § 9, (47) ohne weiteres gestalten, wenn man darin $\alpha = 1$, $\eta = \mu$ setzt.

Es sind also fünf Unbekannte A_1, A_2, B_1, B_2 und z zu bestimmen. Vier Bedingungen ergeben sich im Punkt Z [vgl. § 6, (28)]. Die fehlende Gleichung folgt aus der Bedingung, daß im Punkt Z der Erdwiderstand p dem zugehörigen Grenzwert gleich sein muß. Sie lautet:

$$K_1 \left[\frac{P x^3}{6 E J} + A_1 x + A_2 \right]_{x = h + z} = \frac{4 \gamma \sin \varphi}{1 - \sin^2 \varphi}. \tag{9}$$

§ 70. Allgemeine Gleichungen. Zweite Annahme.

1. Entwicklung der Gleichungen. Nimmt man an, daß K für die ganze Tiefe der Wand konstant ist, so führt die Aufgabe im großen ganzen auf die schon behandelten; allerdings begeht man mit dieser Annahme eine große Ungenauigkeit, die nur unter besonderen Umständen zulässig ist. Im Interesse der Vereinfachung der Rechnung aber kann die Untersuchung kaum entbehrt werden.

Mit Bezug auf § 4, 1 gilt jetzt für ZB die Gleichung

$$y = \tfrac{1}{2} \left[(B_1 e^{\xi} + B_2 e^{-\xi}) \cos \xi + (B_3 e^{\xi} + B_4 e^{-\xi}) \sin \xi \right],$$

während Gl. (3_1) für AZ mit Rücksicht auf $\frac{1}{6 E J} = \frac{2}{3 K L^4}$ in der Form

$$y = \frac{2 P x^3}{3 K L^4} + A_1 x + A_2 \tag{3_2}$$

angegeben werden kann.

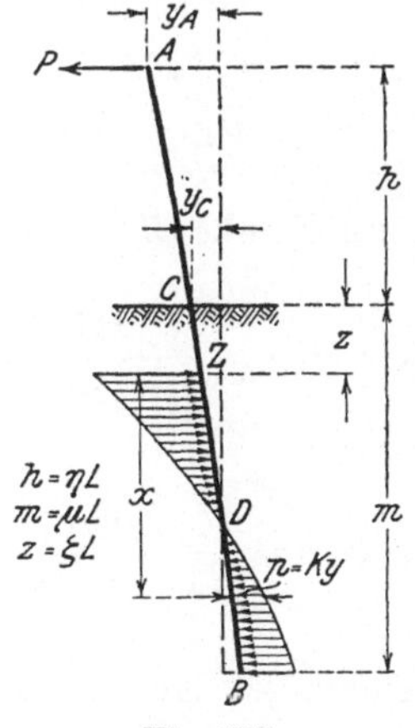

Fig. 127.

Man hat es mit den sieben Unbekannten A_1, A_2, B_1 bis B_4 und ζ zu tun, wenn

$$\zeta = \frac{z}{L} \tag{10}$$

ist. Es bezeichne

$$\left\{\begin{array}{ll} \frac{h}{L} = \eta & \eta + \zeta = \alpha \\ \frac{m}{L} = \mu & \mu - \zeta = \beta . \end{array}\right. \tag{11}$$

Die vier Bedingungsgleichungen im Punkt Z lauten ohne weiteres:

$$\text{(I)} \quad \frac{2P\alpha^2}{KL^2} + A_1 = \frac{1}{2L}[B_1 - B_2 + B_3 + B_4]$$

$$\text{(II)} \quad \frac{2P\alpha^3}{3KL} + A_1 \alpha L + A_2 = \frac{1}{2}[B_1 + B_2]$$

$$\text{(I II)} \quad B_3 - B_4 = \frac{4P\alpha}{KL}$$

$$\text{(IV)} \quad P = \frac{KL}{4}[B_3 - B_1 + B_4 + B_2] .$$

Die Grenzbedingungen $M_B = 0$, $Q_B = 0$ liefern

$$\text{(V)} \quad [B_3 e^{\beta} - B_4 e^{-\beta}] \cos\beta - [B_1 e^{\beta} - B_2 e^{-\beta}] \sin\beta = 0$$

$$\text{(VI)} \quad [(B_3 - B_1) e^{\beta} + (B_4 + B_2) e^{-\beta}] \cos\beta - [(B_3 + B_1) e^{\beta} - (B_4 - B_2) e^{-\beta}] \sin\beta = 0 .$$

Schließlich hat man im Punkt Z

$$p = Ky = \frac{4\gamma z \sin\varphi}{1 - \sin^2\varphi}$$

oder

$$\text{(VII)} \quad B_1 + B_2 = \frac{8\zeta\gamma L \sin\varphi}{[K1 - \sin^2\varphi]} .$$

Die ersten sechs Gleichungen geben wir folgendermaßen tabellarisch wieder:

	A_1	A_2	B_1	B_2	B_3	B_4	
(I)	1	0	$\frac{-1}{2L}$	$\frac{1}{2L}$	$\frac{-1}{2L}$	$\frac{-1}{2L}$	$\frac{-2P\alpha^2}{KL^2}$
(II)	αL	1	$\frac{-1}{2}$	$\frac{-1}{2}$	0	0	$\frac{-2P\alpha^3}{3KL}$
(III)	0	0	0	0	1	-1	$\frac{4P\alpha}{KL}$
(IV)	0	0	1	-1	-1	-1	$\frac{-4P}{KL}$
(V)	0	0	$e^{\beta}\sin\beta$	$-e^{-\beta}\sin\beta$	$-e^{\beta}\cos\beta$	$e^{-\beta}\cos\beta$	0
(VI)	0	0	$e^{\beta}[\cos\beta + \sin\beta]$	$-e^{-\beta}[\cos\beta - \sin\beta]$	$-e^{\beta}[\cos\beta - \sin\beta]$	$-e^{-\beta}[\cos\beta + \sin\beta]$	0

Daraus erhält man

$$
(12)\quad \begin{cases}
A_1 = \dfrac{-2P}{KL^2(\mathfrak{Sin}^2\beta - \sin^2\beta)}[\alpha^2(\mathfrak{Sin}^2\beta - \sin^2\beta) + \alpha(\mathfrak{Sin}\,2\beta \\
\qquad + \sin 2\beta) + \mathfrak{Sin}^2\beta + \sin^2\beta] \\
A_2 = \dfrac{P}{KL(\mathfrak{Sin}^2\beta - \sin^2\beta)}\Big[\dfrac{4\alpha^3}{3}(\mathfrak{Sin}^2\beta - \sin^2\beta) + 2\alpha^2(\mathfrak{Sin}\,2\beta \\
\qquad + \sin 2\beta) + 4\alpha(\mathfrak{Sin}^2\beta + \sin^2\beta) + \mathfrak{Sin}\,2\beta - \sin 2\beta\Big] \\
B_1 = \dfrac{P\alpha}{KL(\mathfrak{Sin}^2\beta - \sin^2\beta)}[1 - \alpha\cos 2\beta - (1+\alpha)\sin 2\beta \\
\qquad - (1-\alpha)e^{-2\beta}] \\
B_2 = \dfrac{-P\alpha}{KL(\mathfrak{Sin}^2\beta - \sin^2\beta)}[1 + \alpha\cos 2\beta + (1-\alpha)\sin 2\beta \\
\qquad - (1+\alpha)e^{2\beta}] \\
B_3 = \dfrac{P\alpha}{KL(\mathfrak{Sin}^2\beta - \sin^2\beta)}[\alpha(e^{-2\beta} - \sin 2\beta - 1) - 2(1+\alpha)\sin^2\beta] \\
B_4 = \dfrac{-P\alpha}{KL(\mathfrak{Sin}^2\beta - \sin^2\beta)}[\alpha(e^{2\beta} + \sin 2\beta - 1) + 2(1-\alpha)\sin^2\beta]
\end{cases}
$$

Die Gleichung für ZB lautet dann:

$$
(13)\quad y = \frac{P\alpha}{KL(\mathfrak{Sin}^2\beta - \sin^2\beta)}\big[(\alpha + 2\sin\beta)\{\cos\xi\,\mathfrak{Cos}(\xi-\beta) - \mathfrak{Cos}\,\xi\cos(\xi-\beta)\} \\
- 2\{\sin\beta\,\mathfrak{Sin}\,\xi\cos(\xi-\beta) + \mathfrak{Sin}\,\beta\sin\xi\,\mathfrak{Cos}(\xi-\beta)\}\big].
$$

Die siebente Bedingungsgleichung formt sich um:

$$(14)\left\{\begin{aligned}\frac{8\zeta\gamma L^2\sin\varphi}{1-\sin^2\varphi}=\frac{P}{\mathfrak{Sin}^2\beta-\sin^2\beta}&\Big[\frac{4\alpha^3}{3}(\mathfrak{Sin}^2\beta-\sin^2\beta)\\&+2\alpha^2\left(\mathfrak{Sin}\,2\beta+\sin 2\beta-\frac{\mathfrak{Sin}^2\beta-\sin^2\beta}{L}\right)\\&+2\alpha\left\{2(\mathfrak{Sin}^2\beta+\sin^2\beta)-\frac{\mathfrak{Sin}\,2\beta+\sin 2\beta}{L}\right\}\\&+\left\{\mathfrak{Sin}\,2\beta-\sin 2\beta-\frac{2(\mathfrak{Sin}^2\beta+\sin^2\beta)}{L}\right\}\Big].\end{aligned}\right.$$

Diese Gleichung liefert die Möglichkeit, den Wert ζ für gegebene φ, μ, η und K zu bestimmen.

Schließlich ergibt sich

$$(15)\quad\left\{\begin{aligned}y_A&=A_2\\y_C&=\frac{2P\alpha}{KL[\mathfrak{Sin}^2\beta-\sin^2\beta]}[\alpha(e^{-2\beta}-\cos 2\beta)-\sin 2\beta].\end{aligned}\right.$$

2. Zahlenbeispiel. Es sei

$K=5$ kg/cm³	$\varphi=23^0\,54'$
$J=277{,}83$ cm⁴	$\gamma=0{,}0016$ kg/cm³
$E=140\,000$ kg/cm²	$P=10$ kg.

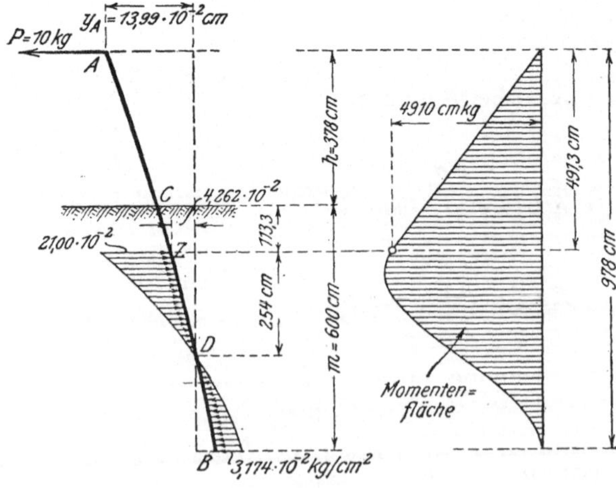

Fig. 128.

Die Zahlenrechnung liefert

$$L = \sqrt[4]{\frac{4\cdot 140000\cdot 277{,}83}{5}} = 420 \text{ cm}$$

$$\mu = \frac{600}{420} = 1{,}43 \qquad \eta = \frac{378}{420} = 0{,}90$$

$$\frac{\sin\varphi}{1-\sin^2\varphi} = 0{,}485$$

$$\frac{8\zeta L\gamma}{K}\,\frac{\sin\varphi}{1-\sin^2\varphi} = \frac{8\zeta\cdot 420\cdot 0{,}0016}{5}\cdot 0{,}485 = 0{,}523\,\zeta\,.$$

Mit diesen Zahlenwerten formt sich Gl. (14) in eine solche um, in der nur ζ als Unbekannte vorkommt. Durch Probieren erhält man $\zeta = \mathbf{0{,}27}$ und daher

$$z = 0{,}27\cdot 420 = \mathbf{113{,}3\ cm}\,.$$

Da

$$\alpha = \eta + \zeta = 0{,}90 + 0{,}27 = 1{,}17$$
$$\beta = \mu - \zeta = 1{,}43 - 0{,}27 = 1{,}16\,,$$

berechnet sich

$$A_1 = -0{,}021\cdot 10^{-2} \qquad B_1 = 0{,}084\cdot 10^{-2}$$
$$A_2 = 13{,}990 \quad \text{"} \qquad B_2 = 8{,}440 \quad \text{"}$$
$$B_3 = -2{,}130 \quad \text{"}$$
$$B_4 = -4{,}360 \quad \text{"}$$

Man hat somit für AZ

$$y = 10^{-2}\left[\frac{x^3}{23{,}3\cdot 10^7} - 0{,}021\,x + 13{,}990\right]$$

und für ZB

$$y = 10^{-2}\,[(0{,}042\,e^{\xi} + 4{,}220\,e^{-\xi})\cos\xi - (1{,}065\,e^{\xi} + 2{,}180\,e^{-\xi})\sin\xi]$$
$$M = 10^{-2}\,[(4{,}700\,e^{\xi} - 9{,}610\,e^{-\xi})\cos\xi + (0{,}185\,e^{\xi} - 18{,}600\,e^{-\xi})\sin\xi]\,.$$

Das Rechnungsergebnis ist in Fig. 128 aufgetragen. Daraus erkennt man: Das Moment nimmt von A nach unten zu, erreicht in geringer Tiefe unter dem Punkt Z seinen größten Wert und wird am Ende B wieder gleich Null.

3. Bemerkungen. Es war bisher stillschweigend vorausgesetzt, daß auf der Strecke CZ kein Erdwiderstand in Wirkung tritt. In Wirklichkeit aber muß die Wand, wenn sie infolge der Belastung eine Formänderung erfährt, auf ihrer ganzen Fläche Widerstand erleiden. Die Erwägung, aus der wir die allgemeinen Formeln abgeleitet haben, bezieht sich auf den Gleichgewichtszustand, auf den die Wand endlich kommen muß. Von dem Zwischenzustand, der während der Formänderung herrscht, können also die Formeln nichts sagen, denn die Grundlagen zur Berechnung des Druckes, den das Bauwerk erleidet, bevor der schließliche Gleichgewichtszustand erreicht wird, sind hier nicht festgestellt.

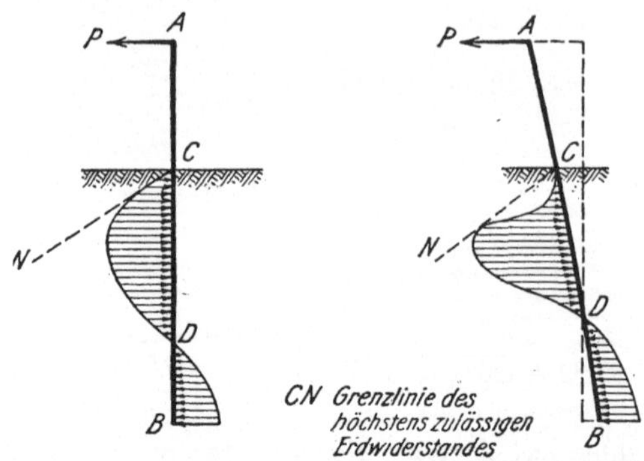

Fig. 129 a. Fig. 129 b.

Die Größe des Erdwiderstandes im Zwischenzustand hängt in der Hauptsache von der Last P ab. Sie muß jedoch je nach der Geschwindigkeit, mit der sich die Wand gegen die Erde bewegt, verschiedene Werte ergeben. Die Geschwindigkeit zu einer beliebigen Zeit ist im Punkt C gewöhnlich am größten, nimmt mit der Tiefe ab, bis sie am jeweiligen Drehpunkt D gleich Null wird. Zu Beginn der Formänderung ist es sehr wahrscheinlich, daß sich die wirkliche Erdwiderstandslinie derart gestaltet, daß sie bei C die Grenzlinie des höchstens zulässigen Erdwiderstandes berührt und im weiteren Verlauf durch den Drehpunkt geht [Fig. 129a]. Hierbei ist vom aktiven Erddruck abgesehen, weil er, beiderseits der Wand wirkend, stets gleich groß angenommen wird. Am Ende der Formänderung muß die wirkliche Erdwiderstandslinie eine Form annehmen, die man, wie in Fig. 129b, durch eine passende Abrundung zwischen der elastischen Linie der Wand und der Grenzlinie des höchstens zulässigen Erdwiderstandes einzeichnen kann, und zwar derart, daß sie am oberen Ende die erstere und späterhin die letztere berührt. Im großen ganzen muß sie die oben rechnerisch bestimmte Kurve [Fig. 128] in abgerundeter Form darstellen.

§ 71. Über die Einspannung der Wand.

Zunächst müssen wir uns über die Abhängigkeit des Wertes ζ von den übrigen Größen Klarheit verschaffen. Gl. (14), aus der sich die Unbekannte ζ bestimmen läßt, ist leider transzendent und eignet sich nicht für eine allgemeine Untersuchung.

Wenn $\sin^2\beta$ sowie $\sin 2\beta$ bzw. gegen $\mathfrak{Sin}^2\beta$ sowie $\mathfrak{Sin}\, 2\beta$ vernachlässigt werden darf, so kann man bei vorläufiger Berechnung die Formel ziemlich vereinfachen. Dies kommt vor, wenn es sich um eine Wand mit verhältnismäßig großer Raumtiefe handelt. Da ferner $\frac{\mathfrak{Cof}\,\beta}{\mathfrak{Sin}\,\beta}$ näherungsweise durch 1 ersetzt werden darf, gelangt man zur Gleichung

$$\frac{\sin\varphi}{1-\sin^2\varphi} = \frac{P}{4\zeta\gamma L^2}\left[\alpha^2\left(\frac{2\alpha}{3}+1\right)+\left(1-\frac{1}{L}\right)(\alpha+1)^2\right]. \tag{16}$$

Daraus läßt sich $\alpha = \eta + \zeta$ bei gegebenen φ und η unmittelbar bestimmen. Für die Abweichung y_A erhält man weiter

$$y_A = \frac{2P}{KL}\left[\alpha^2\left(\frac{2\alpha}{3}+1\right)+(\alpha+1)^2\right]. \tag{17}$$

Im folgenden wollen wir die allgemeine Gl. (14) hinsichtlich der praktisch verwendbaren Ergebnisse diskutieren. Es sollen die Größen K, L und φ dem soeben behandelten Beispiel entnommen werden, nämlich: $K = 5$ kg/cm³, $L = 420$ cm, $\varphi = 23^0\,54'$.

Die Gleichung lautet, da $KL = 2100$ ist,

$$\begin{aligned}0{,}523\,\zeta = \frac{P}{\mathfrak{Sin}^2\beta-\sin^2\beta}\Bigg[&\frac{\alpha^3}{1575}(\mathfrak{Sin}^2\beta-\sin^2\beta)\\&+\frac{\alpha^2}{1050}\left(\mathfrak{Sin}\,2\beta+\sin 2\beta-\frac{\mathfrak{Sin}^2\beta-\sin^2\beta}{420}\right)\\&+\frac{\alpha}{1050}\left(2(\mathfrak{Sin}^2\beta+\sin^2\beta)-\frac{\mathfrak{Sin}\,2\beta+\sin 2\beta}{420}\right)\\&+\frac{1}{2100}\left\{\mathfrak{Sin}\,2\beta-\sin 2\beta-\frac{2(\mathfrak{Sin}^2\beta+\sin^2\beta)}{420}\right\}\Bigg].\end{aligned}$$

a) Die Tiefe z des Punktes Z, also der Wert ζ, ist im Gegensatz zu den bisher behandelten Aufgaben eine Funktion der äußeren Last P.

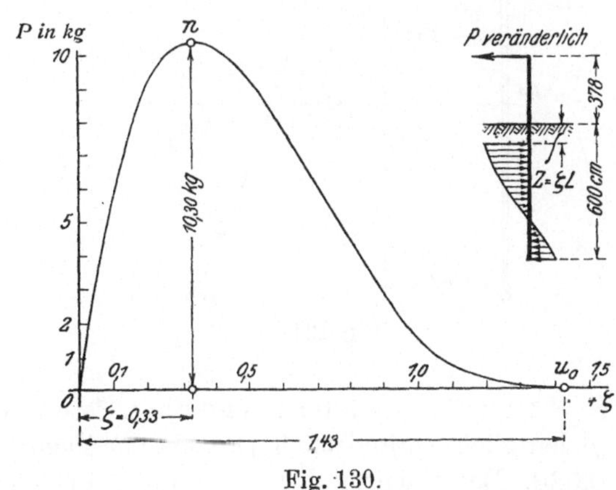

Fig. 130.

Es seien h und m dem Beispiel § 70, 2 entnommen; nur P sei veränderlich. Stellt man die entsprechenden Werte P und ζ graphisch dar (Fig. 130), so erkennt man, daß ζ für anfängliche Werte von P zunimmt. Die Last P kann aber nicht ins unendliche wachsen. Sie hat den Grenzwert $P = 10{,}30$ kg für $\zeta = 0{,}33$. Von diesem Wert von ζ ab fällt die Kurve wieder und trifft die ζ-Achse im Punkt $\zeta = 1{,}43$.

Es gibt daher bei kleineren Werten von P als 10,30 kg zwei verschiedene Gleichgewichtszustände. Dies läßt sich folgendermaßen erklären: Wenn P von Null aus zunimmt, ist ein unbedingtes Gleichgewicht des Systems vorhanden. Erreicht aber P die Grenze 10,30 kg, so ist das Gleichgewicht gerade im Begriffe sich zu verlieren. Beläuft sich P etwas höher als dieser Grenzwert, so gibt es eigentlich keinen entsprechenden Wert von ζ; das ganze Bauwerk stürzt um. Der Kurvenast nn_0 zeigt, daß während des Umstürzens ein gewisser, immer kleiner werdender Teil des jeweils angreifenden P einem bestimmten, immer größer werdenden ζ entspricht. Könnte also die Last P sowie der Wert ζ zu irgendeinem Zeitpunkt gerade ein durch die Kurve feststehendes Verhältnis annehmen, so würde das Bauwerk auf der Stelle wieder ins Gleichgewicht gebracht werden.

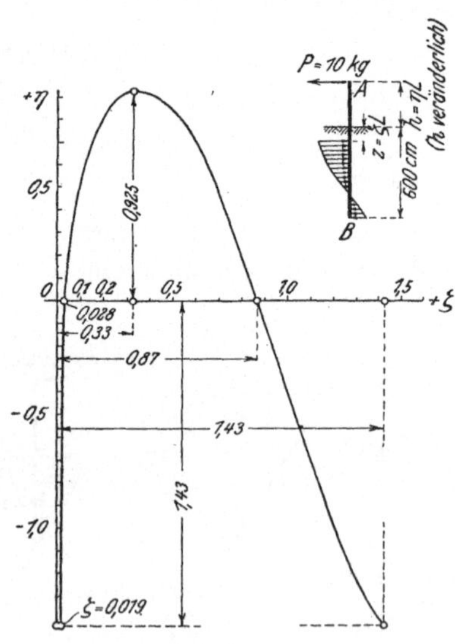

Fig. 131.

b) Es sei $P = 10$ kg, $m = 600$ cm und die freistehende Länge h, also die Größe η, lediglich veränderlich [Fig. 131]. Dem Wert $\eta = 0$ entspricht $\zeta = 0{,}028$. Bei wachsendem η nimmt ζ ebenfalls zu. Die

Größe η aber hat die Grenze $\eta = 0{,}925$, die dem Wert $\zeta = 0{,}33$ entspricht. Man erkennt also, daß, wenn η kleiner als dieser Grenzwert ist, zwei Gleichgewichtszustände möglich sind. Eine ähnliche Bemerkung wie unter a) gilt demnach auch hier. Bei negativem η gibt es wieder zwei entsprechende Werte von ζ. Wenn die Last $P = 10$ kg am unteren Ende B der Wand angreifen könnte, so würde 0,019 der entsprechende Wert von ζ sein.

c) Es sei nur die Einrammtiefe m, also die Größe μ veränderlich, während alle sonstigen Größen dem Beispiel § 70, 2 entnommen sind [Fig. 132]. Man bemerkt, daß, wenn μ kleiner ist als 1,416, es keinen μ entsprechenden Wert von ζ gibt. Die Tiefe, bis zu welcher die Wand mindestens in den Boden gerammt werden muß, berechnet sich also zu $1{,}416\,L = 1{,}416 \cdot 420 = 595$ cm.

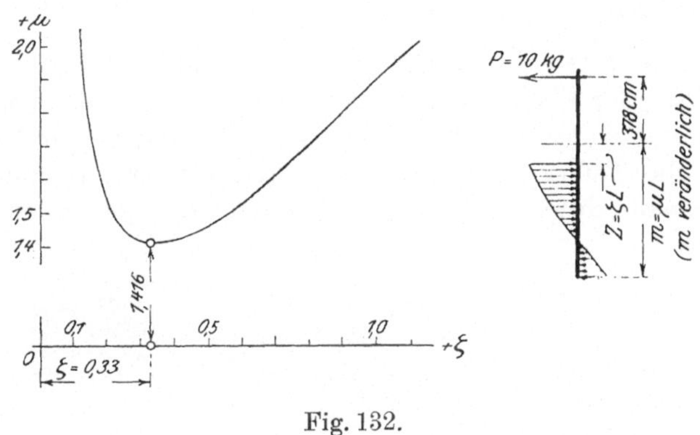

Fig. 132.

§ 72. Bemerkungen.

Schließlich soll kurz auf die Berechnungsweise einer Bohlwand mit Erdhinterfüllung hingewiesen werden. Als äußere Kraft kommt der aktive Erddruck auf das freistehende Stück AC [vgl. Fig. 133] in Betracht, der mit der Tiefe zunimmt.

Um die Gleichung der elastischen Linie für AZ aufzustellen, setzen wir voraus, daß sich das Gesetz für die Zunahme des aktiven Erddrucks als äußere Kraft auf der ganzen Länge AZ nicht ändere. Die Gleichung nimmt dann ohne weiteres die Form

$$y = \frac{kx^5}{120EJ} + \frac{B_1 x^3}{6} + \frac{B_2 x^2}{2} + B_3 x + B_4 \tag{18}$$

an [vgl. Fußnote S. 175].

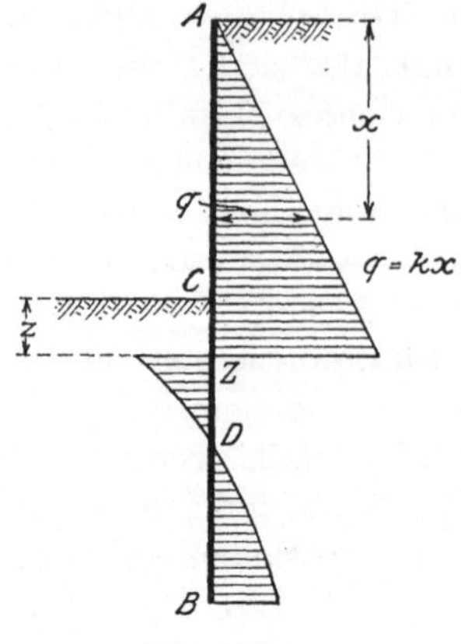

Fig. 133.

Was den unteren Teil ZB anbelangt, darf die Zahl K für die beiden Seiten der Wand nicht mehr gleich groß angenommen werden; sie muß auf der hinterfüllten Seite im allgemeinen größere Werte besitzen. Die Teile ZD und DB sind also getrennt zu untersuchen.

Die genaue Untersuchung der Aufgabe würde äußerst komplizierter Natur sein.

IX. Abschnitt.

Über die Berechnung von Trockendocks.

§ 73. Vorbemerkungen.

Ein Trockendock oder eine Schleuse, deren Seitenmauern mit der Sohle in fester Verbindung stehen, bilden einen offenen Rahmen. Bei der Untersuchung ihrer Standsicherheit liegt also, wenn sie in zusammendrückbarem Boden eingebettet sind, eine statisch unbestimmte Aufgabe vor. Die Verteilung des Bodendruckes gegen die Sohle ist, selbst abgesehen von Zufälligkeiten der Bodenbeschaffenheit, an sich unbestimmt. Ferner können, da sich der Einfluß der auf die Seitenwände wirkenden äußeren Kräfte, die ihrerseits von der Formänderung abhängen, auf die Sohle fortpflanzen muß, bei einer scharfen Untersuchung des Bauwerkes keinesfalls gegebene äußere Kräfte in Betracht gezogen werden, wie man sie bei den üblichen Rechnungsverfahren annimmt.

Ein Dock auf elastischem Baugrund für alle möglichen Belastungszustände erschöpfend zu untersuchen, würde an sich schon eine umfangreiche Aufgabe bilden. Im folgenden versuchen wir daher nur einen Beitrag zur Verwendung der im letzten Abschnitte angeführten Darlegungen und dadurch zur Bestimmung der äußeren Kräfte zu geben, denen ein Dock infolge einer Belastungsänderung ausgesetzt sein kann. Wir werden uns dabei auf den Fall beschränken, wenn das Eigengewicht der Seitenmauern sich gleichmäßig über die Endstrecke der Sohle verteilt.

Der Fall stellt sich ein, wenn ein volles Dock infolge eintretender Ebbe entleert werden soll. Der Boden hinter den Seitenmauern sei dabei völlig mit Wasser gesättigt. Dann ist das Gewicht der Seitenmauern um den Gewichtsverlust, der durch das Eintauchen in das Wasser entsteht, zu vermehren. In dem Maße, wie das Fallen des Spiegels sich fortsetzt, streben daher die Sohle und mit ihr die Seitenmauern, sich zurückzubiegen. Da nun aber der Boden nachgerutscht sein muß, ist das Zurückbiegen der Seitenmauern mehr oder weniger verhindert.

Ein Erddruck muß also außer dem bereits vorhandenen aktiven

entstehen, welcher die Mauern in ihrer Lage erhält. Die Druckverteilungsfläche infolge der letztgenannten Belastung möge etwa eine Form wie in der Fig. 134 annehmen.

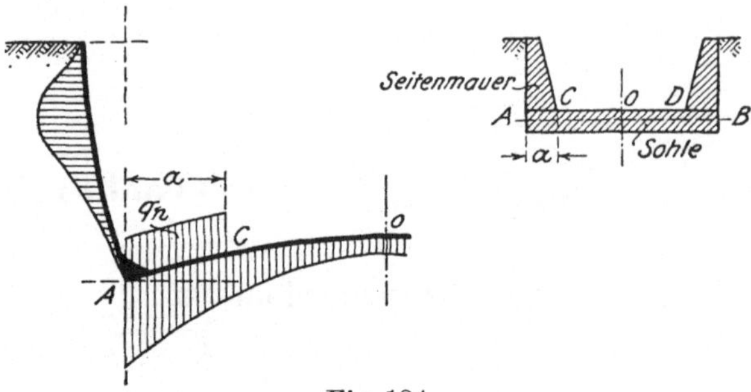

Fig. 134.

Wir setzen dabei voraus, daß die unvermeidliche Auflockerung des Bodens, die bei jeder Änderung des Belastungszustandes infolge seines Nachrutschens durch die Mauerbewegung hinter den Mauern entstanden sein muß, mit der Zeit wiederhergestellt ist, so daß sich die Mauern immer gegen einen dichten Boden stützen. Bei diesem Zustand ist der wirkliche Erddruck hinter den Mauern mit großer Wahrscheinlichkeit als in seiner größten Stärke wirkend zu betrachten.

§ 74. Elastische Formänderung der Sohle.

1. Aufstellung der Formeln. Denkt man sich die Seitenmauern an ihren unteren Enden von der Sohle abgetrennt, so ist letztere als ein elastisch gelagerter, gerader Stab anzusehen [Fig. 135]. Soll an der Spannungsverteilung nichts geändert werden, dann müssen an jedem abgetrennten Schnitt die Kraft und das Moment angebracht werden, welche vor der Entfernung der Seitenmauern dort gewirkt haben. Die Lastverteilung ergibt sich also wie in Fig. 135.

Überdies ruft der Erddruck, den die Seitenmauern infolge der Formänderung erleiden, auf der Sohle eine Axialkraft und ein allerdings unbedeutendes Biegungsmoment hervor. Ihr Einfluß auf die elastische Formänderung ist so gering, daß er fast immer vernachlässigt werden kann. Bei der Ermittlung der in der Sohle herrschenden Spannungen jedoch müssen diese Ursachen, besonders die Axialkraft, in Rechnung gestellt und die einzelnen Querschnitte auf exzentrischen Druck in der üblichen Weise untersucht werden.

Wählt man das Ende A als Koordinatenanfangspunkt für den Teil AC, so nimmt die Gleichung der elastischen Linie mit Bezug auf § 4, (22) die Form

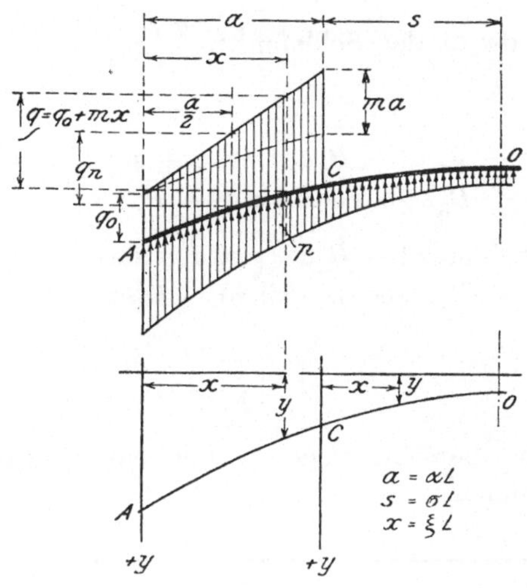

Fig. 135.

$$(1_1)\qquad y = \frac{q_0 + mL\xi}{K} + \frac{1}{2}[(A_1 e^{\xi} + A_2 e^{-\xi})\cos\xi + 2A_3 \operatorname{Cos}\xi \sin\xi]$$

oder

$$(1_2)\qquad y = \frac{mL\left[\xi - \frac{\alpha}{2}\right] + q_n}{K} + \frac{1}{2}[(A_1 e^{\xi} + A_2 e^{-\xi})\cos\xi + 2A_3 \operatorname{Cos}\xi \sin\xi]$$

an, worin bekanntlich

$$(\mathrm{I})\qquad A_1 - A_2 - 2A_3 = 0$$

ist. q_n, m und α sind in Fig. 135 ersichtlich.

Die Gleichung für den Teil CO sei

$$y = \frac{1}{2}[(B_1 e^{\xi} + B_2 e^{-\xi})\cos\xi + (B_3 e^{\xi} + B_4 e^{-\xi})\sin\xi],$$

dann ergeben sich im Punkt C die vier Bedingungsgleichungen [s. § 6, (28)]

$$(\mathrm{II})\qquad A_1 e^{\alpha}\cos\alpha + A_2 e^{-\alpha}\cos\alpha + 2A_3 \operatorname{Cos}\alpha \sin\alpha - B_1 - B_2 = \frac{-2}{K}\left[q_n + \frac{ma}{2}\right]$$

$$(\mathrm{III})\qquad A_1 e^{\alpha}(\cos\alpha - \sin\alpha) - A_2 e^{-\alpha}(\cos\alpha + \sin\alpha) + 2A_3(\operatorname{Cos}\alpha\cos\alpha + \operatorname{Sin}\alpha\sin\alpha) - B_1 + B_2 - B_3 - B_4 = \frac{-2mL}{K}$$

$$(\mathrm{IV})\qquad A_1 e^{\alpha}\sin\alpha - A_2 e^{-\alpha}\sin\alpha - 2A_3 \operatorname{Sin}\alpha\cos\alpha + B_3 - B_4 = 0$$

$$(\mathrm{V})\qquad A_1 e^{\alpha}[\cos\alpha + \sin\alpha] - A_2 e^{-\alpha}[\cos\alpha - \sin\alpha] - 2A_3[\operatorname{Cos}\alpha\cos\alpha - \operatorname{Sin}\alpha\sin\alpha] - B_1 + B_2 + B_3 + B_4 = 0.$$

Schließlich, da in der Sohlenmitte $\frac{dy}{dx} = 0$, $Q = 0$ sein muß, erhält man

$$\text{(VI)}\quad B_1 e^{\sigma}[\cos\sigma - \sin\sigma] - B_2 e^{-\sigma}[\cos\sigma + \sin\sigma] + B_3 e^{\sigma}[\cos\sigma + \sin\sigma] + B_4 e^{-\sigma}[\cos\sigma - \sin\sigma] = 0$$

$$\text{(VII)}\quad B_1 e^{\sigma}[\cos\sigma + \sin\sigma] - B_2 e^{-\sigma}[\cos\sigma - \sin\sigma] - B_3 e^{\sigma}[\cos\sigma - \sin\sigma] - B_4 e^{-\sigma}[\cos\sigma + \sin\sigma] = 0,$$

wenn

$$\sigma = \frac{s}{L}.$$

Der besseren Übersicht wegen stellen wir sämtliche Gleichungen tabellarisch zusammen:

	A_1	A_2	A_3	B_1	B_2	B_3	B_4	
(I)	1	-1	-2	0	0	0	0	0
(II)	$e^{\alpha}\cos\alpha$	$e^{-\alpha}\cos\alpha$	$2\,\mathfrak{Cof}\,\alpha\sin\alpha$	-1	-1	0	0	$\frac{-2}{K}\left[q_n + \frac{m a}{2}\right]$
(III)	$e^{\alpha}[\cos\alpha - \sin\alpha]$	$-e^{-\alpha}[\cos\alpha + \sin\alpha]$	$2[\mathfrak{Cof}\,\alpha\cos\alpha + \mathfrak{Sin}\,\alpha\sin\alpha]$	-1	1	-1	-1	$-\frac{2mL}{K}$
(IV)	$e^{\alpha}\sin\alpha$	$-e^{-\alpha}\sin\alpha$	$-2\,\mathfrak{Sin}\,\alpha\cos\alpha$	0	0	1	-1	0
(V)	$e^{\alpha}[\cos\alpha + \sin\alpha]$	$-e^{-\alpha}[\cos\alpha - \sin\alpha]$	$-2[\mathfrak{Cof}\,\alpha\cos\alpha - \mathfrak{Sin}\,\alpha\sin\alpha]$	-1	1	1	1	0
(VI)	0	0	0	$e^{\sigma}[\cos\sigma - \sin\sigma]$	$-e^{-\sigma}[\cos\sigma + \sin\sigma]$	$e^{\sigma}[\cos\sigma + \sin\sigma]$	$e^{-\sigma}[\cos\sigma - \sin\sigma]$	0
(VII)	0	0	0	$e^{\sigma}[\cos\sigma + \sin\sigma]$	$-e^{-\sigma}[\cos\sigma - \sin\sigma]$	$e^{\sigma}[\cos\sigma - \sin\sigma]$	$-e^{-\sigma}[\cos\sigma + \sin\sigma]$	0

2. Zahlenbeispiel. Der Deutlichkeit halber soll der Rechnungsgang an Hand eines Beispieles auseinandergesetzt werden. Es diene das Trockendock, dessen Abmessungen in Fig. 76 (S. 154) angegeben sind als Beispiel. Die Baugrundziffer sei gleich dem dort angenommenen Wert. Wir wollen die Sohlenformänderung unter Mitwirkung der Seitenmauern feststellen.

Setzt man die gewonnenen Zahlenwerte der Hilfsgrößen in die Bedingungsgleichungen ein, so ergibt sich als Lösung

$$A_1 = 0{,}555\,m - 0{,}592 \cdot 10^{-3} q_n \qquad B_1 = -0{,}009\,m + 0{,}060 \cdot 10^{-3} q_n$$
$$A_2 = 4{,}760\,m + 8{,}790 \;\text{„}\;\;\text{„} \qquad B_2 = 1{,}075\,m + 19{,}170 \;\text{„}\;\;\text{„}$$
$$A_3 = -2{,}103\,m - 4{,}691 \;\text{„}\;\;\text{„} \qquad B_3 = -0{,}0118\,m - 0{,}094 \;\text{„}\;\;\text{„}$$
$$B_4 = 2{,}291\,m - 2{,}200 \;\text{„}\;\;\text{„}$$

Mit diesen Werten lassen sich die Gleichungen für die Sohle durch q_n und m ausdrücken.

3. Berücksichtigung von Einzellasten. Handelt es sich lediglich um den Einfluß von Einzellasten auf der Strecke CD, so hat man in Gl. (1_2) $q_n = 0$ zu setzen; somit erhält man

$$(2)\qquad y = \frac{mL\left[\xi - \frac{\alpha}{2}\right]}{K} + \frac{1}{2}\left[(A_1 e^{\xi} + A_2 e^{-\xi})\cos\xi + 2A_3\,\mathfrak{Cof}\,\xi\sin\xi\right].$$

Die Sohle trage eine Einzellast P in der Mitte. Alle oben gewonnenen Bedingungsgleichungen finden hier Geltung mit Ausnahme der siebenten.

$Q_{\xi=\sigma} = P/2$ liefert

$$\text{(VII)}\qquad B_1 e^{\sigma}[\cos\sigma + \sin\sigma] - B_2 e^{-\sigma}[\cos\sigma - \sin\sigma] - B_3 e^{\sigma}[\cos\sigma - \sin\sigma] - B_4 e^{-\sigma}[\cos\sigma + \sin\sigma] = \frac{2P}{KL}.$$

§ 75. Elastische Formänderung der Seitenmauern.

1. Entwicklung der Gleichungen. In einem Dock ist die Sohle nicht der einzige tragende Teil des Bauwerkes; so z. B. könnte sie sich, wenn sie schlanke Abmessungen hat, oder der Baugrund verhältnismäßig tragfähig ist, unter Umständen gegen ihre Enden senken, aber durch die Mitwirkung der Seitenmauern würde eine schädliche Abhebung in der mittleren Strecke verhindert werden.

Wir setzen voraus, daß der Punkt Z [Fig. 136], in dem der Erdwiderstand den höchsten Wert erreicht, zunächst bekannt ist.

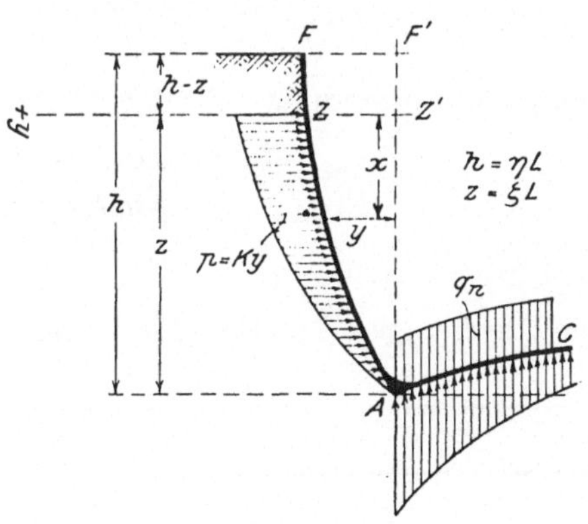

Fig. 136.

Versteht man unter K_1 und J_1 die durchschnittlichen Werte des spezifischen Widerstandes der Hinterfüllungserde bzw. des Tragheitsmomentes der Seitenmauern und unter L_1 die aus § 3, (6) für dieses K_1 und J_1 errechnete Größe und setzt man $\xi = x/L_1$, so gilt für die elastische Linie der Seitenmauer die Gleichung

$$y = \frac{1}{2}\left[(C_1 e^{\xi} + C_2 e^{-\xi}) \cos\xi + 2 C_3 \mathfrak{Cof}\,\xi \sin\xi\right],$$

wenn der Punkt Z als Koordinatenanfang gewählt ist. Bekanntlich hat man

(I) $$C_1 - C_2 - 2 C_3 = 0\,.$$

Wir setzen voraus, daß am Ende A der Sohle die wagerechte Verschiebung des Bauwerkes gleich Null ist. Es ergibt sich somit

(II) $$[C_1 e^{\zeta} + C_2 e^{-\zeta}] \cos\zeta + 2 C_3 \mathfrak{Cof}\,\zeta \sin\zeta = 0\,.$$

Da sich die Sohle und die Seitenmauern im Punkt A um den gleichen Winkel drehen müssen, folgt

(III_1) $$\frac{m}{K} + \frac{2 A_3}{L} = \frac{1}{2 L_1}\left[(C_1 e^{\zeta} - C_2 e^{-\zeta} + 2 C_3 \mathfrak{Cof}\,\zeta) \cos\zeta - (C_1 e^{\zeta} + C_2 e^{-\zeta} - 2 C_3 \mathfrak{Sin}\,\zeta) \sin\zeta\right].$$

Das Biegungsmoment M_A am untern Ende der Seitenmauer hat den Ausdruck $M_A = m J_1$, welcher in die Gleichung

(IV) $$C_1 e^{\zeta} \sin\zeta - C_2 e^{-\zeta} \sin\zeta - 2 C_3 \mathfrak{Sin}\,\zeta \cos\zeta = \frac{4 m J_1}{K_1 L_1^2}$$

übergeht. Schließlich liefert die Bedingung $p = K_1 y$, der der Punkt Z unterliegt, die Gleichung

(V) $$\frac{K_1}{2}[C_1 + C_2] = \varphi \frac{4 [h - z] \gamma \sin\varphi}{1 - \sin^2\varphi}\,.$$

Die dritte Gleichung in Verbindung mit der vierten formt sich zu

(III_2) $$2\left[C_2 e^{-\zeta} (\cos\zeta + \sin\zeta) - C_3 e^{-\zeta} (\cos\zeta - \sin\zeta)\right] = -\frac{4 m J_1}{K_1 L_1^2} - \frac{2 L_1 m}{K} - \frac{4 L_1}{L} A_3$$

um.

Wir stellen die Gleichungen (I), (II), (III_2) und (IV) tabellarisch zusammen:

	C_1	C_2	C_3	m	
(I)	1	-1	-2	0	0
(II)	$e^{\zeta} \cos\zeta$	$e^{-\zeta} \cos\zeta$	$2 \mathfrak{Cof}\,\zeta \sin\zeta$	0	0
(III_2)	0	$2 e^{-\zeta} (\cos\zeta + \sin\zeta)$	$-2 e^{-\zeta} (\cos\zeta - \sin\zeta)$	$\mathfrak{B}$	$\mathfrak{D}$
(IV)	$e^{\zeta} \sin\zeta$	$-e^{-\zeta} \sin\zeta$	$-2 \mathfrak{Sin}\,\zeta \cos\zeta$	$-\frac{4 J_1}{K_1 L_1^2}$	0

Da in der rechten Seite der Gl. (III_2) das Glied $\frac{4 L_1}{L} A_3$ auch eine Funktion von m ist, können $\mathfrak{B}$ und $\mathfrak{D}$ nicht ausdrücklich gegeben werden.

Die Auflösung der vier ersten Gleichungen liefert

$$
(3) \left\{
\begin{aligned}
C_1 &= \frac{4\mathfrak{D}}{\Delta} \left[\frac{J_1}{K_1 L_1^2}\right] [\mathfrak{Cof}\, \zeta \sin \zeta - e^{-\zeta} \cos \zeta] \\
C_2 &= \frac{4\mathfrak{D}}{\Delta} \left[\frac{J_1}{K_1 L_1^2}\right] [\mathfrak{Cof}\, \zeta \sin \zeta + e^{\zeta} \cos \zeta] \\
C_3 &= \frac{-4\mathfrak{D}}{\Delta} \left[\frac{J_1}{K_1 L_1^2}\right] \mathfrak{Cof}\, \zeta \cos \zeta \\
m &= \frac{\mathfrak{D}}{\Delta} \mathfrak{Sin}\, \zeta . \\
&\text{wobei} \\
\Delta &= 8 \left[\frac{J_1}{K_1 L_1^2}\right] [\mathfrak{Cof}^2 \zeta + \cos^2 \zeta] - \left[\frac{4 J_1}{K_1 L_1^2} - \mathfrak{B}\right] [\mathfrak{Sin}\, 2\zeta - \sin 2\zeta]
\end{aligned}
\right.
$$

ist.

Das Einsetzen dieser Ausdrücke in Gl. (V) führt zu

$$
(4) \qquad \eta - \zeta = \frac{\mathfrak{D}}{\Delta} \frac{J_1}{\gamma L_1^3} \left[\frac{1 - \sin^2 \varphi}{\sin \varphi}\right] [\mathfrak{Cof}\, \zeta \sin \zeta + \mathfrak{Sin}\, \zeta \cos \zeta] .
$$

2. Fortsetzung des Beispiels § 74, 2. Es sei

$K_1 = 20$ kg/cm³ $\qquad \varphi = 26^0 \qquad \gamma = 0{,}0016$ kg/cm³.

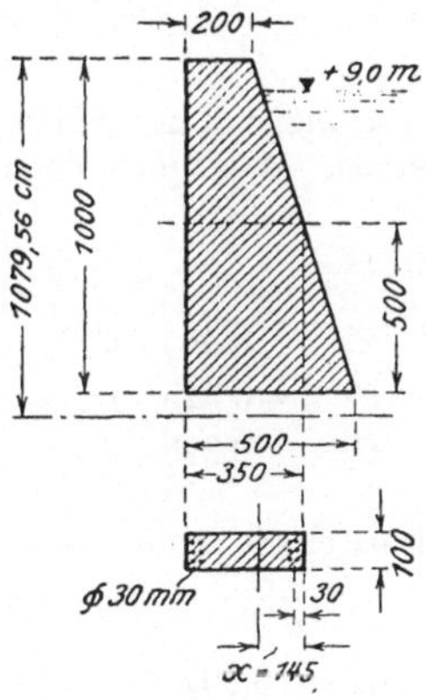

Fig. 137.

Als Trägheitsmoment wählen wir das des mittleren Querschnittes der Seitenwand. Es berechnet sich etwa zu

$$J_1 = 2741000 \text{ cm}^4 \quad [\text{für 1 cm Breite}].$$

Somit erhält man

$$L_1 = \sqrt[4]{\frac{4 \cdot 140000 \cdot 2741000}{20}} = 526{,}34 \text{ cm}$$

$$\eta = \frac{1079{,}56}{526{,}34} = 2{,}051 .$$

Ferner ergibt sich

$$\frac{J_1}{K_1 L_1^2} = \frac{2741000}{20 \cdot 526{,}34^2} = 0{,}495 \qquad \frac{J_1}{\gamma L_1^3} = \frac{2741000}{0{,}0016 \cdot 526{,}34^3} = 11{,}748$$

$$\frac{L_1}{K} = \frac{526{,}34}{50} = 10{,}527 \qquad \frac{1 - \sin^2 \varphi}{\sin \varphi} = \frac{1 - 0{,}4384^2}{0{,}4384} = 1{,}845 .$$

$$\frac{L_1}{L} = \frac{526{,}34}{347{,}30} = 1{,}52$$

A_1, A_2, A_2 sind in § 74, 2 berechnet.

Der auf der rechten Seite der Gleichung (III_2) stehende Ausdruck $-\frac{4 m J_1}{K_1 L_1^2} - \frac{2 m L_1}{K} - \frac{4 L_1}{L} A_3$ lautet dann $-10{,}280\, m + 2{,}843 \cdot 10^{-2}\, q_n$.

Es ist also

$$\mathfrak{B} = 10{,}280 \qquad \mathfrak{D} = 2{,}843 \cdot 10^{-2}\, q_n .$$

Δ berechnet sich

$$\Delta = 3{,}960\, [\mathfrak{Cof}^2 \zeta + \cos^2 \zeta] + 8{,}301\, [\mathfrak{Sin}\, 2\zeta - \sin 2\zeta].$$

Gl. (4) liefert dann

$$2{,}051 - \zeta = \frac{0{,}6162\, q_n\, [\mathfrak{Cof}\, \zeta \sin \zeta + \mathfrak{Sin}\, \zeta \cos \zeta]}{3{,}960\, [\mathfrak{Cof}^2 \zeta + \cos^2 \zeta] + 8{,}301\, [\mathfrak{Sin}\, 2\zeta - \sin 2\zeta]} .$$

War das Dock bis zur Höhe $+ 9$ m gefüllt, so ist bei völlig geleertem Zustand $q_n = 0{,}9$ kg/cm² zu setzen. Man findet nach der letzten Gleichung durch Probieren $\zeta = \mathbf{2{,}048}$.

Es berechnet sich somit

$$C_1 = 0{,}565 \cdot 10^{-3}$$
$$C_2 = -0{,}015 \quad ,,$$
$$C_3 = 0{,}290 \quad ,,$$

Die Gleichungen der elastischen Linie sowie des Erdwiderstandes für *ZA* lauten dann

$$y = 10^{-3}\, [0{,}283\, e^{\xi} \cos \xi - 0{,}007\, e^{-\xi} \cos \xi + 0{,}290\, \mathfrak{Cof}\, \xi \sin \xi]$$

$$p = 2 \cdot 10^{-2}\, [0{,}283\, e^{\xi} \cos \xi - 0{,}007\, e^{-\xi} \cos \xi + 0{,}290\, \mathfrak{Cof}\, \xi \sin \xi] .$$

Die Zahlenrechnung ergibt:

ξ	y cm	x cm	$p = 20\,y$ kg/cm²
0,0	0,0	$0{,}276 \cdot 10^{-3}$	$0{,}552 \cdot 10^{-2}$
0,2	105,0	0,392 „	0,784 „
0,4	210,0	0,506 „	1,012 „
0,6	315,5	0,616 „	1,232 „
0,8	420,0	0,715 „	1,430 „
1,0	526,3	0,764 „	1,528 „
1,2	631,0	0,795 „	1,590 „
1,4	736,3	0,833 „	1,666 „
1,6	840,0	0,706 „	1,412 „
1,8	946,3	0,488 „	0,976 „
2,0	1050,0	0,122 „	0,244 „
2,048	1079,6	0	0

Der Erddruck an der Nullachse der Sohle berechnet sich nach der bekannten Formel wie folgt:

der aktive Druck

$$p = \gamma\, h \frac{1 - \sin\varphi}{1 + \sin\varphi} = 0{,}603 \text{ kg/cm}^2,$$

der passive Druck

$$p = \gamma\, h \frac{1 + \sin\varphi}{1 - \sin\varphi} = 4{,}960 \text{ kg/cm}^2.$$

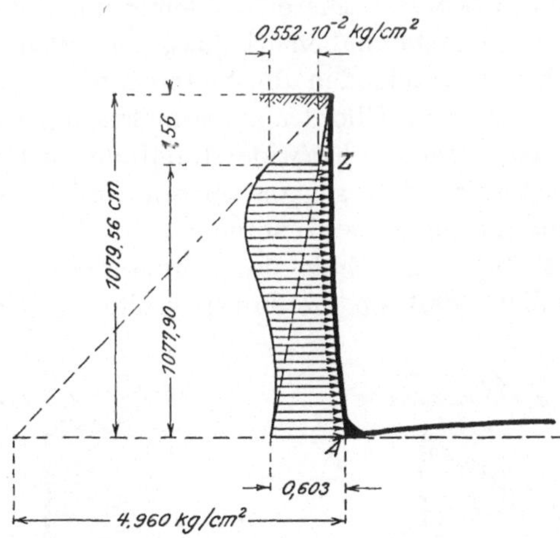

Fig. 138.

Die obenstehende Figur zeigt die Pressungsverteilung auf die Mauer; um sie anschaulicher zu machen, ist darin der Punkt Z tiefer als berechnet angenommen worden.

Die analytischen Folgerungen sowie die Rechnungsergebnisse, zu denen wir bis jetzt gelangt sind, stimmen im großen ganzen mit der Erfahrung überein, solange man von den der Rechnung zugrunde gelegten Voraussetzungen nicht allzusehr abweicht.

Man bemerkt, daß die Formänderung sowie der dadurch entstehende Erdwiderstand der Seitenmauer infolge der Ungleichförmigkeit der Sohlendruckverteilung rechnerisch außerordentlich klein ist. Es ist natürlich nicht zulässig, daraus allgemeine Schlüsse auf andere Fälle zu ziehen. Bei der obigen Berechnung wählten wir als willkürliche Anfangslage, von der aus die elastischen Formänderungen gerechnet wurden, die Gleichgewichtslage der Seitenmauern bei vollem Dock mit dem Wasserspiegel + 9 m. Die Durchbiegung der Sohle eines leeren Docks kann jedoch durch ein Panzerschiff ziemlich stark konkav aufwärts erfolgen, so daß auch die mit der Sohle in starrer Verbindung stehenden Seitenmauern in gleichem Maße eine verhältnismäßig beträchtliche, nach innen gerichtete Drehung erleiden; sie könnte sogar so groß ausfallen, daß das Gerippe des mittels Steifen gegen Mauern gestützten Schiffskörpers beschädigt wird.

Hätte man z. B. die eben besprochene Gleichgewichtslage der Seitenmauern als Anfangslage gewählt, so würden die Formänderungen der Seitenmauern, folglich der Erdwiderstand, der entsteht, wenn das Schiff den Stapel verläßt, bedeutendere Werte ergeben.

3. Schlußbemerkung. Dieselbe Bemerkung, die wir in der vorigen Aufgabe gemacht haben (S. 239), ist auch hier am Platz. Da der wirkliche Erddruck, den die Seitenmauer in einer beliebigen Tiefe erfährt, gleich dem Überdruck vermehrt um den dortigen aktiven Erddruck ist, muß die Erdwiderstandlinie zu Beginn der Dockentleerung derart sein, daß sie am oberen Ende die Grenzlinie des passiven Erddrucks tangiert und unten in die des aktiven Erddrucks übergeht [Fig. 139a]. Am Ende der Formänderung hingegen ist es sehr wahrscheinlich, daß sie die Form annimmt, welche man, wie

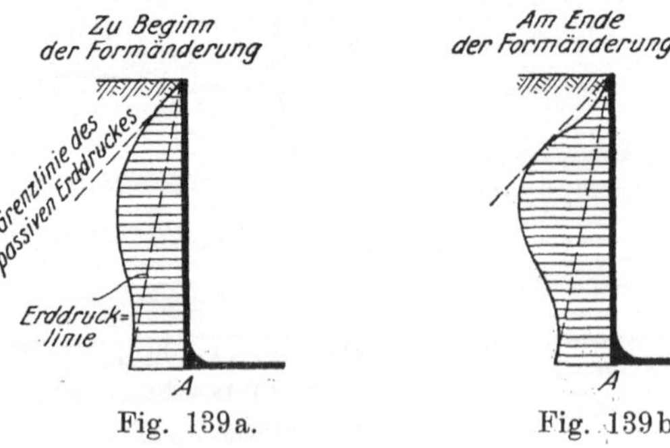

Fig. 139a. Fig. 139b.

etwa in Fig. 139b, durch geeignete Abrundung zwischen den beiden Grenzlinien einzeichnen kann, und zwar in der Weise, daß sie an dem oberen und unteren Ende diejenige des aktiven Erddrucks berührt.

§ 76. Über den Auftrieb von Docks.

Wird ein volles Dock entleert, so erleidet es seiner Gewichtsverminderung entsprechend einen Auftrieb und bewegt sich als Gesamtkörper nach oben. Gleichzeitig erzeugt der Erdwiderstand an der Hinterseite der Mauern widerstehende Reibungskräfte. Der Auftrieb erreicht in manchen Fällen einen beträchtlichen Wert; ohne die Reibungskraft würden manche Docks nach der Entleerung über die Erdoberfläche hinausragen. Das Dock verdankt also seine Standsicherheit zum großen Teil der Wirkung des Erdwiderstandes.

Der letztere rührt von der elastischen Formänderung des Docks her. Der aktive Erddruck, den der Boden im zwanglosen Zustand auf die Seitenmauern ausübt, ergibt rechnerisch einen ziemlich bedeutenden Wert. Der Auftrieb des ganzen Bauwerkes könnte schon durch ihn verhütet werden. Geht man aber auf die Grunderwägungen zurück, auf denen die Theorie des Erddruckes basiert, so wird man zu einem richtigen Urteil gelangen. In der Theorie, sei es die von Coulomb oder die von Rankine, wird nur gesprochen von dem größten Wert des Druckes, den das Erdmaterial auf eine festliegende Stützmauer ausüben kann; der tatsächliche Erddruck ist dadurch nicht festgestellt. Derselbe kann sehr verschiedene Werte annehmen; bei einem Dock ist von ihm nicht mit Sicherheit zu erwarten, daß er eine Gegenkraft gegen den Auftrieb bildet. Erleiden aber die Seitenmauern des Docks eine sehr kleine elastische Bewegung, so wird ein Teil des hinter den Mauern lagernden Erdreiches erschüttert und in Bewegung gesetzt, insofern er vermöge der im Innern auftretenden Kohäsions- und Reibungskräfte ohne Seitenmauern nicht mehr das Gleichgewicht zu bewahren vermag. Die von Coulomb zugrunde gelegte Voraussetzung, daß ein gewisses Erdprisma mit der sich bewegenden Mauer auf einer Gleitfläche zu rutschen strebe, trifft erst dann zu. Der Erddruck nimmt nun einen festen Wert an, den man rechnerisch wenigstens annäherungsweise bestimmen kann.

Was die Größe des Reibungswiderstandes anbelangt, wächst sie der Formänderung entsprechend von Null an bis zu ihrem Grenzwert. Bei überschläglicher Berechnung möge die Reibungskraft

$$R = \mu E$$

gesetzt werden, wenn unter μ der Reibungskoeffizient, unter E der gesamte aktive Erddruck verstanden wird. Die statische Berechnung kann stets mit diesem Wert R durchgeführt werden, weil er bei dem ins Auge gefaßten Zustand bereits vorhanden sein muß.

Hinsichtlich des Reibungskoeffizienten μ hat man leider bis jetzt so gut wie keine Beobachtungsergebnisse. Selbstredend muß er bei jedem einzelnen Fall festgestellt werden.

Die Rückseite der Mauern wird entweder in Form treppenförmiger Stufen oder durch Verstärkung der Mauern mittels eines schrägen Anlaufes ausgeführt. Ferner gibt man der Rückseite nicht eine glatte, sondern durch Anbringen einer Verschalung eine rauhe, mit Absätzen versehene Fläche. In diesem Fall ist es wahrscheinlich, daß an der Mauerhinterseite die Reibung nicht in ganzer Stärke in Wirkung tritt, sondern im wesentlichen durch die an der Mauer hängende Erdmasse ersetzt wird. Weitere Ausführungen über diese Frage finden sich in der schon erwähnten Arbeit von O. Franzius.

Die Kraft R, die gegen den Auftrieb des Docks wirkt, strebt die Sohle konkav nach unten zu biegen und größert dadurch die Abhebung der Sohlenmitte [Fig. 140]. Es ergibt sich [vgl. § 35, (17), (15)]

$$\operatorname{tg} \vartheta_0 = \frac{-2R}{KL^2}\left[\frac{\mathfrak{Sin}\,\lambda - \sin\lambda}{\mathfrak{Sin}\,\lambda + \sin\lambda}\right]$$

$$y_0 = \frac{4R}{KL}\left[\frac{\mathfrak{Cof}\,\frac{\lambda}{2}\cos\frac{\lambda}{2}}{\mathfrak{Sin}\,\lambda + \sin\lambda}\right].$$

Durch Auffüllen sowie Belastung der Sohle sinkt das Dock. Die Kraft R und folglich ϑ_0, y_0 wechseln dann ihr Vorzeichen.

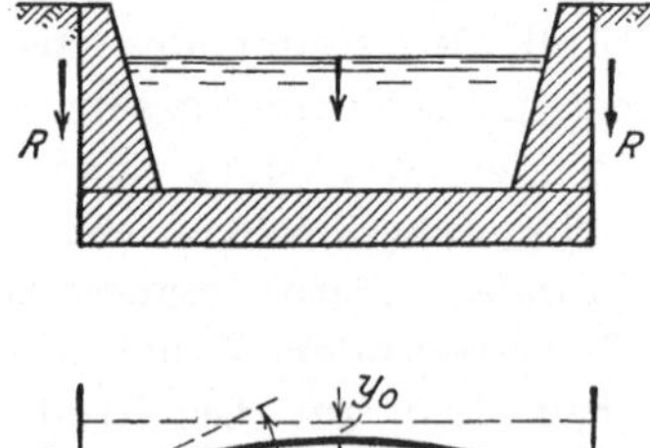

Fig. 140.

X. Abschnitt.

Über biegungsfeste Rahmen.

Wir schließen unsere Arbeit mit einer Aufgabe aus dem Gebiet der biegungsfesten Rahmen. Die statische Untersuchung dieses in neuerer Zeit mehr in den Vordergrund tretenden Konstruktionssystems ist schon jahrelang Gegenstand zahlreicher Abhandlungen gewesen. Wir wollen uns hier nur auf einige besondere Probleme beschränken, die mit der vorhergehenden Theorie eng verwandt sind.

Ein völlig im Erdreich eingebauter Rahmen ist infolge seiner Formänderung elastischen, gegen die Ständer gerichteten Kräften ausgesetzt; sie können auch durch zufällige Bewegungen der Rahmenbefestigung hervorgerufen werden. Diese Kräfte dürfen bei einer scharfen Untersuchung des Rahmens nicht vernachlässigt werden.

A. Zweistieliger Rahmen mit Fußgelenken.

§ 77. Entwicklung der Formeln.

1. Allgemeine Gleichungen. Der im Erdreich eingebettete Rahmen [Fig. 141a] trage in der Mitte des Riegels eine Einzellast P. Von der gleichförmig über den Riegel verteilten Last sei abgesehen.

Wir wollen zunächst die elastische Linie des Riegels bestimmen. Denkt man sich den Riegel an den Ecken C, D von den Ständern abgetrennt, so entsteht ein Balken CD [Fig. 141b], der an beiden Enden unterstützt ist. Der Balken ist außer der ursprünglichen Belastung noch den Momenten M_C, M_D an den Enden unterworfen, die vor der Abtrennung in den Ecken des Rahmens geherrscht haben.

Kommt nur die Last P in Betracht, so hat man bekanntlich für die elastische Linie des Balkens die Gleichung

$$y = \frac{P l^3}{16 E J_1}\left[\frac{x}{l} - \frac{4 x^3}{3 l^3}\right]$$

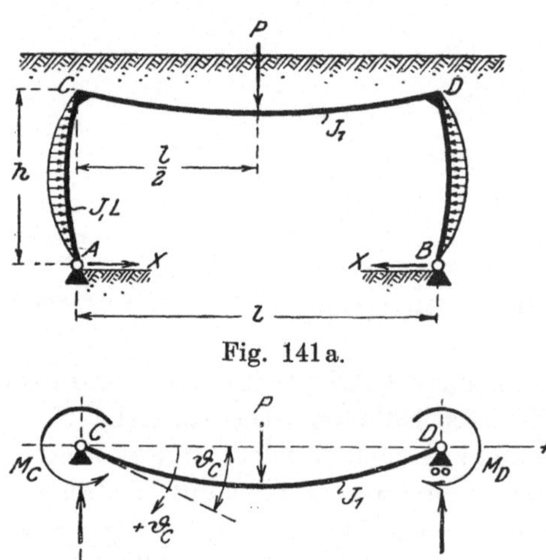

Fig. 141a.

Fig. 141b.

und daraus

$$\frac{dy}{dx} = \frac{P l^3}{16 E J_1}\left[\frac{1}{l} - \frac{4 x^2}{l^3}\right].$$

Der Koordinatenanfangspunkt ist dabei nach dem Punkt C verlegt. Der Drehungswinkel ϑ_C berechnet sich dann

$$[\vartheta_C]_P = \left[\frac{dy}{dx}\right]_{x=0} = \frac{P l^2}{16 E J_1}.$$

Würde der Balken statt der Einzellast P eine über die ganze Länge gleichförmig verteilte Last q tragen, so hätte man

$$y = \frac{q l^4}{24 E J_1}\left[\frac{x}{l} - \frac{2 x^3}{l^3} + \frac{x^4}{l^4}\right]$$

und

$$[\vartheta_C]_q = \left[\frac{dy}{dx}\right]_{x=0} = \frac{q l^3}{24 E J_1}.$$

Was den Einfluß der Momente M_C und M_D auf ϑ_C betrifft, erhält man, da $\beta = \int\limits_0^l \frac{M_C\, dx}{E J_1} = \frac{M_C\, l}{E J_1}$ ist,

$$[\vartheta_C]_M = \frac{-\beta}{2} = \frac{-M_C\, l}{2 E J_1},$$

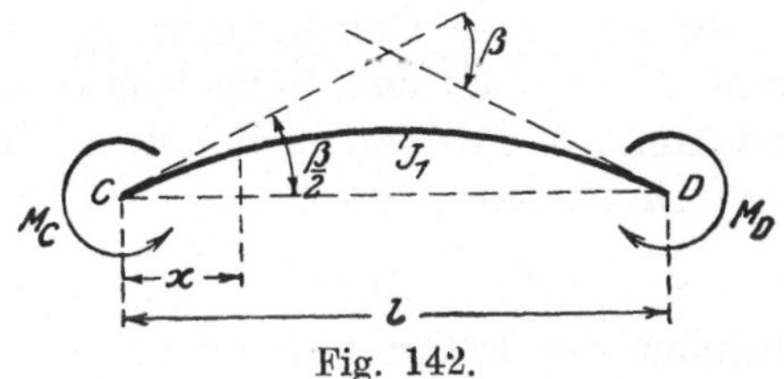

Fig. 142.

Die gesamte Enddrehung des Balkens ergibt sich also

$$\vartheta_C = [\vartheta_C]_P + [\vartheta_C]_M$$
$$= \frac{P l^2}{16 E J_1} - \frac{M_C l}{2 E J_1} = \frac{2 l}{m K L^4}\left[\frac{P l}{8} - M_C\right],$$

wenn

(1) $$m = \frac{J_1}{J}$$

gesetzt wird.

Wir gehen jetzt zum Ständer CA über. Der Koordinatenanfang sei in C gewählt. Setzen wir voraus, daß die elastischen Kräfte, die auf die Ständer wirken, an einer Stelle x der Verschiebung proportional sind, so ist $p = Ky$. Daher gilt die Gleichung

$$y = \frac{1}{2}\left[(A_1 e^{\xi} + A_2 e^{-\xi}) \cos \xi + (A_3 e^{\xi} + A_4 e^{-\xi}) \sin \xi\right].$$

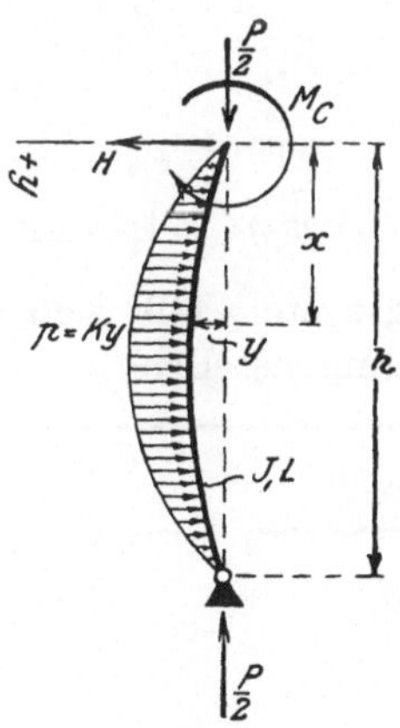

Fig. 143.

Der Riegel sowie die Ständer werden außer durch Biegungsspannungen noch durch Axialkräfte beansprucht. Den Einfluß der letzteren auf die Formänderung aber wollen wir der Einfachheit halber hier außer acht lassen.

Wir haben jetzt die sechs Unbekannten A_1 bis A_4, M_C und X zu ermitteln, wenn X den an den Fußgelenken wirkenden, wagerechten Schub bedeutet. X wird an dem linken Fuß A nach rechts positiv gerechnet. Am Punkt C ist $y = 0$. Es ergibt sich also

$$\text{(I)} \qquad A_1 + A_2 = 0\,.$$

Die Unveränderlichkeit des Eckwinkels liefert

$$\text{(II)} \qquad \frac{1}{2L}[A_1 + A_3 - A_2 + A_4] = \frac{2l}{mKL^4}\left[\frac{Pl}{8} - M_C\right].$$

M_C hat den Ausdruck

$$\text{(III)} \qquad M_C = \frac{-KL^2}{4}[A_3 - A_4]\,.$$

Da $Q_A = -X$ ist, ergibt sich

$$\text{(IV)} \quad A_1 e^{\eta}[\cos\eta + \sin\eta] - A_2 e^{-\eta}[\cos\eta - \sin\eta] - A_3 e^{\eta}[\cos\eta - \sin\eta] - A_4 e^{-\eta}[\cos\eta + \sin\eta] + \frac{4X}{KL} = 0,$$

worin

$$\text{(2)} \qquad \eta = \frac{h}{L}$$

ist. Schließlich, da am Fuß A, also für $\xi = \eta$,

$$y = 0 \qquad \frac{d^2y}{d\xi^2} = 0$$

sein muß, ergibt sich

$$\text{(V)} \quad A_1 e^{\eta}\cos\eta + A_2 e^{-\eta}\cos\eta + A_3 e^{\eta}\sin\eta + A_4 e^{-\eta}\sin\eta = 0$$

$$\text{(VI)} \quad A_3 e^{\eta}\cos\eta - A_4 e^{-\eta}\cos\eta - A_1 e^{\eta}\sin\eta + A_2 e^{-\eta}\sin\eta = 0\,.$$

Das ganze Gleichungssystem läßt sich, da nach Gl. (I) $A_1 = -A_2$ ist, folgendermaßen zusammenstellen:

	$A_1 = -A_2$	A_3	A_4	M_C	X	
(II)	2	1	1	$\frac{4l}{mKL^3}$	0	$\frac{Pl^2}{2mKL^3}$
(III)	0	1	-1	$\frac{4}{KL^2}$	0	0
(IV)	$2[\mathfrak{Sin}\,\eta\sin\eta + \mathfrak{Cof}\,\eta\cos\eta]$	$-e^{\eta}(\cos\eta - \sin\eta)$	$-e^{-\eta}(\cos\eta + \sin\eta)$	0	$\frac{4}{KL}$	0
(V)	$2\,\mathfrak{Sin}\,\eta\cos\eta$	$e^{\eta}\sin\eta$	$e^{-\eta}\sin\eta$	0	0	0
(VI)	$-2\,\mathfrak{Cof}\,\eta\sin\eta$	$e^{\eta}\cos\eta$	$-e^{-\eta}\cos\eta$	0	0	0

Die Auflösung liefert

$$(3)\quad \begin{cases} A_1 = -A_2 = \dfrac{-P}{8mK\varDelta}\left[\dfrac{l}{L}\right]^2 \sin 2\eta \\ A_3 \qquad\quad = \dfrac{-P}{8mK\varDelta}\left[\dfrac{l}{L}\right]^2 [e^{-2\eta} - \cos 2\eta] \\ A_4 \qquad\quad = \dfrac{P}{8mK\varDelta}\left[\dfrac{l}{L}\right]^2 [e^{2\eta} - \cos 2\eta], \\ \text{wenn} \\ \varDelta = \dfrac{L}{2}[\mathfrak{Sin}\, 2\eta - \sin 2\eta] + \dfrac{l}{m}[\mathfrak{Cos}^2 \eta - \cos^2 \eta] \end{cases}$$

gesetzt ist.

Mit Hilfe dieser Ausdrücke findet man für die elastische Linie sowie für das Biegungsmoment des Ständers

$$(4)\quad \begin{cases} y = \dfrac{P}{8mK\varDelta}\left[\dfrac{l}{L}\right]^2 [\mathfrak{Sin}\,(2\eta - \xi)\sin\xi - \sin(2\eta - \xi)\,\mathfrak{Sin}\,\xi] \\ M = \dfrac{Pl^2}{16m\varDelta}[\mathfrak{Cos}\,(2\eta - \xi)\cos\xi - \cos(2\eta - \xi)\,\mathfrak{Cos}\,\xi]. \end{cases}$$

2. Untersuchung besonderer Werte. Die Auflösung der Bedingungsgleichungen liefert ferner

$$(5)\quad \begin{cases} M_C = \dfrac{Pl^2}{8m\varDelta}[\mathfrak{Cos}^2\eta - \cos^2\eta] \\ X = \dfrac{Pl^2}{8mL\varDelta}[\mathfrak{Sin}\,\eta\cos\eta + \mathfrak{Cos}\,\eta\sin\eta]. \end{cases}$$

Das Eckmoment M_C ist also für alle Werte von η positiv. Wir bringen den Ausdruck für M_C auf die Form

$$M_C = \frac{Pl^2}{8m\left[\dfrac{L}{2}\left\{\dfrac{\mathfrak{Sin}\,2\eta - \sin 2\eta}{\mathfrak{Cos}^2\eta - \cos^2\eta}\right\} + \dfrac{l}{m}\right]}.$$

Durch Differentiation erhält man

$$\frac{d}{d\eta}\left[\frac{\mathfrak{Sin}\,2\eta - \sin 2\eta}{\mathfrak{Cos}^2\eta - \cos^2\eta}\right] = \frac{2[1 - \mathfrak{Cos}\,2\eta\cos 2\eta]}{[\mathfrak{Cos}^2\eta - \cos^2\eta]^2}.$$

Für anfängliche Werte von η ist der Differentialquotient positiv. Er verschwindet, wenn

$$(6)\quad \begin{cases} \mathfrak{Cos}\,2\eta\cos 2\eta = 1 \\ \text{oder} \quad \mathfrak{Sin}^2\eta\cos^2\eta = \mathfrak{Cos}^2\eta\sin^2\eta. \end{cases}$$

Diese Gleichung ist durch den Wert $\eta = 0$ und bei weiterem Verlauf von η in jedem der Viertelkreise I, II [Fig. 144] einmal erfüllt. Zum Beispiel ist $\eta = \pm 2{,}365$.

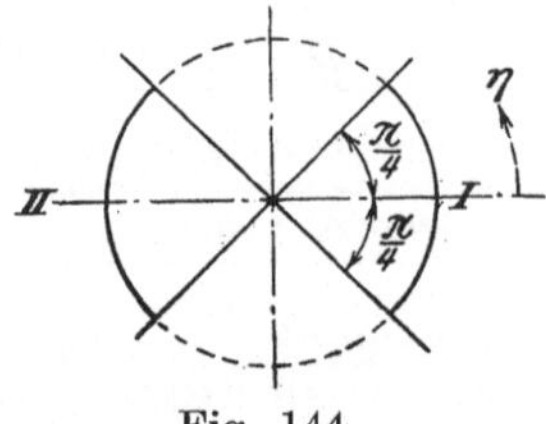

Fig. 144.

Für $\eta = 0$ hat M_C ein Maximum. Es berechnet ohne weiteres

$$(7) \qquad [M_C]_{\max} = \frac{Pl}{8}.$$

Dem Wert $\eta = 2{,}365$ entspricht ein Minimum. Da für $\eta = 2{,}365$

$$\mathfrak{Cof}\,\eta = 5{,}3690 \qquad \mathfrak{Sin}\,2\eta = 56{,}6434$$
$$\cos\eta = 0{,}5088 \qquad \sin 2\eta = -0{,}9998$$

ist, ergibt sich

$$(8) \qquad [M_C]_{\min} = \frac{Pl^2}{8{,}14\,mL + 8l}.$$

Setzt man $X = 0$, so folgt

$$\mathfrak{Sin}\,\eta\cos\eta + \mathfrak{Cof}\,\eta\sin\eta = 0.$$

Diese Gleichung ist durch die positiven Lösungen von Gl. (6) erfüllt. Dem letztgenannten Minimalwert M_C entspricht also $X = 0$.

Bei dem Wert $\eta = 2{,}365$ leisten demnach die Gelenke dem Rahmen keine Dienste: der Erdwiderstand allein genügt, die Konstruktionen im Gleichgewicht zu halten. Bei größeren Werten von η wird X negativ.

Der Ständer ist in seiner ganzen Länge dem Erdwiderstand ausgesetzt, solange

$$\left[\frac{dy}{dx}\right]_{x=h} = \frac{1}{L}\left[\frac{dy}{d\xi}\right]_{\xi=\eta} \leqq 0\,.$$

ist. Die Gleichung $\left[\frac{dy}{d\xi}\right]_{\xi=\eta} = 0$ entwickelt sich zu

$$9) \qquad \mathfrak{Cof}\,\eta\sin\eta - \mathfrak{Sin}\,\eta\cos\eta = 0.$$

Daraus erhält man $\quad \eta = 0, \quad \eta = 3{,}924, \ldots$

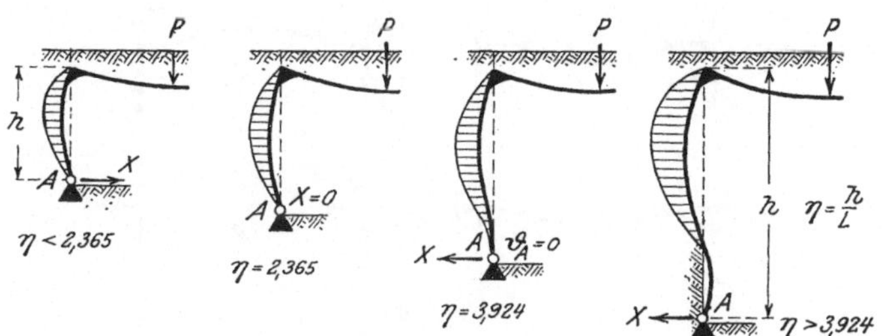

Fig. 145.

Der Horizontalschub H an der Ecke C berechnet sich

$$(10)\quad \begin{cases} H = -Q_C = -\dfrac{KL}{4}[A_1 - A_2 - A_3 - A_4] \\ \quad = \dfrac{Pl^2}{16mL\Delta}[\mathfrak{Sin}\, 2\eta + \sin 2\eta]. \end{cases}$$

Der Ausdruck ist positiv. Der Riegel erleidet also einen Axialdruck.

3. Der Fall $h = 0$. Der Rahmen geht dabei in einen geraden Balken CD über, der an beiden Enden mit Gelenken aufgestützt ist. Er ist ferner der Bedingung unterworfen, daß die Endflächen, folglich die Endtangenten der elastischen Linie unveränderlich sind. Wir gelangen in der Tat zu dem Einspannungsmomente $M_C = \dfrac{Pl}{8}$ [Gl. (7)].

Dividiert man Zähler und Nenner der Ausdrücke für X und H [Gln. (5), (10)] bzw. durch $\mathfrak{Sin}\,\eta \cos\eta + \mathfrak{Cof}\,\eta \sin\eta$ und $\mathfrak{Sin}\, 2\eta + \sin 2\eta$ und entwickelt man darin die transzendenten Funktionen in Reihen, so erhält man[1])

$$\lim_{\eta=0} X = \lim_{\eta=0} H = \lim_{h=0}\left[\frac{Pl^2}{8mh\left(\dfrac{2h}{3} + \dfrac{l}{m}\right)}\right] = \infty.$$

---

[1]) Dem Wert $\eta = 0$ entspricht, bei gegebenem h, $L = \infty$ oder $K = 0$. Somit gelangt man auf analoge Weise zu der bekannten Formel

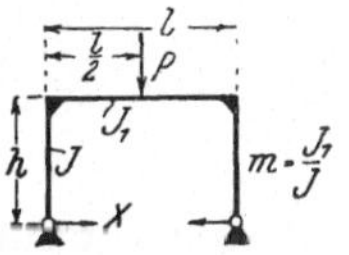

$$X = \frac{Pl^2}{8mh\left[\dfrac{2h}{3} + \dfrac{l}{m}\right]}.$$

Fig. 146.

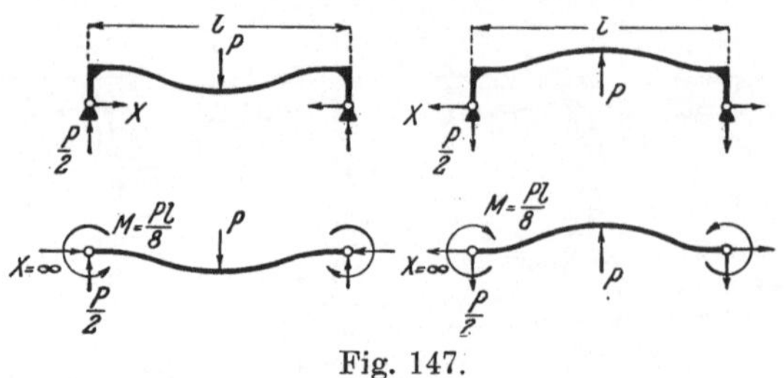

Fig. 147.

Wirkt P von unten nach oben, so erhält man

$$M_C = \frac{-Pl}{8}$$

$$X = H = -\infty .$$

Der Balken wird an seinen Enden durch ein bestimmtes Biegungsmoment beansprucht. Er kann aber nur dann in Gleichgewicht sein, wenn er durch einen unendlich großen Axialdruck oder -zug gespannt ist. Eine solche Befestigungsart eines Trägers kann also praktisch nicht existieren.

§ 78. Einfluß zufälliger Verschiebungen der Gelenke.

Es sei vorausgesetzt, daß die Gelenke durch irgendwelche Ursache um δ_A in wagerechter Richtung verschoben sind.

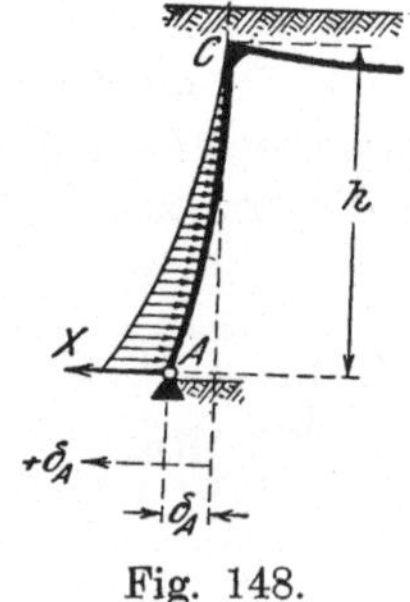

Fig. 148.

An Stelle der fünften Bedingungsgleichung (S. 260) hat man

$$\text{(V)} \qquad 2 A_1 \,\mathfrak{Sin}\,\eta \cos\eta + A_3 e^{\eta} \sin\eta + A_4 e^{-\eta} \sin\eta = 2\,\delta_A$$

zu setzen.

Wir beschränken uns zunächst nur auf den Einfluß von δ_A. Es ergibt sich dann

$$(11)\quad \begin{cases} A_1 = -A_2 = \dfrac{\delta_A}{\Delta}\left[L\,\mathfrak{Cof}\,\eta - \dfrac{l}{m}\,\mathfrak{Sin}\,\eta\right]\cos\eta \\ A_3 = \dfrac{\delta_A}{\Delta}\left[\dfrac{l}{m}\,\mathfrak{Cof}\,\eta\sin\eta - L(e^{-\eta}\cos\eta - \mathfrak{Cof}\,\eta\sin\eta)\right] \\ A_4 = \dfrac{\delta_A}{\Delta}\left[\dfrac{l}{m}\,\mathfrak{Cof}\,\eta\sin\eta - L(e^{\eta}\cos\eta + \mathfrak{Cof}\,\eta\sin\eta)\right], \end{cases}$$

worin Δ in Gl. (3) bezeichnet ist.

Ferner erhält man

$$(12)\quad \begin{cases} M_C = \dfrac{-KL^3\delta_A}{2\Delta}[\mathfrak{Sin}\,\eta\cos\eta + \mathfrak{Cof}\,\eta\sin\eta] \\ X = \dfrac{KL\delta_A}{4\Delta}\left[\dfrac{l}{m}(\mathfrak{Sin}\,2\eta - \sin 2\eta) - 2L(\mathfrak{Cof}^2\eta + \cos^2\eta)\right]. \end{cases}$$

Zieht man nun den Einfluß der Einzellast P in Betracht, so wird

$$(13)\quad \begin{cases} M_C = \dfrac{1}{2\Delta}\left[\dfrac{Pl^2}{4m}(\mathfrak{Cof}^2\eta - \cos^2\eta) - KL^3\delta_A(\mathfrak{Sin}\,\eta\cos\eta + \mathfrak{Cof}\,\eta\sin\eta)\right] \\ X = \dfrac{1}{4\Delta}\left[\dfrac{Pl^2}{2mL}(\mathfrak{Sin}\,\eta\cos\eta + \mathfrak{Cof}\,\eta\sin\eta)\right. \\ \qquad\left. + KL\delta_A\left\{\dfrac{l}{m}(\mathfrak{Sin}\,2\eta - \sin 2\eta) - 2L(\mathfrak{Cof}^2\eta + \cos^2\eta)\right\}\right]. \end{cases}$$

M_C verschwindet, wenn

$$(14)\qquad \delta_A = \frac{Pl^2}{4mKL^3}\left[\frac{\mathfrak{Cof}^2\eta - \cos^2\eta}{\mathfrak{Sin}\,\eta\cos\eta + \mathfrak{Cof}\,\eta\sin\eta}\right]$$

ist. Dabei verhält sich der Riegel wie ein an den Enden unterstützter Balken. Man sieht, daß der Wert δ_A bei gegebenem η dem Quadrat der Spannweite l direkt, dem Trägheitsmoment J_1 des Riegels umgekehrt proportional ist.

Zur praktischen Berechnung ist folgende Tabelle beigefügt:

η	$\dfrac{\mathfrak{Cof}^2\eta - \cos^2\eta}{\mathfrak{Sin}\,\eta\cos\eta + \mathfrak{Cof}\,\eta\sin\eta}$	η	$\dfrac{\mathfrak{Cof}^2\eta - \cos^2\eta}{\mathfrak{Sin}\,\eta\cos\eta + \mathfrak{Cof}\,\eta\sin\eta}$
0	0	1,1	1,232
0,1	0,100	1,2	1,408
0,2	0,200	1,3	1,620
0,3	0,300	1,4	1,882
0,4	0,401	1,5	2,214
0,5	0,502	1,6	2,650
0,6	0,606	1,7	3,240
0,7	0,713	1,8	4,074
0,8	0,820	1,9	5,316
0,9	0,947	2,0	7,314
1,0	1,081	2,1	10,938

B. Zweistieliger Rahmen mit vollkommen eingespannten Rahmenfüßen.

§ 79. Entwicklung der Formeln.

1. Allgemeine Gleichungen. Der Rahmen trage die Einzellast P in der Riegelmitte. Es gilt für die Gleichungen der elastischen Linie des Riegels sowie des Ständers dieselbe Form wie im vorigen Fall.

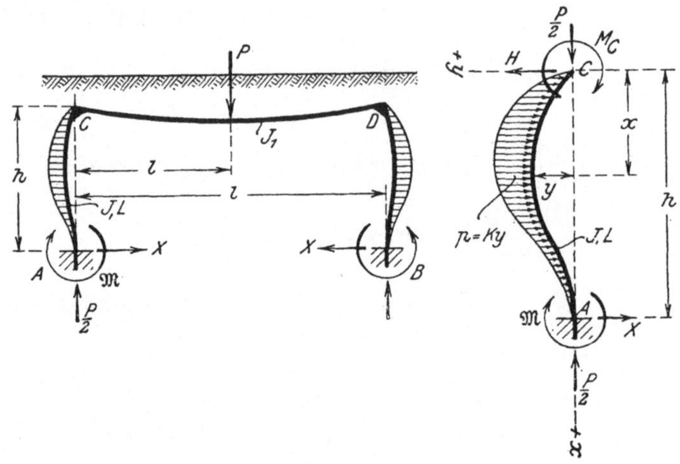

Fig. 149.

Das Fußmoment $\mathfrak{M}$ soll als eine Unbekannte angesehen werden. Die fünf ersten Bedingungsgleichungen des letzten Falles [§ 77] finden ohne weiteres Geltung. Die Bedingung $\left[\frac{dy}{d\xi}\right]_A = 0$ liefert

$$\text{(VI)} \qquad 2\,A_1\,[\operatorname{Cof}\eta\cos\eta - \operatorname{Sin}\eta\sin\eta] + A_3\,e^{\eta}\,[\cos\eta + \sin\eta] + A_4\,e^{-\eta}\,[\cos\eta - \sin\eta] = 0\,.$$

Endlich hat man für $\mathfrak{M}$ den Ausdruck

$$\text{(VII)} \qquad \mathfrak{M} = -\,M_A = \frac{K\,L^2}{4}\,[(A_3\,e^{\eta} - A_4\,e^{-\eta})\cos\eta - 2\,A_1\operatorname{Cof}\eta\sin\eta]\,.$$

Der besseren Übersicht wegen geben wir das ganze Gleichungssystem in Tabellenform an:

	$A_1 = -A_2$	A_3	A_4	M_C	$\mathfrak{M}$	X	
(II)	2	1	1	$\frac{4\,l}{m\,K\,L^3}$	0	0	$\frac{P\,l^2}{2\,m\,K\,L^3}$
(III)	0	1	-1	$\frac{4}{K\,L^2}$	0	0	0
(IV)	$2\,[\mathfrak{Sin}\,\eta\,\sin\eta + \mathfrak{Cof}\,\eta\,\cos\eta]$	$-e^{\eta}(\cos\eta - \sin\eta)$	$-e^{-\eta}(\cos\eta + \sin\eta)$	0	0	$\frac{4}{K\,L}$	0
(V)	$2\,\mathfrak{Sin}\,\eta\,\cos\eta$	$e^{\eta}\sin\eta$	$e^{-\eta}\sin\eta$	0	0	0	0
(VI)	$2\,[\mathfrak{Cof}\,\eta\,\cos\eta - \mathfrak{Sin}\,\eta\,\sin\eta]$	$e^{\eta}(\cos\eta + \sin\eta)$	$e^{-\eta}(\cos\eta - \sin\eta)$	0	0	0	0
(VII)	$2\,\mathfrak{Cof}\,\eta\,\sin\eta$	$-e^{\eta}\cos\eta$	$e^{-\eta}\cos\eta$	0	$\frac{4}{K\,L^2}$	0	0

Löst man das Gleichungssystem nach A_1 bis A_4, so ergibt sich

(15)
$$\left\{\begin{aligned} A_1 = -A_2 &= \frac{-P}{2\,mK\varDelta}\left[\frac{l}{L}\right]^2 \sin^2\eta \\ A_3 &= \frac{-P}{4\,mK\varDelta}\left[\frac{l}{L}\right]^2 [1 - e^{-2\eta} - \sin 2\eta] \\ A_4 &= \frac{P}{4\,mK\varDelta}\left[\frac{l}{L}\right]^2 [e^{2\eta} - 1 - \sin 2\eta], \end{aligned}\right.$$

worin

$$\varDelta = 2\,L\,[\mathfrak{Sin}^2\eta - \sin^2\eta] + \frac{l}{m}[\mathfrak{Sin}\,2\,\eta - \sin 2\,\eta]$$

ist.

Man erhält dann für den Ständer

(16)
$$\left\{\begin{aligned} y &= \frac{P\,l^2}{2\,m\,K\,L^2\,\varDelta}[\mathfrak{Sin}\,\eta\,\mathfrak{Sin}\,(\eta - \xi)\sin\xi - \sin\eta\,\sin(\eta - \xi)\,\mathfrak{Sin}\,\xi] \\ M &= \frac{P\,l^2}{4\,m\,\varDelta}[\mathfrak{Sin}\,\eta\,\mathfrak{Cof}\,(\eta - \xi)\cos\xi - \sin\eta\cos(\eta - \xi)\,\mathfrak{Cof}\,\xi]. \end{aligned}\right.$$

2. Untersuchung besonderer Werte. Es folgt

(17)
$$\left\{\begin{aligned} \mathfrak{M} &= \frac{P\,l^2}{4\,m\,\varDelta}[\mathfrak{Cof}\,\eta\,\sin\eta - \mathfrak{Sin}\,\eta\,\cos\eta] \\ M_C &= \frac{P\,l^2}{8\,m\,\varDelta}[\mathfrak{Sin}\,2\,\eta - \sin 2\,\eta] \\ X &= \frac{P\,l^2}{2\,m\,L\,\varDelta}\,\mathfrak{Sin}\,\eta\,\sin\eta. \end{aligned}\right.$$

Der Ausdruck für M_C läßt sich in der Form

$$M_C = \frac{P l^2}{8 m \left[2 L \left(\frac{\mathfrak{Sin}^2 \eta - \sin^2 \eta}{\mathfrak{Sin}\, 2 \eta - \sin 2 \eta} \right) + \frac{l}{m} \right]}$$

angeben. Der Differentialquotient der in runden Klammern stehenden Funktion lautet

$$\frac{d}{d\eta} \left[\frac{\mathfrak{Sin}^2 \eta - \sin^2 \eta}{\mathfrak{Sin}\, 2 \eta - \sin 2 \eta} \right] = \frac{(\mathfrak{Sin}\, 2 \eta - \sin 2 \eta)^2 - 4 (\mathfrak{Sin}^4 \eta - \sin^4 \eta)}{(\mathfrak{Sin}\, 2 \eta - \sin 2 \eta)^2}$$

Er verschwindet, wenn

$$\mathfrak{Sin}\, 2 \eta - \sin 2 \eta = 2 \sqrt{\mathfrak{Sin}^4 \eta - \sin^4 \eta}$$

ist. Daraus findet man

$$\eta = 0, \quad 1{,}415, \quad \ldots$$

Für die Werte $\eta = 0$ und $\eta = 1{,}415$ hat also das Eckmoment M_C bzw. ein Maximum und ein Minimum Sie berechnen sich zu

$$(18) \qquad \begin{cases} [M_C]_{\max} = \dfrac{P l}{8} \\[2ex] [M_C]_{\min} = \dfrac{P l^2}{5{,}39\, m L + 8 l}. \end{cases}$$

Das Fußmoment $\mathfrak{M}$ ist positiv für anfängliche Werte von η. Es verschwindet, wenn

$$\mathfrak{Cos}\, \eta \sin \eta - \mathfrak{Sin}\, \eta \cos \eta = 0$$

ist. Diese Gleichung ist notgedrungen dieselbe wie Gl. (9). Sie ist durch $\eta = 0,\ 3{,}924,\ \ldots$ erfüllt.

Schließlich wächst X mit η und verschwindet für

$$\eta = 0,\ \pi,\ \ldots.$$

§ 80. Einfluß zufälliger Verschiebungen der Rahmenfüße.

Es sei vorausgesetzt, daß die Rahmenfüße eine wagerechte Verschiebung δ_A sowie eine Drehung φ_A erleiden.

Die Bedingungsgleichungen lassen sich wie für den allgemeinen Fall [§ 77] aufstellen. Man hat nur anstatt der vierten und fünften bzw.

$$\text{(IV)} \qquad 2 A_1 \mathfrak{Sin}\, \eta \cos \eta + A_3 e^{\eta} \sin \eta + A_4 e^{-\eta} \sin \eta = 2 \delta_A,$$

$$\text{(V)} \qquad 2 A_1 [\mathfrak{Cos}\, \eta \cos \eta - \mathfrak{Sin}\, \eta \sin \eta] + A_3 e^{\eta} [\cos \eta + \sin \eta] + A_4 e^{-\eta} [\cos \eta - \sin \eta] = -2 L \varphi_A$$

zu setzen.

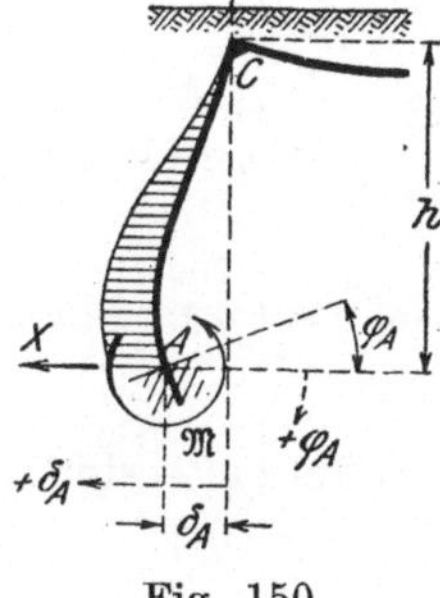

Fig. 150.

Wir beschränken uns zunächst nur auf den Einfluß von δ_A und φ_A. Die Auflösung der Gleichungen liefert für eine angenommene Verschiebung δ_A

$$(19)\left\{\begin{aligned} A_1 = -A_2 &= \frac{2\,\delta_A}{\varDelta}\left[\frac{l}{m}(\mathfrak{Cof}\,\eta\cos\eta + \mathfrak{Sin}\,\eta\sin\eta) + L\,(\mathfrak{Sin}\,\eta\cos\eta + \mathfrak{Cof}\,\eta\sin\eta)\right] \\ A_3 &= \frac{-2\,\delta_A}{\varDelta}\left[\frac{l}{m}(\mathfrak{Cof}\,\eta\cos\eta - \mathfrak{Sin}\,\eta\sin\eta) - L\,\{\mathfrak{Sin}\,\eta\,(\sin\eta - \cos\eta) - e^{-\eta}\sin\eta\}\right] \\ A_4 &= \frac{-2\,\delta_A}{\varDelta}\left[\frac{l}{m}(\mathfrak{Sin}\,\eta\sin\eta - \mathfrak{Cof}\,\eta\cos\eta) - L\,\{\mathfrak{Sin}\,\eta\,(\sin\eta + \cos\eta) + e^{\eta}\sin\eta\}\right] \end{aligned}\right.$$

und für eine Drehung φ_A

$$(20)\left\{\begin{aligned} A_1 = -A_2 &= \frac{2\,K\,L\,\varphi_A}{\varDelta}\left[\frac{l}{m}\,\mathfrak{Cof}\,\eta\sin\eta + L\,\mathfrak{Sin}\,\eta\sin\eta\right] \\ A_3 &= \frac{-2\,K\,L\,\varphi_A}{\varDelta}\left[\frac{l}{m}\,\mathfrak{Sin}\,\eta\cos\eta - L\,(e^{-\eta}\sin\eta - \mathfrak{Sin}\,\eta\cos\eta)\right] \\ A_4 &= \frac{-2\,K\,L\,\varphi_A}{\varDelta}\left[\frac{l}{m}\,\mathfrak{Sin}\,\eta\cos\eta + L\,(e^{\eta}\sin\eta - \mathfrak{Sin}\,\eta\cos\eta)\right], \end{aligned}\right.$$

wobei $\varDelta$ den Gln. (15) zu entnehmen ist.

Ferner erhält man für δ_A

$$(21)\left\{\begin{aligned} \mathfrak{M} &= \frac{-K\,L^2\,\delta_A}{2\,\varDelta}\left[\frac{l}{m}(\mathfrak{Sin}\,2\,\eta + \sin 2\,\eta) + 2\,L\,(\mathfrak{Cof}^2\,\eta - \cos^2\eta)\right] \\ M_C &= \frac{-2\,K\,L^3\,\delta_A}{\varDelta}\,\mathfrak{Sin}\,\eta\sin\eta \\ X &= \frac{-2\,K\,L\,\delta_A}{\varDelta}\left[\frac{l}{m}(\mathfrak{Sin}^2\eta + \cos^2\eta) + L\,(\mathfrak{Sin}\,2\,\eta + \sin 2\,\eta)\right] \end{aligned}\right.$$

und für φ_A

$$(22)\quad\begin{cases} \mathfrak{M} = \dfrac{-K L^3 \varphi_A}{\Delta}\left[\dfrac{l}{m}(\mathfrak{Cos}^2\eta - \cos^2\eta) + \dfrac{L}{2}(\mathfrak{Sin}\,2\eta - \sin 2\eta)\right] \\[2ex] M_C = \dfrac{-K L^4 \varphi_A}{\Delta}[\mathfrak{Cos}\,\eta \sin\eta - \mathfrak{Sin}\,\eta\cos\eta] \\[2ex] X = \dfrac{-K L^2 \varphi_A}{2\Delta}\left[\dfrac{l}{m}(\mathfrak{Sin}\,2\eta + \sin 2\eta) + 2L(\mathfrak{Cos}^2\eta - \cos^2\eta)\right]. \end{cases}$$

Mit Hilfe der Formeln (12), (21) und (22) kann man mit Leichtigkeit beweisen, daß die zufälligen Verschiebungen der Gelenke oder der Füße auf die Beanspruchung der Bauwerke einen wesentlichen Einfluß ausüben.

Literatur.

Winkler, Die Lehre von der Elasticität und Festigkeit. Prag 1867. S. 182.

Zimmermann, H., Zur Berechnung der Schienenlaschen. Zentralbl. Bauv. 1888. S. 516.

Ders., Die Berechnung des Eisenbahn-Oberbaues. Berlin 1888.

Schwedler, J. W., Beiträge zur Theorie des Eisenbahn-Oberbaues. Z. Bauwesen 1889. S. 86.

Eine Abhandlung J. W. Schwedlers über den eisernen Oberbau. Zentralbl. Bauv. 1891. S. 90.

Zimmermann, H., Zur Frage der Schienenbeanspruchung. Zentralbl. Bauv. 1891. S. 241 u. S. 448.

Ders., Beziehung zwischen Schienenquerschnitt und Schwellenabstand. Zentralbl. Bauv. 1891. S. 223.

Gromsch, Über die Berechnung gemauerter Schleusen und Trockendocks. Z. Bauwesen 1891. S. 538.

Francke, A., Beitrag zur Berechnung des Eisenbahn-Oberbaues. Zeitschr. d. Arch. u. Ing.-Ver. zu Hann. 1894. S. 467.

Birk, A., Der Einfluß der Spurweite auf die Stabilität der Gleise bei Lokal- und Kleinbahnen. Öst. Monatschr. f. d. öff. Baud. 1895. S. 22.

Francke, A., Beitrag zur Berechnung der elastischen Durchbiegung und der Beanspruchung der eisernen Querschwelle. Zeitschr. d. Arch. u. Ing.-Ver. zu Hann. 1895. S. 191.

Steiner, F., Berechnung des eisernen Oberbaues auf nachgiebiger Unterlage. Öst. Monatschr. f. d. öff. Baud. 1895. S. 189.

Francke, A., Die elastische Linie des Balkens. Berlin 1895.

Ders., Einiges über Fundamente. Schweiz. Bauz. 1900. Bd. 35. S. 145.

Ders., Einiges über Grundbögen. Schweiz. Bauz. 1900. Bd. 36. S. 71.

Schroeder van der Kolk, J., Studie over spanningen in spoorstaven. Tijdschr. van het koninkl. Inst. van Ing. 1907—1908. S. 59.

Franzius, O., Messungen von Bewegungen der Trockendocks V und VI der Kaiserlichen Werft Kiel. Z. Bauwesen 1908. S. 83.

Ders., Über die Berechnung von Trockendocks. Z. Bauwesen 1908. S. 475.

Marcus, H., Statische Untersuchung von einfachen und durchlaufenden Trägern mit elastischen Stützflächen. Der Eisenbau 1912. S. 14.

Ritter, M., Der biegungsfeste Rahmen mit Flächenlagerung. Schweiz. Bauz. 1913. S. 265.

Hayashi, K., Über Balken auf elastischer Unterlage. Der Eisenbau 1914. S. 241.

Schultze, J., Berechnung von Eisenbeton-Docksohlen. Beton und Eisen 1914. S. 334.

Brugsch und Briske, Der Einfluß der Nachgiebigkeit des Baugrundes auf die Berechnung äußerlich statisch unbestimmter Bauwerke. Beton und Eisen 1914. S. 15.

Kasarnowsky, S., Berechnung eines rechteckigen Eisenbeton-Reservoirs auf elastischer Unterlage. Schweiz. Bauz. 1916. Bd. 67. S. 131.

Freund, A., Theorie der gleichmäßig elastisch gestützten Körper. Beton und Eisen 1917. S. 144.

Ders., Die Berechnung von Schleusenböden nach der Elastizitätslehre. Z. Bauwesen 1918. S. 83.

Mautner, V., Beitrag zur Berechnung von Flachgründungen. Der Brückenbau 1918. S. 91.

Freund, A., Die Berechnung von Bohlwänden nach der Elastizitätslehre. Z. Bauwesen 1919. S. 481.

Dekker, J. B., Berekening van den spoorwegbovenbouw. De Ingenieur 1919. S. 51.

Ligowski, W., Tafeln der Hyperbelfunktionen. Berlin 1890.

Burrau, C., Tafeln der Funktionen Cosinus und Sinus. Berlin 1907.

Smithonian Mathematical Tables. Washington 1909.

Anhang.

Tafeln der Kreis- und Hyperbelfunktionen sowie der Funktionen e^x und e^{-x} mit den natürlichen Zahlen als Argument.

Formeln.

Kreisfunktionen.

$$\cos x = \frac{e^{xi} + e^{-xi}}{2}$$

$$\sin x = \frac{e^{xi} - e^{-xi}}{2i}$$

$$\cos^2 x + \sin^2 x = 1$$

$$\cos^2 x - \sin^2 x = \cos 2x$$

$$2 \cos x \sin x = \sin 2x$$

$$\cos^2 \frac{x}{2} = \frac{1}{2}[\cos x + 1]$$

$$\sin^2 \frac{x}{2} = \frac{1}{2}[1 - \cos x]$$

$$\cos(x \pm y) = \cos x \cos y \mp \sin x \sin y$$

$$\sin(x \pm y) = \sin x \cos y \pm \cos x \sin y$$

$$\cos x + \cos y = 2 \cos \frac{x+y}{2} \cos \frac{x-y}{2}$$

$$\cos x - \cos y = -2 \sin \frac{x+y}{2} \sin \frac{x-y}{2}$$

$$\sin x + \sin y = 2 \sin \frac{x+y}{2} \cos \frac{x-y}{2}$$

$$\sin x - \sin y = 2 \cos \frac{x+y}{2} \sin \frac{x-y}{2}.$$

Hyperbelfunktionen.

$$\mathfrak{Cof}\, x = \frac{e^x + e^{-x}}{2}$$

$$\mathfrak{Sin}\, x = \frac{e^x - e^{-x}}{2}$$

$$\mathfrak{Cof}^2 x - \mathfrak{Sin}^2 x = 1$$

$$\mathfrak{Cof}^2 x + \mathfrak{Sin}^2 x = \mathfrak{Cof}\, 2x$$

$$2\, \mathfrak{Cof}\, x\, \mathfrak{Sin}\, x = \mathfrak{Sin}\, 2x$$

$$\mathfrak{Cof}^2 \frac{x}{2} = \frac{1}{2}[\mathfrak{Cof}\, x + 1]$$

$$\mathfrak{Sin}^2 \frac{x}{2} = \frac{1}{2}[\mathfrak{Cof}\, x - 1]$$

$$\mathfrak{Cof}(x \pm y) = \mathfrak{Cof}\, x\, \mathfrak{Cof}\, y \pm \mathfrak{Sin}\, x\, \mathfrak{Sin}\, y$$

$$\mathfrak{Sin}(x \pm y) = \mathfrak{Sin}\, x\, \mathfrak{Cof}\, y \pm \mathfrak{Cof}\, x\, \mathfrak{Sin}\, y$$

$$\mathfrak{Cof}\, x + \mathfrak{Cof}\, y = 2\, \mathfrak{Cof} \frac{x+y}{2} \mathfrak{Cof} \frac{x-y}{2}$$

$$\mathfrak{Cof}\, x - \mathfrak{Cof}\, y = 2\, \mathfrak{Sin} \frac{x+y}{2} \mathfrak{Sin} \frac{x-y}{2}$$

$$\mathfrak{Sin}\, x + \mathfrak{Sin}\, y = 2\, \mathfrak{Sin} \frac{x+y}{2} \mathfrak{Cof} \frac{x-y}{2}$$

$$\mathfrak{Sin}\, x - \mathfrak{Sin}\, y = 2\, \mathfrak{Cof} \frac{x+y}{2} \mathfrak{Sin} \frac{x-y}{2}$$

$$e^{\pm x} \cos x = \mathfrak{Cof}\, x \cos x \pm \mathfrak{Sin}\, x \cos x$$

$$e^{\pm x} \sin x = \mathfrak{Cof}\, x \sin x \pm \mathfrak{Sin}\, x \sin x$$

x	x (in Grad)			x	x (in Grad)			x	x (in Grad)		
0	0			1,00	57°	17′	44″,8062	0,100	5°	43′	46″,4806
0,1	05°	43′	46″,4806	0,01	0	34	22,6481	0,001	0	03	26,2648
0,2	11	27	32,9612	0,02	1	08	45,2961	0,002	0	06	52,5296
0,3	17	11	19,4419	0,03	1	43	07,9442	0,003	0	10	18,7944
0,4	22	55	05,9225	0,04	2	17	30,5922	0,004	0	13	45,0592
0,5	28	38	52,4031	0,05	2	51	53,2403	0,005	0	17	11,3240
0,6	34	22	38,8837	0,06	3	26	15,8884	0,006	0	20	37,5888
0,7	40	06	25,3644	0,07	4	00	38,5364	0,007	0	24	03,8536
0,8	45	50	11,8450	0,08	4	35	01,1845	0,008	0	27	30,1185
0,9	51	33	58,3256	0,09	5	09	23,8326	0,009	0	30	56,3833

x	x (in Grad)	$\cos x$	$\sin x$	e^x	e^{-x}
0	0	1	0	1	1
0,001	0° 3',438	1,00000	0,00100	1,00100	0,99900
0,002	0 6,875	1,00000	0,00200	1,00200	0,99800
0,003	0 10,313	1,00000	0,00300	1,00300	0,99700
0,004	0 13,751	0,99999	0,00400	1,00401	0,99601
0,005	0 17,189	0,99999	0,00500	1,00501	0,99501
0,006	0 20,626	0,99998	0,00600	1,00602	0,99402
0,007	0 24,064	0,99998	0,00700	1,00702	0,99302
0,008	0 27,502	0,99997	0,00800	1,00803	0,99203
0,009	0 30,940	0,99996	0,00900	1,00904	0,99104
0,010	0 34,377	0,99995	0,01000	1,01005	0,99005
0,011	0 37,815	0,99994	0,01100	1,01106	0,98906
0,012	0 41,253	0,99993	0,01200	1,01207	0,98807
0,013	0 44,691	0,99992	0,01300	1,01308	0,98708
0,014	0 48,128	0,99990	0,01400	1,01410	0,98610
0,015	0 51,566	0,99989	0,01500	1,01511	0,98511
0,016	0 55,004	0,99987	0,01600	1,01613	0,98413
0,017	0 58,442	0,99986	0,01700	1,01715	0,98314
0,018	1 1,879	0,99984	0,01800	1,01816	0,98216
0,019	1 5,317	0,99982	0,01900	1,01918	0,98118
0,020	1 8,755	0,99980	0,02000	1,02020	0,98020
0,030	1 43,13	0,99955	0,03000	1,03045	0,97045
0,040	2 17,51	0,99920	0,03999	1,04081	0,96079
0,05	2 51,89	0,99875	0,04998	1,05127	0,95123
0,06	3 26,26	0,99820	0,05996	1,06184	0,94176
0,07	4 0,64	0,99755	0,06994	1,07251	0,93239
0,08	4 35,02	0,99680	0,07991	1,08329	0,92312
0,09	5 9,40	0,99595	0,08988	1,09417	0,91393
0,10	5 43,77	0,99500	0,09983	1,10517	0,90484
0,11	6 18,15	0,99396	0,10978	1,11628	0,89583
0,12	6 52,53	0,99281	0,11971	1,12750	0,88692
0,13	7 26,91	0,99156	0,12963	1,13883	0,87810
0,14	8 1,28	0,99022	0,13954	1,15027	0,86936
0,15	8 35,66	0,98877	0,14944	1,16183	0,86071
0,16	9 10,04	0,98723	0,15932	1,17351	0,85214
0,17	9 44,42	0,98558	0,16918	1,18530	0,84366
0,18	10 18,79	0,98384	0,17903	1,19722	0,83527
0,19	10 53,17	0,98200	0,18886	1,20925	0,82696
0,20	11 27,55	0,98007	0,19867	1,22140	0,81873
0,21	12 1,93	0,97803	0,20846	1,23368	0,81058
0,22	12 36,30	0,97590	0,21823	1,24608	0,80252
0,23	13 10,68	0,97367	0,22798	1,25860	0,79453
0,24	13 45,06	0,97134	0,23770	1,27125	0,78663
0,25	14 19,44	0,96891	0,24740	1,28403	0,77880
0,26	14 53,81	0,96639	0,25708	1,29693	0,77105
0,27	15 28,19	0,96377	0,26673	1,30996	0,76338
0,28	16 2,57	0,96106	0,27636	1,32313	0,75578
0,29	16 36,95	0,95824	0,28595	1,33643	0,74826

x	Cof x	Sin x	Cof x cos x	Cof x sin x	Sin x cos x	Sin x sin x
0	1	0	1	0	0	0
0,001	1,00000	0,00100	1,00000	0,00100	0,00100	0,00000
0,002	1,00000	0,00200	1,00000	0,00200	0,00200	0,00000
0,003	1,00000	0,00300	1,00000	0,00300	0,00300	0,00001
0,004	1,00000	0,00400	1,00000	0,00400	0,00400	0,00002
0,005	1,00001	0,00500	1,00000	0,00500	0,00500	0,00003
0,006	1,00002	0,00600	1,00000	0,00600	0,00600	0,00004
0,007	1,00002	0,00700	1,00000	0,00700	0,00700	0,00005
0,008	1,00003	0,00800	1,00000	0,00800	0,00800	0,00006
0,009	1,00004	0,00900	1,00000	0,00900	0,00900	0,00008
0,010	1,00005	0,01000	1,00000	0,01000	0,01000	0,00010
0,011	1,00006	0,01100	1,00000	0,01100	0,01100	0,00012
0,012	1,00007	0,01200	1,00000	0,01200	0,01200	0,00014
0,013	1,00008	0,01300	1,00000	0,01300	0,01300	0,00017
0,014	1,00010	0,01400	1,00000	0,01400	0,01400	0,00020
0,015	1,00011	0,01500	1,00000	0,01500	0,01500	0,00023
0,016	1,00013	0,01600	1,00000	0,01600	0,01600	0,00026
0,017	1,00014	0,01700	1,00000	0,01700	0,01700	0,00029
0,018	1,00016	0,01800	1,00000	0,01800	0,01800	0,00032
0,019	1,00018	0,01900	1,00000	0,01900	0,01900	0,00036
0,020	1,00020	0,02000	1,00000	0,02000	0,02000	0,00040
0,030	1,00045	0,03000	1,00000	0,03001	0,02999	0,00090
0,040	1,00080	0,04001	1,00000	0,04002	0,03998	0,00160
0,05	1,00125	0,05002	1,0000	0,0500	0,0500	0,0025
0,06	1,00180	0,06004	1,0000	0,0601	0,0599	0,0036
0,07	1,00245	0,07006	1,0000	0,0701	0,0699	0,0049
0,08	1,00320	0,08009	1,0000	0,0802	0,0798	0,0064
0,09	1,00405	0,09012	1,0000	0,0902	0,0897	0,0081
0,10	1,00500	0,10017	1,0000	0,1003	0,0997	0,0100
0,11	1,00606	0,11022	1,0000	0,1104	0,1096	0,0121
0,12	1,00721	0,12029	1,0000	0,1206	0,1194	0,0144
0,13	1,00846	0,13037	0,9999	0,1307	0,1293	0,0169
0,14	1,00982	0,14046	0,9999	0,1409	0,1391	0,0196
0,15	1,01127	0,15056	0,9999	0,1511	0,1489	0,0225
0,16	1,01283	0,16068	0,9999	0,1614	0,1586	0,0256
0,17	1,01448	0,17082	0,9999	0,1716	0,1684	0,0289
0,18	1,01624	0,18097	0,9998	0,1819	0,1780	0,0324
0,19	1,01810	0,19115	0,9998	0,1923	0,1877	0,0361
0,20	1,02007	0,20134	0,9997	0,2027	0,1973	0,0400
0,21	1,02213	0,21155	0,9997	0,2131	0,2069	0,0441
0,22	1,02430	0,22178	0,9996	0,2235	0,2164	0,0484
0,23	1,02657	0,23203	0,9995	0,2340	0,2259	0,0529
0,24	1,02894	0,24231	0,9995	0,2446	0,2354	0,0576
0,25	1,03141	0,25261	0,9993	0,2552	0,2448	0,0625
0,26	1,03399	0,26294	0,9992	0,2658	0,2541	0,0676
0,27	1,03667	0,27329	0,9991	0,2765	0,2634	0,0729
0,28	1,03946	0,28367	0,9990	0,2873	0,2726	0,0784
0,29	1,04235	0,29408	0,9988	0,2981	0,2818	0,0841

x	x (in Grad)	$\cos x$	$\sin x$	e^x	e^{-x}
0,30	17° 11′,32	0,95534	0,29552	1,34986	0,74082
0,31	17 45,70	0,95233	0,30506	1,36343	0,73345
0,32	18 20,08	0,94924	0,31457	1,37713	0,72615
0,33	18 54,46	0,94604	0,32404	1,39097	0,71892
0,34	19 28,83	0,94275	0,33349	1,40495	0,71177
0,35	20 3,21	0,93937	0,34290	1,41907	0,70469
0,36	20 37,59	0,93590	0,35227	1,43333	0,69768
0,37	21 11,97	0,93233	0,36162	1,44773	0,69073
0,38	21 46,34	0,92866	0,37092	1,46228	0,68386
0,39	22 20,72	0,92491	0,38019	1,47698	0,67706
0,40	22 55,10	0,92106	0,38942	1,49182	0,67032
0,41	23 29,48	0,91712	0,39861	1,50682	0,66365
0,42	24 3,85	0,91309	0,40776	1,52196	0,65705
0,43	24 38,23	0,90897	0,41687	1,53726	0,65051
0,44	25 12,61	0,90475	0,42594	1,55271	0,64404
0,45	25 46,99	0,90045	0,43497	1,56831	0,63763
0,46	26 21,36	0,89605	0,44395	1,58407	0,63128
0,47	26 55,74	0,89157	0,45289	1,59999	0,62500
0,48	27 30,12	0,88699	0,46178	1,61607	0,61878
0,49	28 4,50	0,88233	0,47063	1,63232	0,61263
0,50	28 38,87	0,87758	0,47943	1,64872	0,60653
0,51	29 13,25	0,87274	0,48818	1,66529	0,60050
0,52	29 47,63	0,86782	0,49688	1,68203	0,59452
0,53	30 22,01	0,86281	0,50553	1,69893	0,58860
0,54	30 56,38	0,85771	0,51414	1,71601	0,58275
0,55	31 30,76	0,85252	0,52269	1,73325	0,57695
0,56	32 5,14	0,84726	0,53119	1,75067	0,57121
0,57	32 39,52	0,84190	0,53963	1,76827	0,56553
0,58	33 13,89	0,83646	0,54802	1,78604	0,55990
0,59	33 48,27	0,83094	0,55636	1,80399	0,55433
0,60	34 22,65	0,82534	0,56464	1,82212	0,54881
0,61	34 57,03	0,81965	0,57287	1,84043	0,54335
0,62	35 31,40	0,81388	0,58104	1,85893	0,53794
0,63	36 5,78	0,80803	0,58914	1,87761	0,53259
0,64	36 40,16	0,80210	0,59720	1,89648	0,52729
0,65	37 14,54	0,79608	0,60519	1,91554	0,52205
0,66	37 48,91	0,78999	0,61312	1,93479	0,51685
0,67	38 23,29	0,78382	0,62099	1,95424	0,51171
0,68	38 57,67	0,77757	0,62879	1,97388	0,50662
0,69	39 32,05	0,77125	0,63654	1,99372	0,50158
0,70	40 6,42	0,76484	0,64422	2,01375	0,49659
0,71	40 40,80	0,75836	0,65183	2,03399	0,49164
0,72	41 15,18	0,75181	0,65938	2,05443	0,48675
0,73	41 49,56	0,74517	0,66687	2,07508	0,48191
0,74	42 23,93	0,73847	0,67429	2,09594	0,47711
0,75	42 58,31	0,73169	0,68164	2,11700	0,47237
0,76	43 32,69	0,72484	0,68892	2,13828	0,46767
0,77	44 7,07	0,71791	0,69614	2,15977	0,46301
0,78	44 41,44	0,71091	0,70328	2,18147	0,45841
0,79	45 15,82	0,70385	0,71035	2,20340	0,45384

x	Cof x	Sin x	Cof x cos x	Cof x sin x	Sin x cos x	Sin x sin x
0,30	1,04534	0,30452	0,9987	0,3089	0,2909	0,0900
0,31	1,04844	0,31499	0,9985	0,3198	0,3000	0,0961
0,32	1,05164	0,32549	0,9983	0,3308	0,3090	0,1024
0,33	1,05495	0,33602	0,9980	0,3418	0,3179	0,1089
0,34	1,05836	0,34659	0,9978	0,3530	0,3267	0,1156
0,35	1,06188	0,35719	0,9975	0,3641	0,3355	0,1225
0,36	1,06550	0,36783	0,9972	0,3753	0,3443	0,1296
0,37	1,06923	0,37850	0,9969	0,3867	0,3529	0,1369
0,38	1,07307	0,38921	0,9965	0,3980	0,3614	0,1444
0,39	1,07702	0,39996	0,9961	0,4095	0,3699	0,1521
0,40	1,08107	0,41075	0,9957	0,4210	0,3783	0,1600
0,41	1,08523	0,42158	0,9953	0,4326	0,3866	0,1680
0,42	1,08950	0,43246	0,9948	0,4443	0,3949	0,1763
0,43	1,09388	0,44337	0,9943	0,4560	0,4030	0,1848
0,44	1,09837	0,45434	0,9938	0,4678	0,4111	0,1935
0,45	1,10297	0,46534	0,9932	0,4798	0,4190	0,2024
0,46	1,10768	0,47640	0,9925	0,4918	0,4269	0,2115
0,47	1,11250	0,48750	0,9919	0,5038	0,4346	0,2208
0,48	1,11743	0,49865	0,9911	0,5159	0,4423	0,2303
0,49	1,12247	0,50984	0,9904	0,5283	0,4498	0,2399
0,50	1,12763	0,52110	0,9895	0,5406	0,4573	0,2498
0,51	1,13289	0,53240	0,9887	0,5531	0,4646	0,2599
0,52	1,13827	0,54375	0,9878	0,5656	0,4719	0.2702
0,53	1,14377	0,55516	0,9869	0,5782	0,4790	0,2807
0,54	1,14938	0,56663	0,9858	0,5909	0,4860	0,2913
0,55	1,15510	0,57815	0,9847	0,6038	0,4929	0,3022
0,56	1,16094	0,58973	0,9836	0,6167	0,4997	0,3133
0,57	1,16690	0,60137	0,9824	0,6297	0,5063	0,3245
0,58	1,17297	0,61307	0,9811	0,6428	0,5128	0,3360
0,59	1,17916	0,62483	0,9798	0,6560	0,5192	0,3476
0,60	1,18547	0,63665	0,9784	0,6694	0,5255	0,3595
0,61	1,19189	0,64854	0,9769	0,6828	0,5316	0,3715
0,62	1,19844	0,66049	0,9754	0,6963	0,5376	0,3838
0,63	1,20510	0,67251	0,9738	0,7100	0,5434	0,3962
0,64	1,21189	0,68459	0,9721	0,7237	0,5491	0,4088
0,65	1,21879	0,69675	0,9703	0,7376	0,5547	0,4217
0,66	1,22582	0,70897	0,9684	0,7516	0,5601	0,4347
0,67	1,23297	0,72126	0,9664	0,7657	0,5653	0,4479
0,68	1,24025	0,73363	0,9644	0,7799	0,5704	0,4613
0,69	1,24765	0,74607	0,9623	0,7942	0,5754	0,4749
0,70	1,25517	0,75858	0,9600	0,8086	0,5802	0,4887
0,71	1,26282	0,77117	0,9577	0,8231	0,5848	0,5027
0,72	1,27059	0,78384	0,9552	0,8378	0,5893	0,5168
0,73	1,27849	0,79659	0,9527	0,8526	0,5936	0,5312
0,74	1,28652	0,80941	0,9501	0,8675	0,5977	0,5458
0,75	1,29468	0,82232	0,9473	0,8825	0,6017	0,5605
0,76	1,30297	0,83530	0,9444	0,8976	0,6055	0.5755
0,77	1,31139	0,84838	0,9415	0,9129	0,6091	0,5906
0,78	1,31994	0,86153	0,9384	0,9283	0,6125	0,6059
0,79	1,32862	0,87478	0,9351	0,9438	0,6157	0,6214

x	x (in Grad)		$\cos x$	$\sin x$	e^x	e^{-x}
0,80	45°	50′,20	0,69671	0,71736	2,22554	0,44933
0,81	46	24,57	0,68950	0,72429	2,24791	0,44486
0,82	46	58,95	0,68222	0,73115	2,27050	0,44043
0,83	47	33,33	0,67488	0,73793	2,29332	0,43605
0,84	48	7,71	0,66746	0,74464	2,31637	0,43171
0,85	48	42,08	0,65998	0,75128	2,33965	0,42741
0,86	49	16,46	0,65244	0,75784	2,36316	0,42316
0,87	49	50,84	0,64483	0,76433	2,38691	0,41895
0,88	50	25,22	0,63715	0,77074	2,41090	0,41478
0,89	50	59,59	0,62941	0,77707	2,43513	0,41066
0,90	51	33,97	0,62161	0,78333	2,45960	0,40657
0,91	52	8,35	0,61375	0,78950	2,48432	0,40252
0,92	52	42,73	0,60582	0,79560	2,50929	0,39852
0,93	53	17,10	0,59783	0,80162	2,53451	0,39455
0,94	53	51,48	0,58979	0,80756	2,55998	0,39063
0,95	54	25,86	0,58168	0,81342	2,58571	0,38674
0,96	55	0,24	0,57352	0,81919	2,61170	0,38289
0,97	55	34,61	0,56530	0,82489	2,63794	0,37908
0,98	56	8,99	0,55702	0,83050	2,66446	0,37531
0,99	56	43,37	0,54869	0,83603	2,69123	0,37158
1,00	57	17,75	0,54030	0,84147	2,71828	0,36788
1,01	57	52,12	0,53186	0,84683	2,74560	0,36422
1,02	58	26,50	0,52337	0,85211	2,77319	0,36059
1,03	59	0,88	0,51482	0,85730	2,80107	0,35701
1,04	59	35,26	0,50622	0,86240	2,82922	0,35345
1,05	60	9,63	0,49757	0,86742	2,85765	0,34994
1,06	60	44,01	0,48887	0,87236	2,88637	0,34646
1,07	61	18,39	0,48012	0,87720	2,91538	0,34301
1,08	61	52,77	0,47133	0,88196	2,94468	0,33960
1,09	62	27,14	0,46249	0,88663	2,97427	0,33622
1,10	63	1,52	0,45360	0,89121	3,00417	0,33287
1,11	63	35,90	0,44466	0,89570	3,03436	0,32956
1,12	64	10,28	0,43568	0,90010	3,06485	0,32628
1,13	64	44,65	0,42666	0,90441	3,09566	0,32303
1,14	65	19,03	0,41759	0,90863	3,12677	0,31982
1,15	65	53,41	0,40849	0,91276	3,15819	0,31664
1,16	66	27,79	0,39934	0,91680	3,18993	0,31349
1,17	67	2,16	0,39015	0,92075	3,22199	0,31037
1,18	67	36,54	0,38092	0,92461	3,25437	0,30728
1,19	68	10,92	0,37166	0,92837	3,28708	0,30422
1,20	68	45,30	0,36236	0,93204	3,32012	0,30119
1,21	69	19,67	0,35302	0,93562	3,35348	0,29820
1,22	69	54,05	0,34365	0,93910	3,38719	0,29523
1,23	70	28,43	0,33424	0,94249	3,42123	0,29229
1,24	71	2,81	0,32480	0,94578	3,45561	0,28938
1,25	71	37,18	0,31532	0,94898	3,49034	0,28650
1,26	72	11,56	0,30582	0,95209	3,52542	0,28365
1,27	72	45,94	0,29628	0,95510	3,56085	0,28083
1,28	73	20,32	0,28672	0,95802	3,59664	0,27804
1,29	73	54,69	0,27712	0,96084	3,63279	0,27527

x	Coſ x	Sin x	Coſ x cos x	Coſ x sin x	Sin x cos x	Sin x sin x
0,80	1,33743	0,88811	0,9318	0,9594	0,6188	0,6371
0,81	1,34638	0,90152	0,9283	0,9752	0,6216	0,6530
0,82	1,35547	0,91503	0,9247	0,9911	0,6243	0,6690
0,83	1,36468	0,92863	0,9210	1,0070	0,6267	0,6853
0,84	1,37404	0,94233	0,9171	1,0232	0,6290	0,7017
0,85	1,38353	0,95612	0,9131	1,0394	0,6310	0,7183
0,86	1,39316	0,97000	0,9090	1,0558	0,6329	0,7351
0,87	1,40293	0,98398	0,9047	1,0723	0,6345	0,7521
0,88	1,41284	0,99806	0,9002	1,0889	0,6359	0,7692
0,89	1,42289	1,01224	0,8956	1,1057	0,6371	0,7866
0,90	1,43309	1,02652	0,8931	1,1226	0,6381	0,8041
0,91	1,44342	1,04090	0,8859	1,1396	0,6389	0,8218
0,92	1,45390	1,05539	0,8808	1,1567	0,6394	0,8397
0,93	1,46453	1,06998	0,8753	1,1740	0,6397	0,8577
0,94	1,47530	1,08468	0,8701	1,1914	0,6397	0,8759
0,95	1,48623	1,09948	0,8645	1,2089	0,6395	0,8943
0,96	1,49729	1,11440	0,8587	1,2266	0,6391	0,9129
0,97	1,50851	1,12943	0,8528	1,2444	0,6385	0,9317
0,98	1,51988	1,14457	0,8466	1,2623	0,6375	0,9506
0,99	1,53141	1,15983	0,8339	1,2707	0,6364	0,9697
1,00	1,54308	1,17520	0,8337	1,2985	0,6350	0,9889
1,01	1,55491	1,19069	0,8270	1,3167	0,6333	1,0083
1,02	1,56689	1,20630	0,8201	1,3352	0,6313	1,0279
1,03	1,57904	1,22203	0,8129	1,3537	0,6291	1,0476
1,04	1,59134	1,23788	0,8056	1,3724	0,6266	1,0675
1,05	1,60379	1,25386	0,7980	1,3912	0,6239	1,0876
1,06	1,61641	1,26996	0,7902	1,4101	0,6208	1,1079
1,07	1,62919	1,28619	0,7822	1,4291	0,6175	1,1282
1,08	1,64214	1,30254	0,7740	1,4483	0,6139	1,1488
1,09	1,65525	1,31903	0,7655	1,4676	0,6100	1,1695
1,10	1,66852	1,33565	0,7568	1,4870	0,6059	1,1903
1,11	1,68196	1,35240	0,7479	1,5065	0,6014	1,2113
1,12	1,69557	1,36929	0,7387	1,5260	0,5966	1,2325
1,13	1,70934	1,38631	0,7293	1,5459	0,5915	1,2538
1,14	1,72329	1,40347	0,7196	1,5658	0,5861	1,2752
1,15	1,73741	1,42078	0,7097	1,5858	0,5804	1,2968
1,16	1,75171	1,43822	0,6995	1,6060	0,5743	1,3186
1,17	1,76618	1,45581	0,6891	1,6262	0,5680	1,3404
1,18	1,78083	1,47355	0,6784	1,6466	0,5613	1,3625
1,19	1,79565	1,49143	0,6674	1,6670	0,5543	1,3846
1,20	1,81066	1,50946	0,6561	1,6876	0,5470	1,4069
1,21	1,82584	1,52764	0,6446	1,7083	0,5393	1,4293
1,22	1,84121	1,54598	0,6330	1,7299	0,5313	1,4518
1,23	1,85676	1,56447	0,6206	1,7500	0,5229	1,4745
1,24	1,87250	1,58311	0,6082	1,7710	0,5142	1,4973
1,25	1,88842	1,60192	0,5955	1,7921	0,5051	1,5202
1,26	1,90454	1,62088	0,5824	1,8133	0,4957	1,5432
1,27	1,92084	1,64001	0,5691	1,8346	0,4858	1,5664
1,28	1,93734	1,65930	0,5555	1,8560	0,4758	1,5896
1,29	1,95403	1,67876	0,5415	1,8775	0,4652	1,6130

x	x (in Grad)	$\cos x$	$\sin x$	e^x	e^{-x}
1,30	74° 29',07	0,26750	0,96356	3,66930	0,27253
1,31	75 3,45	0,25785	0,96618	3,70617	0,26982
1,32	75 37,83	0,24818	0,96872	3,74342	0,26714
1,33	76 12,20	0,23848	0,97115	3,78104	0,26448
1,34	76 46,58	0,22875	0,97348	3,81904	0,26185
1,35	77 20,96	0,21901	0,97572	3,85743	0,25924
1,36	77 55,34	0,20924	0,97786	3,89619	0,25666
1,37	78 29,71	0,19945	0,97991	3,93535	0,25411
1,38	79 4,09	0,18964	0,98185	3,97490	0,25158
1,39	79 38,47	0,17981	0,98370	4,01485	0,24908
1,40	80 12,85	0,16997	0,98545	4,05520	0,24660
1,41	80 47,22	0,16010	0,98710	4,09596	0,24414
1,42	81 21,60	0,15023	0,98865	4,13712	0,24171
1,43	81 55,98	0,14033	0,99010	4,17870	0,23931
1,44	82 30,36	0,13042	0,99146	4,22070	0,23693
1,45	83 4,73	0,12050	0,99271	4,26311	0,23457
1,46	83 39,11	0,11057	0,99387	4,30596	0,23224
1,47	84 13,49	0,10063	0,99492	4,34924	0,22993
1,48	84 47,87	0,09067	0,99588	4,39295	0,22764
1,49	85 22,24	0,08071	0,99674	4,43710	0,22537
1,50	85 56,62	0,07074	0,99749	4,48169	0,22313
1,51	86 31,00	0,06076	0,99815	4,52673	0,22091
1,52	87 5,38	0,05077	0,99871	4,57223	0,21871
1,53	87 39,75	0,04079	0,99917	4,61818	0,21654
1,54	88 14,13	0,03079	0,99953	4,66459	0,21438
1,55	88 48,51	0,02079	0,99978	4,71147	0,21225
1,56	89 22,88	0,01080	0,99994	4,75882	0,21014
1,57	89 57,26	0,00080	1,00000	4,80665	0,20805
$\frac{1}{2}\pi$	90	0	1	4,81049	0,20788
1,58	90 31,64	−0,00920	0,99996	4,85496	0,20598
1,59	91 6,02	−0,01920	0,99982	4,90375	0,20393
1,60	91 40,39	−0,02920	0,99957	4,95303	0,20190
1,61	92 14,77	−0,03919	0,99923	5,00281	0,19989
1,62	92 49,15	−0,04918	0,99879	5,05309	0,19790
1,63	93 23,53	−0,05917	0,99825	5,10387	0,19593
1,64	93 57,90	−0,06915	0,99761	5,15517	0,19398
1,65	94 32,28	−0,07912	0,99687	5,20698	0,19205
1,66	95 6,66	−0,08909	0,99602	5,25931	0,19014
1,67	95 41,04	−0,09904	0,99508	5,31217	0,18825
1,68	96 15,41	−0,10899	0,99404	5,36556	0,18637
1,69	96 49,79	−0,11892	0,99290	5,41948	0,18452
1,70	97 24,17	−0,12884	0,99166	5,47395	0,18268
1,71	97 58,55	−0,13875	0,99033	5,52896	0,18087
1,72	98 32,92	−0,14865	0,98889	5,58453	0,17907
1,73	99 7,30	−0,15853	0,98735	5,64065	0,17728
1,74	99 41,68	−0,16840	0,98572	5,69734	0,17552
1,75	100 16,06	−0,17825	0,98399	5,75460	0,17377
1,76	100 50,43	−0,18808	0,98215	5,81244	0,17204
1,77	101 24,81	−0,19789	0,98022	5,87085	0,17033
1,78	101 59,19	−0,20768	0,97820	5,92986	0,16864
1,79	102 33,57	−0,21745	0,97607	5,98945	0,16696

x	Coſ x	Sin x	Coſ x cos x	Coſ x sin x	Sin x cos x	Sin x sin x
1,30	1,97091	1,69838	0,5272	1,8991	0,4543	1,6365
1,31	1,98800	1,71818	0,5126	1,9208	0,4430	1,6601
1,32	2,00528	1,73814	0,4977	1,9426	0,4314	1,6838
1,33	2,02276	1,75828	0,4824	1,9644	0,4193	1,7076
1,34	2,04044	1,77860	0,4668	1,9863	0,4069	1,7314
1,35	2,05833	1,79909	0,4508	2,0084	0,3940	1,7554
1,36	2,07643	1,81977	0,4345	2,0305	0,3808	1,7795
1,37	2,09473	1,84062	0,4178	2,0526	0,3671	1,8036
1,38	2,11324	1,86166	0,4008	2,0749	0,3530	1,8279
1,39	2,13196	1,88289	0,3833	2,0972	0,3386	1,8522
1,40	2,15090	1,90430	0,3656	2,1196	0,3237	1,8766
1,41	2,17005	1,92591	0,3474	2,1421	0,3083	1,9011
1,42	2,18942	1,94770	0,3289	2,1646	0,2926	1,9256
1,43	2,20900	1,96970	0,3100	2,1871	0,2764	1,9502
1,44	2,22881	1,99188	0,2907	2,2098	0,2569	1,9529
1,45	2,24884	2,01427	0,2710	2,2324	0,2427	1,9996
1,46	2,26910	2,03686	0,2509	2,2552	0,2252	2,0244
1,47	2,28958	2,05965	0,2304	2,2779	0,2073	2,0492
1,48	2,31029	2,08265	0,2095	2,3008	0,1888	2,0741
1,49	2,33123	2,10586	0,1882	2,3236	0,1700	2,0990
1,50	2,35241	2,12928	0,1664	2,3465	0,1506	2,1239
1,51	2,37382	2,15291	0,1442	2,3694	0,1308	2,1489
1,52	2,39547	2,17676	0,1216	2,3924	0,1105	2,1740
1,53	2,41736	2,20082	0,0986	2,4154	0,0898	2,1990
1,54	2,43949	2,22510	0,0746	2,4383	0,0685	2,2241
1,55	2,46186	2,24961	0,0512	2,4613	0,0468	2,2491
1,56	2,48448	2,27434	0,0268	2,4843	0,0246	2,2742
1,57	2,50735	2,29930	0,0020	2,5074	0,0018	2,2993
$\frac{1}{2}\pi$	2,50918	2,30130	0	2,5092	0	2,3013
1,58	2,53047	2,32449	− 0,0233	2,5304	− 0,0214	2,3244
1,59	2,55384	2,34991	− 0,0490	2,5534	− 0,0451	2,3495
1,60	2,57746	2,37557	− 0,0753	2,5764	− 0,0694	2,3745
1,61	2,60135	2,40146	− 0,1019	2,5993	− 0,0941	2,3996
1,62	2,62549	2,42760	− 0,1291	2,6223	− 0,1194	2,4247
1,63	2,64990	2,45397	− 0,1568	2,6453	− 0,1452	2,4497
1,64	2,67457	2,48059	− 0,1849	2,6682	− 0,1715	2,4747
1,65	2,69951	2,50746	− 0,2136	2,6911	− 0,1984	2,4996
1,66	2,72472	2,53459	− 0,2427	2,7139	− 0,2258	2,5245
1,67	2,75021	2,56196	− 0,2724	2,7367	− 0,2537	2,5494
1,68	2,77596	2,58959	− 0,3026	2,7594	− 0,2822	2,5742
1,69	2,80200	2,61748	− 0,3332	2,7821	− 0,3113	2,5989
1,70	2,82832	2,64563	− 0,3644	2,8047	− 0,3409	2,6236
1,71	2,85491	2,67405	− 0,3961	2,8273	− 0,3710	2,6482
1,72	2,88180	2,70273	− 0,4284	2,8498	− 0,4018	2,6727
1,73	2,90897	2,73168	− 0,4612	2,8722	− 0,4331	2,6971
1,74	2,93643	2,76091	− 0,4945	2,8945	− 0,4649	2,7215
1,75	2,96419	2,79041	− 0,5284	2,9167	− 0,4974	2,7457
1,76	2,99224	2,82020	− 0,5628	2,9388	− 0,5304	2,7699
1,77	3,02059	2,85026	− 0,5977	2,9608	− 0,5640	2,7939
1,78	3,04925	2,88061	− 0,6333	2,9828	− 0,5982	2,8178
1,79	3,07821	2,91125	− 0,6694	3,0045	− 0,6331	2,8416

x	x (in Grad)	$\cos x$	$\sin x$	e^x	e^{-x}
1,80	103° 7′,94	−0,22720	0,97385	6,04965	0,16530
1,81	103 42,32	0,23693	0,97153	6,11045	0,16365
1,82	104 16,70	−0,24663	0,96911	6,17186	0,16203
1,83	104 51,08	−0,25631	0,96659	6,23389	0,16041
1,84	105 25,45	−0,26596	0,96398	6,29654	0,15882
1,85	105 59,83	−0,27559	0,96128	6,35982	0,15724
1,86	106 34,21	−0,28519	0,95847	6,42374	0,15567
1,87	107 8,59	−0,29476	0,95557	6,48830	0,15412
1,88	107 42,96	−0,30430	0,95258	6,55350	0,15259
1,89	108 17,34	−0,31381	0,94949	6,61937	0,15107
1,90	108 51,72	−0,32329	0,94630	6,68589	0,14957
1,91	109 26,10	−0,33274	0,94302	6,75309	0,14808
1,92	110 0,47	−0,34215	0,93965	6,82096	0,14661
1,93	110 34,85	−0,35153	0,93618	6,88951	0,14515
1,94	111 9,23	−0,36087	0,93261	6,95875	0,14370
1,95	111 43,61	−0,37018	0,92896	7,02869	0,14227
1,96	112 17,98	−0,37945	0,92521	7,09933	0,14086
1,97	112 52,36	−0,38868	0,92137	7,17068	0,13946
1,98	113 26,74	−0,39788	0,91744	7,24274	0,13807
1,99	114 1,12	−0,40703	0,91341	7,31553	0,13670
2,00	114 35,49	−0,41615	0,90930	7,38906	0,13534
2,01	115 9,87	−0,42522	0,90509	7,46332	0,13399
2,02	115 44,25	−0,43425	0,90079	7,53833	0,13266
2,03	116 18,63	−0,44323	0,89641	7,61409	0,13134
2,04	116 53,00	−0,45218	0,89193	7,69061	0,13003
2,05	117 27,38	−0,46107	0,88736	7,76790	0,12873
2,06	118 1,76	−0,46992	0,88271	7,84597	0,12745
2,07	118 36,14	−0,47873	0,87796	7,92482	0,12619
2,08	119 10,51	−0,48748	0,87313	8,00447	0,12493
2,09	119 44,89	−0,49619	0,86821	8,08491	0,12369
2,10	120 19,27	−0,50485	0,86321	8,16617	0,12246
2,11	120 53,65	−0,51345	0,85812	8,24824	0,12124
2,12	121 28,02	−0,52201	0,85294	8,33114	0,12003
2,13	122 2,40	−0,53051	0,84768	8,41487	0,11884
2,14	122 36,78	−0,53896	0,84233	8,49944	0,11765
2,15	123 11,16	−0,54736	0,83690	8,58486	0,11648
2,16	123 45,53	−0,55570	0,83138	8,67114	0,11533
2,17	124 19,91	−0,56399	0,82579	8,75828	0,11418
2,18	124 54,29	−0,57221	0,82010	8,84631	0,11304
2,19	125 28,67	−0,58039	0,81434	8,93521	0,11192
2,20	126 3,04	−0,58850	0,80850	9,02501	0,11080
2,21	126 37,42	−0,59656	0,80257	9,11572	0,10970
2,22	127 11,80	−0,60455	0,79657	9,20733	0,10861
2,23	127 46,18	−0,61249	0,79048	9,29987	0,10753
2,24	128 20,55	−0,62036	0,78432	9,39333	0,10646
2,25	128 54,93	−0,62817	0,77807	9,48774	0,10540
2,26	129 29,31	−0,63592	0,77175	9,58309	0,10435
2,27	130 3,69	−0,64361	0,76535	9,67940	0,10331
2,28	130 38,06	−0,65123	0,75888	9,77668	0,10228
2,29	131 12,44	−0,65879	0,75233	9,87494	0,10127

x	Cof x	Sin x	Cof x cos x	Cof x sin x	Sin x cos x	Sin x sin x
1,80	3,10747	2,94217	− 0,7060	3,0262	− 0,6685	2,8652
1,81	3,13705	2,97340	− 0,7433	3,0477	− 0,7045	2,8887
1,82	3,16694	3,00492	− 0,7811	3,0691	− 0,7411	2,9121
1,83	3,19715	3,03674	− 0,8195	3,0903	− 0,7783	2,9353
1,84	3,22768	3,06886	− 0,8584	3,1114	− 0,8162	2,9583
1,85	3,25853	3,10129	− 0,8980	3,1324	− 0,8547	2,9812
1,86	3,28970	3,13403	− 0,9382	3,1531	− 0,8938	3,0039
1,87	3,32121	3,16709	− 0,9790	3,1736	− 0,9335	3,0264
1,88	3,35305	3,20046	− 1,0203	3,1940	− 0,9739	3,0487
1,89	3,38522	3,23415	− 1,0623	3,2142	− 1,0149	3,0708
1,90	3,41773	3,26816	− 1,1049	3,2342	− 1,0566	3,0927
1,91	3,45058	3,30250	− 1,1481	3,2540	− 1,0989	3,1143
1,92	3,48378	3,33718	− 1,1920	3,2735	− 1,1418	3,1358
1,93	3,51733	3,37218	− 1,2364	3,2929	− 1,1854	3,1570
1,94	3,55123	3,40752	− 1,2815	3,3119	− 1,2297	3,1779
1,95	3,58548	3,44321	− 1,3273	3,3308	− 1,2746	3,1986
1,96	3,62009	3,47923	− 1,3736	3,3493	− 1,3202	3,2190
1,97	3,65507	3,51561	− 1,4207	3,3677	− 1,3664	3,2392
1,98	3,69041	3,55234	− 1,4683	3,3857	− 1,4134	3,2591
1,99	3,72611	3,58942	− 1,5166	3,4035	− 1,4610	3,2786
2,00	3,76220	3,62686	− 1,5656	3,4208	− 1,5093	3,2979
2,01	3,79865	3,66466	− 1,6153	3,4381	− 1,5583	3,3168
2,02	3,83549	3,70283	− 1,6656	3,4550	− 1,6080	3,3355
2,03	3,87271	3,74138	− 1,7165	3,4715	− 1,6583	3,3538
2,04	3,91032	3,78029	− 1,7682	3,4877	− 1,7094	3,3718
2,05	3,94832	3,81958	− 1,8205	3,5036	− 1,7611	3,3893
2,06	3,98671	3,85926	− 1,8734	3,5191	− 1,8135	3,4066
2,07	4,02550	3,89932	− 1,9271	3,5342	− 1,8667	3,4234
2,08	4,06470	3,93977	− 1,9815	3,5490	− 1,9206	3,4399
2,09	4,10430	3,98061	− 2,0365	3,5629	− 1,9751	3,4560
2,10	4,14431	4,02186	− 2,0923	3,5774	− 2,0304	3,4717
2,11	4,18474	4,06350	− 2,1487	3,5910	− 2,0864	3,4870
2,12	4,22558	4,10555	− 2,2058	3,6042	− 2,1431	3,5018
2,13	4,26685	4,14801	− 2,2636	3,6169	− 2,2006	3,5162
2,14	4,30855	4,19089	− 2,3221	3,6292	− 2,2587	3,5301
2,15	4,35067	4,23419	− 2,3814	3,6411	− 2,3176	3,5436
2,16	4,39323	4,27791	− 2,4413	3,6524	− 2,3772	3,5566
2,17	4,43623	4,32205	− 2,5020	3,6634	− 2,4376	3,5691
2,18	4,47967	4,36663	− 2,5633	3,6738	− 2,4986	3,5811
2,19	4,52356	4,41165	− 2,6254	3,6837	− 2,5605	3,5926
2,20	4,56791	4,45711	− 2,6882	3,6932	− 2,6230	3,6036
2,21	4,61271	4,50301	− 2,7518	3,7020	− 2,6863	3,6140
2,22	4,65797	4,54936	− 2,8160	3,7104	− 2,7503	3,6239
2,23	4,70370	4,59617	− 2,8810	3,7182	− 2,8151	3,6332
2,24	4,74989	4,64344	− 2,9466	3,7254	− 2,8806	3,6419
2,25	4,79657	4,69117	− 3,0131	3,7321	− 2,9469	3,6501
2,26	4,84372	4,73937	− 3,0802	3,7381	− 3,0139	3,6576
2,27	4,89136	4,78804	− 3,1481	3,7436	− 3,0816	3,6645
2,28	4,93948	4,83720	− 3,2167	3,7485	− 3,1501	3,6709
2,29	4,98810	4,88684	− 3,2861	3,7527	− 3,2194	3,6765

x	x (in Grad)	$\cos x$	$\sin x$	e^x	e^{-x}
2,30	131° 46′,82	− 0,66628	0,74571	9,97418	0,10026
2,31	132 21,20	− 0,67370	0,73901	10,07442	0,09926
2,32	132 55,57	− 0,68106	0,73223	10,17567	0,09827
2,33	133 29,95	− 0,68834	0,72538	10,27794	0,09730
2,34	134 4,33	− 0,69556	0,71846	10,38124	0,09633
2,35	134 38,70	− 0,70271	0,71147	10,48557	0,09537
2,36	135 13,08	− 0,70979	0,70441	10,59095	0,09442
2,37	135 47,46	− 0,71680	0,69728	10,69739	0,09348
2,38	136 21,84	− 0,72374	0,69007	10,80490	0,09255
2,39	136 56,21	− 0,73060	0,68280	10,91349	0,09163
2,40	137 30,59	− 0,73739	0,67546	11,02318	0,09072
2,41	138 4,97	− 0,74411	0,66806	11,13396	0,08982
2,42	138 39,35	− 0,75075	0,66058	11,24586	0,08892
2,43	139 13,72	− 0,75732	0,65304	11,35888	0,08804
2,44	139 48,10	− 0,76382	0,64544	11,47304	0,08716
2,45	140 22,48	− 0,77023	0,63776	11,58835	0,08629
2,46	140 56,86	− 0,77657	0,63003	11,70481	0,08543
2,47	141 31,23	− 0,78283	0,62223	11,82245	0,08458
2,48	142 5,61	− 0,78901	0,61437	11,94126	0,08374
2,49	142 39,99	− 0,79512	0,60645	12,06128	0,08291
2,50	143 14,37	− 0,80114	0,59847	12,18249	0,08208
2,51	143 48,74	− 0,80709	0,59043	12,30493	0,08127
2,52	144 23,12	− 0,81295	0,58233	12,42860	0,08046
2,53	144 57,50	− 0,81873	0,57417	12,55351	0,07966
2,54	145 31,88	− 0,82444	0,56596	12,67967	0,07887
2,55	146 6,25	− 0,83005	0,55768	12,80710	0,07808
2,56	146 40,63	− 0,83559	0,54936	12,93582	0,07730
2,57	147 15,01	− 0,84104	0,54097	13,06582	0,07654
2,58	147 49,39	− 0,84641	0,53253	13,19714	0,07577
2,59	148 23,76	− 0,85169	0,52404	13,32977	0,07502
2,60	148 58,14	− 0,85689	0,51550	13,46374	0,07427
2,61	149 32,52	− 0,86200	0,50691	13,59905	0,07353
2,62	150 6,90	− 0,86703	0,49826	13,73572	0,07280
2,63	150 41,27	− 0,87197	0,48957	13,87377	0,07208
2,64	151 15,65	− 0,87682	0,48082	14,01320	0,07136
2,65	151 50,03	− 0,88158	0,47203	14,15404	0,07065
2,66	152 24,41	− 0,88626	0,46319	14,29629	0,06995
2,67	152 58,78	− 0,89085	0,45431	14,43997	0,06925
2,68	153 33,16	− 0,89534	0,44537	14,58509	0,06856
2,69	154 7,54	− 0,89975	0,43640	14,73168	0,06788
2,70	154 41,92	− 0,90407	0,42738	14,87973	0,06721
2,71	155 16,29	− 0,90830	0,41832	15,02927	0,06654
2,72	155 50,67	− 0,91244	0,40921	15,18032	0,06587
2,73	156 25,05	− 0,91648	0,40007	15,33289	0,06522
2,74	156 59,43	− 0,92044	0,39088	15,48699	0,06457
2,75	157 33,80	− 0,92430	0,38166	15,64263	0,06393
2,76	158 8,18	− 0,92807	0,37240	15,79984	0,06329
2,77	158 42,56	− 0,93175	0,36310	15,95863	0,06266
2,78	159 16,94	− 0,93533	0,35376	16,11902	0,06204
2,79	159 51,31	− 0,93883	0,34439	16,28102	0,06142

x	Cof x	Sin x	Cof x cos x	Cof x sin x	Sin x cos x	Sin x sin x
2,30	5,03722	4,93696	− 3,3562	3,7563	− 3,2894	3,6815
2,31	5,08684	4,98758	− 3,4270	3,7592	− 3,3601	3,6859
2,32	5,13697	5,03870	− 3,4986	3,7614	− 3,4317	3,6895
2,33	5,18762	5,09032	− 3,5708	3,7630	− 3,5039	3,6924
2,34	5,23878	5,14245	− 3,6439	2,7639	− 3,5769	3,6946
2,35	5,29047	5,19510	− 3,7177	3,7640	− 3,6506	3,6962
2,36	5,34269	5,24827	− 3,7922	3,7634	− 3,7252	3,6969
2,37	5,39544	5,30196	− 3,8675	3,7621	− 3,8004	3,6970
2,38	5,44873	5,35618	− 3,9435	3,7600	− 3,8765	3,6961
2,39	5,50256	5,41093	− 4,0202	3,7571	− 3,9532	3,6946
2,40	5,55695	5,46623	− 4,0976	3,7535	− 4,0307	3,6922
2,41	5,61189	5,52207	− 4,1759	3,7491	− 4,1090	3,6891
2,42	5,66739	5,57847	− 4,2548	3,7438	− 4,1880	3,6850
2,43	5,72346	5,63542	− 4,3345	3,7376	− 4,2678	3,6802
2,44	5,78010	5,69294	− 4,4150	3,7307	− 4,3484	3,6745
2,45	5,83732	5,75103	− 4,4961	3,7228	− 4,4296	3,6678
2,46	5,89512	5,80969	− 4,5780	3,7141	− 4,5116	3,6603
2,47	5,95352	5,86893	− 4,6606	3,7045	− 4,5944	3,6518
2,48	6,01250	5,92876	− 4,7439	3,6939	− 4,6779	3,6425
2,49	6,07209	5,98918	− 4,8280	3,6824	− 4,7621	3,6321
2,50	6,13229	6,05020	− 4,9128	3,6700	− 4,8470	3,6209
2,51	6,19310	6,11183	− 4,9984	3,6566	− 4,9328	3,6086
2,52	6,25453	6,17407	− 5,0846	3,6422	− 5,0192	3,5953
2,53	6,31658	6,23692	− 5,1716	3,6268	− 5,1064	3,5811
2,54	6,37927	6,30040	− 5,2593	3,6104	− 5,1943	3,5658
2,55	6,44259	6,36451	− 5,3477	3,5929	− 5,2829	3,5494
2,56	6,50656	6,42926	− 5,4368	3,5744	− 5,3722	3,5320
2,57	6,57118	6,49464	− 5,5266	3,5548	− 5,4623	3,5134
2,58	6,63646	6,56068	− 5,6172	3,5341	− 5,5530	3,4938
2,59	6,70240	6,62738	− 5,7084	3,5123	− 5,6445	3,4730
2,60	6,76901	6,69473	− 5,8003	3,4894	− 5,7366	3,4511
2,61	6,83629	6,76276	− 5,8929	3,4654	− 5,8295	3,4281
2,62	6,90426	6,83146	− 5,9862	3,4401	− 5,9231	3,4038
2,63	6,97292	6,90085	− 6,0802	3,4137	− 6,0173	3,3784
2,64	7,04228	6,97092	− 6,1748	3,3861	− 6,1122	3,3518
2,65	7,11234	7,04169	− 6,2701	3,3572	− 6,2078	2,3239
2,66	7,18312	7,11317	− 6,3661	3,3271	− 6,3040	3,2947
2,67	7,25461	7,18536	− 6,4628	3,2958	− 6,4011	3,2644
2,68	7,32683	7,25827	− 6,5600	3,2632	− 6,4986	3,2326
2,69	7,39978	7,33190	− 6,6580	3,2293	− 6,5969	3,2654
2,70	7,47347	7,40626	− 6,7565	3,1940	− 6,6958	3,1653
2,71	7,54791	7,48137	− 6,8558	3,1574	− 6,7953	3,1296
2,72	7,62310	7,55722	− 6,9556	3,1194	− 6,8955	3,0925
2,73	7,69905	7,63383	− 7,0560	3,0802	− 6,9963	3,0541
2,74	7,77578	7,71121	− 7,1571	3,0394	− 7,0977	3,0142
2,75	7,85328	7,78935	− 7,2588	2,9973	− 7,1997	2,9729
2,76	7,93157	7,86828	− 7,3611	2,9537	− 7,3023	2,9301
2,77	8,01065	7,94799	− 7,4639	2,9087	− 7,4055	2,8859
2,78	8,09053	8,02849	− 7,5673	2,8621	− 7,5093	2,8402
2,79	8,17122	8,10980	− 7,6714	2,8141	− 7,6137	2,7929

x	x (in Grad)		$\cos x$	$\sin x$	e^x	e^{-x}
2,80	160°	25′,60	– 0,94222	0,33499	16,44465	0,06081
2,81	161	0,07	– 0,94553	0,32555	16,60992	0,06021
2,82	161	34,45	– 0,94873	0,31608	16,77685	0,05961
2,83	162	8,82	– 0,95185	0,30658	16,94546	0,05901
2,84	162	43,20	– 0,95486	0,29704	17,11577	0,05843
2,85	163	17,58	– 0,95779	0,28748	17,28778	0,05784
2,86	163	51,96	– 0,96061	0,27789	17,46153	0,05727
2,87	164	26,33	– 0,96334	0,26827	17,63702	0,05670
2,88	165	0,71	– 0,96598	0,25862	17,81427	0,05613
2,89	165	35,09	– 0,96852	0,24895	17,99331	0,05558
2,90	166	9,47	– 0,97096	0,23925	18,17415	0,05502
2,91	166	43,84	– 0,97330	0,22953	18,35680	0,05448
2,92	167	18,22	– 0,97555	0,21978	18,54129	0,05393
2,93	167	52,60	– 0,97770	0,21002	18,72763	0,05340
2,94	168	26,98	– 0,97975	0,20023	18,91585	0,05287
2,95	169	1,35	– 0,98170	0,19042	19,10595	0,05234
2,96	169	35,73	– 0,98356	0,18060	19,29797	0,05182
2,97	170	10,11	– 0,98531	0,17075	19,49192	0,05130
2,98	170	44,49	– 0,98697	0,16089	19,68782	0,05079
2,99	171	18,86	– 0,98853	0,15101	19,88568	0,05029
3,00	171	53,24	– 0,98999	0,14112	20,08554	0,04979
3,01	172	27,62	– 0,99135	0,13121	20,28740	0,04929
3,02	173	2,00	– 0,99262	0,12129	20,49129	0,04880
3,03	173	36,37	– 0,99378	0,11136	20,69723	0,04832
3,04	174	10,75	– 0,99484	0,10142	20,90524	0,04783
3,05	174	45,13	– 0,99581	0,09146	21,11534	0,04736
3,06	175	19,51	– 0,99667	0,08150	21,32756	0,04689
3,07	175	53,88	– 0,99744	0,07153	21,54190	0,04642
3,08	176	28,26	– 0,99810	0,06155	21,75840	0,04596
3,09	177	2,64	– 0,99867	0,05157	21,97708	0,04550
3,10	177	37,01	– 0,99914	0,04158	22,19795	0,04505
3,11	178	11,39	– 0,99950	0,03159	22,42104	0,04460
3,12	178	45,77	– 0,99977	0,02159	22,64638	0,04416
3,13	179	20,15	– 0,99993	0,01159	22,87398	0,04372
3,14	179	54,52	– 1,00000	0,00159	23,10387	0,04328
π	180		– 1	0	23,14069	0,04321
3,15	180	28,90	– 0,99996	– 0,00841	23,33606	0,04285
3,16	181	3,28	– 0,99983	– 0,01841	23,57060	0,04243
3,17	181	37,66	– 0,99960	– 0,02840	23,80748	0,04200
3,18	182	12,03	– 0,99926	– 0,03840	24,04675	0,04159
3,19	182	46,41	– 0,99883	– 0,04839	24,28843	0,04117
3,20	183	20,79	– 0,99829	– 0,05837	24,53253	0,04076
3,21	183	55,17	– 0,99766	– 0,06835	24,77909	0,04036
3,22	184	29,54	– 0,99693	– 0,07833	25,02812	0,03996
3,23	185	3,92	– 0,99609	– 0,08829	25,27966	0,03956
3,24	185	38,30	– 0,99516	– 0,09825	25,53372	0,03916
3,25	186	12,68	– 0,99413	– 0,10820	25,79034	0,03877
3,26	186	47,05	– 0,99300	– 0,11813	26,04954	0,03839
3,27	187	21,43	– 0,99177	– 0,12805	26,31134	0,03801
3,28	187	55,81	– 0,99044	– 0,13797	26,57577	0,03763
3,29	188	30,19	– 0,98901	– 0,14786	26,84286	0,03725

x	Coj x	Sin x	Coj x cos x	Coj x sin x	Sin x cos x	Sin x sin x
2,80	8,25273	8,19192	— 7,7759	2,7646	— 7,7186	2,7442
2,81	8,33506	8,27486	— 7,8810	2,7135	— 7,8241	2,6939
2,82	8,41823	8,35862	— 7,9866	2,6608	— 7,9301	2,6420
2,83	8,50224	8,44322	— 8,0929	2,6066	— 8,0367	2,5885
2,84	8,58710	8,52867	— 8,1995	2,5507	— 8,1437	2,5334
2,85	8,67281	8,61497	— 8,3067	2,4933	— 8,2513	2,4766
2,86	8,75940	8,70213	— 8,4144	2,4341	— 8,3594	2,4182
2,87	8,84686	8,79016	— 8,5225	2,3733	— 8,4679	2,3581
2,88	8,93520	8,87907	— 8,6312	2,3108	— 8,5770	2,2963
2,89	9,02444	8,96887	— 8,7404	2,2466	— 8,6865	2,2328
2,90	9,11458	9,05956	— 8,8471	2,1807	— 8,7965	2,1675
2,91	9,20564	9,15116	— 8,9598	2,1130	— 8,9068	2,1005
2,92	9,29761	9,24368	— 9,0703	2,0434	— 9,0177	2,0316
2,93	9,39051	9,33712	— 9,1811	1,9722	— 9,1289	1,9609
2,94	9,48436	9,43149	— 9,2923	1,8991	— 9,2405	1,8885
2,95	9,57915	9,52681	— 9,4039	1,8241	— 9,3525	1,8141
2,96	9,67490	9,62308	— 9,5158	1,7473	— 9,4649	1,7379
2,97	9,77161	9,72031	— 9,6281	1,6685	— 9,5775	1,6597
2,98	9,86930	9,81851	— 9,7407	1,5879	— 9,6906	1,5797
2,99	9,96798	9,91770	— 9,8536	1,5053	— 9,8039	1,4977
3,00	10,06766	10,01787	— 9,9669	1,4207	— 9,9176	1,4137
3,01	10,16835	10,11905	— 10,0804	1,3342	— 10,0315	1,3277
3,02	10,27005	10,22125	— 10,1943	1,2457	— 10,1458	1,2397
3,03	10,37277	10,32446	— 10,3083	1,1551	— 10,2602	1,1497
3,04	10,47654	10,42870	— 10,4225	1,0625	— 10,3749	1,0577
3,05	10,58135	10,53399	— 10,5317	0,9678	— 10,4899	0,9634
3,06	10,68722	10,64033	— 10,6516	0,8710	— 10,6049	0,8672
3,07	10,79416	10,74774	— 10,7665	0,7721	— 10,7202	0,7688
3,08	10,90218	10,85622	— 10,8815	0,6710	— 10,8356	0,6682
3,09	11,01129	10,96579	— 10,9966	0,5679	— 10,9512	0,5655
3,10	11,12150	11,07645	— 11,1119	0,4624	— 11,0669	0,4606
3,11	11,23282	11,18822	— 11,2272	0,3548	— 11,1826	0,3534
3,12	11,34527	11,30111	— 11,3427	0,2449	— 11,2985	0,2440
3,13	11,45885	11,41513	— 11,4580	0,1328	— 11,4143	0,1323
3,14	11,57357	11,53029	— 11,5736	0,0184	— 11,5303	0,0183
π	11,59195	11,54874	— 11,5919	0	— 11,5487	0
3,15	11,68946	11,64661	— 11,6890	— 0,0983	— 11,6461	— 0,0979
3,16	11,80651	11,76409	— 11,8045	— 0,2174	— 11,7621	— 0,2166
3,17	11,92474	11,88274	— 11,9200	— 0,3387	— 11,8780	— 0,3375
3,18	12,04417	12,00258	— 12,0353	— 0,4625	— 11,9937	— 0,4609
3,19	12,16480	12,12363	— 12,1506	— 0,5887	— 12,1094	— 0,5867
3,20	12,28665	12,24588	— 12,2656	— 0,7172	— 12,2249	— 0,7148
3,21	12,40972	12,36936	— 12,3807	— 0,8482	— 12,3404	— 0,8454
3,22	12,53404	12,49408	— 12,4956	— 0,9818	— 12,4557	— 0,9787
3,23	12,65961	12,62005	— 12,6101	— 1,1177	— 12,5707	— 1,1142
3,24	12,78644	12,74728	— 12,7373	— 1,2563	— 12,6856	— 1,2524
3,25	12,91456	12,87578	— 12,8388	— 1,3974	— 12,8002	— 1,3932
3,26	13,04396	13,00557	— 12,9527	— 1,5409	— 12,9145	— 1,5363
3,27	13,17467	13,13667	— 13,0662	— 1,6870	— 13,0286	— 1,6822
3,28	13,30670	13,26907	— 13,1795	— 1,8359	— 13,1422	— 1,8307
3,29	13,44006	13,40280	— 13,2924	— 1,9872	— 13,2555	— 1,9817

x	x (in Grad)	$\cos x$	$\sin x$	e^x	e^{-x}
3,30	189° 4′,56	−0,98748	−0,15775	27,11264	0,03688
3,31	189 38,94	−0,98585	−0,16761	27,38513	0,03652
3,32	190 13,32	−0,98413	−0,17746	27,66035	0,03615
3,33	190 47,70	−0,98230	−0,18729	27,93834	0,03579
3,34	191 22,07	−0,98038	−0,19711	28,21913	0,03544
3,35	191 56,45	−0,97836	−0,20690	28,50273	0,03508
3,36	192 30,83	−0,97624	−0,21668	28,78919	0,03474
3,37	193 5,21	−0,97403	−0,22643	29,07853	0,03439
3,38	193 39,58	−0,97172	−0,23616	29,37077	0,03405
3,39	194 13,96	−0,96931	−0,24586	29,66595	0,03371
3,40	194 48,34	−0,96680	−0,25554	29,96410	0,03337
3,41	195 22,72	−0,96419	−0,26520	30,26524	0,03304
3,42	195 57,09	−0,96149	−0,27482	30,56942	0,03271
3,43	196 31,47	−0,95870	−0,28443	30,87664	0,03239
3,44	197 5,85	−0,95581	−0,29400	31,18696	0,03206
3,45	197 40,23	−0,95282	−0,30354	31,50039	0,03175
3,46	198 14,60	−0,94974	−0,31305	31,81698	0,03143
3,47	198 48,98	−0,94656	−0,32254	32,13674	0,03112
3,48	199 23,36	−0,94328	−0,33199	32,45972	0,03081
3,49	199 57,74	−0,93992	−0,34140	32,78595	0,03050
3,50	200 32,11	−0,93646	−0,35078	33,11545	0,03020
3,51	201 6,49	−0,93290	−0,36013	33,44827	0,02990
3,52	201 40,87	−0,92925	−0,36944	33,78443	0,02960
3,53	202 15,25	−0,92551	−0,37871	34,12397	0,02930
3,54	202 49,62	−0,92168	−0,38795	34,46692	0,02901
3,55	203 24,00	−0,91775	−0,39715	34,81332	0,02872
3,56	203 58,38	−0,91374	−0,40631	35,16320	0,02844
3,57	204 32,76	−0,90963	−0,41542	35,51659	0,02816
3,58	205 7,13	−0,90543	−0,42450	35,87354	0,02788
3,59	205 41,51	−0,90114	−0,43353	36,23408	0,02760
3,60	206 15,89	−0,89676	−0,44252	36,59823	0,02732
3,61	206 50,27	−0,89229	−0,45147	36,96605	0,02705
3,62	207 24,64	−0,88773	−0,46037	37,33757	0,02678
3,63	207 59,02	−0,88308	−0,46922	37,71282	0,02652
3,64	208 33,40	−0,87835	−0,47803	38,09184	0,02625
3,65	209 7,78	−0,87352	−0,48679	38,47467	0,02599
3,66	209 42,15	−0,86861	−0,49550	38,86134	0,02573
3,67	210 16,53	−0,86361	−0,50416	39,25191	0,02548
3,68	210 50,91	−0,85853	−0,51277	39,64639	0,02522
3,69	211 25,29	−0,85336	−0,52133	40,04485	0,02497
3,70	211 59,66	−0,84810	−0,52984	40,44730	0,02472
3,71	212 34,04	−0,84276	−0,53829	40,85381	0,02448
3,72	213 8,42	−0,83733	−0,54669	41,26439	0,02423
3,73	213 42,80	−0,83183	−0,55504	41,67911	0,02399
3,74	214 17,17	−0,82623	−0,56333	42,09799	0,02375
3,75	214 51,55	−0,82056	−0,57156	42,52108	0,02352
3,76	215 25,93	−0,81480	−0,57974	42,94843	0,02328
3,77	216 0,31	−0,80896	−0,58786	43,38006	0,02305
3,78	216 34,68	−0,80305	−0,59592	43,81604	0,02282
3,79	217 9,06	−0,79705	−0,60392	44,25640	0,02260

x	Coj x	Sin x	Coj x cos x	Coj x sin x	Sin x cos x	Sin x sin x
3,30	13,57476	13,53788	− 13,4048	− 2,1414	− 13,3684	− 2,1356
3,31	13,71082	13,67430	− 13,5168	− 2,2981	− 13,4808	− 2,2919
3,32	13,84825	13,81210	− 13,6285	− 2,4575	− 13,5929	− 2,4511
3,33	13,98707	13,95127	− 13,7395	− 2,6196	− 13,7043	− 2,6129
3,34	14,12728	14,09185	− 13,8501	− 2,7846	− 13,8154	− 2,7776
3,35	14,26891	14,23382	− 13,9601	− 2,9522	− 13,9258	− 2,9450
3,36	14,41196	14,37723	− 14,0695	− 3,1228	− 14,0356	− 3,1153
3,37	14,55646	14,52207	− 14,1784	− 3,2960	− 14,1449	− 3,2882
3,38	14,70241	14,66836	− 14,2866	− 3,4721	− 14,2535	− 3,4641
3,39	14,84983	14,81612	− 14,3941	− 3,6510	− 14,3614	− 3,6427
3,40	14,99874	14,96536	− 14,5008	− 3,8328	− 14,4685	− 3,8242
3,41	15,14914	15,11610	− 14,6066	− 4,0176	− 14,5748	− 4,0088
3,42	15,30106	15,26835	− 14,7118	− 4,2050	− 14,6804	− 4,1960
3,43	15,45451	15,42213	− 14,8162	− 4,3957	− 14,7852	− 4,3865
3,44	15,60951	15,57745	− 14,9197	− 4,5892	− 14,8891	− 4,5798
3,45	15,76607	15,73432	− 15,0222	− 4,7856	− 14,9920	− 4,7760
3,46	15,92420	15,89277	− 15,1238	− 4,9851	− 15,0940	− 4,9752
3,47	16,08393	16,05281	− 15,2244	− 5,1877	− 15,1949	− 5,1777
3,48	16,24526	16,21446	− 15,3238	− 5,3933	− 15,2948	− 5,3830
3,49	16,40822	16,37772	− 15,4224	− 5,6018	− 15,3937	− 5,5914
3,50	16,57282	16,54263	− 15,5198	5,8134	− 15,4915	− 5,8028
3,51	16,73908	16,70919	− 15,6159	− 6,0282	− 15,5880	− 6,0175
3,52	16,90701	16,87741	− 15,7108	− 6,2461	− 15,6833	− 6,2352
3,53	17,07664	17,04733	− 15,8046	− 6,4671	− 15,7775	− 6,4560
3,54	17,24797	17,21895	− 15,8971	− 6,6913	− 15,8704	− 6,6801
3,55	17,42102	17,39230	− 15,9881	− 6,9188	− 15,9618	− 6,9074
3,56	17,59582	17,56738	− 16,0780	− 7,1494	− 16,0520	− 7,1378
3,57	17,77237	17,74422	− 16,1663	− 7,3830	− 16,1407	− 7,3713
3,58	17,95071	17,92283	− 16,2531	− 7,6201	− 16,2279	− 7,6082
3,59	18,13084	18,10324	− 16,3384	− 7,8603	− 16,3136	− 7,8483
3,60	18,31278	18,28546	− 16,4218	− 8,1038	− 16,3977	− 8,0917
3,61	18,49655	18,46950	− 16,5043	− 8,3506	− 16,4802	− 8,3384
3,62	18,68218	18,65539	− 16,5847	− 8,6007	− 16,5609	− 8,5884
3,63	18,86967	18,84315	− 16,6634	− 8,8540	− 16,6400	− 8,8416
3,64	19,05904	19,03279	− 16,7405	− 9,1108	− 16,7175	− 9,0982
3,65	19,25033	19,22434	− 16,8155	− 9,3709	− 16,7928	− 9,3582
3,66	19,44354	19,41781	− 16,8889	− 9,6343	− 16,8665	− 9,6215
3,67	19,63869	19,61321	− 16,9602	− 9,9010	− 16,9382	− 9,8882
3,68	19,83581	19,81059	− 17,0296	− 10,1712	− 17,0080	− 10,1583
3,69	20,03491	20,00994	− 17,0970	− 10,2733	− 17,0757	− 10,4318
3,70	20,23601	20,21129	− 17,1622	− 10,7218	− 17,1412	− 10,7087
3,71	20,43914	20,41466	− 17,2253	− 11,0022	− 17,2047	− 10,9890
3,72	20,64431	20,62008	− 17,2861	− 11,2860	− 17,2658	− 11,2728
3,73	20,85155	20,82756	− 17,3449	− 11,5734	− 17,3250	− 11,5601
3,74	21,06087	21,03712	− 17,4022	− 11,8642	− 17,3815	− 11,8508
3,75	21,27230	21,24878	− 17,4552	− 12,1584	− 17,4359	− 12,1450
3,76	21,48585	21,46257	− 17,5067	− 12,4562	− 17,4877	− 12,4427
3,77	21,70156	21,67851	− 17,5557	− 12,7575	− 17,5370	− 12,7439
3,78	21,91943	21,89661	− 17,6024	− 13,0622	− 17,5841	− 13,0486
3,79	22,13950	22,11690	− 17,6463	− 13,3705	− 17,6283	− 13,3568

x	x (in Grad)	$\cos x$	$\sin x$	e^x	e^{-x}
3,80	217° 43′,44	− 0,79097	− 0,61186	44,70118	0,02237
3,81	218 17,82	− 0,78481	− 0,61974	45,15044	0,02215
3,82	218 52,19	− 0,77857	− 0,62755	45,60421	0,02193
3,83	219 26,57	− 0,77226	− 0,63531	46,06254	0,02171
3,84	220 0,95	− 0,76587	− 0,64300	46,52547	0,02149
3,85	220 35,33	− 0,75940	− 0,65063	46,99306	0,02128
3,86	221 9,70	− 0,75285	− 0,65819	47,46535	0,02107
3,87	221 44,08	− 0,74624	− 0,66568	47,94239	0,02086
3,88	222 18,46	− 0,73954	− 0,67311	48,42421	0,02065
3,89	222 52,83	− 0,73277	− 0,68047	48,91089	0,02045
3,90	223 27,21	− 0,72593	− 0,68777	49,40245	0,02024
3,91	224 1,59	− 0,71902	− 0,69499	49,89895	0,02004
3,92	224 35,97	− 0,71203	− 0,70215	50,40045	0,01984
3,93	225 10,34	− 0,70498	− 0,70923	50,90698	0,01964
3,94	225 44,72	− 0,69785	− 0,71625	51,41860	0,01945
3,95	226 19,10	− 0,69065	− 0,72319	51,93537	0,01925
3,96	226 53,48	− 0,68338	− 0,73006	52,45733	0,01906
3,97	227 27,85	− 0,67605	− 0,73686	52,98453	0,01887
3,98	228 2,23	− 0,66865	− 0,74358	53,51703	0,01869
3,99	228 36,61	− 0,66118	− 0,75023	54,05489	0,01850
4,00	229 10,99	− 0,65364	− 0,75680	54,59815	0,01832
4,01	229 45,36	− 0,64604	− 0,76330	55,14687	0,01813
4,02	230 19,74	− 0,63838	− 0,76972	55,70111	0,01795
4,03	230 54,12	− 0,63065	− 0,77607	56,26091	0,01777
4,04	231 28,50	− 0,62286	− 0,78234	56,82634	0,01760
4,05	232 2,87	− 0,61500	− 0,78853	57,39746	0,01742
4,06	232 37,25	− 0,60709	− 0,79464	57,97431	0,01725
4,07	233 11,63	− 0,59911	− 0,80067	58,55696	0,01708
4,08	233 46,01	− 0,59107	− 0,80662	59,14547	0,01691
4,09	234 20,38	− 0,58298	− 0,81249	59,73989	0,01674
4,10	234 54,76	− 0,57482	− 0,81828	60,34029	0,01657
4,11	235 29,14	− 0,56661	− 0,82398	60,94672	0,01641
4,12	236 3,52	− 0,55834	− 0,82961	61,55924	0,01624
4,13	236 37,89	− 0,55002	− 0,83515	62,17792	0,01608
4,14	237 12,27	− 0,54164	− 0,84061	62,80282	0,01592
4,15	237 46,65	− 0,53321	− 0,84598	63,43400	0,01576
4,16	238 21,03	− 0,52472	− 0,85127	64,07152	0,01561
4,17	238 55,40	− 0,51618	− 0,85648	64,71545	0,01545
4,18	239 29,78	− 0,50759	− 0,86160	65,36585	0,01530
4,19	240 4,16	− 0,49895	− 0,86663	66,02279	0,01515
4,20	240 38,54	− 0,49026	− 0,87158	66,68633	0,01500
4,21	241 12,91	− 0,48152	− 0,87643	67,35654	0,01485
4,22	241 47,29	− 0,47273	− 0,88121	68,03348	0,01470
4,23	242 21,67	− 0,46390	− 0,88589	68,71723	0,01455
4,24	242 56,05	− 0,45501	− 0,89048	69,40785	0,01441
4,25	243 30,42	− 0,44609	− 0,89499	70,10541	0,01426
4,26	244 4,80	− 0,43712	− 0,89941	70,80998	0,01412
4,27	244 39,18	− 0,42810	− 0,90373	71,52164	0,01398
4,28	245 13,56	− 0,41904	− 0,90797	72,24044	0,01384
4,29	245 47,93	− 0,40994	− 0,91211	72,96647	0,01370

x	Cos x	Sin x	Cos x cos x	Cos x sin x	Sin x cos x	Sin x sin x
3,80	22,36178	22,33941	− 17,6875	− 13,6823	− 17,6698	− 13,6686
3,81	22,58629	22,56415	− 17,7259	− 13,9976	− 17,7086	− 13,9839
3,82	22,81307	22,79114	− 17,7616	− 14,3163	− 17,7445	− 14,3026
3,83	23,04212	23,02041	− 17,7945	− 14,6389	− 17,7777	− 14,6251
3,84	23,27348	23,25199	− 17,8245	− 14,9648	− 17,8080	− 14,9510
3,85	23,50717	23,48589	− 17,8513	− 15,2945	− 17,8352	− 15,2806
3,86	23,74321	23,72214	− 17,8751	− 15,6275	− 17,8592	− 15,6137
3,87	23,98162	23,96076	− 17,8960	− 15,9641	− 17,8805	− 15,9502
3,88	24,22243	24,20178	− 17,9135	− 16,3044	− 17,8982	− 16,2905
3,89	24,46567	24,44522	− 17,9277	− 16,6482	− 17,9127	− 16,6342
3,90	24,71135	24,69110	− 17,9387	− 16,9957	− 17,9240	− 16,9818
3,91	24,95950	24,93946	− 17,9464	− 17,3466	− 17,9320	− 17,3327
3,92	25,21014	25,19030	− 17,9504	− 17,7013	− 17,9362	− 17,6874
3,93	25,46331	25,44367	− 17,9511	− 18,0593	− 17,9373	− 18,0454
3,94	25,71902	25,69958	− 17,9480	− 18,4212	− 17,9345	− 18,4073
3,95	25,97731	25,95806	− 17,9412	− 18,7865	− 17,9279	− 18,7726
3,96	26,23819	26,21913	− 17,9307	− 18,1555	− 17,9176	− 19,1415
3,97	26,50170	26,48283	− 17,9165	− 19,5280	− 17,9037	− 19,5141
3,98	26,76786	26,74917	− 17,8983	− 19,9040	− 17,8858	− 19,8901
3,99	27,03669	27,01819	− 17,8761	− 20,2837	− 17,8639	− 20,2699
4,00	27,30823	27,28992	− 17,8498	− 20,6669	− 17,8378	− 20,6530
4,01	27,58250	27,56437	− 17,8172	− 21,0537	− 17,8077	− 21,0399
4,02	27,85953	27,84158	− 17,7850	− 21,4440	− 17,7735	− 21,4302
4,03	28,13934	28,12157	− 17,7461	− 21,8381	− 17,7349	− 21,8243
4,04	28,42197	28,40437	− 17,7029	− 22,2356	− 17,6919	− 22,2219
4,05	28,70744	28,69002	− 17,6551	− 22,6367	− 17,6444	− 22,6229
4,06	28,99578	28,97853	− 17,6030	− 23,0412	− 17,5926	− 23,0275
4,07	29,28702	29,26994	− 17,5461	− 23,4492	− 17,5359	− 23,4356
4,08	29,58119	29,56428	− 17,4846	− 23,8608	− 17,4746	− 23,8471
4,09	29,87832	29,86158	− 17,4185	− 24,2758	− 17,4087	− 24,2622
4,10	30,17843	30,16186	− 17,3472	− 24,6944	− 17,3376	− 24,6808
4,11	30,48156	30,46515	− 17,2712	− 25,1162	− 17,2619	− 25,1027
4,12	30,78774	30,77150	− 17,1900	− 25,5418	− 17,1810	− 25,5283
4,13	31,09700	31,08092	− 17,1040	− 25,9707	− 17,0951	− 25,9557
4,14	31,40937	31,39345	− 17,0126	− 26,4030	− 17,0039	− 26,3896
4,15	31,72488	31,70912	− 16,9160	− 26,8386	− 16,9076	− 26,8253
4,16	32,04357	32,02796	− 16,8139	− 27,2777	− 16,8057	− 27,2644
4,17	32,36545	32,35000	− 16,7064	− 27,7204	− 16,6984	− 27,7071
4,18	32,69058	32,67528	− 16,5934	− 28,1662	− 16,5856	− 28,1530
4,19	33,01897	33,00382	− 16,4748	− 28,6152	− 16,4673	− 28,6021
4,20	33,35066	33,33567	− 16,3505	− 29,0678	− 16,3431	− 29,0547
4,21	33,68569	33,67085	− 16,2203	− 29,5231	− 16,2132	− 29,5101
4,22	34,02409	34,00939	− 16,0842	− 29,9824	− 16,0773	− 29,9694
4,23	34,36589	34,35134	− 15,9423	− 30,4444	− 15,9355	− 30,4315
4,24	34,71113	34,69672	− 15,7939	− 30,9096	− 15,7874	− 30,8967
4,25	35,05984	35,04557	− 15,6398	− 31,3782	− 15,6335	− 31,3654
4,26	35,41205	35,39793	− 15,4793	− 31,8500	− 15,4731	− 31,8373
4,27	35,76781	35,75383	− 15,3122	− 32,3244	− 15,3062	− 32,3118
4,28	36,12714	36,11330	− 15,1387	− 32,8024	− 15,1329	− 32,7898
4,29	36,49009	36,47638	− 14,9587	− 33,2830	− 14,9531	− 33,2705

x	x (in Grad)	$\cos x$	$\sin x$	e^x	e^{-x}
4,30	246° 22′,31	— 0,40080	— 0,91617	73,69979	0,01357
4,31	246 56,69	— 0,39162	— 0,92013	74,44049	0,01343
4,32	247 31,07	— 0,38240	— 0,92400	75,18863	0,01330
4,33	248 5,44	— 0,37314	— 0,92778	75,94429	0,01317
4,34	248 39,82	— 0,36384	— 0,93146	76,70754	0,01304
4,35	249 14,20	— 0,35451	— 0,93505	77,47846	0,01291
4,36	249 48,58	— 0,34514	— 0,93855	78,25713	0,01278
4,37	250 22,95	— 0,33574	— 0,94196	79,04363	0,01265
4,38	250 57,33	— 0,32630	— 0,94527	79,83803	0,01253
4,39	251 31,71	— 0,31683	— 0,94848	80,64042	0,01240
4,40	252 6,09	— 0,30733	— 0,95160	81,45087	0,01228
4,41	252 40,46	— 0,29780	— 0,95463	82,26946	0,01216
4,42	253 14.84	— 0,28824	— 0,95756	83,09629	0,01203
4,43	253 49,22	— 0,27865	— 0,96039	83,93142	0,01191
4,44	254 23,60	— 0,26903	— 0,96313	84,77494	0,01180
4,45	254 57,97	— 0,25939	— 0,96577	85,62694	0,01168
4,46	255 32,35	— 0,24972	— 0,96832	86,48751	0,01156
4,47	256 6,73	— 0,24002	— 0,97077	87,35672	0,01145
4,48	256 41,11	— 0,23030	— 0,97312	88,23467	0,01133
4,49	257 15,48	— 0,22056	— 0,97537	89,12145	0,01122
4,50	257 49,86	— 0,21080	— 0,97753	90,01713	0,01111
4,51	258 24,24	— 0,20101	— 0,97959	90,92182	0,01100
4,52	258 58,62	— 0,19120	— 0,98155	91,83560	0,01089
4,53	259 32,99	— 0,18138	— 0,98341	92,75856	0,01078
4,54	260 7,37	— 0,17154	— 0,98518	93,69080	0,01067
4,55	260 41,75	— 0,16168	— 0,98684	94,63241	0,01057
4,56	261 16,13	— 0,15180	— 0,98841	95,58348	0,01046
4,57	261 50,50	— 0,14191	— 0,98988	96,54411	0,01036
4,58	262 24,88	— 0,13200	— 0,99125	97,51439	0,01025
4,59	262 59,26	— 0,12208	— 0,99252	98,49443	0,01012
4,60	263 33,64	— 0,11215	— 0,99369	99,48432	0,010052
4,61	264 8,01	— 0,10221	— 0,99476	100,48415	0,009952
4,62	264 42,39	— 0,09226	— 0,99574	101,49403	0,009853
4,63	265 16,77	— 0,08230	— 0,99661	102,51406	0,009755
4,64	265 51,15	— 0,07233	— 0,99738	103,54435	0,009658
4,65	266 25,52	— 0,06235	— 0,99805	104,58499	0,009562
4,66	266 59,90	— 0,05237	— 0,99863	105,63608	0,009466
4,67	267 34,28	— 0,04238	— 0,99910	106,69774	0,009372
4,68	268 8,65	— 0,03238	— 0,99948	107,77007	0,009279
4,69	268 43,03	— 0,02239	— 0,99975	108,85318	0,009187
4,70	269 17,41	— 0,01239	— 0,99992	109,94717	0,009095
4,71	269 51,79	— 0,00239	— 1,00000	111,05216	0,009005
$\frac{3}{2}\pi$	270	0	— 1	111,31778	0,008983
4,72	270 26,16	0,00761	— 0,99997	112,16825	0,008915
4,73	271 0,54	0,01761	— 0,99984	113,29556	0,008826
4,74	271 34,92	0,02761	— 0,99962	114,43420	0,008739
4,75	272 9,30	0,03760	— 0,99929	115,58428	0,008652
4,76	272 43,67	0,04759	— 0,99887	116,74593	0,008566
4,77	273 18,05	0,05758	— 0,99834	117,91924	0,008480
4,78	273 52,43	0,06756	— 0,99772	119,10435	0,008396
4,79	274 26,81	0,07753	— 0,99699	120,30137	0,008312

x	Cos x	Sin x	Cos x cos x	Cos x sin x	Sin x cos x	Sin x sin x
4,30	36,85668	36,84311	— 14,7722	— 33,7670	— 14,7667	— 33,7546
4,31	37,22696	37,21353	— 14,5788	— 34,2536	— 14,5736	— 34,2413
4,32	37,60096	37,58766	— 14,3786	— 34,7433	— 14,3735	— 34,7310
4,33	37,97873	37,96556	— 14,1714	— 35,2359	— 14,1665	— 35,2237
4,34	38,36029	38,34725	— 13,9570	— 35,7311	— 13,9523	— 35,7189
4,35	38,74568	38,73278	— 13,7357	— 36,2291	— 13,7312	— 36,2171
4,36	39,13496	39,12218	— 13,5070	— 36,7301	— 13,5026	— 36,7181
4,37	39,52814	39,51549	— 13,2712	— 37,2331	— 13,2669	— 37,2220
4,38	39,92528	39,91275	— 13,0276	— 37,7402	— 13,0235	— 37,7283
4,39	40,32641	40,31401	— 12,7766	— 38,2488	— 12,7727	— 38,2370
4,40	40,73157	40,71930	— 12,5180	— 38,7602	— 12,5143	— 38,7485
4,41	41,14081	41,12865	— 12,2517	— 39,2743	— 12,2481	— 39,2626
4,42	41,55416	41,54213	— 11,9776	— 39,7906	— 11,9741	— 39,7749
4,43	41,97167	41,95975	— 11,6625	— 40,3092	— 11,6921	— 40,2977
4,44	42,39337	42,38157	— 11,4051	— 40,8303	— 11,4019	— 40,8190
4,45	42,81931	42,80763	— 11,1069	— 41,3108	— 11,1039	— 41,3423
4,46	43,24954	43,23797	— 10,8003	— 41,8794	— 10,7974	— 41,8682
4,47	43,68409	43,67264	— 10,4851	— 42,4072	— 10,4823	— 42,3961
4,48	44,12300	44,11167	— 10,1615	— 42,9370	— 10,1589	— 42,9259
4,49	44,56633	44,55511	— 9,8295	— 43,4687	— 9,8271	— 43,4577
4,50	45,01412	45,00301	— 9,4890	— 44,0027	— 9,4866	— 43,9918
4,51	45,46641	45,45541	— 9,1392	— 44,5384	— 9,1370	— 44,5277
4,52	45,92324	45,91235	— 8,7805	— 45,0760	— 8,7784	— 45,0653
4,53	46,38467	46,37389	— 8,4133	— 45,6151	— 8,4113	— 45,6045
4,54	46,85074	46,84006	— 8,0368	— 46,1564	— 8,0349	— 46,1459
4,55	47,32149	47,31092	— 7,6509	— 46,6987	— 7,6492	— 46,6883
4,56	47,79697	47,78651	— 7,2556	— 47,2430	— 7,2540	— 47,2327
4,57	48,27723	48,26688	— 6,8510	— 47,7887	— 6,8496	— 47,7784
4,58	48,76232	48,75207	— 6,4366	— 48,3356	— 6,4353	— 48,3255
4,59	49,25229	49,24214	— 6,0127	— 48,8839	— 6,0115	— 48,8738
4,60	49,74718	49,73713	— 5,5791	— 49,4333	— 5,5780	— 49,4233
4,61	50,24705	50,23710	— 5,1358	— 49,9838	— 5,1347	— 49,9739
4,62	50,75194	50,74209	— 4,8237	— 50,5357	— 4,6815	— 50,5259
4,63	51,26191	51,25215	— 4,2189	— 51,0881	— 4,2181	— 51,0784
4,64	51,77700	51,76734	— 3,7450	— 51,6413	— 3,7443	— 51,6317
4,65	52,29727	52,28771	— 3,2607	— 52,1953	— 3,2601	— 52,1857
4,66	52,82277	52,81331	— 2,7663	— 52,7504	— 2,7658	— 52,7410
4,67	53,35356	53,34419	— 2,2611	— 53,3055	— 2,2607	— 53,2962
4,68	53,88968	53,88040	— 1,7449	— 53,8617	— 1,7446	— 53,8524
4,69	54,43118	54,42200	— 1,2187	— 54,4176	— 1,2185	— 54,4084
4,70	54,97813	54,96904	— 0,6812	— 54,9737	— 0,6811	— 54,9646
4,71	55,53058	55,52158	— 0,1327	— 55,5306	— 0,1327	— 55,5216
$\frac{3}{2}\pi$	55,66338	55,65440	0	— 55,6634	0	— 55,6544
4,72	56,08858	56,07967	0,4268	— 56,0869	0,4268	— 56,0780
4,73	56,65219	56,64337	0,9976	— 56,6431	0,9975	— 56,6343
4,74	57,22147	57,21273	1,5799	— 57,1997	1,5796	— 57,1910
4,75	57,79647	57,78782	2,1731	— 57,7554	2,1728	— 57,7468
4,76	58,37725	58,36868	2,7782	— 58,3113	2,7778	— 58,3027
4,77	58,96386	58,95538	3,3951	— 58,8660	3,3947	— 58,8575
4,78	59,55637	59,54798	4,0236	— 59,4206	4,0231	— 59,4122
4,79	60,15484	60,14653	4,6638	— 59,9738	4,6632	— 59,9655

x	x (in Grad)		$\cos x$	$\sin x$	e^x	e^{-x}
4,80	275°	1′,18	0,08750	−0,99616	121,51042	0,008230
4,81	275	35,56	0,09746	−0,99524	122,73162	0,008148
4,82	276	9,94	0,10740	−0,99422	123,96509	0,008067
4,83	276	44,32	0,11734	−0,99309	125,21096	0,007987
4,84	277	18,69	0,12726	−0,99187	126,46935	0,007907
4,85	277	53,07	0,13718	−0,99055	127,74039	0,007828
4,86	278	27,45	0,14708	−0,98913	129,02420	0,007750
4,87	279	1,83	0,15696	−0,98761	130,32092	0,007673
4,88	279	36,20	0,16683	−0,98599	131,63066	0,007597
4,89	280	10,58	0,17668	−0,98427	132,95357	0,007521
4,90	280	44,96	0,18651	−0,98245	134,28978	0,007447
4,91	281	19,34	0,19633	−0,98054	135,63941	0,007372
4,92	281	53,71	0,20612	−0,97853	137,00261	0,007299
4,93	282	28,09	0,21590	−0,97642	138,37951	0,007227
4,94	283	2,47	0,22565	−0,97421	139,77025	0,007155
4,95	283	36,85	0,23538	−0,97190	141,17496	0,007083
4,96	284	11,22	0,24509	−0,96950	142,59380	0,007013
4,97	284	45,60	0,25477	−0,96700	144,02689	0,006943
4,98	285	19,98	0,26443	−0,96441	145,47438	0,006874
4,99	285	54,36	0,27406	−0,96171	146,93642	0,006806
5,00	286	28,73	0,28366	−0,95892	148,41316	0,006738
5,01	287	3,11	0,29324	−0,95604	149,90474	0,006671
5,02	287	37,49	0,30278	−0,95306	151,41130	0,006605
5,03	288	11,87	0,31230	−0,94998	152,93301	0,006539
5,04	288	46,24	0,32178	−0,94681	154,47002	0,006474
5,05	289	20,62	0,33123	−0,94355	156,02246	0,006409
5,06	289	55,00	0,34065	−0,94019	157,59052	0,006346
5,07	290	29,38	0,35004	−0,93674	159,17433	0,006282
5,08	291	3,75	0,35939	−0,93319	160,77406	0,006220
5,09	291	38,13	0,36870	−0,92955	162,38986	0,006158
5,10	292	12,51	0,37798	−0,92581	164,02191	0,006097
5,11	292	46,89	0,38722	−0,92199	165,67035	0,006036
5,12	293	21,26	0,39642	−0,91807	167,33537	0,005976
5,13	293	55,64	0,40558	−0,91406	169,01712	0,005917
5,14	294	30,02	0,41470	−0,90996	170,71577	0,005858
5,15	295	4,40	0,42378	−0,90577	172,43149	0,005799
5,16	295	38,77	0,43281	−0,90148	174,16446	0,005742
5,17	296	13,15	0,44181	−0,89711	175,91484	0,005685
5,18	296	47,53	0,45076	−0,89265	177,68281	0,005628
5,19	297	21,91	0,45966	−0,88810	179,46855	0,005572
5,20	297	56,28	0,46852	−0,88345	181,27224	0,005517
5,21	298	30,66	0,47733	−0,87873	183,09406	0,005462
5,22	299	5,04	0,48609	−0,87391	184,93418	0,005407
5,23	299	39,42	0,49481	−0,86900	186,79280	0,005354
5,24	300	13,79	0,50347	−0,86401	188,67010	0,005300
5,25	300	48,17	0,51209	−0,85893	190,56627	0,005248
5,26	301	22,55	0,52065	−0,85377	192,48149	0,005195
5,27	301	56,93	0,52916	−0,84852	194,41596	0,005144
5,28	302	31,30	0,53762	−0,84319	196,36988	0,005092
5,29	303	5,68	0,54602	−0,83777	198,34343	0,005042

x	Cof x	Sin x	Cof x cos x	Cof x sin x	Sin x cos x	Sin x sin x
4,80	60,75932	60,75109	5,3164	− 60,5260	5,3157	− 60,5178
4,81	61,36988	61,36173	5,9811	− 61,0778	5,9803	− 61,0696
4,82	61,98658	61,97851	6,6574	− 61,6283	6,6565	− 61,6203
4,83	62,60947	62,60149	7,3466	− 62,1768	7,3457	− 62,1689
4,84	63,23863	63,23072	8,0477	− 62,7245	8,0467	− 62,7167
4,85	63,87411	63,86628	8,7623	− 63,2705	8,7612	− 63,2627
4,86	64,51598	64,50823	9,4890	− 63,8147	9,4879	− 63,8070
4,87	65,16430	65,15662	10,2282	− 64,3569	10,2270	− 64,3493
4,88	65,81913	65,81153	10,9806	− 64,8970	10,9793	− 64,8895
4,89	66,48055	66,47303	11,7458	− 65,4348	11,7445	− 65,4274
4,90	67,14861	67,14117	12,5239	− 65,9702	12,5225	− 65,9628
4,91	67,82339	67,81602	13,3158	− 66,5035	13,3143	− 66,4963
4,92	68,50496	68,49766	14,1202	− 67,0342	14,1187	− 67,0270
4,93	69,19337	69,18614	14,9388	− 67,5618	14,9373	− 67,5547
4,94	69,88870	69,88155	15,7704	− 68,0863	15,7688	− 68,0793
4,95	70,59102	70,58394	16,6157	− 68,6074	16,6140	− 68,6005
4,96	71,30040	71,29339	17,4750	− 69,1257	17,4733	− 69,1189
4,97	72,01692	72,00997	18,3478	− 69,6404	18,3460	− 69,6336
4,98	72,74063	72,73375	19,2348	− 70,1518	19,2330	− 70,1452
4,99	73,47161	73,46481	20,1356	− 70,6584	20,1338	− 70,6518
5,00	74,20995	74,20321	21,0504	− 71,1614	21,0485	− 71,1549
5,01	74,95570	74,94903	21,9800	− 71,6606	21,9781	− 71,6543
5,02	75,70895	75,70235	22,8474	− 72,1552	22,9212	− 72,1489
5,03	76,46978	76,46324	23,8815	− 72,6448	23,8795	− 72,6385
5,04	77,23824	77,23177	24,8537	− 73,1299	24,8516	− 73,1238
5,05	78,01444	78,00803	25,8407	− 73,6105	25,8386	− 73,6045
5,06	78,79843	78,79209	26,8427	− 74,0855	26,8405	− 74,0795
5,07	79,59030	79,58402	27,8598	− 74,5554	27,8576	− 74,5495
5,08	80,39014	80,38392	28,8914	− 75,0193	28,8892	− 75,0135
5,09	81,19801	81,19185	29,9377	− 75,4776	29,9354	− 75,4719
5,10	82,01400	82,00791	30,9997	− 75,9294	30,9973	− 75,9237
5,11	82,83820	82,83216	32,0766	− 76,3760	32,0743	− 76,3704
5,12	83,67067	83,66470	33,1687	− 76,8155	33,1664	− 76,8101
5,13	84,51152	84,50560	34,2762	− 77,2486	34,2738	− 77,2432
5,14	85,36081	85,35496	35,3991	− 77,6749	35,3967	− 77,6696
5,15	86,21864	86,21285	36,5377	− 78,0943	36,5353	− 78,0890
5,16	87,08510	87,07936	37,6913	− 78,5055	37,6888	− 78,5003
5,17	87,96026	87,95458	38,8617	− 78,9100	38,8592	− 78,9049
5,18	88,84422	88,83859	40,0474	− 79,3068	40,0449	− 79,3018
5,19	89,73706	89,73149	41,2485	− 79,6955	41,2460	− 79,6905
5,20	90,63888	90,63336	42,4661	− 80,0749	42,4635	− 80,0700
5,21	91,54976	91,54430	43,6994	− 80,4475	43,6968	− 80,4427
5,22	92,46980	92,46439	44,9486	− 80,8103	44,9460	− 80,8056
5,23	93,39908	93,39373	46,2148	− 81,1638	46,2122	− 81,1592
5,24	94,33770	94,33240	47,4958	− 81,5081	47,4935	− 81,5041
5,25	95,28576	95,28051	48,7949	− 81,8438	48,7922	− 81,8393
5,26	96,24334	96,23815	50,1091	− 82,1697	50,1064	− 82,1652
5,27	97,21055	97,20541	51,4399	− 82,4851	51,4372	− 82,4807
5,28	98,18748	98,18239	52,7876	− 82,7907	52,7848	− 82,7864
5,29	99,17423	99,16919	54,1511	− 83,0852	54,1484	− 83,0810

x	x (in Grad)	$\cos x$	$\sin x$	e^x	e^{-x}
5,30	303° 40′,06	0,55437	− 0,83227	200,33681	0,004992
5,31	304 14,44	0,56267	− 0,82668	202,35023	0,004942
5,32	304 48,81	0,57091	− 0,82101	204,38388	0,004893
5,33	305 23,19	0,57909	− 0,81526	206,43797	0,004844
5,34	305 57,57	0,58721	− 0,80943	208,51271	0,004796
5,35	306 31,95	0,59528	− 0,80352	210,60830	0,004748
5,36	307 6,32	0,60328	− 0,79753	212,72495	0,004701
5,37	307 40,70	0,61123	− 0,79145	214,86287	0,004654
5,38	308 15,08	0,61911	− 0,78530	217,02228	0,004608
5,39	308 49,46	0,62693	− 0,77907	219,20339	0,064562
5,40	309 23,83	0,63469	− 0,77276	221,40642	0,004517
5,41	309 58,21	0,64239	− 0,76638	223,63159	0,004472
5,42	310 32,59	0,65002	− 0,75992	225,87912	0,004527
5,43	311 6,96	0,65759	− 0,75338	228,14925	0,004383
5,44	311 41,34	0,66509	− 0,74677	230,44218	0,004339
5,45	312 15,72	0,67252	− 0,74008	232,75817	0,004296
5,46	312 50,10	0,67989	− 0,73332	235,09742	0,004254
5,47	313 24,47	0,68719	− 0,72648	237,46019	0,004211
5,48	313 58,85	0,69442	− 0,71957	239,84671	0,004169
5,49	314 33,23	0,70158	− 0,71259	242,25721	0,004128
5,50	315 7,61	0,70867	− 0,70554	244,69193	0,004087
5,51	315 41,98	0,71569	− 0,69842	247,15113	0,004046
5,52	316 16,36	0,72264	− 0,69123	249,63504	0,004006
5,53	316 50,74	0,72951	− 0,68397	252,14391	0,003966
5,54	317 25,12	0,73632	− 0,67664	254,67800	0,003927
5,55	317 59,49	0,74305	− 0,66924	257,23756	0,003887
5,56	318 33,87	0,74970	− 0,66178	259,82284	0,003849
5,57	319 8,25	0,75628	− 0,65425	262,43410	0,003810
5,58	319 42,63	0,76279	− 0,64665	265,07161	0,003773
5,59	320 17,00	0,76921	− 0,63899	267,73562	0,003735
5,60	320 51,38	0,77557	− 0,63127	270,42641	0,003698
5,61	321 25,76	0,78184	− 0,62348	273,14424	0,003661
5,62	322 0,14	0,78804	− 0,61563	275,88938	0,003625
5,63	322 34,51	0,79415	− 0,60772	278,66212	0,003589
5,64	323 8,89	0,80019	− 0,59975	281,46272	0,003553
5,65	323 43,27	0,80615	− 0,59172	284,29147	0,003518
5,66	324 17,65	0,81202	− 0,58362	287,14864	0,003483
5,67	324 52,02	0,81782	− 0,57548	290,03453	0,003448
5,68	325 26,40	0,82353	− 0,56727	292,94943	0,003414
5,69	326 0,78	0,82916	− 0,55900	295,89362	0,003380
5,70	326 35,16	0,83471	− 0,55069	298,86740	0,003346
5,71	327 9,53	0,84018	− 0,54231	301,87107	0,003313
5,72	327 43,91	0,84556	− 0,53388	304,90492	0,003280
5,73	328 18,29	0,85086	− 0,52540	307,96927	0,003247
5,74	328 52,67	0,85607	− 0,51687	311,06441	0,003215
5,75	329 27,04	0,86119	− 0,50828	314,19066	0,003183
5,76	330 1,42	0,86623	− 0,49964	317,34833	0,003151
5,77	330 35,80	0,87119	− 0,49095	320,53773	0,003120
5,78	331 10,18	0,87605	− 0,48222	323,75919	0,003089
5,79	331 44,55	0,88083	− 0,47343	327,01302	0,003058

x	Cof x	Sin x	Cof x cos x	Cof x sin x	Sin x cos x	Sin x sin x
5,30	100,17090	100,16591	55,5317	− 83,3692	55,5290	− 83,3651
5,31	101,17759	101,17264	56,9296	− 83,6415	56,9268	− 83,6374
5,32	102,19439	102,18949	58,3438	− 83,9026	58,3410	− 83,8986
5,33	103,22141	103,21657	59,7745	− 84,1523	59,7717	− 84,1483
5,34	104,25875	104,25396	61,2218	− 84,3902	61,2190	− 84,3863
5,35	105,30652	105,30177	62,6869	− 84,6159	62,6840	− 84,6121
5,36	106,36482	106,36012	64,1678	− 84,8291	64,1649	− 84,8254
5,37	107,43376	107,42911	65,6657	− 85,0284	65,6639	− 85,0248
5,38	108,51344	108,50883	67,1818	− 85,2156	67,1789	− 85,2120
5,39	109,60397	109,59941	68,7140	− 85,3892	68,7112	− 85,3856
5,40	110,70547	110,70095	70,2637	− 85,5488	70,2608	− 85,5453
5,41	111,81803	111,81356	71,8308	− 85,6951	71,8279	− 85,6917
5,42	112,94177	112,93735	73,4144	− 85,8267	73,4115	− 85,8234
5,43	114,07681	114,07243	75,0158	− 85,9432	75,0129	− 85,9399
5,44	115,22326	115,21892	76,6338	− 86,0453	76,6310	− 86,0420
5,45	116,38123	116,37693	78,2687	− 86,1314	78,2658	− 86,1283
5,46	117,55084	117,54659	79,9216	− 86,2024	79,9188	− 86,1993
5,47	118,73220	118,72799	81,5916	− 86,2566	81,5887	− 86,2535
5,48	119,92544	119,92127	83,2786	− 86,2947	83,2757	− 86,2917
5,49	121,13067	121,12654	84,9829	− 86,3165	84,9800	− 86,3136
5,50	122,34801	122,34392	86,7044	− 86,3214	86,7015	− 86,3185
5,51	123,57759	123,57354	88,4432	− 86,3091	88,4403	− 86,3062
5,52	124,81952	124,81552	90,1996	− 86,2790	90,1967	− 86,2762
5,53	126,07394	126,06997	91,9722	− 86,2308	91,9693	− 86,2281
5,54	127,34096	127,33704	93,7637	− 86,1640	93,7608	− 86,1613
5,55	128,62072	128,61683	95,5716	− 86,0781	95,5687	− 86,0755
5,56	129,91334	129,90949	97,3960	− 85,9741	97,3931	− 85,9715
5,57	131,21895	131,21514	99,2383	− 85,8500	99,2354	− 85,8475
5,58	132,53769	132,53392	101,0984	− 85,7055	101,0955	− 85,7031
5,59	133,86968	133,86594	102,9739	− 85,5414	102,9710	− 85,5390
5,60	135,21505	135,21135	104,8687	− 85,3572	104,8659	− 85,3549
5,61	136,57395	136,57029	106,7790	− 85,1511	106,7761	− 85,1488
5,62	137,94650	137,94288	108,7074	− 84,9240	108,7045	− 84,9218
5,63	139,33285	139,32926	110,6512	− 84,6754	110,6483	− 84,6732
5,64	140,73314	140,72958	112,6133	− 84,4047	112,6104	− 84,4026
5,65	142,14749	142,14397	114,5922	− 84,1115	114,5894	− 84,1094
5,66	143,57606	143,57258	116,5866	− 83,7939	116,5838	− 83,7918
5,67	145,01899	145,01554	118,5994	− 83,4555	118,5966	− 83,4535
5,68	146,47642	146,47301	120,6277	− 83,0917	120,6249	− 83,0897
5,69	147,94850	147,94512	122,6730	− 82,7032	122,6702	− 82,7013
5,70	149,43537	149,43203	124,7352	− 82,2926	124,7324	− 82,2907
5,71	150,93719	150,93388	126,8144	− 81,8547	126,8116	− 81,8530
5,72	152,45410	152,45082	128,9091	− 81,3922	128,9063	− 81,3904
5,73	153,98626	153,98301	131,0207	− 80,9044	131,0180	− 80,9027
5,74	155,53381	155,53060	133,1478	− 80,3908	132,9528	− 80,2730
5,75	157,09692	157,09374	135,2903	− 79,8492	135,2876	− 79,8476
5,76	158,67574	158,67259	137,4497	− 79,2807	137,4470	− 79,2792
5,77	160,27043	160,26731	139,6260	− 78,6848	139,6233	− 78,6832
5,78	161,88114	161,87805	141,8144	− 78,0623	141,8133	− 78,0608
5,79	163,50804	163,50498	144,0228	− 77,4096	144,0201	− 77,4082

x	x (in Grad)		$\cos x$	$\sin x$	e^x	e^{-x}
5,80	332°	18′,93	0,88552	− 0,46460	330,29956	0,003028
5,81	332	53,31	0,89012	− 0,45572	333,61913	0,002997
5,82	333	27,69	0,89463	− 0,44680	336,97205	0,002968
5,83	334	2,06	0,89906	− 0,43783	340,35868	0,002938
5,84	334	36,44	0,90339	− 0,42882	343,77934	0,002909
5,85	335	10,82	0,90763	− 0,41976	347,23438	0,002880
5,86	335	45,20	0,91179	− 0,41067	350,72414	0,002851
5,87	336	19,57	0,91585	− 0,40153	354,24898	0,002823
5,88	336	53,95	0,91982	− 0,39235	357,80924	0,002795
5,89	337	28,33	0,92369	− 0,38313	361,40528	0,002767
5,90	338	2,71	0,92748	− 0,37388	365,03747	0,002739
5,91	338	37,08	0,93117	− 0,36458	368,70616	0,002712
5,92	339	11,46	0,93477	− 0,35525	372,41171	0,002685
5,93	339	45,84	0,93828	− 0,34589	376,15451	0,002658
5,94	340	20,22	0,94169	− 0,33649	379,93493	0,002632
5,95	340	54,59	0,94501	− 0,32705	383,75334	0,002606
5,96	341	28,97	0,94823	− 0,31759	387,61012	0,002580
5,97	342	3,35	0,95136	− 0,30809	391,50567	0,002554
5,98	342	37,73	0,95439	− 0,29856	395,44037	0,002529
5,99	343	12,10	0,95733	− 0,28900	399,41461	0,002504
6,00	343	46,48	0,96017	− 0,27942	403,42879	0,002479
6,01	344	20,86	0,96292	− 0,26980	407,48332	0,002454
6,02	344	55,24	0,96557	− 0,26016	411,57860	0,002430
6,03	345	29,61	0,96812	− 0,25049	415,71503	0,002405
6,04	346	3,99	0,97058	− 0,24080	419,89303	0,002382
6,05	346	38,37	0,97294	− 0,23108	424,11303	0,002358
6,06	347	12,75	0,97520	− 0,22134	428,37544	0,002334
6,07	347	47,12	0,97736	− 0,21157	432,68068	0,002311
6,08	348	21,50	0,97943	− 0,20179	437,02919	0,002288
6,09	348	55,88	0,98140	− 0,19199	441,42141	0,002265
6,10	349	30,26	0,98327	− 0,18216	445,85777	0,002243
6,11	350	4,63	0,98504	− 0,17232	450,33872	0,002221
6,12	350	39,01	0,98671	− 0,16246	454,86469	0,002198
6,13	351	13,39	0,98829	− 0,15259	459,43616	0,002177
6,14	351	47,77	0,98977	− 0,14270	464,05357	0,002155
6,15	352	22,14	0,99114	− 0,13279	468,71739	0,002133
6,16	352	56,52	0,99242	− 0,12287	473,42807	0,002112
6,17	353	30,90	0,99360	− 0,11294	478,18611	0,002091
6,18	354	5,28	0,99468	− 0,10300	482,99196	0,002070
6,19	354	39,65	0,99566	− 0,09305	487,84611	0,002050
6,20	355	14,03	0,99654	− 0,08309	492,74904	0,002029
6,21	355	48,41	0,99732	− 0,07312	497,70125	0,002009
6,22	356	22,78	0,99800	− 0,06314	502,70323	0,001989
6,23	356	57,16	0,99859	− 0,05316	507,75548	0,001969
6,24	357	31,54	0,99907	− 0,04317	512,85851	0,001950
6,25	358	5,92	0,99945	− 0,03318	518,01282	0,001930
6,26	358	40,29	0,99973	− 0,02318	523,21894	0,001911
6,27	359	14,67	0,99991	− 0,01318	528,47738	0,001892
6,28	359	49,05	0,99999	− 0,00319	533,78866	0,001873
2π	360		1	0	535,49166	0,001867
6,30	360	57,80	0,99986	0,01681	544,57191	0,001836
6,40	366	41,58	0,99318	0,11655	601,84504	0,001662

x	$\mathfrak{Cof}\, x$	$\mathfrak{Sin}\, x$	$\mathfrak{Cof}\, x \cos x$	$\mathfrak{Cof}\, x \sin x$	$\mathfrak{Sin}\, x \cos x$	$\mathfrak{Sin}\, x \sin x$
5,80	165,15129	165,14827	146,2448	− 76,7293	146,2421	− 76,7279
5,81	166,81106	166,80806	148,4819	− 76,0191	148,4792	− 76,0178
5,82	168,48751	168,48454	150,7340	− 75,2802	150,7313	− 75,2789
5,83	170,18081	170,17787	153,0028	− 74,5103	153,0001	− 74,5090
5,84	171,89112	171,88822	155,2847	− 73,7104	155,2821	− 73,7091
5,85	173,61863	173,61575	157.5988	− 72,8782	157,5789	− 72,8769
5,86	175,36350	175,36065	159,8947	− 72,0165	159,8921	− 72,0154
5,87	177,12590	177,12308	162,2208	− 71,1214	162,2182	− 71,1202
5,88	178,90602	178,90322	164,5613	− 70,1938	164,5588	− 70,1927
5,89	180,70403	180,70126	166,9145	− 69,2331	166,9119	− 69,2321
5,90	182,52010	182,51736	169,2837	− 68,2406	169,2812	− 68,2396
5,91	184,35443	184,35172	171,6653	− 67,2119	171,6628	− 67,2110
5,92	186,20720	186,20451	174,0609	− 66,1501	174,0584	− 66,1492
5,93	188,07859	188,07593	176,0704	− 65,0545	176,4679	− 65,0536
5,94	189,96878	189,96615	178,8917	− 63,9226	178,8892	− 63,9217
5,95	191,87797	191,87537	181,3266	− 62,7537	181,3241	− 62,7528
5,96	193,80635	193,80377	183,7730	− 60,3099	183,7705	− 61,5501
5,97	195,75411	195,75156	186,2326	− 59,6129	186,2302	− 60,3091
5,98	197,72145	197,71892	188,7034	− 59,0317	188,7010	− 59,0310
5,99	199,70856	199,70605	191,1870	− 57,7158	191,1846	− 57,7150
6,00	201,71564	201,71316	193,6813	− 56,3634	193,6789	− 56,4232
6,01	203,74289	203,74043	196,1881	− 54,9698	196,1856	− 54,9691
6,02	205,79051	205,78808	198,7051	− 53,5385	198,7028	− 53,5378
6,03	207,85872	207,85631	201,2322	− 52,0665	201,2299	− 52,0659
6,04	209,94771	209,94533	203,7710	− 50,5554	203,7687	− 50,5548
6,05	212,05769	212,05534	206,3194	− 49,0023	206,3171	− 49,0017
6,06	214,18889	214,18655	208,8770	− 47,4086	208,8747	− 47,4081
6,07	216,34150	216,33919	211,4435	− 45,7714	211,4413	− 45,7709
6,08	218,51574	218,51345	214,0209	− 44,0943	214,0186	− 44,0938
6,09	220,71184	220,70957	216,6066	− 42,3745	216,6044	− 42,3740
6,10	222,93001	222,92776	219,2004	− 40,6089	219,1982	− 40,6085
6,11	225,17047	225,16825	221,8019	− 38,8014	221,7997	− 38,8010
6,12	227,43345	227,43125	224,4109	− 36,9488	224,4087	− 36,9485
6,13	229,71917	229,71699	227,0292	− 35,0528	227,0270	− 35,0525
6,14	232,02786	232,02571	229,6542	− 33,1104	229,6521	− 33,1101
6,15	234,35976	234,35763	232,2833	− 31,1206	232,2281	− 31,1203
6,16	236,71509	236,71298	234,9208	− 29,0852	234,9187	− 29,0849
6,17	239,09410	239,09201	237,5639	− 27,0033	237,5618	− 27,0031
6,18	241,49701	241,49494	240,2122	− 24,8742	240,2102	− 24,8740
6,19	243,92408	243,92203	242,8654	− 22,6971	242,8634	− 22,6969
6,20	246,37554	246,37351	245,5231	− 20,4713	245,5211	− 20,4712
6,21	248,85163	248,84962	248,1847	− 18,1960	248,1827	− 18,1959
6,22	251,35261	251,35062	250,8499	− 15,8704	250,8479	− 15,8703
6,23	253,87873	253,87676	253,5208	− 13,4962	253,5188	− 13,4961
6,24	256,43023	256,42828	256,1917	− 11,0701	256,1898	− 11,0700
6,25	259,00738	259,00545	258,8649	− 8,5939	258,8630	− 8,5938
6,26	261,61048	261,60851	261,5398	− 6,0641	261,5379	− 6,0641
6,27	264,23964	264,23774	264,2159	− 3,4827	264,2140	− 3,4827
6,28	266,89527	266,89340	266,8926	− 0,8514	266,8903	− 0,8514
2π	267,74676	267,74489	267,7468	0	267,7449	0
6,30	272,28687	272,28503	272,2487	4,5771	272,2469	4,5771
6,40	300,94335	300,92169	298,8909	35,0750	298,8694	35,0724

x	x (in Grad)		$\cos x$	$\sin x$	e^x	e^{-x}
6,50	372°	25′,35	0,97659	0,21512	665,14163	0,001503
6,60	378	9,13	0,95023	0,31154	735,09519	0,001360
6,70	383	52,90	0,91438	0,40485	812,40583	0,001231
6,80	389	36,68	0,86940	0,49411	897,84729	0,001114
6,90	395	20,45	0,81573	0,57844	992,27472	0,001008
7,00	401	4,23	0,75390	0,65699	1096,63316	0,0009119
7,10	406	48,00	0,68455	0,72897	1211,96707	0,0008251
7,20	412	31,78	0,60835	0,79367	1339,43076	0,0007466
7,30	418	15,55	0,52608	0,85044	1480,29993	0,0006755
7,40	423	59,33	0,43855	0,89871	1635,98443	0,0006113
7,50	429	43,10	0,34664	0,93800	1808,04241	0,0005531
7,60	435	26,88	0,25126	0,96792	1998,19590	0,0005005
7,70	441	10,65	0,15337	0,98817	2208,34799	0,0004528
7,80	446	54,42	0,05396	0,99854	2440,60198	0,0004097
$\frac{5}{2}\pi$	450		0	1	2575,97050	0,0003882
7,90	452	38,20	− 0,04600	0,99894	2697,28233	0,0003707
8,00	458	21,97	− 0,14550	0,98936	2980,95799	0,0003355
8,10	464	5,75	− 0,24354	0,96989	3294,46808	0,0003035
8,20	469	49,52	− 0,33915	0,94073	3640,95031	0,0002747
8,30	475	33,30	− 0,43138	0,90217	4023,87239	0,0002485
8,40	481	17,07	− 0,51929	0,85460	4447,06675	0,0002249
8,50	487	0,85	− 0,60201	0,79849	4914,76884	0,0002035
8,60	492	44,62	− 0,67872	0,73440	5431,65959	0,0001841
8,70	498	28,40	− 0,74865	0,66297	6002,91222	0,0001666
8,80	504	12,17	− 0,81109	0,58492	6634,24401	0,0001507
8,90	509	55,95	− 0,86544	0,50102	7331,97354	0,0001364
9,00	515	39,72	− 0,91113	0,41212	8103,08393	0,0001234
9,10	521	23,50	− 0,94772	0,31910	8955,29270	0,0001117
9,20	527	7,27	− 0,97484	0,22289	9897,12906	0,0001010
9,30	532	51,04	− 0,99223	0,12445	10938,01921	0,00009142
9,40	538	34,82	− 0,99969	0,02478	12088,38073	0,00008272
3π	540		− 1	0	12391,64781	0,00008070
9,50	544	18,59	− 0,99717	− 0,07515	13359,72683	0,00007485
9,60	550	2,37	− 0,98469	− 0,17433	14764,78157	0,00006773
9,70	555	46,14	− 0,96236	− 0,27176	16317,60720	0,00006128
9,80	561	29,92	− 0,93043	− 0,36648	18033,74493	0,00005545
9,90	567	13,69	− 0,88919	− 0,45754	19930,37044	0,00005018
10,00	572	57,47	− 0,83907	− 0,54402	22026,46579	0,00004540

x	$\mathfrak{Cof}\,x$	$\mathfrak{Sin}\,x$	$\mathfrak{Cof}\,x \cos x$	$\mathfrak{Cof}\,x \sin x$	$\mathfrak{Sin}\,x \cos x$	$\mathfrak{Sin}\,x \sin x$
6,50	332,57157	332,57006	324,7861	71,5428	324,7846	71,5425
6,60	367,54827	367,54691	349,2554	114,5060	349,2541	114,5056
6,70	406,20353	406,20230	371,4244	164,4515	371,4233	164,4510
6,80	448,92420	448,92309	390,2947	221,8179	390,2937	221,8174
6,90	496,13786	496,13685	404,7145	286,9860	407,7137	286,9854
7,00	548,31704	548,31612	413,3762	360,2388	413,3755	360,2382
7,10	605,98395	605,98312	414,8263	441,7441	414,8257	441,7435
7,20	669,71576	669,71501	407,4216	531,5333	407,4211	531,5327
7,30	740,15030	740,14963	389,3783	629,4534	389,3779	629,4529
7,40	817,99252	817,99191	358,7306	735,1381	358,7304	735,1375
7,50	904,02148	904,02093	313,3700	847,9721	313,3698	847,9716
7,60	999,09820	999,09770	251,0334	967,0471	251,0333	967,0466
7,70	1104,17422	1104,17377	169,3472	1091,1118	169,3471	1091,1114
7,80	1220,30119	1220,30078	65,8475	1218,5196	65,8474	1218,5191
$\frac{5}{2}\pi$	1287,98544	1287,98505	0	1287,9854	0	1287,9851
7,90	1348,64135	1348,64098	− 62,0375	1347,2118	− 62,0375	1347,2114
8,00	1490,47916	1490,47883	− 216,8647	1474,6205	− 216,8647	1474,6201
8,10	1647,23419	1647,23389	− 401,1674	1597,6360	− 401,1673	1597,6357
8,20	1820,47529	1820,47502	− 617,4142	1712,5757	− 617,4141	1712,5755
8,30	2011,93632	2011,93607	− 867,9091	1815,1086	− 867,9090	1815,1084
8,40	2223,53349	2223,53326	− 1154,6587	1900,2317	− 1154,6586	1900,2315
8,50	2457,38452	2457,38432	− 1479,3701	1962,1970	− 1479,3699	1962,1968
8,60	2715,82989	2715,82970	− 1843,2880	1994,5055	− 1843,2879	1994,5053
8,70	3001,45619	3001,45603	− 2247,0402	1989,8754	− 2247,0401	1989,8753
8,80	3317,12208	3317,12193	− 2690,4845	1940,2510	− 2690,4844	1940,2510
8,90	3665,98684	3665,98670	− 3172,6917	1836,7327	− 3172,6915	1836,7327
9,00	4051,54203	4051,54190	− 3691,4815	1669,7215	− 3691,4814	1669,7214
9,10	4477,64641	4477,64630	− 4243,5551	1428,8170	− 4243,5550	1428,8169
9,20	4948,56458	4948,56448	− 4824,0587	1102,9856	− 4824,0586	1102,9855
9,30	5469,00965	5469,00956	− 5426,5154	680,6183	− 5426,5154	680,6182
9,40	6044,19041	6044,19032	− 6042,3167	149,7750	− 6042,3166	149,7750
3π	6195,82394	6195,82386	− 6195,8239	0	− 6195,8239	0
9,50	6679,86345	6679,86338	− 6660,9594	− 501,9917	− 6660,9594	− 501,9917
9,60	7382,39082	7382,39075	− 7269,3664	− 1286,9722	− 7269,3663	− 1286,9722
9,70	8158,80363	8158,80357	− 7851,7063	− 2217,2365	− 7851,7062	− 2217,2365
9,80	9016,87249	9016,87244	− 8389,5687	− 3304,5034	− 8389,5686	− 3304,5034
9,90	9965,18524	9965,18519	− 8860,9431	− 4559,4709	− 8860,9430	− 4559,4708
10,00	11013,23292	11013,23287	− 9240,8733	− 5991,4190	− 9240,8733	− 5991,4189